U0174341

化学与社会生活安全

刘雁红　刘永新　编著

科学出版社

北　京

内 容 简 介

本书遵循"贴近生活、关注社会、突出化学、强化引领"的编写理念，从全域科普的角度探讨化学与日常社会及日常生活中的安全问题的关系和预防措施。主要内容包括：化学与食品安全、化学与药品安全、化学与服装安全、化学与日用品安全、化学与居住安全、化学与大气环境安全、化学与水环境安全、化学与土壤环境安全共 8 章。本书特点是融科普知识与思想引领于一体，在探讨化学与日常安全问题关系的同时引导读者全面提高安全意识和防范能力，增强社会责任意识，自觉关注社会、关注国家发展，营造安全、文明、和谐的社会环境。

本书可作为科普读物和高等院校文化素质公共选修课的教材以及各类化学教育研究人员的参考书。

图书在版编目(CIP)数据

化学与社会生活安全 / 刘雁红，刘永新编著. —北京：科学出版社，2021.7

ISBN 978-7-03-069392-1

Ⅰ. ①化⋯　Ⅱ. ①刘⋯ ②刘⋯　Ⅲ. ①化学-关系-社会生活-生活安全-研究　Ⅳ. ①O6 ②X956

中国版本图书馆CIP数据核字(2021)第143425号

责任编辑：张　析 / 责任校对：杜子昂
责任印制：吴兆东 / 封面设计：东方人华

科 学 出 版 社 出版
北京东黄城根北街 16 号
邮政编码：100717
http://www.sciencep.com
天津市新科印刷有限公司 印刷
科学出版社发行　各地新华书店经销
*
2021 年 7 月第 一 版　开本：720 × 1000 1/16
2021 年 11 月第二次印刷　印张：20 3/4
字数：403 000
定价：128.00 元
(如有印装质量问题，我社负责调换)

前　言

作为一门基础学科，化学促进了人类物质文明的发展，在衣食住行用中崭露头角，为人们提供了丰美的食品、治病的医药、多彩的服装、便捷的日用品……悄无声息地改变着人们的生活品质，满足了人们对生活多样性、生活质量、生活美乃至生命健康长寿的追求。现代化的生活，让我们与化学密不可分。

然而，我们在享用化学带来的美好生活同时，也遭受着化学带来的危害。从食品中的苏丹红和三聚氰胺奶粉，到居室装修甲醛超标，再到大气、水、土壤等环境的污染等，这些问题的产生也都与化学息息相关。

随着生活水平的日益提高，环保、安全、健康越来越成为人们关注的焦点。如何正确地应用化学，提高安全意识，让化学在为人类做出更多贡献的同时尽量减少负面危害，让化学更好地为人们的生活服务，是我们出版这本书的初衷。

本书从社会和日常生活中的热点安全问题入手，阐述了这些问题的成因、危害等与化学的关系以及对人类生存和社会发展的重要性。具体内容包括化学与食品安全、化学与药品安全、化学与服装安全、化学与日用品安全、化学与居住安全、化学与大气环境安全、化学与水环境安全、化学与土壤环境安全。此外每章结合具体内容，贴近生活，插入热点安全案例、日常生活防范常识、知识拓展和前景展望等内容。既拓展了视野，又增加了本书的可读性。本书还在每章结尾聚焦人们普遍关注的热点问题，通过大量的数据、案例等从思想政治引领的视角展开讨论，引导读者全面提高安全意识和防范能力，增强社会责任意识，自觉关注社会、关注国家发展，营造安全、文明、和谐的社会环境。本书融科普知识与思想引领于一体，可作为科普读物和高等院校文化素质公共选修课的教材以及各类化学教育研究人员的参考书。

本书的宗旨是从全域科普的角度探讨日常社会与日常生活中的安全问题，帮助读者通俗地理解这些安全问题的化学基本规律和基本常识，了解与我们日常生活息息相关的安全、环保、健康等问题产生的原因，从源头上认知生活中的化学，在此基础上能够避害趋利，积极应对防范。我们希望读者能够从本书获得一定的启发，从科学的角度分析日常生活中的安全与化学的关系，从思想上正确地认识和看待化学在人类社会发展中的作用，树立可持续发展的理念。

　　本书引用的资料来源于中外文期刊、书籍与网络，在成书过程中，张玲玲、武奎、王德振、付瑞雪、王佳豪参与了资料收集整理和部分撰写工作，我们在此一并表示感谢。

　　由于作者知识水平有限，书中难免有疏漏或不妥之处，敬请各位读者批评、指正。

　　最后衷心地感谢天津市滨海新区人才项目资助和科学出版社对本书出版的支持。

作　者

2020 年 6 月 20 日

目　　录

第一章 化学与食品安全

"民以食为天"，"吃"是人们维持生命的头等大事。随着生活水平的提高，人们更关注"吃好"而不仅仅是"吃饱"，食品的色、香、味、营养成分成为人们衡量食品的好坏标志。为了满足人们对吃的多样化要求，食品添加剂应运而生。食品添加剂在给人们带来视觉、味觉等享受的同时，过量添加或违规添加会对人体健康产生危害。除了食品添加剂外，食物本身和不同加工方式也会对人体的健康产生危害，近年来，食品安全备受社会关注。

第一节 食物中的毒素

一、蛋白类毒素

蛋白类毒素是指生物体所产生的毒物，这些物质通常是一些能干扰生物体中其他大分子作用的蛋白质，极少量即可引起动物中毒的物质。蛋白类毒素根据来源可分为植物蛋白毒素、动物蛋白毒素、细菌蛋白毒素、真菌蛋白毒素四类，它们侵入机体后可以破坏生物机能，致使人畜中毒或死亡。

(一)植物蛋白毒素

植物蛋白毒素包括植物毒素(plant toxin)和植物单链核糖体失活蛋白(ribosome inactivating protein，RIP)。典型的植物毒素有蓖麻毒素(ricin)、相思子毒素(abrin)、蒴莲毒素(volkensin)、欧寄生毒素(viscumin)和药莲毒素(modeccin)等。这些毒素均为糖蛋白，分子量为60000~65000，其分子由A、B两链组成，通过二硫键连接。典型的RIP家族成员包括丝瓜子蛋白(luffin)、天花粉蛋白(trichosanthin)、皂草蛋白(saporin)、康乃馨蛋白(dianthin)和多花白树素(gelonin)等[1]。下面介绍两种典型的植物毒素。

1. 蓖麻毒素

蓖麻(*Ricinus communis*)是大戟科蓖麻属植物，是重要的油料作物，除蓖麻油外，其种子含有大量的蓖麻毒素。据记载，1888年德国科学家Stiumark攻读博士期间，从蓖麻籽中分离得到一种毒蛋白，并命名为蓖麻毒素[2]。目前，全球每年上百万吨蓖麻籽用于生产蓖麻油，其废物蓖麻粕质量的5%是蓖麻毒素。蓖麻毒素是一种毒性非常大的毒素，其毒性是氰化物的6000倍，70微克就足以致命。人在通过消化、呼吸或注射等方式接触蓖麻毒素 36～72 h 后就会死亡。即使未经提炼，8 粒蓖麻籽就可以杀死一个成年人。早在第一次世界大战和第二次世界大战期间，美国和加拿大就试图制备蓖麻毒素生物战剂气溶胶或毒性弹头[3]。作为纯化蛋白，蓖麻毒素毒性作用没有炭疽杆菌和肉毒杆菌持久，且大规模使用需要成吨的蓖麻毒素，因此难以作为战剂使用。

20 世纪 70 年代，蓖麻毒素的一级结构测定已经完成。蓖麻毒素含有 2 条肽链，A 链(ricin A chain，RTA)和 B 链(ricin B chain，RTB)。RTA 的分子量为 32000，等电点为 7.3；RTB 的分子量为 34700，等电点为 5.2；氨基酸和 DNA 序列已被报道，值得注意的是，来自不同蓖麻及其变种的蓖麻毒素，氨基酸序列及糖基修饰不完全相同，分子量也具有微小的差异[4]。有关蓖麻毒素的二级结构研究显示，蓖麻毒素是典型的 II 型 RIP，RTA 和 RTB 通过二硫键连接，Lord 等[5]和 Dang 等[6]对蓖麻毒素的合成和结构进行了详尽的研究。

在蓖麻毒素毒性作用中，RTA 和 RTB 承担了不可或缺的角色，当毒素进入体内，A、B 链分开。A 链可与体外游离核糖体反应抑制核糖体活性。B 链具有糖基结合位点，为外源凝集素，与细胞表面结合后，能介导 A 链转入细胞内，与核糖体反应产生毒性[7]。

2. 相思子毒素

相思子毒素是从豆科藤本植物相思子(*Abrus precatorius*)的种子中提取的一种剧毒性高分子蛋白毒素，其含量约占种子的 2.8%～3.0%。分子量为 60000～65000，分子由 A、B 两条多肽链通过 1 个二硫键连接而成。完整毒素在 SDS-PAGE 分析时呈一条蛋白带，经二巯基乙醇处理后，A、B 两条链分离开，其中 A 链呈酸性，分子量约为 30000，与蓖麻毒素 A 链存在 102 个相同的氨基酸残基；B 链呈中性，分子量约为 35000。有关试验表明，相思子毒素两条链经二巯基乙醇还原分开后，其活性并不丧失。相思子毒素所含的糖基主要存在于 B 链上，糖的类型为甘露糖和 *N*-乙酰葡萄糖胺，毒素经糖基修饰后，可以增加其自身结构的稳定性，防止降解，增强对极端条件的适应性。

纯化后的相思子毒素为微黄白色无定形粉末，无味，易溶于水、氯化钠和甘油溶液，不耐热。60℃经 30 min 部分失活，80℃经 30 min 则大部分失活，100℃经 30 min 毒性及抗肿瘤活性完全消失。印度安达曼岛上居民将相思子种子煮熟后作为食物食用。完整的相思子毒素经反复冰冻和融化对其毒性影响很小。在 0.1 mol/L 半乳糖溶液中，毒素可在冰箱中储存数月而不会失活。分离开的链要比完整毒素更不稳定。

(二)动物蛋白毒素

动物蛋白毒素由动物体产生的、极少量即可引起中毒的物质。动物蛋白毒素大多是有毒动物毒腺制造的并以毒液形式注入其他动物体内的蛋白质类化合物，如蛇毒、蜂毒、蝎毒、蜘蛛毒、蜈蚣毒、蚁毒、河鲀毒、章鱼毒、沙蚕毒等以及由海洋动物产生的扇贝毒素、石房蛤毒素、海兔毒素等。毒液中还会有多种酶。根据毒素的生物效应，动物蛋白毒素可分为神经毒素、细胞毒素、心脏毒素、出血毒素、溶血毒素、肌肉毒素或坏死毒素等。下面介绍两种常见的动物蛋白毒素。

1. 蛇毒

蛇毒中含有多种生物活性的蛋白质，依据它们的毒性作用特点，常被分为神经毒素、心脏毒素、细胞毒素、血液及循环系统毒素、酶。

(1)神经毒素。这类毒素是蛇毒毒液中最毒的成分。按神经毒素的生理特性可分为突触前毒素与突触后毒素，能使运动神经末端的突触乙酰胆碱囊消失，导致神经肌肉接头生理传导阻断，使骨骼肌细胞对递质乙酰胆碱的正常去极化反应消失，从而阻断了神经肌肉接头的生理传导功能。

(2)心脏毒素。目前已分离提纯近 10 种心脏毒素，均属细胞膜活性多肽，能使心肌细胞发生持久性去极化，使心肌肿胀、变性、出血、坏死、引起心力衰竭、房性或室性期前收缩、传导阻滞、室性心动过速或心室颤抖，甚至心搏骤停等。

(3)细胞毒素(坏死毒素)。目前已分离提纯 20 余种细胞毒素，能使细胞组织坏死或溶解，对血管内皮细胞、横纹肌细胞或肾小管细胞有不同的选择性损伤作用。

(4)凝血毒素和抗凝血毒素。蛇毒的促凝血作用是由于它具有凝血酶样活性，蛇毒的抗凝血作用是由于它含有溶解纤维蛋白原或纤维蛋白的活性，能促使纤维溶酶原转变为纤溶酶，从而阻抑凝血酶的形成。

(5)酶。有的蛇毒蛋白具有一定的生化酶活性，如蛋白水解酶、磷脂酶 A、磷酸二酯酶、精氨酸水解酶、乙酰胆碱酯酶等。

2. 蜂毒

蜂毒是一种成分复杂的混合物，它除了含有大量水分外，还含有若干种蛋白质多肽类、酶类、组织胺、酸类、氨基酸及微量元素等。在多肽类物质中，蜂毒肽约占干蜂毒的 50%，蜂毒神经肽占干蜂毒的 3%。蜂毒中的酶类多达 55 种以上，磷脂酶 A 占 12%，透明质酸酶约占干蜂毒的 2%~3%。

蜂毒对哺乳类动物的作用最强，健康人同时接受 10 次蜂蜇可引起局部反应；接受 200~300 次蜂蜇会引起中毒；短时间内被蜇 500 次，可致人死亡。临床使用蜂毒的治疗剂量很少，因此，蜂毒应用是安全的。但是每个人对蜂毒的敏感性差异很大，有个别人对蜂毒过敏，表现蜂蜇部位局部红肿，反应强烈，或出现严重的致命性反应，因此，临床上使用蜂毒时和青霉素一样，对过敏者采用纯净蜂毒作诊断性皮试和脱敏治疗。

(三)细菌毒素与真菌蛋白毒素

典型的细菌毒素有白喉毒素(简称 DT)、绿脓杆菌外毒素(简称 PE)、霍乱毒素(简称 CT)、大肠埃希菌热不稳定性毒素、志贺氏毒素、百日咳毒素等。细菌毒素的结构存在一定的差异:DT 和 PE 都是单一的肽链,其分子中含有细胞受体结合区(相当于植物毒素的 B 链)和酶活性区(相当于植物毒素的 A 链),其中 PE 分子中还含有帮助其转位进入细胞质的转位区。霍乱毒素和大肠埃希菌热不稳定性毒素的分子构造是相同的,都由 1 条 A 链和 5 条 B 链构成,A 链的分子量大,约为 30000,B 链约为 11500,其通过微弱的非共价键相互作用而连接成五聚体。志贺氏毒素则由 1 条 A 链(分子量为 30000)和 6 或 7 条相似的 B 链(分子量为 5000)构成。百日咳毒素是已知毒素中结构最复杂的分子之一,由 1 条 A 链(分子量为 28000)和 5 条 B 链复合连接,5 条 B 链的大小不同,其中 2 条分子量为 11700,其余 3 条分别为 9300、22000 和 23000。

真菌蛋白毒素为数不多,从不同霉菌中分离到的蛋白毒素 α-sarcin、restrictocin(简称 Res)和 mitogillin(简称 Mit)等,仅由一条多肽链组成,分子量为 16000~17000,属于单链核糖体失活蛋白。

二、毒苷

苷类(glycoside)又称配糖体或糖苷。在植物中,糖分子(如葡萄糖、鼠李糖、葡萄糖醛酸等)中的半缩醛羟基和非糖类化合物分子(如醇类、酚类、甾醇类等)中的羟基脱水缩合成具有环状缩醛结构的化合物,称为苷。苷类大多为带色晶体,易溶于水和乙醇,而且易被酸或酶水解为糖和苷元。由于苷元的化学结构不同,苷的种类也有多种,如皂苷、氰苷、芥子苷、黄酮苷、强心苷等。它们广泛分布于植物的根、茎、叶、花和果实中。其中氰苷和皂苷等常引起人的食物中毒。

1. 氰苷

氰苷(cyanogenic glycosides)是由氰醇衍生物的羟基和 D-葡萄糖缩合形成的糖苷,水解后可产生氢氰酸(HCN)。氰苷广泛存在于豆科、蔷薇科、稻科等约 1000 余种植物中,禾本科(如木薯)、豆科和一些果树的种子(如杏仁、桃仁)、幼枝、花、叶等部位均含有氰苷,其中以苦杏仁、苦桃仁、木薯,以及玉米和高粱的幼苗中含氰苷毒性较大。

在植物氰苷中与食物中毒有关的化合物主要是苦杏仁苷和亚麻苦苷。苦杏仁苷(amygdalin)主要存在于果仁中,在苦杏、苦扁桃、枇杷、李子、苹果、黑樱桃等果仁和叶子中都存在。苦杏仁苷是由龙胆二糖和苦杏仁腈组成的 β-型糖苷。在苦杏仁中苦杏仁苷的含量比甜杏仁高 20~30 倍。而亚麻苦苷(linamarin)主要存在于木薯、亚麻籽及其幼苗,以及玉米、高粱、燕麦、水稻等农作物的幼苗中。亚麻苦苷是木薯中的主要毒性物质,可释放游离的氰化物。此外,蜀黍氰苷(dhurrin)存在于嫩竹笋中,曾引起几例人类氰化物中毒,其幼苗可引起牛急性中毒。

果仁或木薯的氰苷被人体摄入后,在果仁或木薯自身存在的氰苷酶(如苦杏仁酶)的作用下,以及经胃酸、肠道中微生物的分解作用,产生二分子葡萄糖和苦杏仁腈,后者又分解为苯甲醛和游离的氢氰酸。氢氰酸(HCN)是一种高活性、毒性大、作用快的细胞原浆毒,当它被胃黏膜吸收后,氰离子与细胞色素氧化酶的铁离子结合,使呼吸酶失去活性,氧不能被机体组织细胞利用,导致机体组织缺氧而陷入窒息状态。氢氰酸还可损害呼吸中枢神经系统和血管运动中枢,使之先兴奋后抑制、麻痹,最后导致死亡。氢氰酸对人的最低致死剂量经口测定为每千克体重 0.5～3.5 mg,苦杏仁苷致死剂量约为每千克体重 1 g。

苦杏仁中毒原因是误生食水果核仁,特别是苦杏仁和苦桃仁,儿童吃 6 粒苦杏仁即可中毒,也有自用苦杏仁治疗小儿咳嗽(祛痰止咳)而引起中毒的例子。在某些国家,杏仁蛋白、杏仁蛋白奶糖和杏仁糊已成为食品中苦杏仁苷的主要来源。澳大利亚已将苦杏仁苷在这些食品中的限量由 50 mg/kg 降至 5 mg/kg。此外,某些地区的居民死于苦杏仁中毒的原因是食用了高粱糖浆和野生黑樱桃的叶子或其他部位。

木薯中毒原因是生食或食入未煮熟透的木薯或喝煮木薯的汤所致。在一些国家木薯被作为膳食中主要热量的来源,如果食用前未去毒或去毒效果不好,则有中毒的危险。一般食用 150～300 g 生木薯即能引起严重中毒和死亡。

氰苷有较好的水溶性,水浸可去除产生氢氰酸的食物的大部分毒性。类似杏仁的核仁类食物及豆类在食用前大都需要较长时间的浸泡和晾晒。将木薯切片,用流水研磨可除去其中大部分的氰苷和氰氢酸。

2. 皂苷

皂苷(saponins)是类固醇或三萜系化合物的低聚苷的总称,它是由皂苷配基通过 β-羟基与低聚糖缩合而成的糖苷。组成皂苷的糖,常见的有葡萄糖、鼠李糖、半乳糖、阿拉伯糖、木糖、葡萄糖醛酸和半乳糖醛酸。这些糖或糖醛酸先结合成低聚糖糖链再与皂苷配基结合。根据其化学结构可分为三萜皂苷(由三萜通过碳氧键与糖链相连)和甾体皂苷(甾体通过碳氧键与糖链相连)两大类。三萜皂苷在豆科、五加科、伞形花科、报春花科、葫芦科等植物中比较普遍,药用植物中含三萜皂苷类的有人参、甘草、牛膝、远志、黄芪、续断、旋花、地肤子、沙参、王不留行、酸枣和大枣。甾体皂苷类主要存在于单子叶植物百合科的丝兰属、知母属、菝葜科、薯蓣科、龙舌兰科等。双子叶植物也有发现,如豆科、玄参科、茄科等。含甾体皂苷的有天门冬、麦门冬、薯蓣、白英、蒺藜子。

在未煮熟透的菜豆(*Phaseolus vulgaris*)、大豆及其豆乳中含有的皂苷对消化道黏膜有强烈刺激作用，是引发皂苷中毒的主要原因，可产生一系列肠胃刺激症状而引起食物中毒。中毒症状主要是胃肠炎。潜伏期一般为 2～4 h，呕吐、腹泻(水样便)、头痛、胸闷、四肢发麻，病程为数小时或 1～2 d，恢复快，愈后良好。

三、生物碱类毒素

生物碱(alkaloids)又称植物碱，是一种含氮的有机化合物，具环状结构，难溶于水，与酸可形成盐，有一定的旋光性与吸收光谱，大多有苦味，呈无色结晶状，少数为液体。生物碱主要分布于罂粟科、双子叶植物中的茄科、毛茛科、豆科、夹竹桃科等 120 多个属的植物中，单子叶植物中除麻黄科等少数科外，大多不含生物碱。真菌中的麦角菌也含有生物碱——麦角生物碱。

生物碱存在于植物体的叶、树皮、花朵、茎、种子和果实中，分布不一，有显著的生物活性，是中草药中重要的有效成分之一。已知的生物碱有 2000 种以上，由不同的氨基酸或其衍生物合成而来，是次级代谢物之一，对生物机体有毒性或强烈的生理作用。如黄连中的小檗碱(黄连素)、麻黄中的麻黄碱、萝芙木中的利舍平、喜树中的喜树碱、长春花中的长春新碱等。一种植物往往同时含几种甚至几十种生物碱，如已发现麻黄中含 7 种生物碱，抗癌药物长春花中已分离出 60 多种生物碱。

生物碱具有类似碱的性质，可与酸结合生成盐类，在植物体中多以有机酸(草酸、苹果酸、柠檬酸、琥珀酸等)盐的形式存在。只有少数植物中存在游离的生物碱。存在于食用植物中的主要是茄碱(solanine)、秋水仙碱(colchicine)及吡啶烷生物碱。其他常见的有毒的生物碱如烟碱、吗啡碱、罂粟碱、麻黄碱、黄连碱和颠茄碱(阿托品与可卡因)等。常见的由植物性食品所含生物碱导致的食物中毒，主要是茄碱和秋水仙碱。

(一)茄碱

茄碱(solanine)又名龙葵苷或龙葵素，为发芽马铃薯(*Solanum tuberosum*)的主要致毒成分，是一种弱碱性的苷生物碱。已知马铃薯毒素中有六种生物碱，其中主要为 α-茄碱。茄碱易溶于水，与乙酸共热可被水解为无毒的茄啶(次茄碱)。茄碱具有刺激人体黏膜、麻痹神经系统、呼吸系统，溶解红细胞等作用。小鼠腹腔半数致死剂量为 42 mg/kg。对人口服中毒剂量为 2.8 mg/kg。当食入 0.2～0.4 g 茄碱时即可发生中毒。一般进食毒素后数十分钟至 10 h 内出现中毒症状。患者首先有咽喉部瘙痒和烧灼感，胃部灼痛，并有恶心、腹泻等胃肠炎症状，严重者耳鸣、脱水、发烧、昏迷、瞳孔散大、脉搏细弱、全身抽搐，最终因呼吸中枢麻痹而致死。

由于成熟马铃薯中的 α-茄碱含量极微(0.005%～0.01%),一般不会引起中毒。但当食用了未成熟的绿色马铃薯,以及因储藏不当,使马铃薯发芽后,其幼芽与芽基部位的龙葵素含量比肉质部分要高几十倍,甚至几百倍,故人食用发芽的马铃薯即可能引起中毒。

(二)秋水仙碱

秋水仙碱(colchicine)是不含杂环的生物碱,为黄花菜致毒的主要化学物质。其结构中有稠合的两个 7 碳环,并与苯环再稠合而成,侧链呈现酰胺结构。秋水仙碱为灰黄色针状结晶体,易溶于水,煮沸 10～15 min 可充分破坏。秋水仙碱主要存在于鲜黄花菜等植物中。

秋水仙碱本身并无毒性,但当它进入人体并在组织间被氧化后,迅速生成毒性较大的二秋水仙碱,才可引起中毒。成年人如果一次食入 0.1～0.2 mg 的秋水仙碱(相当于 50～100 g 的鲜黄花菜)即可引起中毒。对人口服的致死剂量为 3～20 mg。进食鲜黄花菜后,一般在 4 h 内出现中毒症状。轻者口渴、喉干、心慌胸闷、头痛、呕吐、腹痛、腹泻(水样便),重者出现血尿、血便、尿闭与昏迷等。这是由于在机体中秋水仙碱被氧化成二秋水仙碱,对人体胃肠道、泌尿系统具有毒性并产生强烈刺激作用的缘故[8]。

四、毒蘑菇毒素

(一)蘑菇和毒蘑菇简介

蘑菇,又称伞菌,也称蕈菌,通常是指那些能形成大型肉质子实体的真菌,包括大多数担子菌类和极少数的子囊菌类。蕈菌广泛分布于地球各处,在森林落叶地带更为丰富。它们与人类的关系密切,其中可供食用的种类就有 2000 多种,目前已利用的食用菌约有 400 种,其中约 50 种已能进行人工栽培,如常见的双孢蘑菇、木耳、银耳、香菇、平菇、草菇和金针菇、竹荪等,少数有毒或引起木材朽烂的种类则对人类有害。

毒蘑菇中毒在全国各地均有发生,但以山区、林区更为多见,就季节性而言,多发生在气温高的夏秋阴雨季节。以家庭散发为主,往往由于个人或家庭采集野生鲜蘑,缺乏经验,误食而引起,虽多为散发,但也有部分地区出现大规模中毒和死亡的事例。也有报道,由于集体食堂购买混杂有毒蘑菇的鲜蘑菇,加工后供应就餐人员,引起集体食堂就餐人员的毒蘑菇中毒事件。

(二)中毒类型及毒素

由于毒蘑菇种类繁多,所含的毒素更是复杂,因此,毒蘑菇中毒的机制及表现差异也较大，一般根据所含有毒成分和中毒的临床表现，大体可将毒蘑菇中毒分为 5 种类型。

1. 胃肠毒型毒素

胃肠毒型毒素中毒主要是由摄入含胃肠毒型毒素的毒蘑菇引起。能引起该型中毒的毒蘑菇大约有 30 种，最常见的有毒粉褶蕈、毒红菇、虎斑菇、红网牛肝蕈及墨汁鬼伞等。

中毒的潜伏期比较短，一般为 0.5～6 h。主要症状为胃肠炎症状，剧烈腹泻，水样便，恶心、呕吐，阵发性腹痛，以上腹部和脐部疼痛为主，体温不高。病程短，经过适当对症处理可迅速恢复，一般病程 2～3 d，死亡率低。较重者可因剧烈呕吐、腹泻导致严重脱水、电解质紊乱、血压下降，甚至导致休克、昏迷或急性肾衰竭。

2. 神经精神型毒素

导致此型中毒的毒蘑菇主要含有神经精神型毒素，可引起神经精神型中毒的蕈菌约有 30 种。临床症状除有胃肠反应外，主要有精神神经症状，如精神兴奋或抑制、精神错乱、交感或副交感神经受影响等症状。一般潜伏期短，病程也短，除少数严重中毒者由于昏迷或呼吸抑制死亡外，很少发生死亡。引起该型中毒的毒素包括以下 4 类。

(1)毒蝇碱

毒蝇碱(muscarine)主要存在于丝盖伞属(*Inocybe*)和杯伞属(*Clitocybe*)蕈类中，在某些毒蝇伞(*Amanita muscaria*)和豹斑毒伞(*Amanita pantherina*)中也存在。毒蝇碱具有拮抗阿托品的作用，毒性作用机制为能兴奋副交感神经，降低血压，减慢心率，增强胃肠平滑肌蠕动，使腺体分泌增多。

中毒症状出现在食用后 15～30 min，很少延至 1 h 之后。最突出的表现是大量出汗。严重者发生恶心、呕吐和腹痛症状。另外，还有流涎、流泪、脉搏缓慢、瞳孔缩小和呼吸急促症状，有时出现幻觉。汗过多者可输液，用阿托品类药物治疗效果好。重症和死亡病例较少见。

(2)毒蝇母、毒蝇酮和鹅膏蕈氨酸

毒蝇母(muscimol)、毒蝇酮和鹅膏蕈氨酸(ibotenic acid)也存在于毒伞属的一些毒蕈中，各蕈中含量差别较大。在毒蝇伞中平均含量约为 0.18%，在干豹斑毒伞中约为 0.46%。此类毒素的主要成分为异噁唑氨基酸——鹅膏蕈氨酸，以及其脱羧产物——毒蝇母。毒蝇酮为鹅膏蕈氨酸经紫外线照射的重排产物。

摄食毒蕈后，通常 20～90 min 出现症状，也有迟至食后 6 h 者。开始可能有胃肠炎表现，但较轻微。约 1 h 后，患者有倦怠感，头昏眼花，嗜睡。但也可能出现活动增多，随后可出现视觉模糊，产生颜色和位置等的幻觉，还可出现狂躁和谵妄。严重中毒的儿童，可呈现复杂的神经型症状，并可发展为痉挛性惊厥和昏迷。但一般不经治疗，上述症状也可于24～48 h后自行消失。必要时可给活性炭吸附，并注意检测呼吸道是否通畅，酸碱是否平衡和循环系统及排泄系统是否正常。

(3) 光盖伞素及脱磷酸光盖伞素

某些光盖伞属(Psilocybe)、花褶伞属(Panaeolus)、灰斑褶伞属(Copelandia)和裸伞属(Ctymnopilus)的蕈类含有能引起幻觉的物质，如光盖伞素(psilocybin)及脱磷酸光盖伞素(psilocin)。

经口摄入4～8 mg光盖伞素或约20 g鲜蕈或2 g干蕈即可引起症状。一般在口服后半小时即产生症状。反应因人而异。可有紧张感、焦虑或头晕目眩，也可有恶心、腹部不适、呕吐或腹泻，服后30～60 min出现视觉方面的症状，如物体轮廓改变，颜色特别鲜艳，闭目可看到许多影像等，很少报告有幻觉。但特大剂量，如纯品35 mg也可引起全身症状，可有心律及呼吸加快、血糖及体温降低，血压升高等。这些症状与中枢神经及交感神经系统失调有关，很少造成死亡。一般认为如有可能应尽量避免给药，给以安静环境使中毒者恢复。必要时可给镇静剂。儿童如有高烧则宜输液和降体温。

(4) 致幻剂

致幻剂(hallucinogen)含于橘黄裸伞(Gymnopilus spectabilis)。摄入该蕈后15 min发生如醉酒样症状，视觉模糊，感觉房间变小、物体颜色奇异、脚颤抖并有恶心，数小时后可恢复。我国黑龙江、福建等省均有此蕈生长。在我国云南地区常因食用牛肝菌类毒素而引起一种特殊的"小人国幻视症"。除幻视外，部分患者还有被迫害妄想症(类似精神分裂症)。经治疗可恢复，死亡甚少，一般无后遗症。

3. 溶血型毒素

鹿花蕈(Gyromitra esculenta)，也叫马鞍蕈，含有马鞍蕈酸，属甲基联胺化合物，有强烈的溶血作用。鹿花蕈毒素具有挥发性，对碱不稳定，可溶于热水，烹调时如弃去汤汁可去除大部分毒素。这种毒素抗热性差，加热至70℃或在胃内消化酶的作用下可失去溶血性能。

中毒潜伏期多数为6～12 h。先有恶心、呕吐、腹泻等胃肠道症状，发病3～4 d后出现溶血性黄疸、肝大、脾大，少数患者出现血红蛋白尿。病程2～6 d，一般死亡率不高。

4. 肝肾损害型毒素

引起此型中毒的毒素有毒肽类、毒伞肽类、鳞柄白毒肽类、非环状肽类等。这些毒素主要存在于毒伞属蕈、褐鳞小伞蕈及球生盔孢伞蕈类。此类毒素为剧毒，如毒肽类对人类的致死量为 0.1 mg/kg 体重，因此一旦发生中毒，应及时抢救。

此型中毒最严重，可损害人体的肝、肾、心脏和神经系统，其中对肝损害最大，可导致中毒性肝炎。病情凶险而复杂，病死率相当高。按其病情发展一般可分为 6 期。

(1)潜伏期

多为 10～24 h，短者 6～7 h，长者可达数日，潜伏期长短与中毒轻重有关。

(2)胃肠炎期

患者初期出现恶心、呕吐、脐周围腹痛、腹泻水样便等胃肠炎的症状，多在 1～2 d 后缓解。但也有少数患者出现霍乱样症状，并迅速死亡。

(3)假愈期

胃肠炎症状缓解后，患者暂时无症状，或仅有轻微乏力，食欲下降等症状。而实际上毒肽已进入内脏，肝细胞损害已经开始。有的患者入院后自动要求出院或医生劝其出院，因而延误治疗造成严重后果。轻度中毒患者肝损害不严重，可由此期进入恢复期。

(4)脏器损害期

严重中毒患者在发病后 2～3 d 出现肝、肾、脑、心等实质性脏器损害。以肝和肾损害最严重，可出现肝大、黄疸、肝功能异常，严重者可出现肝坏死，甚至肝昏迷。侵犯肾可发生少尿、无尿或血尿，出现尿毒症、肾衰竭。

(5)精神症状期

患者出现烦躁不安，表情淡漠、嗜睡，继而出现惊厥、昏迷，甚至死亡。有些患者在胃肠炎期后立即出现烦躁、惊厥、昏迷，但见不到肝大、黄疸，属于中毒性脑病。患者可死于肝昏迷、肾衰竭或休克、中毒性脑病。一般中毒后 5～12 d 死亡。

(6)恢复期

经及时治疗后的患者在 2～3 周后进入恢复期，各项症状好转并痊愈。

5. 光过敏性皮炎型毒素

可引起该型中毒的毒蘑菇是胶陀螺(又名猪嘴蘑)，潜伏期一般为 24 h 左右，暴露于日光部位的皮肤可发生皮炎。颜面肿胀、疼痛、嘴唇肿胀外翻，双手、双脚背部皮肤发红、疼痛、麻木，置于凉风环境中感觉舒适，皮肤肿胀严重部位可出现水疱[9]。

五、河鲀毒素

(一)河鲀鱼及河鲀毒素简介

河鲀鱼(globefish)是一种有剧毒的鱼类，在淡水、海水中均能生活，我国沿海及江河出海口均有发现，其有毒成分为河鲀毒素(tetrodotoxin，TTX)。河鲀毒素是一种非蛋白质神经毒素，0.5 mg可致人死亡。河鲀毒素为无色针状结晶，微溶于水，易溶于稀乙酸；对热稳定，需220℃以上方可被分解；盐腌或日晒不能破坏，但pH＞7时可被破坏。河鲀毒素主要存在于河鲀的内脏、血液及皮肤中，其中以卵巢的毒性最大，肝脏次之。每年春季为河鲀鱼的生殖产卵期，此时其毒性最强，食之最易引起中毒。新鲜洗净的鱼肉一般不含毒素，但鱼死时间较长后毒液及内脏的毒素可渗入肌肉组织中。有的河鲀品种鱼肉也具毒性。

(二)中毒机制

河鲀毒素对人体主要作用于神经系统，可使末梢神经和中枢神经发生麻痹。河鲀毒素也可直接作用于胃肠道，引起局部刺激作用。中毒机制为阻碍细胞膜对钠离子的通透性，阻断了神经兴奋的传导。中毒者首先感觉神经麻痹，然后出现运动神经麻痹。该毒素还可导致外周血管扩张、动脉压急剧下降，最后出现呼吸中枢和血管运动中枢麻痹，导致急性呼吸衰竭，危及生命。

(三)临床表现与急救治疗

河鲀鱼中毒的特点为发病急，潜伏期为10 min～3 h。中毒早期有手指、舌、唇的刺痛感，然后出现恶心、发冷、口唇及肢端感觉麻痹，再发展至四肢肌肉麻痹、瘫痪，逐渐失去运动能力，以致瘫痪。此外，还可出现心律失常、血压下降等心血管系统的症状，患者最后因呼吸中枢和血管运动中枢麻痹而死亡，致死时间最快在食后1.5 h。目前对河鲀鱼中毒还没有特效解毒剂，一旦中毒，应尽快排出毒物，并给予对症处理。

(四)预防措施

开展宣传教育，使消费者认识河鲀鱼，以防误食。加强对河鲀鱼的监督管理，集中加工处理，禁止零售。处理新鲜河鲀鱼时，应先去除头，充分放血，除去内脏、皮后，反复冲洗肌肉，再加入2%碳酸氢钠处理24 h，制成干制品，并经鉴定合格后方准出售。不新鲜的河鲀鱼不得食用，内脏、头、皮等专门处理后销毁，不得任意丢弃[10]。

六、麻痹性贝类毒素

麻痹性贝类中毒(paralysis shell poisoning，PSP)是山贝类毒素引起的食物中毒。麻痹性贝类毒素是一种毒性极强的海洋毒素，几乎全球沿海地区都有过麻痹性贝类中毒的报道。

(一)有毒成分及中毒机制

贝类食入有毒的藻类(如双鞭甲藻、膝沟藻科的藻类等)或藻类共生产生贝类毒素的微生物后，毒素即进入贝体内，但对贝类本身没有毒性，而当人食用这种贝类后，毒素可迅速从贝类中释放出来对人呈现毒性作用。麻痹性贝类毒素是一类四氢嘌呤的衍生物。现在已经发现的毒素有 20 多种，主要包括氨基甲酸酯类毒素(如石房蛤毒素、新石房蛤毒素、膝沟藻毒素)；N-磺酰氨甲酰基类毒素；脱氨甲酰基类毒素和脱氧脱氨甲酰基类毒素等。

在麻痹性贝类中毒中，蛤类中的石房蛤毒素是造成该类中毒的最主要来源。石房蛤毒素又名甲藻毒素，主要存在于石房蛤(*Saxidomus nutalli*)、文蛤(*Meretrix meretrix*)等蛤类中，以及扁足蟹(*Platypodia granulosa*)、沙蟹(*Emerita analoga*)等海蟹中，是一种分子量较小的非蛋白质类神经毒素。该毒素呈白色，可溶于水，易被胃肠道吸收；对热非常稳定，一般烹调中不易完全被破坏；80℃加热 1 h 毒性无变化；100℃加热 30 min 毒性减少一半；在蛤类中于 121.1℃下的 D 值为 71.4 min；如果 pH 升高会迅速分解，但对酸稳定。据报道，在 pH 为 3 的条件下煮沸 3~4 h 可破坏此毒素。

(二)流行病学特点及中毒症状

石房蛤毒素属于麻痹神经毒，为强神经阻断剂，即能阻断神经和肌肉间的神经冲动的传导，其作用机理与河鲀毒素相似。其中毒症状是从嘴唇周围发生轻微刺痛和麻木发展到全身麻痹，并由于呼吸障碍而致死。其潜伏期短，仅几分钟至 20 min，最长不超过 4 h。症状初期为唇、舌、指间麻木，运动失调，伴有头晕、恶心、胸闷乏力，重症者则昏迷，呼吸困难，最终因呼吸衰竭窒息而死亡。病死率为 5%~18%。如果 24 h 免于死亡者，则愈后良好。典型的症状可以帮助判断中毒程度：轻度、中度或者重度。轻度：嘴唇周围有麻木感和刺痛感，逐渐扩展到面部和颈部，手指尖和脚趾的针刺感觉，可有头痛、晕眩和恶心；中度：说话语无伦次，刺痛的感觉发展到手臂和腿，四肢强直和机体失调，全身衰弱和晕眩，轻度呼吸困难，脉搏加快；重度：肌肉麻痹，明显地呼吸困难，窒息感，在没有呼吸机护理的情况下死亡的可能性很大。人对 PSP 的敏感性是很不相同的，使人致死的 PSP 剂量从 500~1000 μg 不等，但有报道达到 12400 μg 才死亡的病例。与河鲀毒素相比，在相同程度肌肉麻痹的情况下，通常石房蛤毒素所诱发的低血压程度较轻，而且时间也较短，无论是把石房蛤毒素直接注入脑室还是通过静脉给药，都已观察到石房蛤毒素对血管运动中枢和呼吸中枢二者都有抑制作用。石房蛤毒素毒性很强，对人经口的致死量为 0.54~0.90 mg。

（三）急救与治疗

麻痹性贝类毒素的毒性极强，目前对贝类中毒尚无特效解毒剂。应尽早采取催吐、洗胃、导泻的方法及时去除毒素，同时对症治疗。

（四）预防措施

应做好预防性监测工作，当发现贝类生长的海水中有大量海藻存在时，应及时测定捕捞的贝类所含的毒素量。美国 FDA 规定，新鲜冷冻和生产罐头食品的贝类中石房蛤毒素最高允许含量不超过 80 μg/100 g[11]。

七、常见有毒动植物表

食品中常见有毒动植物的中毒名称、有毒成分、中毒症状和预防措施见表 1-1。

表 1-1　常见有毒动植物表

中毒名称	有毒成分	中毒症状	预防措施
河鲀鱼中毒	河鲀毒素	发病急速而剧烈。中毒后全身不适，瞳孔先缩小后散大。血压和体温下降，呼吸困难，最后使呼吸中枢和血管神经中枢麻痹而死亡	开展宣传教育，使消费者认识河鲀鱼，以防误食。加强对河鲀鱼的监督管理，集中加工处理，禁止零售。处理新鲜河鲀鱼时，应先去除头，充分放血，除去内脏、皮后，反复冲洗肌肉，再加入 2% 碳酸氢钠处理 24 h，制成干制品，并经鉴定合格后方准出售。不新鲜的河鲀鱼不得食用，内脏、头、皮等专门处理后销毁，不得任意丢弃
青皮红肉鱼类中毒	过量摄入的组胺	毛细血管扩张现象。例如颜面或全身皮肤潮红，眼结膜充血。同时还有头痛、心跳、胸闷、视力模糊和全身出现荨麻疹	供应部门应在冷冻条件下运输和储存鱼类，禁止销售、食用鱼眼变红、色泽不新鲜、鱼体无弹力的青皮红肉鱼类，食用时先去掉内脏，洗净、切成段后用冷水浸泡几小时，加入雪里蕻或红果进行清蒸或红烧，可使鱼中组胺下降 65% 以上。过敏体质者不宜食用青皮红肉鱼类
麻痹性贝类中毒	四氢嘌呤的衍生物	症状初期为唇、舌、指面麻木，运动失调，伴有头晕、恶心、胸闷乏力，重症者则昏迷，呼吸困难，最终因呼吸衰竭窒息而死亡	做好预防性监测工作，当发现贝类生长的海水中有大量海藻存在时，应及时测定捕捞的贝类所含的毒素量
毒蕈中毒	原浆毒素、神经毒素、胃肠毒素、溶血毒素等	中毒初期都有胃肠道症状，轻者 3~4 d 好转，重者在胃肠道症状消失后，可能出现肝、肾、中枢神经系统的损害。一般有头昏恶心、呕吐、腹痛、腹泻、流涎、出汗和尿血等症状，有的暂时性幻听、谵妄和狂躁，也有的黄疸、肝肿大和肝功能改变，严重的全身广泛性出血，昏迷，以致死亡	广泛宣传毒蕈中毒的危险性，提高鉴别毒蕈的能力，防止误食中毒

续表

中毒名称	有毒成分	中毒症状	预防措施
发芽马铃薯中毒	龙葵素	中毒潜伏期 10 min 或数小时,先有咽喉痒或烧灼感,继而腹痛、腹泻、头晕、头痛,常出冷汗,体温升高,血压下降,对儿童能引起神经症状。重者可因心力衰竭和呼吸中枢麻痹而死亡	①马铃薯应储存在低温、干燥、无阳光直射的地方,以防发芽。②不食用发芽或肉质变黑变绿的马铃薯。③若发芽不多,可把芽及芽眼周围 0.2~0.5 cm 处的马铃薯皮和肉的结合部分全部切去,削皮、切皮后在水中浸泡 30~60 min,烹调时加食醋,以破坏毒素
豆浆中毒	胰蛋白酶抑制素和皂素	中毒的潜伏期为数分钟至 1 h,症状为恶心、呕吐、腹痛、腹胀、腹泻等,一般在 3~5 h 左右自愈。部分患者可有头晕、头痛	豆浆所含皂素有受热膨胀的特点。豆浆煮至 80℃时,出现泡沫上冒的"假沸"现象,此时应降温慢煮,再逐渐加热升温,待豆浆全沸(100℃)之后,泡沫自然消失,然后再继续煮 10 min,此时,豆浆的有害物质已被破坏,饮用后就不会中毒了
木薯及果仁中毒	氰苷	发病开始时,先有口干、苦涩、流涎、头晕、头痛、恶心、呕吐、心悸、脉频及四肢无力等症状。重者胸闷、不同程度的呼吸困难。严重者意识不清、呼吸微弱、昏迷、四肢冰冷。继之意识丧失,牙关紧闭,全身阵发性痉挛,心律失常。最后因呼吸麻痹或心跳停止而死亡	①不要生吃各种核仁,用苦杏仁治病时须按医生处方。②木薯去毒方法:将氰苷溶解于水,然后弃水或使氰苷水解,生成氢氰酸,再加热挥发去毒。一般在食用前剥去薯皮,水洗薯肉,蒸煮时,打开锅盖,使氢氰酸蒸发,煮过的木薯再用水泡,再行蒸熟,即可食用
野菜中毒	生物碱、苷类和毒蛋白质	轻者可出现头晕、头痛、恶心、呕吐、腹痛、腹泻等症状,重者可致呼吸困难,循环衰竭,意识障碍而危及生命	在采食野菜时应分外小心,若有疑虑拿不准是否有毒时,坚决不采不食,以免因口腹之欲而损害身体
面豆、四季豆中毒	苷类生物毒素	头晕、恶心、呕吐、四肢麻木等症状,重者有流涎、出汗、瞳孔缩小、血压下降、神志恍惚或昏迷不醒等类似农药中毒症状,孕妇食用可发生宫缩	加工四季豆要先去除含毒素较多的两头、豆荚和老豆,再煮熟焖透,使四季豆外观失去原有的生绿色,至没有豆腥味再食用;加工新鲜面豆要连角皮煮熟,剥去有毛的表皮,同时要将角皮内角质化的一层内皮除去,放在冷水内浸泡 3 昼夜,多次换水,而干面豆则需浸泡 5~8 昼夜

第二节　食物加工过程中产生的毒素中毒

一、食物加工过程中产生的主要毒素及危害

(一)食物加工过程中产生的主要毒素

食品的各种加工技术,包括烟熏、煎炸、烘烤、焙炒、盐腌、高温杀菌、冷冻和灌装等,不仅能引起食品成分变化,达到改善食品风味,拓展食品应用潜力的目的,随之产生的还有一些有毒和致癌物质。食品在加工过程中产生的主要毒

素包括：多环芳烃、杂环胺、美拉德反应产物、硝酸盐和亚硝酸盐、N-亚硝基化合物等。

(二)食物加工过程中产生主要毒素的危害

1. 多环芳烃

多环芳烃对人类和动物来说是一种强的致癌物质，由于入侵途径和作用部位不同，其对皮肤和机体各脏器，如肺、肝、食道、胃肠等均可致癌。此外，研究发现多环芳烃还有致畸性和遗传毒性。在小鼠和家兔试验中发现，多环芳烃的典型代表苯并芘能转运胎盘致癌活性，引发子代动物肺肿瘤和皮肤乳头状瘤，还可破坏卵母细胞，降低生育能力。

2. 杂环胺

杂环胺是前致突变物(或致癌物)，其只有被机体吸收，经过一系列代谢活化后才具有致癌和致突变作用。随食品进入机体的杂环胺很快被肠道吸收，并随血液分布到身体的大部分组织。研究表明，杂环胺具有遗传毒性、致癌性和心肌毒性。遗传毒性方面，杂环胺能诱发哺乳类细胞基因突变、染色体畸变、姐妹染色单体交换、DNA链断裂和程序外DNA合成等。动物试验表明，大多数杂环胺可与DNA共价结合形成杂环胺-DNA加合物，这类化合物是高度潜在的致突变物质。致癌方面，大多数杂环胺主要在肝脏中代谢转化，因此它们在肝脏中的含量最高，其致癌的主要靶器官也是肝脏，同时还可诱发其他组织器官的肿瘤。心肌毒性方面，杂环胺能让小鼠出现心肌组织灶性坏死、肌原纤维融化以及T小管扩张等病变，还可让猴出现心脏灶性损伤，细胞线粒体水肿和脊的密度消失、肌节排列紊乱等现象。

3. 美拉德反应产物

美拉德反应除形成褐色素、风味物质和多聚物外，还可形成许多杂环化合物。其中，有促氧化物和抗氧化物、致突变物和致癌物以及抗突变物和抗致癌物。在食品加工过程中，美拉德反应形成的一些产物具有较强的致突变性。由等摩尔还原性单糖和氨基酸组成的美拉德反应模型形成的许多产物在Ames检验中呈现致突变性。

4. 硝酸盐和亚硝酸盐

由硝酸盐和亚硝酸盐及其衍生物引起的对人体的危害主要表现为如下几个方面：①高铁血红蛋白血症。过量摄入硝酸盐能引起高铁血红蛋白血症，该病症经常发生在饮水中高硝酸盐含量地区。高铁血红蛋白血症的形成是由于人体内大量的亚硝酸盐与血液中血红蛋白结合，使高铁血红蛋白含量上升，从而造成机体组织缺氧。患者皮肤发绀、疲乏，甚至死亡。②婴儿先天畸形。亚硝酸盐能够透过胎盘进入胎儿体内，6 个月以内的胎儿对硝酸盐类特别敏感，对胎儿有致畸作用。③甲状腺肿。有研究认为高硝酸盐摄入能减少人体对碘的消化吸收，从而导致甲状腺肿。对于硝酸盐影响甲状腺功能的研究是近 30 年才开展的，以目前的研究来看，硝酸盐只能被认为是导致甲状腺肿的一种可能性物质，硝酸盐是否是人体甲状腺肿的直接病因，还有待进一步研究。④癌症。在适当条件下，亚硝酸盐可以和多种有机成分反应，如在使用亚硝酸盐作发色剂时，由于肉中含有大量的胺，亚硝酸盐与胺反应，生成亚硝基化合物。亚硝酸盐在胃肠道的酸性环境中也可以转化为亚硝胺，而这些亚硝基化合物均是致癌因子。

5. N-亚硝基化合物

N-亚硝基化合物是一种很强的致癌物质。目前，在已经检测的 300 种亚硝胺类化合物中，已证实有 90%至少可诱导一种动物致癌，其中乙基亚硝胺、二乙基亚硝胺和二甲基亚硝胺至少对 20 种动物具有致癌活性。目前，对膳食中 N-亚硝基化合物产生致癌性的阈值剂量还没有确定。N-亚硝基化合物的致癌性存在器官特异性，并与其化学结构有关。例如，二甲基亚硝胺是一种肝活性致癌物，同时对肾脏也表现出一定的致癌活性，苯基甲基亚硝胺对食管有特异性。N-亚硝基化合物还具有较强的致畸性，主要使胎儿神经系统畸形，包括无眼，脑积水，肋骨、脊柱畸形和少趾等。

二、烧烤食物中苯并芘的产生及预防

早在 1775 年英国外科医生波特就发现扫烟囱的童工阴囊癌发生率很高，他认为由于煤烟的机械刺激导致了阴囊癌并建议政府禁止使用童工清扫烟囱，使阴囊癌的发生率得到了控制。1930 年苯并芘在英国被分离出，它属于多环芳烃的一种，由于苯并芘是第一个被发现的环境化学致癌物，而且致癌性很强，所以苯并芘也常被用作多环芳烃毒性污染物的代表。含碳燃料及有机物热解的产物，煤、石油、天然气、木材等不完全燃烧都会产生苯并芘。而这些物质在工农业生产、交通运输和人民生活等方面都大量应用，因而导致了苯并芘的广泛污染。可以说各种动植物性食品都可能受到苯并芘的污染[12]。

(一)苯并芘的结构

苯并芘是一种由 5 个苯环构成的多环芳烃。常温下苯并芘为浅黄色针状结晶，可分为单斜晶或斜方晶，性质稳定，沸点为 310～320℃，熔点为 179～180℃，几乎不溶于水，易溶于环己烷、己烷、苯、甲苯、二甲苯、丙酮等有机溶剂，微溶于乙醇、甲醇。在常温下不与浓硫酸作用，但能溶于浓硫酸，能与硝酸、过氯酸、氯磺酸起化学反应，苯并芘在碱性条件下较稳定。用波长为 360 nm 的紫外线照射可产生典型的紫色荧光，其结构式如图 1-1 所示[13]。

图 1-1 苯并芘结构式

各国食品科学研究人员对烧烤食品中的苯并芘含量进行了测定，结果表明，多数烧烤食品中苯并芘的含量普遍存在超标现象。Ledesma 等[14]以 16 种西班牙烤香肠产品为研究对象，采用超声辅助固相萃取技术对样品进行处理，并用 GC-MS 检测苯并芘的含量，发现其中有 5 种样品的苯并芘含量超过了 2.0 μg/kg 的限量标准。

(二)烧烤食品中苯并芘的来源

烧烤食品中苯并芘的来源广泛，产生途径大致可分为 4 种。①燃料木炭的不完全燃烧使烟中含有大量的苯并芘，在高温下可能随烟雾侵入食品中，燃料产生的烟气越多，苯并芘的残留就越高，如烤鸭、烤羊肉(串)、烤肉、烤肠等，电烤的产品中苯并芘含量最少。②食品自身的化学成分(糖和脂肪)在烧烤时也会产生苯并芘，所以烧烤肉类食品的苯并芘含量较多，比如烤鱼的苯并芘含量可达 67.0 mg/kg[15]。③食品经高温炭化时，脂肪受高温作用导致裂解，产生一些自由基，这些自由基经过热聚合生成苯并芘[16]。④烧烤时，脂肪滴于炭火上发生焦化产生热聚合反应，极易形成苯并芘并附着于食物表面，这是烧烤食品中苯并芘的主要来源。焦糊食品中苯并芘的含量比普通食品增加 10～20 倍，如烤鱼时，烤焦的鱼表皮中苯并芘含量较多，可达 53.6～70.0 mg/kg[17]。

(三)烧烤食品中苯并芘的预防

随着生活水平日益提高，人们对食品质量与安全性要求也越来越高，严控烧烤食品中苯并芘的污染、苯并芘的生成以降低其对人体的危害具有重要的意义。烧烤食品中苯并芘主要是由于烧烤过程中产生的熏烟及烟熏温度过高所造成的，所以将熏烟进行净化处理、使用不含苯并芘的液体烟熏制剂或控制烟熏温度均可以减少苯并芘的生成[18]。此外，加热方法不同，苯并芘含量的差异也很大，用煤炭和木材烧烤的食品苯并芘的含量一般较高，所以可以采用电烤等方法来降低食品中苯并芘的含量。

三、烘烤油炸食物中反式脂肪酸的产生及预防

(一)反式脂肪酸的介绍

反式脂肪酸是指至少含有一个反式构型双键的脂肪酸，即碳碳双键上两个碳原子所结合的氧原子分别位于双键的两侧，空间构象呈线形，与饱和脂肪酸相似。

反式脂肪酸虽然也属于不饱和脂肪酸，但反式双键的存在使脂肪酸的空间构型产生了很大的变化，脂肪酸分子呈刚性结构，性质接近饱和脂肪酸。空间结构的改变使反式脂肪酸的理化性质也产生了极大改变，最显著的是焰点，一般反式脂肪酸的焰点远高于顺式脂肪酸，如顺式脂肪酸多为液态，熔点较低；而反式脂肪酸多为固态或半固态，熔点较高[19]。

(二)烘烤油炸食物中反式脂肪酸的产生

烘烤油炸作为目前国内外最常用的食品加工手段之一，其研究具有重要意义。随着烘烤油炸时间的延长，煎炸油发生很多复杂的物理化学变化，如氧化反应、水解反应、聚合反应等导致煎炸油品质的劣化。经过长期高温加热，油脂劣变，不仅破坏维生素 B，使维生素 A、维生素 E、维生素 D、维生素 K 及亚麻酸、亚油酸等必需脂肪酸氧化，还会使油脂颜色变深，黏度增加，导热下降，并产生杂环芳胺、多环芳烃及成分复杂的反式脂肪酸等有害物质，更严重者，油脂会裂解形成含醛基、羰基、酮基、羧基等的化合物，产生哈败味、肥皂味、辛辣味、油腻味等刺鼻或令人不愉悦的气味，影响油脂及油炸食品的感官品质[20]。烘烤油炸食物中反式脂肪酸的产生主要包括三个部分：①煎炸油选用氢化油。②油脂精炼过程中自身会产生反式脂肪酸。③油炸过程中的煎炸油会产生反式脂肪酸。

1. 油脂的氢化

油脂的氢化就是将氢加成到脂肪酸链的双键上，在此过程中一部分双键被饱和，另一部分双键发生位置异构或转变为反式构型(这部分产物即为反式脂肪酸)。反式脂肪酸的含量和种类由于氢化条件、氢化深度和原料中不饱和脂肪酸含量的不同而有较大差异，一般以反式油酸($trans$ $C_{18:1}$)为主[21]。有研究表明，受加工方式、加工条件、加工原料、食品类型、地域分布及生产商等诸多因素的影响，氢化油的反式脂肪酸含量一般为 5%～45%，高的可达 65%[22]。氢化工艺使植物油饱和度增加，由液态转化为半固态或固态，具有很好的塑性和口感，可适应特殊用途，如起酥油和人造奶油。油脂氧化后氧化稳定性提高，可延长食品的货架期[23]。

2. 油脂的精炼

植物油脂精炼脱臭过程中，油脂中的不饱和脂肪酸由于暴露在空气和高温环境中，易发生热聚合反应等化学变化而异构化生成反式脂肪酸。反式脂肪酸的形成量与脱臭温度、脱臭时间以及植物油的种类有关，脱臭温度越高、高温状态持续时间越长，反式脂肪酸的形成量也就越多[24]。有研究表明[25]，在大豆油和菜籽油脱臭过程中，当脱臭油温在245~257℃时，30%的亚麻酸发生异构化；当脱臭油温达到265~269℃时，37%的亚麻酸发生异构化，相当于各有2.97%~3.55%的反式异构体产生。

3. 油脂的煎炸

一些烘烤和油炸食品如油饼、丹麦馅饼、炸鸡、炸土豆条等食品中反式脂肪酸含量较高，其中有很大部分是由于烘烤油炸时使用了氢化油脂所致，其反式脂肪酸含量随氢化油用量和饱和度的不同而不同，还有部分反式脂肪酸是加工过程中由于热作用产生的。未添加氢化油脂的烘烤油炸食品中反式脂肪酸主要产生于加热过程，食物高温煎炸过程中，不饱和脂肪酸在高温环境中发生自动氧化，在链引发阶段中，不饱和脂肪酸双键旁边的碳失去一个氢，形成自由基，自由基发生共振，达到稳定状态即反式结构，这时自由基与氢自由基结合就形成了反式脂肪酸[26,27]。

4. 不恰当的烹调习惯

不恰当的烹调习惯，如将油加热至冒烟、长时间反复高温使用煎炸油等，都可能增加烹调油中反式脂肪酸的含量。植物油冒烟的温度通常大于200℃（如花生油201℃、大豆油208℃、玉米油216℃、菜籽油225℃），很多人在用植物油烹调食物时常常将油加热到冒烟，却不知这样会导致油脂中反式脂肪酸的产生；一些反复煎炸食物的油脂温度更是远高出油脂发烟的温度，因而煎炸油及油炸食品中所含的反式脂肪酸随油脂使用时间的延长而增加[20]。

(三)烘烤油炸食物中反式脂肪酸的预防

根据烘烤油炸食品中反式脂肪酸来源的不同，预防烘烤油炸食品中反式脂肪酸大量生成的措施主要有以下几点：

1. 选择相对合理的油炸条件

适当降低煎炸油的油炸温度、减少油炸时间以及避免反复长时间使用煎炸油等都可以在一定程度上降低油炸过程中反式脂肪酸的含量，同时还可以降低其他有害物质的生成量。研究表明，在连续反复使用的葵花油作为煎炸油的过程中有丙二醛、极性化合物、过氧化物、反式脂肪酸等有害物质的生成，研究还建议，间歇油炸过程中，煎炸油反复使用持续时间不宜超过 16 h，以避免有毒、有害物质甚至致癌物质的生成量达到阈值而对人体健康产生损害[28]。

2. 选择合适的煎炸油

煎炸油种类的选择非常重要，选择非氢化油作为煎炸油可以降低反式脂肪酸的生成量。此外，杨澄等[29]以常见油炸食品鸡柳作为原料，采用大豆油、山茶油和棕榈油作为煎炸油，对连续无添加新油的油炸模拟体系中反式脂肪酸的变化进行研究，发现其中反式脂肪酸的含量都有所增加，且增大的幅度为大豆油＞山茶油＞棕榈油，在一定程度上说明棕榈油比大豆油更适合作为煎炸油。

3. 采用先进技术

传统的食品加工技术，尤其是肉制品加工，多采用煎、炸、烤等加工工艺，由于美拉德反应而使产品具有特有的诱人的色、香、味，不仅符合中国饮食文化，更是深受消费者的喜爱。然而油炸等加工方式在带给食品诱人的色泽和风味的同时，还会产生苯并芘、杂环胺及反式脂肪酸等有害物质，且随着精加工时间延长，有害物质的产生量也越大。虽然适当降低油炸温度、缩短油炸时间并避免反复长时间使用煎炸油等可以在一定程度上降低油炸过程中部分反式脂肪酸的含量，但并不能从根本上消除油炸过程中有害物质反式脂肪酸的产生及其对油炸食品产生的不利影响。邵斌等[30]采用非卤煮、非高温烧烤、非烟熏禽肉加工技术对中国传统禽肉制品烧鸡进行加工，在较低的加工温度和较短的加工时间下保证传统烧鸡的色、香、味、形的同时，最大限度地降低了有害物质的产生，新工艺加工烧鸡的苯并芘及杂环胺含量远远低于采用传统工艺加工烧鸡中的含量。有学者在研究肉类传统加工方式的基础上，提出肉制品绿色制造技术的概念，采用优质原料，利用绿色化学原理及手段，将产品在生产链各阶段可能产生的危害降到最低，以达到经济效益和社会效益的协调优化，并对传统加工的禽肉制品、熏鱼及熏肉制品的绿色制造技术做出了阐述[31]。

四、N-亚硝基化合物致癌作用原理及预防

(一)N-亚硝基化合物的介绍

在许多国家，癌症已经成为一个主要的公共卫生问题。已有资料报道在美国每 4 人死亡就有 1 人是由于癌症导致的[32]。在中国，因肿瘤引起的死亡率也在急剧上升，2012 年统计表明在所有病因中肿瘤引发的致死率居第二位，仅次于心脑血管疾病[33]。引起机体患癌的物质广泛存在于自然界中，N-亚硝基化合物（N-nitroso compounds，NOCs）就是其中的一种，该物质广泛存在于环境以及动植物体内，如 Flower 等[34]的研究结果表明烟草烟雾中存在大量 NOCs。为了提高瓜

果蔬菜的产量，经常使用氮肥，这造成了瓜果蔬菜中高的硝酸根离子残留，这些残留的硝酸根离子通过食物链进入人体中后被转化为亚硝酸盐，成为人体内源 NOCs 合成的前体物质。在已知的 NOCs 家族中有超过 300 种物质具有致癌活性，并且其中 90%以上已经证实具有致癌性[35]，其强烈的致癌性引起了人们的广泛关注。

(二)N-亚硝基化合物的结构

NOCs 的分子结构通式为 $R_1(R_2)$＝N—N＝O，根据 R_1 和 R_2 基团的不同可分成 N-亚硝胺和 N-亚硝酰胺两大类。N-亚硝酰胺的 R_1 为烷基或芳基，R_2 为酰胺基，包括氨基甲酰基、乙氧酰基及硝咪基等。N-亚硝胺的 R_1 和 R_2 为烷基或芳基。对于 N-亚硝胺来讲 R_1 和 R_2 基团可以相同，也可以不同，相同时称为对称性 N-亚硝胺，否则为非对称性 N-亚硝胺。低分子量的 N-亚硝胺在常温下为黄色液体；高分子量的 N-亚硝胺多为固体[31]。

(三)N-亚硝基化合物致癌作用原理

NOCs 已被广泛证实具有致癌作用，而具有短脂肪链的 NOCs 通常导致癌症的风险更大[36]。诸多研究已证明 NOCs 具有间接或直接致癌作用，如 De Kok 等[37]对已有病例资料研究显示，发现肠炎患者体内 NOCs 合成速率增大，导致患者患结肠癌的风险增大。戴乾圜等[38]利用 DNA 碱稀释过滤法证明了 NOCs 等致癌剂能使 DNA 互补碱基对之间发生交联而导致细胞的癌变。Zhou 等[39]报道，用 100 mg/mL、400 mg/mL 的烟草特有亚硝胺处理人类支气管上皮细胞 7 d 后，均可见此类细胞发生恶性转化，这充分说明了 NOCs 能诱导支气管上皮细胞的恶性转化。

NOCs 对哺乳动物的器官致癌具有特异性。NOCs 诱导的主要器官是大脑、口腔、食道、胃、肠道、气管、肺、肝、肾、膀胱、胰腺、心脏和皮肤。如 N-亚硝基哌啶(1-nitrosopiperidine，NPIP)，能诱导哺乳动物的食管、鼻腔、肝和胃形成肿瘤；N-亚硝基二丁胺(N-nitrosodibutylamine，NDBA)能诱导哺乳动物的肺、食管、前胃和尿膀胱形成肿瘤[40]。与其他致癌物具有协同致癌也是 NOCs 致癌的特点，潘世宬[41]指出向田鼠器官内注入低于致癌剂量的苯并芘和氧化铁，田鼠并没有出现癌变现象，若同时在皮下注射少量的二乙基亚硝胺即可诱发田鼠的气管、支气管癌。NOCs 也可通过胎盘引起下一代动物的某些器官产生肿瘤，胡荣梅和马立珊[42]指出以不同给药途径使受孕的母鼠受到 NOCs 的冲击可使新生动物致畸，或存活一段时间后使不同的器官产生肿瘤。

已知在 NOCs 的两大类中，N-亚硝酰胺是直接致癌物，可以直接烷化 DNA，形成 DNA 加合物，而 N-亚硝胺是间接致癌物，但是亚硝胺如何引起癌变的机理有多种解释，代表性的论点包括以下几种：

1. 氧化脱氨作用

在 *N*-亚硝胺的亚硝基作用下 DNA 碱基中的氨基可氧化脱氧，以致妨碍 DNA 的代谢[43]。

2. 重氮烷作用

N-亚硝胺进入机体，经过羟化酶的作用转变为重氮烷，再通过烷基化或者氨甲酰化反应形成 DNA 加合物。图 1-2 所示为生理条件下诱导 *N*-亚硝基脲转化及致癌的一般机制[44]。

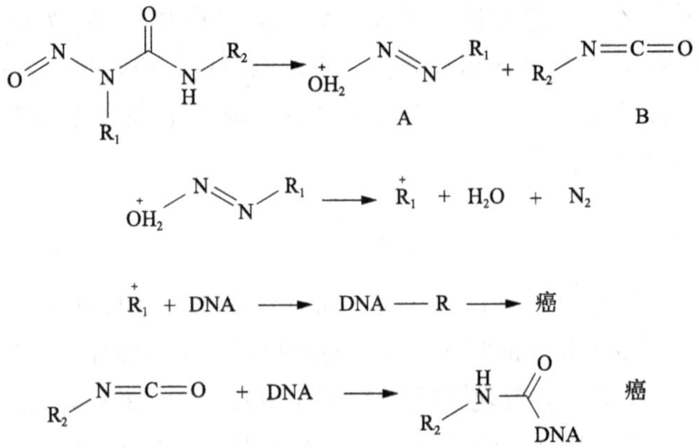

图 1-2　生理条件下诱导 *N*-亚硝基脲转化及致癌的一般机制
A. 烷基化反应；B. 氨甲酰化反应

3. 细胞色素 P450 酶的激活作用

N-烷基亚硝胺具有共同的诱变机制，都是通过细胞色素 P450 酶家族的代谢激活作用，不稳定代谢分解的产物变成了高度亲电物质，这种亲电物质与 DNA 反应形成烷基化的 DNA 碱基，烷基化 DNA 碱基导致 DNA 碱基对在复制过程中不匹配。图 1-3 为 *N*-烷基亚硝胺在细胞色素 P450 酶作用下典型的激活和转化途径[45,46]。

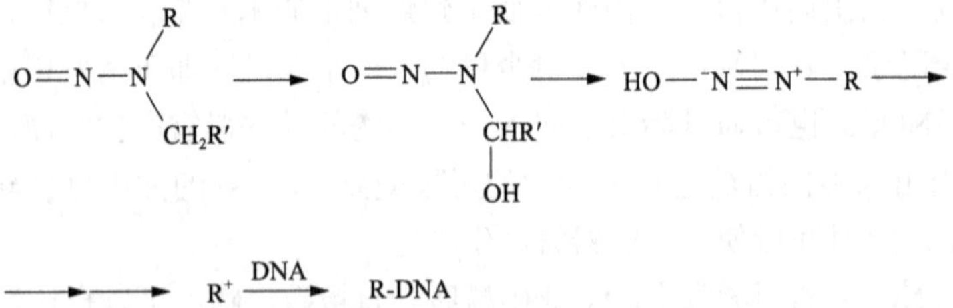

图 1-3　*N*-烷基亚硝胺在细胞色素 P450 酶作用下典型的激活和转化途径

(四)N-亚硝基化合物的预防

N-硝基化合物对人体具有强烈的致癌作用，因而预防 NOCs 就显得尤为重要。现今，对 NOCs 的预防主要包括体外和体内两部分。

1. NOCs 的体外降解

NOCs 的体外降解包括阻断和降解，其中 NOCs 的降解主要有吸附降解、高温裂解、紫外照射降解、氧化剂氧化裂解等方式。

吸附降解目前研究较多的是采用沸石吸附消除 NOCs。沸石分子筛是具有形状选择性的多孔性材料，是一种高效吸附剂，在石油化工和精细化工中应用比较广泛。NOCs 在 H^+ 型与 Na^+ 型沸石上分别是以酸催化及自由基热裂化进行裂解反应的，沸石上的质子酸中心是沸石催化降解 NOCs 的活性中心，ZSM-5 沸石能够从溶液中强吸附 N-亚硝基吡咯烷(N-nitrosopyrrolidine，NPYR)，这将有利于沸石在环境保护中消除 NPYR 所产生的污染[47]。除了沸石外，活性炭也可吸附一定量的 NOCs，如 Bombick 等[48]研究了一种含有活性炭的滤嘴对卷烟气相成分的吸附作用，结果表明该滤嘴对卷烟气相成分中特有的 N-亚硝胺物质具有较高吸附率。

高温裂解是指 NOCs 中 N—N≡O 基团在水性有机酸存在的情况下，通过加热或者紫外照射，能生成相应的二级胺和亚硝酸[49]。加热使 NOCs 降解的原因是亚硝胺官能团 N—N≡O 中 N—N 键通常比 C—H、C—C、C—N 键弱，能在 300℃左右热解过程中被断开。鉴于此人们尝试用高温催化法去除烟气中的 N-亚硝胺，当卷烟燃烧时，高温活化催化剂，使 N-亚硝胺瞬时催化降解，从而达到降低毒性的效果[50]。

紫外照射降解 NOCs 的原理是利用羟基自由基(一种非选择性和强大的氧化剂)去碰撞亚硝胺。在 253.7 nm 紫外线照射、过氧化氢存在的情况下产生相应的二级胺和亚硝酸。影响 NOCs 降解的主要因素包括过氧化氢量、紫外线照射强度、pH、溶液中的无机阴离子。大部分浓度为 0.1 mol/L 的亚硝胺在有过氧化氢存在和紫外线照射条件下 1 h 都能被降解，极少数的如 N-亚硝基二苯胺(N-nitrosodiphenylamine，NDPhA)需要在 25 μmol/L H_2O_2，pH 7.0，120 min 条件下才能降解[51]。

氧化剂氧化裂解 NOCs，是一个极其复杂的氧化还原反应过程，并伴随着一系列副产物的生成。羟自由基撞击是臭氧氧化降解 NOCs 的机理，羟自由基撞击胺氮和甲基生成甲胺；羟自由基撞击亚硝酰氮生成二甲胺。而在臭氧的氧化过程中还伴有铵的生成，这可能是由于甲胺在羟基存在下降解产生的，而氧化分解后甲胺、二甲胺和铵的量比例随着臭氧量的变化而变化[52]。

2. NOCs 的体外阻断

减少 NOCs 对人体危害最好的办法就是在形成前去除前体物质,阻断其合成来达到防癌的目的。阻断是通过阻断 NOCs 的形成途径,降低其浓度,从而达到去除效果,这个过程发生在 NOCs 形成之前。研究表明一些天然产物在体内外对 NOCs 的合成都具有阻断作用,如咖啡因、胱氨酸、组氨酸、半胱氨酸、丙氨酸、甘氨酸、三肽、谷胱甘肽及一些食品抗氧化剂[53]。在抗氧化剂中维生素 C 已被广泛地证实具有阻断 NOCs 合成的效果。维生素 E 也被证实对亚硝胺具有较好的阻断作用,而维生素 C 在所有可阻断 NOCs 的物质中是最有效的,当其分子浓度 2 倍于亚硝酸盐时,可完全阻断 NOCs 的生成,无论是在机体内还是在食品中皆能起阻断效果[54,55]。

除了上述一些天然产物和抗氧化剂外,诸多的研究者通过在体外模拟人胃液条件下,研究了部分果蔬及其提取物对 NOCs 的体外合成的抑制实验,证明了这些物质具有阻断 NOCs 的合成作用和抑制变异原作用[56]。这些物质之所以能够抑制 NOCs 的合成,主要是含有抗坏血酸、黄酮类、多酚类、硫化物等。抗坏血酸对 NOCs 的阻断机理可能是通过还原亚硝化试剂如亚硝酸生成 N_2 和 NO,或者清除亚硝基阳离子(NO^+)来实现对 NOCs 的生成阻断。表 1-2 中列举了一些可阻断 NOCs 合成的果蔬和某些天然产物及其对 NOCs 的阻断率。

表 1-2　部分果蔬及提取物对 NOCs 合成的阻断作用

阻断剂	阻断对象	阻断率(最大值)/%	文献来源
琯溪蜜柚果皮提取物	NDMA	95.50	[57]
连苯三酚	NDEA	>80.00	[58]
黑大豆种皮花色苷	NDMA	85.90	[59]
槲皮素-锌(Ⅱ)	NDMA	91.70	[60]
山楂	NDMA	95.97	[61]
生姜全液	NDEA	86.00	[62]
葱头	NDMA	77.91	[63]
鲜马齿苋汁	NDMA	70.40	[64]
芫荽籽	NDMA	91.50	[65]
竹叶提取物	NDMA	92.86	[66]
玉米须提取物	NDMA	92.76	[66]
薷头	NDMA	82.40	[67]
苦瓜汁	NDMA	54.70	[67]
大蒜汁	NDMA	50.50	[67]
大白菜	NDMA	84.83	[62]
韭菜子	NDMA	87.85	[65]

3. NOCs 的体内抑制研究

在体内如何抑制 NOCs 合成这个问题上，研究人员主要将研究方向集中在食用果蔬、中草药及其提取物对 NOCs 合成的抑制，这符合现代人追求饮食健康以及食疗的理念。流行病学研究表明山东居民食大蒜的量与胃癌死亡率呈显著负相关，同时体外实验也表明大蒜素具有抑制 NOCs 合成的作用[68]，这说明食用大蒜后，进入人体内的大蒜素等物质可以抑制 NOCs 的合成。而体内抑制 NOCs 的效果主要是以血清谷丙转氨酶为评价指标。在体内酸性环境中，仲、叔胺类与亚硝胺盐反应形成强致癌物 NOCs，NOCs 通过血液循环进入肝细胞中，破坏肝细胞，致使肝组织中的谷丙转氨酶进入血液。吴春和黄梅桂[60]的研究表明给药组血清谷丙转氨酶较对照组明显降低，其中高剂量组血清谷丙转氨酶接近正常组，且槲皮素-锌(II)配合物的浓度与血清谷丙转氨酶的量存在剂量效应关系。金长炼等[69]的研究表明洋虫除了清除具有亚硝酸钠及阻断二甲基亚硝胺合成作用外，可能还有很强的保护肝组织，降低血清谷丙转氨酶的作用途径。

第三节　食品添加剂对食品的污染

一、食品添加剂的种类及危害

(一)食品添加剂的定义

国际上，对食品添加剂的定义目前尚无统一规范的表述，广义的食品添加剂是指食品本来成分以外的物质。

我国《食品添加剂使用标准》(GB 2760—2014)将食品添加剂定义为："为改善食品品质和色、香、味，以及为防腐和加工工艺的需要而加入食品中的化学合成或者天然物质。营养强化剂、食品用香料、胶基糖果中基础剂物质、食品工业用加工助剂也包括在内"。

联合国粮农组织(FAO)和世界卫生组织(WHO)共同创建的食品法典委员会(CAC)颁布的《食品添加剂通用法典》(Codex Stan 192—1995，2010 年修订版)规定："食品添加剂指其本身通常不作为食品消费，不用作食品中常见的配料物质，无论其是否具有营养价值。在食品中添加该物质的原因是处于生产、加工、制备、处理、包装、装箱、运输或储藏等食品的工艺需求(包括感官)，或者期望它或其副产品(直接或间接地)成为食品的一个成分，或影响食品的特性。该术语不包括污染物，或为了保持或提高营养质量而添加的物质"。

(二)食品添加剂的种类及应用

1. 食品防腐剂

微生物引起食品变质可分为：细菌繁殖造成的腐败，霉菌代谢导致的食品霉变和酵母菌分泌的氧化还原酶促使的食品发酵。

(1)食品防腐剂的分类。食品防腐剂一般分为四大类：酸性防腐剂、酯型防腐剂、无机盐防腐剂和生物防腐剂。

(2)食品防腐剂的作用机理。食品防腐剂对微生物的抑制作用是通过影响细胞亚结构而实现的，这些亚结构包括细胞壁、细胞膜、与代谢有关的酶、蛋白质合成系统及遗传物质。由于每个亚结构对菌体而言都是必需的，因此食品防腐剂只要作用于其中的一个亚结构便能达到杀菌或抑菌的目的。

常用食品防腐剂有苯甲酸及盐、山梨酸及盐、对羟基苯甲酸酯(尼泊金酯)、食品杀菌剂和漂白粉等。

2. 食品抗氧化剂

抗氧化剂是防止或延缓食品氧化，提高食品的稳定性和延长储存期的物质。食品抗氧化剂主要分为以下几类：

(1)油溶性抗氧化剂。用于含油脂食品，主要有丁基羟基苯甲醚、没食子酸丙酯、维生素E等。

(2)水溶性抗氧化剂。用于食品护色，主要有抗坏血酸及盐等。

(3)维生素E。又称生育酚，天然维生素E有7种异构体，作为抗氧化剂使用的是7种异构体的混合物。

(4)其他。还有天然抗氧化剂，如芝麻、米糠素、棉花素、红辣椒中含有抗氧化成分。抗坏血酸水溶性大，在饮料等非油性食品中广泛应用。茶多酚抗氧化性是维生素E的十倍以上，可从茶叶中提取。植酸可用作抗氧化剂、稳定剂、保鲜剂，从玉米、米糠或小麦中提取。

3. 营养强化剂

营养强化剂的目的包括复原、补偿损失的营养素；强化和标准化营养素；维生素化营养素。营养强化剂主要分为维生素、氨基酸、无机盐和脂肪酸四大类，其选择和使用包括以下三点：

(1)氨基酸类——有赖氨酸和牛磺酸，赖氨酸有两种产品，为赖氨酸盐和赖氨酸天冬氨酸盐，后者有异味。牛磺酸是一种氨基磺酸，对婴幼儿的大脑和视神经发育起非常重要的作用，还具有排毒和抗氧化的作用。

(2)维生素类营养强化剂——包括维生素A、D、E、B_1、B_2、B_6、B_{12}、C、K、烟酸、胆碱、肌醇、叶酸、泛酸和生物素等15种。

(3)矿物质类营养强化剂——分为常量元素和微量元素。常量元素有Ca、P、

Mg、K、Na、Cl、S 等 7 种。微量元素有 Fe、Zn、Cu、Mn、I、Mo、Co、Se、Cr、Ni、Sn、Si、F、V 等 14 种。

4. 脂肪类营养强化剂

脂肪类营养强化剂主要有三类：亚油酸、亚麻酸和花生四烯酸。玉米胚芽油、葵花籽油中富含亚油酸，亚麻酸产自深海鱼油中，有腥味。花生四烯酸是最近开发的一种人体不能直接合成的不饱和脂肪酸，有促进脂肪代谢，降低血脂、血糖、胆固醇的作用。

5. 食品调味剂

在食品中加入调味剂，可改善人们对食品的感觉，使食品更加美味可口，主要包括鲜味剂、酸味剂、甜味剂、咸味剂、苦味剂等。

(1)鲜味剂。以谷氨酸钠(味精)为主，近年来核苷酸类也在迅速发展，包括肌苷酸、核酸核苷酸、鸟苷酸、胞苷酸及盐类。

(2)酸味剂。常用酸味剂有柠檬酸、苹果酸、酒石酸、乳酸、磷酸。

(3)甜味剂。甜味剂分营养性甜味剂和非营养性甜味剂。凡是能产生甜味的物质称为甜味剂。常用甜味剂有天苯甜(也称甜味素或天冬甜素)、甘草(甘草甜素)、甜菊苷及其他甜味剂。

(三)食品添加剂的危害

近年来从各种新闻报道中已知，不断发生的食品安全事件，引起了消费者的恐慌不安，我国食品安全存在以下常见的问题：

1. 超量使用面粉处理剂(防腐剂和甜味剂)

为使面粉增白增韧劲，过量使用过氧化苯甲酰和溴甲酸。在乳饮料、果味饮料中加入过量的甜味剂和防腐剂(主要有糖精钠和甜蜜素)，对儿童和青少年造成极大的危害。

2. 超范围使用合成色素、防腐剂

主要使用在肉制品(合成色素、苯甲酸防腐剂)，豆制品(苯甲酸防腐剂)，炒制品(石蜡、矿物油)，葡萄酒(合成色素及甜味素)，乳制品(山梨酸防腐剂、二氧化钛白色素、防霉剂)等。

3. 部分标识不明确

一部分企业在使用食品添加剂如合成色素、防腐剂和甜味剂等添加剂时，没有在食品标签中标注清楚，或标注量明显比加入量少等，损害消费者权益。

由于食品添加剂毕竟不是食物的天然成分，少量长期摄入也有可能存在对机体的潜在危害。随着食品毒理学方法的发展，原来认为无害的食品添加剂近年来发现可能存在慢性毒性和致畸、致突变、致癌的危害。由这儿年食品安全事故来看，大部分原因是不法商人为谋取利益而掺杂作假，非法使用食品添加剂，给消费者身心都造成了伤害。因此，国家相关部门应对此给予充分的重视，加强市场管理，保障食品安全，给消费者一个安全、放心的消费环境，而目前国际、国内对待食品添加剂均持严格管理，加强评价和限制使用的态度。

二、食品防腐剂毒性分析

合成的食品防腐剂，往往具有一定的毒性，这种毒性不仅由物质本身的结构和性质所决定，而且与浓度、作用时间、接触途径与部位、物质相互作用与机体体能状态有关。通常毒性是相对于个体而言的，不论毒性强弱，对人体都有一个剂量-效应关系和剂量-反应关系，有毒与无毒之间无法确定截然的界限。只有达到一定浓度或剂量水平，才显示出毒害作用。日容许摄入量(ADI)值是国内外评价食品添加剂安全性的首要和最终依据，ADI 值越大，说明该种防腐添加剂的毒性就越低。

如对健康群体而言，首先，少量的苯甲酸和苯甲酸钠经人体可以变成无害的马尿酸，随着尿液排出体外，但如摄食量大或超标，苯甲酸和苯甲酸钠将会影响肝脏酶对脂肪酸的作用。其次，苯甲酸中过量的钠对人体血压、心脏、肾功能也会产生影响，特别对心脏、肝、肾功能弱的人群苯甲酸和苯甲酸钠的摄食是不适合的。山梨酸和山梨酸钾毒性很低，其毒性是食盐的二分之一，是国际上公认的安全防腐剂。一般而言，山梨酸和山梨酸钾的适量使用和食用，对身体健康的人无害而且会适量增加体内血钾浓度，或人体自动将多余的钾排出体外。但钾的功能常与钠相联系，因此肾病患者由于代谢问题则需避免摄取过量的钾[69]。正是基于上述原因，我国出口的食品及调味品中，外商大多不允许添加苯甲酸钠及山梨酸钾。

丙酸钠和丙酸钙毒性均很低(与食盐相当)，但由于钠过量对人体会产生不良影响，实际使用中多采用丙酸钙。双乙酸钠的毒性比丙酸钙要低，其毒性来源主要考虑的也是钠对人体的影响。

乳酸链球菌素是一种由 34 个氨基酸组成的多肽，食用后在人体消化道中很快被蛋白水解酶降解为多种氨基酸而作为营养成分吸收，不影响人体益生菌，不改变消化道内正常菌群。乳酸链球菌素不会引起服用其他抗生素所出现的抗药性，更不会与其他抗生素出现交叉抗性。对乳酸链球菌的微生物毒性研究表明，无微生物毒性或致病作用，其安全性很高，ADI 值为 0～33000IU/kg(FAO/WHO, 1994)。纳他霉素属多烯大环酯类，比乳酸链球菌素有更高的安全性，无微生物毒性或致病作用。

三、食品抗氧化剂毒性分析

食品抗氧化剂用于防止油脂和富脂食品的氧化酸败，以及由氧化所导致的褪色、褐变、维生素破坏等，主要有天然和人工合成 2 类。天然抗氧化剂是从天然植物中提取的一类抗氧化剂，如维生素 A、维生素 C、维生素 E 和多酚类化合物等。常用的人工合成抗氧化剂有叔丁基对苯二酚(TBHQ)、丁基羟基茴香醚(BHA)、2,6-二叔丁基对甲苯酚甲苯(BHT)和没食子酸丙酯(PG)，几种抗氧化剂可单独使用也可混合使用，这几种抗氧化剂均有毒性。随着科学的进步和人们健康意识的提高，合成抗氧化剂的安全性已越来越受到人们的关注，开发利用天然抗氧化剂已成为当今食品科学的发展趋势[70]。

　　长期的实践应用表明，在食品中添加抗氧化剂十分讲究配合和用量问题，只有做到配合得当、用量适宜，才能使其更好地发挥作用。以 BHA 为例，0.02%比0.01%的用量在效果上提高 10%左右，超过 0.02%的用量，则效果反而下降；而两种或两种以上抗氧化剂混合使用，比单一使用的效果更好，这是多种抗氧化剂协同效应的结果。同样，氧化剂和辅助抗氧化剂共同使用，也可提高抗氧化能力。BHA、BHT、PG 和 TBHQ 热稳定性差，在 80℃以上的热油中极易挥发失效。BHA、BHT 毒副作用较大，对人体肝、脾、肺等均有不利影响，抗氧化效率低、抑菌效果差；TBHQ 的急性毒性属于低毒级，具有弱雌激素样效应，过量食用 TBHQ 也可能对人体产生毒害作用。因此，这些合成抗氧化剂的应用范围有很多局限性，欧盟和日本等已经限制进口使用人工合成抗氧化剂加工的食品等产品[71]。

四、主要的人工色素毒性分析

　　色素是食品中能够吸收或反射可见光进而使食品呈现各种颜色的物质，可分为食用天然色素和食用合成色素两大类。按着色剂的溶解性可分为脂溶性着色剂和水溶性着色剂。

(一)合成色素毒性分析

　　食用合成色素指用人工合成方法制得的有机色素，原料主要是化工产品。按化学结构可将合成色素分为偶氮类和非偶氮类两类，目前世界各国允许使用的合成色素几乎都是水溶性色素。在许可使用的食用合成色素中，还包括它们各自的色淀，是指由水溶性色素沉淀在许可使用的不溶性基质(通常为氧化铝)上制备的特殊着色剂。食用合成色素对人体的毒性可能有 3 个方面，即一般毒性、致泻性与致癌性。它们的致癌机制一般认为与偶氮结构有关，偶氮化合物在体内进行生物转化形成芳香胺化合物，经代谢活化可转变成易与大分子亲核中心结合的终致癌物。许多合成色素除本身或代谢产物具有毒性外，在生产过程中还可能混入有害金属和有毒的中间产物，因此必须严格管理，严格规定食用色素的生产单位、种类、纯度、规格、用量及使用范围等。由于安全性问题，各国实际使用的合成色素品种正逐渐减少，目前普遍使用的品种安全性均较好。我国《食品添加剂使用标准》(GB 2760—2011)列入的合成色素有胭脂红、苋菜红、日落黄、赤藓红、柠檬黄、新红、靛蓝、亮蓝等。与天然色素相比,合成色素颜色更加鲜艳,不易褪色,价格较低。

(二)天然色素毒性分析

食用天然色素大多来自天然可食资源,主要由植物组织提取,也包括来自动物和微生物的一些色素,品种甚多,可分为吡咯类、多烯类、酮类、醌类和多酚类等。天然着色剂色彩受金属离子、水质、pH、氧化、光照、温度的影响,一般较难分散,染着性、着色剂间的相溶性较差,且价格较高。虽然它们的稳定性一般不如人工合成品,但由于人们对其安全感较高,故近年来发展迅速,各国允许使用的品种和用量均在不断增加。但天然色素也不是绝对安全,植物的病虫害、喷洒的农药残留等,在提取天然色素时,通常会被带入污染食品,所以同样需要严格审批管理,保证质量和安全。常用的天然着色剂有辣椒红、甜菜红、红曲红、胭脂虫红、高粱红、叶绿素铜钠、姜黄、栀子黄、胡萝卜素、藻蓝素、可可色素、焦糖色素等。此外,还有人将人工合成的化学结构与自然界中的品种完全相同的有机色素归为第三类食用色素。即天然等同色素,如 β-胡萝卜素等。

五、食品添加剂的合理使用

(一)食品添加剂使用时应符合的基本要求

(1)不应对人体产生任何健康危害。
(2)不应掩盖食品腐败变质。
(3)不应掩盖食品本身或加工过程中的质量缺陷或以掺杂、掺假、伪造为目的而使用食品添加剂。
(4)不应降低食品本身的营养价值。
(5)在达到预期目的前提下尽可能降低在食品中的使用量。

(二)可使用食品添加剂的情况

(1)保持或提高食品本身的营养价值。
(2)作为某些特殊膳食用食品的必要配料或成分。
(3)提高食品的质量和稳定性,改进其感官特性。
(4)便于食品的生产、加工、包装、运输或者储藏。

(三)食品添加剂质量标准

按照标准 GB 2760—2011 使用的食品添加剂应当符合相应的质量规格要求。

（四）带入原则

在下列情况下食品添加剂可以通过食品配料（含食品添加剂）带入食品中。

（1）根据食品添加剂使用标准，食品配料中允许使用食品添加剂。

（2）食品配料中添加剂的用量不应超过允许的最大使用量。

（3）应在正常生产工艺条件下使用这些配料，并且食品中添加剂的含量不应超过由配料带入的水平。

（4）由配料带入食品中的添加剂的含量应明显低于直接将其添加到该食品中通常所需要的水平。

第四节　保健食品安全

一、保健食品的概念及分类

保健食品在我国有着悠久的历史，自古就有"药食同源"之说。最近几十年来，随着人民生活水平的提高和生命科学的迅速发展，公共卫生事业有效控制了各种传染病，而与饮食、生活习惯相关的一些慢性疾病增多。2011 年 7 月 26 日，世界银行、中国卫生部联合发布的《创建健康和谐生活：遏制中国慢性病流行》报告称慢性病已成为头号健康威胁，占死亡人数比例超过 80%，占国家疾病总负担的比重达到 68.6%[72]。这种疾病模式的改变，促使人们增强了预防疾病的保健意识，并重新认识饮食营养与身体健康的关系，认识到通过不同营养来调节机体功能，预防疾病，从而促使保健食品在世界范围内迅速崛起，名目繁多的保健食品应运而生，且品种和数量不断增长。截至 2019 年 7 月 22 日，我国注册批准保健食品数量为 11402 个，其中国产保健食品 10754 个，进口保健食品 648 个[73]。

（一）保健食品的概念及特征

1. 保健食品的概念

国际上至今尚无对保健食品统一的说法，从广义上讲，保健食品（或称功能性食品）是指组成人们通常所吃膳食以外的一些传统与非传统食品（或其成分），而且消费者希望通过食用这些保健食品来增强体质，改善机体生理功能乃至预防疾病。我国 1997 年由国家技术监督局批准的《中华人民共和国保健（功能）食品通用标准》规定"保健食品是食品的一个种类，具有食品的共性，能调节人体功能，适于特定人群食用，不以治疗疾病为目的。2016 年 7 月 1 日正式实施的《保健食品注册与备案管理办法》严格定义：保健食品是指声称具有特定保健功能或者以补充维生素、矿物质为目的的食品，即适宜于特定人群食用，具有调节机体功能，不以治疗疾病为目的，并且对人体不产生任何急性、亚急性或者慢性危害的食品。"[74,75]

2. 保健食品的特征

保健食品的特征[73]如下：

(1) 保健食品首先必须是食品，具备食品的基本特征，即无毒、无害，具有色、香、味等感官性状，符合食品应有的营养要求。

(2) 与普通食品相比，保健食品需具备特定的保健功能。

(3) 保健食品是针对特定的人群而设计的。不同于一般食品适用于所有人群，如减肥保健食品只适宜肥胖人群使用，延缓衰老的保健食品只适宜中老年人食用等。

(4) 保健食品与药品不同，主要目的是调节机体功能，而不是以治疗为目的，不能代替药物使用。

(5) 保健食品主要由功效成分和营养素或者主要由营养素构成，但是营养素的种类和含量没有统一的规定。

(6) 保健食品的产品属性既可以是传统的食品属性，如酒、饮料等，也可以是胶囊、片剂等新的食品属性。

(二) 保健食品的分类[76]

世界各国对保健食品的分类不尽相同，我国对保健食品规范时间较迟，通常按保健食品的功能和服用对象、按保健食品的产品形式和按保健食品成分或原材料等方式进行分类。

1. 按保健食品的功能和服用对象分类

保健食品根据功能和服用对象，可分为两大类：一类是以健康人为服务对象，目的是增进人体健康和各项机能。这类保健食品通常根据不同的健康消费群如婴儿、中老年人、学生、孕妇等的生理特点和营养机能控制的需要而设计，旨在促进生长发育和维持机能，如延缓衰老、抗疲劳、增智等；另一类是供健康异常人服用，以防病、治病为目的的"特种保健食品"，即疗效食品，它强调食品在预防疾病和促进康复方面的调节功能，以解决所面临的"饮食与健康"问题，目前，国际上多热衷研究开发的此类保健食品主要有降血脂食品、降血糖食品、减肥食品、抗肿瘤食品等。

2. 按保健食品的产品形式分类

保健食品产品形式除了具有一般食品所固有的外形外，还有丸、丹、膏、散、片剂、口服液等不同剂型。

3. 按保健食品成分或原材料分类

按保健食品成分或原材料分类，可以分为：

(1)营养素补充剂

这类保健食品中含有人体易缺乏的一种或数种营养成分，如维生素类、微量元素类等。这种营养补充剂能针对性地补给人体所缺乏的营养素，能避免或预防因人体缺乏某种营养成分所导致的疾病，但不以补充能量为目的。

(2)中药型保健食品

中药型保健食品是根据保健食品的功能及应用范围，以中医药学理论和中药或中药提取物为主要原料制成的保健食品。

(3)微生态型保健食品

微生态型保健食品中含有一种或多种有益身体的益生菌，可以降解体内各种毒素和废物含量，合成维生素等营养成分，有利于补充体内营养，并可防止多种慢性病及老年病的发生。此类保健食品对活菌的纯度、数量以及使用有效期限要求严格，储存条件要求较高，一旦达不到质量要求，容易发生不良反应。

(4)活性成分型保健食品

活性成分型保健食品是主要从龟、鳖、蛇、蚁、虫、鲨、鱼等陆地或海洋动物中提取活性成分制成的保健食品。这类保健食品富含营养成分，并具有特有的活性成分，对特定的人群具有较明显的保健功能。例如蛇粉、鳖精、鱼油等。

(5)添加剂型保健食品

添加剂型保健食品是在日用食品中添加某些活性成分如活性油脂、生物抗氧化剂、活性多肽等制成的保健食品。

(6)混合型保健食品

混合型保健食品是集营养成分、中药成分、微生态成分之中二者或者三者于一体的保健食品。

二、国产保健食品的功能及常用原材料

(一)保健食品的功能[77]

2016 年国家食品药品监督管理局关于保健食品的申报功能为 27 项，如表 1-3 所示。

表 1-3 保健食品申报功能表

序号	功能	序号	功能
1	增强免疫力	15	减肥
2	辅助降血脂	16	改善生长发育
3	辅助降血糖	17	增加骨密度
4	抗氧化	18	改善营养性贫血
5	辅助改善记忆	19	对化学性肝损伤的辅助保护作用
6	缓解视疲劳	20	祛痤疮
7	促进排铅	21	祛黄褐斑
8	清咽	22	改善皮肤水分
9	辅助降血压	23	改善皮肤油分
10	改善睡眠	24	调节肠道菌群
11	促进泌乳	25	促进消化
12	缓解体力疲劳	26	通便
13	提高缺氧耐受力	27	对胃黏膜损伤有辅助保护功能
14	对辐射危害有辅助保护功能		

郭洁等[78]根据国家食品药品监督管理总局网站上公布的信息,对 2012~2016 年期间我国注册的保健食品功能声称进行了统计,结果发现,增强免疫力类保健食品注册数目最多,占所有保健食品的 45.32%。其他保健食品功能声称由多到少依次为缓解体力疲劳、辅助降血脂、增加骨密度、改善睡眠、对化学性肝损伤的辅助保护作用和辅助降血糖等。这 7 类功能声称保健食品的 5 年内注册数目大于 100 个,且同时申报增强免疫力和缓解体力疲劳两项功能的保健食品注册数目为 117 个。7 类功能声称保健食品均占当年所有保健食品(营养素补充剂不计入内)注册数目的 80%左右。由此可见,这 7 类保健食品可代表当下保健食品市场的主要类别。

(二)保健食品的功效成分[78]

保健食品中真正起生理作用的成分称为功效成分,或称活性成分、功能因子,是保健食品的关键。美国要求在被认为是"健康食品"的标签上,列出起作用的功效成分及其具体含量。目前我国已确认的功效成分主要包括以下几类。

(1)活性多糖,包括膳食纤维、抗肿瘤多糖、降血糖多糖等。

(2)功能性甜味剂,包括功能性单糖(D-果糖、L-果糖、L-木糖、L-葡萄糖、L-半乳糖等),功能性低聚糖(低聚乳糖、低聚龙胆糖、低聚半乳糖),多元糖醇(山梨醇、木糖醇、麦芽糖醇、乳糖醇和氢化淀粉水解物等)和强力甜味剂(甜菊糖、甜菊双糖和三氯蔗糖等)。

（3）功能性油脂，包括多不饱和脂肪酸[二十二碳六烯酸(DHA)，又称脑黄金、二十碳五烯酸(EPA)、亚油酸、亚麻酸、花生四烯酸(AA)等]、油脂替代品(麦胚油、米糠油、玉米油、红花油、大豆磷脂和大豆卵磷脂等)、磷脂、胆碱等。

（4）自由基清除剂，包括非酶类清除剂(维生素 E、维生素 C、β-胡萝卜素等)，酶类清除剂(例如超氧化物歧化酶 SOD)。

（5）维生素，包括维生素 A、维生素 E、维生素 C 等。

（6）微量活性元素，包括硒、锗、铬、铁、铜、锌等。

（7）氨基酸、肽与蛋白质，包括牛磺酸、谷胱甘肽、降血压肽、促进钙吸收肽、易消化吸收肽、免疫球蛋白等。

（8）乳酸菌，特别是双歧杆菌等。

（9）其他活性物质，例如二十八烷醇、植物甾醇、黄酮类化合物、多酚类化合物、皂苷等。

（三）国产保健品常用原材料

保健食品的成分主要有以下两个来源：一是通过提取或合成人体所需营养素或其他生物活性成分来改善机体功能，如植物提取或人工合成的化学物质等；二是利用"药食同源"的理论进行组方，并用现代加工技术提取和加工成具有特定保健功能的食品。

2002 年 3 月，卫生部发出了《进一步规范保健食品原料管理》的通知，确定了"保健食品禁用物品名单""可用于保健食品的物品名单""既是食品又是药品名单"，对保健食品的原料取用范围作了明确规定。

郭洁等[78]查询了我国 2012～2016 年占保健品市场 80%的 7 类常见功能声称的保健品的原料表，如表 1-4 所示。

表 1-4　常见功能声称保健食品原料表

功能	原料名称
增强免疫力	灵芝、枸杞子、西洋参、黄芪、人参、红景天、淫羊藿、茯苓、当归、三七、黄精、马鹿茸、辅酶 Q_{10}、山药、女贞子、铁皮石斛、熟地黄、松花粉
缓解体力疲劳	灵芝、枸杞子、西洋参、黄芪、红景天、牛磺酸、蝙蝠蛾拟青霉菌、丹参、马鹿茸、阿胶、刺五加、巴戟天、松花粉、山茱萸、淫羊藿、玛咖粉、蜂王浆、三七
辅助降血脂	银杏叶、三七、山楂、绞股蓝、荷叶、纳豆、丹参、大豆磷脂、红曲、鱼油、蜂胶、决明子
增加骨密度	硫酸软骨素、马鹿茸、熟地黄、巴戟天、氨基葡萄糖、大豆异黄酮、淫羊藿、碳酸钙、胶原蛋白、骨碎补、牦牛骨粉、杜仲、补骨脂
改善睡眠	酸枣仁、五味子、茯苓、天麻、褪黑素、灵芝、刺五加
对化学性肝损伤有辅助保护功能	葛根、枳椇子、蜂胶、灵芝、红景天、葡萄籽、山楂、丹参、绞股蓝、栀子、姜黄、L-半胱氨酸、松花粉
辅助降血糖	蜂胶、葛根、银杏叶、吡啶甲酸铬、决明子、麦冬

三、保健食品的安全风险及对人体健康的危害

随着人民生活水平的日益提高，保健食品越来越受到消费者的青睐。保健食品从 2001 年的 175 亿元发展到 2018 年成为超过 2000 亿元的巨大产业。然而，2019 年 1 月天津权健集团被曝的涉嫌虚假宣传、传销等诸多问题暴露出了我国保健食品产业的无序乱象，社会影响恶劣。保健食品的安全性问题也日益凸显。保健食品安全主要体现在以下几个方面：①原料安全性问题。②在产品注册、准入过程中的造假问题。③生产中存在影响质量安全的不依方生产问题。④产品中非法添加化学药品。⑤流通领域中的"虚假广告"导致对消费者产生危害。这些安全问题的存在，主要是由于我国目前对保健品市场的监管体系尚不完备，少数保健食品企业的不法行为将可能导致巨大的保健食品安全风险，并极大地危害人民健康。目前，保健食品的安全风险在以下方面表现比较突出。

(一)保健食品市场上存在虚假、夸大宣传现象[79]

经注册批准的保健食品其保健功能范围有明确的规定，主要包括 27 项保健功能。保健食品本质上就是普通食品。但为追逐高额利润，某些不法生产企业和销售企业在宣传推广过程中或在包装和说明书上暗示保健功能，超出保健功能范围，虚假夸大产品功效，并且通过非法传销等不正当手段推销产品，极易误导消费者。根据中国科学技术协会公布的第十一次中国公民科学素质的调查数据，我国公民具备科学素质的比例仅为 10.56%。较低的科学素养也为保健食品不法企业夸大和虚假宣传提供了土壤。许多家庭轻信了保健食品具有强大治疗功效的虚假推销，耽误了疾病治疗进程，造成了极其严重的社会后果。在"食药同源"的传统思想下，消费者长期以来对保健食品定位不清，普遍性地混淆了药品、普通食品和保健食品间的区别，由此造成了巨大的社会隐患。

(二)保健食品中违法添加化学药品

某些不法企业未按批准注册的配方生产，在保健食品中非法添加化学药品以提高效果，成为影响保健食品质量安全的主要因素。非法添加化学合成药物包括以下几种情况：①添加物的来源不明，可能包括处方药、现有药物的结构类似物、已撤市药物、添加尚未获得批准的新型药物或药物的化工合成品。②非法添加药物的剂量随意。③非法添加药物的兼容性不明确。④药物的复合添加，即添加多种类药物和多"剂量"水平。⑤在制剂的辅料或包装材料中添加。⑥"证后"添加，即在取得保健食品批文后再在上市产品中违法添加。

(三)保健食品非法添加对人体健康的危害

保健食品中非法添加化学药品严重威胁着人民群众的生命健康，如长期服用非法添加了壮阳药物成分的保健食品，会对身体造成极大的伤害，出现头晕、昏晕、青光眼，造成肾功能、心脏功能、心血管功能严重损害，甚至变为阳痿；长期服用含降血糖化学药的保健食品，最终会造成病人的低血糖和肾功能损害，甚至导致死亡；长期服用含减肥化学药物的保健食品，会造成电解质紊乱、诱发心律失常、神志不清以及倦怠无力，女性则可能会导致不孕。保健食品中非法添加化学药，长期食用，不可避免地对人体造成损害，并可能会危害人体生命健康。

(四)保健食品安全管理对策[80,81]

1. 加大企业生产管理力度，引导企业加强自律

保健食品的安全应从源头进行控制，一方面，政府应加大对保健食品生产企业的监管力度，完善检验机制，对保健食品的原辅料、加工、销售等各个环节进行严格的监控，同时对不法生产企业加大处罚力度。另一方面，应鼓励企业加强保健食品生产工艺和功效的开发，不断提高保健食品的质量。

2. 严格保健食品审批环节，完善法律法规体系

对保健食品建立严格的审批制度，提高保健食品的准入门槛。在现有的《保健食品管理办法》的基础上，结合我国保健食品注册审批、生产及监管的实际情况，制定出符合我国国情的更加完善的保健食品管理法规，从而提高对保健食品的监管和执法效率，确保对保健食品的安全管理。

3. 完善信息公开机制，建立保健食品信息库

目前我国保健食品市场存在的主要问题集中在保健食品信息标识不规范，对保健食品的监督检查以及食品安全信息披露等仍不健全。为了进一步规范我国的保健食品市场，提升保健食品的安全管理，可建立"保健食品信息库"，对所有已批准在售的保健食品的生产厂家、有效成分、销售价格、产品说明等相关信息进行采集，方便消费者对保健食品的相关信息进行查询。

4. 规范保健食品的宣传

我国保健食品市场存在的一个突出问题就是保健食品企业通过广告宣传夸大保健食品的功能范围和功效，错误地引导消费者。为确保保健食品市场的安全，应加大对违规虚假广告的处罚力度及宣传的监管。

5. 消费者应当理性选择

消费者要增强安全意识，学习了解如各种常见保健食品的功效、其主要成分、有效成分等保健食品的相关知识，在购买保健食品时认准标记，提高食品安全意识，不盲从消费，根据自身的实际情况理性做出选择。

生活常识：如何购买保健食品(摘自：购买保健品需注意三点.http://www.cfsn.cn/front/web/site.newshow?hyid=12&newsid=2231,2020-3-8)

购买保健食品，要注意以下三点：

看销售场所资质。到证照齐全的正规场所购买产品，索要正规的销售凭据，特别要注意有没有营业执照和食品经营许可证。通过网络、会议、电视、直销和电话等方式购买产品也应先行确认资质信息。

查外包装和说明书。应仔细查看外包装标签标识产品相关信息，不要购买无厂名、厂址、生产日期和保质期的产品以及标签上没有食品生产许可证号的产品。同时，也不要购买标签或说明书中提及可以预防疾病、有治疗功能的产品。保健食品不能代替药品，不能将保健食品作为灵丹妙药；不要购买标签上没有保健食品批准文号但声称是保健食品的产品。选购保健食品要认准产品包装上的保健食品标志(小蓝帽，图 1-4)及保健食品批准文号，并按标签说明书的要求食用。相关产品信息可在国家食品药品监督管理总局网站查询。

保健食品

图 1-4 保健食品标志

认真辨别广告和宣传内容。科学、理性看待食品、保健食品广告和宣传，凡声称具有疾病预防、治疗功能的，广告中未声明"本品不能代替药物"的，一律不要购买；不要盲目参加任何以产品销售为目的的知识讲座、专家报告会等；购买过程中不要被免费体验、礼品所诱惑，不要被亲情引导、亲情营销及关爱所迷惑；也不要被夸大的功能表述所蛊惑。如遇虚假宣传产品，可拨打 12315、12331进行投诉举报。

热点聚焦：革除食用野生动物陋习，守护人民生命健康安全

一、食用野生动物，威胁公共卫生和生态安全的重大隐患

(一)我国食用野生动物情况

在早期人类社会，野生动物作为食物的重要来源，在人类"食谱"中占据重

要地位。随着社会经济发展和科技进步,人类对野生动物在资源意义上的依赖程度已大大降低。20 世纪中叶开始,为了保护生态环境和人类自身安全,各国普遍以法律形式对野生动物的猎捕、交易和利用进行一定的限制或禁止。我国从 20 世纪 80 年代陆续出台了《野生动物保护法》《动物防疫法》《重大动物疫情应急条例》等法律法规,对野生动物的猎捕、饲养、收购、运输和销售等行为进行规制,野生动物保护状况大为改观。

近年来,我国野生动物保护力度不断加大,但不法分子捕杀和经营野生动物的行为仍屡屡发生,食用野生动物的现象依然较为严重。中国野生动物保护协会 2001 年首次公布的我国食用野生动物调查报告显示,46.2%的人曾吃过野生动物,44%的餐馆、副食商场、集贸市场经营野生动物,涉及野生动物 53 种。经历了 2003 年非典型性肺炎和 2004 年的禽流感后,公众对食用野生动物的态度发生一定转变,食用野生动物的比例较 2001 年调查报告大幅度减少,但经营野生动物及其制品的副食商场、超市和集贸市场的比例却分别上升 22.8%、22.8%和 17.7%,野生动物的经营种类也上升到 80 种,其中 50 种野生动物源于野外,食用野生动物状况不容乐观[82]。据统计,仅广州一天的蛇交易量就高达 10 吨之多[83]。对广州市野生动物食用情况的调查表明,超过一半的广州市民吃过野生动物。调查者甚至认为,对于广州市民来说,没吃过野生动物的人恐怕很难找到[84]。新型冠状病毒肺炎疫情暴发前,我国仍有 12.3%的人有消费野生动物的行为,人们食用野生动物的现象仍较为普遍[85]。

(二)食用野生动物严重威胁公共卫生安全和生态安全

新型冠状病毒肺炎疫情的袭来,让"野味"的风险再一次凸显,食用野生动物所构成的巨大隐患引发了社会各界的广泛关注。

"民以食为天,食以安为先",食用未经严格检疫的野生动物增加了人类中毒及传播疾病瘟疫的概率。许多野生动物的机体、腺体或血液含有毒成分,若加工处理不当极易造成食物中毒甚至死亡。如新鲜河鲀毒性极强,摄入 0.5 mg 河鲀毒素即可致人死亡,且目前尚无有效的解毒药物[86]。此外,由于野生动物长期生活在恶劣复杂的野外环境,身上携带或体内潜伏的病毒种类繁多,食用野生动物不仅可能使食用者感染烈性传染病毒,还有引发大规模疫病传播的风险。研究表明,一些野生动物宿主含有大量病毒,仅蝙蝠就寄生有 1000 多种病毒。野生动物是名副其实的流动"病毒库",目前每年平均能从动物中分离到 2~3 种新病毒[87]。而野生动物的捕杀与食用使人类和野生动物高频率地接触,为病毒实现跨物种传播提供了便利条件,成为病毒感染人类的重要"推手"。近年来,SARS 病毒、H7N9 禽流感、埃博拉、中东呼吸综合征等新发传染病都与人类食用野生动物密切相关。截至目前,尽管科学家对于新型冠状病毒的来源仍然存在争议,但其传播过程已被初步证明与野生动物密不可分。据统计，2003～2012 年期间，全球出现的新发传染病中源自动物源性食品的比例高达 75%[88]。食用野生动物已成为公共卫生风险的重要源头，严重威胁着人民的生命安全和身体健康。

食用野生动物不仅可能对人体造成危害及传播疫病，而且会引起人类对野生动物的滥捕滥杀从而加速野生动物灭绝的步伐。据中国科学院新疆生态与地理研究所报告，远古时代大约每 500 年才有一个动物物种灭绝，但自 20 世纪以来，平均每 4 年就有一种哺乳动物灭绝，其中一个重要原因，是由于人为捕杀野生动物[83]。20 世纪，共有 110 个种和亚种的哺乳动物、139 个种和亚种的鸟类灭绝，12250 种动物濒临灭绝。在这些被灭绝的动物中，至少有 3/4 是被人类直接杀灭[89]。生态环境部公布的《中国生物多样性红色名录——脊椎动物卷》显示，中国境内的脊椎动物共有 17 种被列为"灭绝"，近 1000 种脊椎动物受到威胁。野生动物是自然生态体系的重要组成部分，每一种野生动物的数量急剧减少甚至灭绝都是对生物多样性的削弱，都可能会造成生态的失衡并危及生态安全。研究表明，一种生物往往同时与 10～30 种其他生物相共存，某一种生物的灭绝都会引起严重的连锁反应，这种连锁式的生物物种灭绝危机正在威胁着人类的生存基础[90]。

二、历史传统与法律不健全，食用野生动物屡禁不止的主要原因

(一)饮食文化传承与认识误区是食用野生动物的主观原因

我国历史上经历了较长的农业文明时期，传统饮食文化中一直存在着食用野生动物的习惯。在古代，由于生产力水平低下、食物短缺等原因，捕食野生动物是获取食物来源的重要方式，如《诗经》将"不狩不猎"与"不稼不穑"相提并论，《汉书》曾记载"五月五日作枭羹，以赐百官"，清代文学家李渔在《闲情偶寄》中也有"野禽可以时食，野兽则偶一尝之"的描述。在历史悠久的中国各大菜系中都或多或少包括一些关于烹调野生动物的内容，比如，著名的满汉全席中就有猴脑。新中国成立后相当长一段时期内，人们仍将野味作为蛋白质的补充来源。受传统饮食文化的影响，我国至今仍有许多地区不同程度地保留了食用野生动物的习俗。

当前错误的饮食观念误导和猎奇炫富等心理驱使成为一些人食用野味的主要原因。一部分公众盲目迷信野生动物的食用及药用价值，认为野生动物营养丰富味道鲜美能有效滋补身体，特别是一些珍稀动物的身体或器官更被认为能够增强人的体质乃至延年益寿。于是，穿山甲、果子狸、鹿血、熊掌、鱼翅等动物身体或器官就成为一些人的目标和追求。现代科学研究早已证实，野生动物的营养价值并无特殊之处。营养学家曾将家禽家畜和野生动物的营养进行分析比较，发现它们在蛋白质、碳水化合物、能量等主要指标上相差无几，并得出人们完全没必

要靠吃野生动物来"滋补"身体的结论[91]。从口味看，绝大多数的野生动物肌肉纤维发达，肌间脂肪更少，并不如普通的肉用动物口感好，比如野猪的肌肉纤维明显比家猪粗而且腥膻味较重。此外，在中国传统观念中，野生动物尤其是珍稀动物的"地位"和"品位"至高无上，只有最富有、最高贵的人才有资格享受它。在人们生活水平日益提高的今天，一些人出于好奇心和炫富攀比等虚荣心理食用野生动物。根据 2005 年全国食用野生动物状况调查结果，有 31.1%的人食用野生动物是出于好奇，9.2%的人则是为了提高消费档[92]。当下社会物质消费日益膨胀，对野生动物的认识误区和不良心理助长了食用野生动物的社会风气，加速了嗜食野生动物陋习的传播。

(二)法律规制不足与执法不严客观上放任了食用野生动物

现阶段，我国相关法律规定的禁止食用野生动物的范围过于狭窄、食用野生动物法律责任较轻，客观上放任了食用野生动物的蔓延。根据《野生动物保护法》规定，野生动物分为国家重点保护的野生动物、地方重点保护野生动物、有重要生态、科学、社会价值的陆生野生动物(以下简称"三有动物")，禁食对象仅限于国家重点保护野生动物，地方重点保护野生动物、"三有动物"及一般动物均不属于禁食范围。据统计，国家重点保护野生动物名录所列约 420 种，其中脊椎动物约 394 种，而我国仅脊椎动物就约有 6597 种，重点保护动物仅占其 5.97%[93]。绝大多数野生动物不属于野生动物保护法的"禁食名单"，为"野味产业"的失控膨胀打开了方便之门。此外，现行野生动物保护法设定的法律责任相对较轻，也助长了食用野生动物的违法行为。《野生动物保护法》规定，对食用非法购买国家重点保护的野生动物及其制品的，由相关部门责令停止违法行为、没收野生动物及其制品并处货值十倍以下的罚款。虽然 2015 年《中华人民共和国刑法修正案(九)》将非法购买国家重点保护动物纳入调整范围，但因入罪门槛较高以致实务中对违法行为的责任承担仍主要以行政责任为主。过低的违法成本及法律威慑力不足导致食用野生动物屡禁不绝。

另外，我国禁食野生动物涉及林业草原、渔业、动物检疫、市场监管等诸多监管部门，而这些部门间的管理范围和职责却又存在交叉重叠现象。例如，林业和渔政部门分别负责管理陆生和水生野生动物工作，市场监管部门负责监管相关违法经营工作。这种多方监管极易造成部门之间相互推诿，形成"人人有权"却无人监管的尴尬局面。除此以外，监管部门执法不严也为野生动物的经营和食用野生动物提供了空间。如《野生动物保护法》规定食用非国家重点保护野生动物需要提供合法性来源证明，除了江苏省和厦门市出台规定明确合法性来源证明的具体内容，其他地方立法或规范性文件中鲜有合法性来源证明的界定，以致该证明的审查多流于形式要件的审阅，甚至沦为"洗白"野生动物非法交易的遮羞布。

实践中，媒体近期集中报道的武汉华南海鲜市场长期存在的违法售卖野生动物行为，也反映出了相关部门监管的疏漏与不足。

目前，我国已进入高质量发展阶段，有条件、有能力不以野生动物提供人体所需蛋白质，食用野生动物的传统习惯已不适应现代社会的发展。科学规定禁食野生动物范围，构建人与动物和谐共生的新格局，不仅顺乎国际社会普遍的文明理念，也是全面推进生态文明建设的内在要求。

三、移风易俗革除陋习，以法治守护人民群众生命健康安全

(一)全面禁食野生动物，维护人民群众生命健康安全

2019 年底开始迅速蔓延的新型冠状病毒肺炎疫情，暴露出我国野生动物保护法在规制食用野生动物方面的问题与短板。2020 年 2 月 3 日，习近平总书记在中央政治局常委会会议研究应对新型冠状病毒肺炎疫情工作时的讲话强调，"我们早就认识到，食用野生动物风险很大，但'野味产业'依然规模庞大，对公共卫生安全构成了重大隐患。再也不能无动于衷了！"及时完善立法明确禁食野生动物范围，成了维护人民群众生命健康安全和抗击新型冠状病毒肺炎疫情的当务之急。2 月 24 日，十三届全国人大常委会第十六次会议通过了《全国人民代表大会常务委员会关于全面禁止非法野生动物交易、革除滥食野生动物陋习、切实保障人民群众生命健康安全的决定》(以下简称《决定》)，吹响了全面禁止食用野生动物的号角。

《决定》在现有法律禁食野生动物种类的基础上，明确将"三有动物"中的陆生野生动物及包括人工繁育、人工饲养在内的其他陆生野生动物纳入禁食范围，大幅度拓展了《野生动物保护法》的"禁食名单"，被舆论称为史上最严"禁野令"。《决定》坚持从实际出发，积极做好与畜牧法、渔业法等法律的有效衔接，以保证满足人民的正常生活需求、相关产业的有序发展和科学研究的合理需要。首先，《规定》明确规定列入畜禽遗传资源目录的动物属于家畜家禽，适用畜牧法的规定，为可繁育、饲养、食用的畜禽品种。其次，考虑到捕捞鱼类等天然渔业资源是一种重要的农业生产方式，也是国际通行做法且渔业法已有规范，《决定》明确禁食范围不包括鱼类等水生野生动物。最后，对因科研、药用、展示等有特殊需要的，《决定》规定可以按照野生动物保护法、中医药法、实验动物管理条例等法律法规，对野生动物进行非食用性利用。《决定》兼顾了人民群众的当前利益和长远利益，为全力做好疫情防控工作、夺取抗疫全面胜利提供了坚实的法治支撑。

在疫情防控关键阶段，全国人大常委会出台《决定》既十分必要又十分紧迫。新型冠状病毒肺炎疫情暴发肆虐，迫切需要当下就有明确的法律依据解决因食用野生动物带来的公共卫生安全问题，而全面修改《野生动物保护法》客观上

需要较长过程。全国人大常委会积极行使宪法赋予的立法权,先行出台一个"决定"回应现实之需就成为首要选择。与正式立法的程序相比较,全国人大常委会审议通过有关法律问题的决定程序相对简易,能够对现有法律进行补充和完善,从而解决急迫的社会问题。及时出台《决定》,直接保护了人民群众免受来自野生动物病毒感染新发传染病的侵袭,有利于实现更加健康的生活方式,提高国家生物安全治理能力,为人民群众提供更加安全的生态环境。

(二)地方立法稳步跟进,加强法律实施实现良法之治

新型冠状病毒肺炎疫情发生以来,广东、天津、福建、深圳等地方相继出台关于禁食野生动物等方面的地方性法规,对于全面快速落实《决定》起到了很好的推动作用。其中天津市通过的《天津市人民代表大会常务委员会关于禁止食用野生动物的决定》,基于地方立法权限对禁止食用野生动物范围作了严格限定,进一步明确了可以食用的野生动物范围。该决定是我国首部规定禁止食用野生动物的省级地方性法规,对于全国其他省市起到了积极的示范效应。2020年5月1日开始实施的《深圳经济特区全面禁止食用野生动物条例》,堪称全国最严版禁食野生动物地方立法。条例对于食用野生动物的监管不仅仅局限于野生动物的流通过程,还对为违法生产经营野生动物提供场所或者交易服务以及广告宣传等供给端的违法行为,设定了相应的法律责任。此外,条例还加大了食用野生动物及相关违法行为的处罚力度,最高可按货值的三十倍进行处罚。地方法规的颁布与实施对于人们转变食用野生动物的观念、树立野生动物保护理念有重要的促进作用,有助于通过地方性探索为相关法律的制定和修改积累经验。

徒法不足以自行,法律的生命力在于实施,法律的权威也在于实施。习近平总书记在中央政治局常委会会议研究应对新型冠状病毒肺炎疫情工作时的讲话中指出:有关部门要加强法律实施,加强市场监管,坚决取缔和严厉打击非法野生动物市场和贸易,坚决革除滥食野生动物的陋习,从源头上控制重大公共卫生风险。《决定》颁布后,农村农业部仅用时两个多月就制定并公布了《国家畜禽遗传资源目录》,首次明确了家养畜禽33种,保证了城乡居民重要农畜产品的正常供给。各地各部门也纷纷开展专项执法行动,严厉打击非法猎捕、交易和食用野生动物的违法犯罪活动。安徽省林业局部署开展"2020守护餐桌安全行动",河北省开展打击整治破坏鸟类等野生动物资源违法犯罪"金网2020"专项行动,上海市六部门联合开展了打击野生动物违规交易专项执法行动……相关部门对《决定》的及时反应和严格落实迅速形成了对食用野生动物行为的震慑态势,有效防范了重大公共卫生风险。

党的十九大报告中指出:人与自然是生命共同体,人类必须尊重自然、顺应自然、保护自然。野生动物是生命共同体中的重要一环,不是人类可以予取予夺的私有物。如果人类不当地对待野生动物就会引发和加剧生态安全风险,最终会

影响到人类的生命安全和身体健康。维护全球生命共同体，关乎人民福祉，关乎人类未来。坚持人与自然共生共存的理念，不破坏、干扰和侵害野生动物及其栖息环境，我们才能在大自然的馈赠中实现经济社会的可持续发展。

参 考 文 献

[1] 詹金彪, 郑树. 天然蛋白毒素的研究和临床应用展望[J]. 浙江大学学报(医学版), 2005(3)：197-200

[2] 王玉霞, 乔虹, 刘子侨. 蓖麻毒素毒性作用机制及防治研究进展[J]. 中国药理学与毒理学杂志, 2016, 30(12)：1385-1396

[3] Guta, Ramesh C. Handbook of Toxicology of Chemical Warfare Agents[M]. Academic Press, 2009, 3

[4] Funatsu G, Yoshitake S, Funatsu M. Primary Structure of Ile Chain of ricin D[J]. Agricultural & Biological Chemistry, 1978, 42(2)：501-503

[5] Lord, J, Michael,Spooner,et al. Ricin trafficking in plant and mammalian cells[J]. Toxins, 2011,3(7):787-801

[6] Dang L, Van Damme, Els J M. Toxic proteins in plants[J]. Phytochemistry, 2015, 117(1)：51-64

[7] Olsnes S, Pihl A. Different biological properties of the two constituent peptide chains of ricin, a toxic protein inhibiting protein synthesis[J]. Biochemistry, 1973, 12(16)：3121-3126

[8] 纵伟. 食品安全学[M]. 北京：化学工业出版社, 2016

[9] 王硕, 王俊平. 食品安全学[M]. 北京：科学出版社, 2015

[10] 历曙光. 营养与食品卫生学[M]. 上海：复旦大学出版社, 2012

[11] 张小莺, 殷文政. 食品安全学[M]. 北京：科学出版社, 2012

[12] 孙震. 简明食品毒理学[M]. 北京：化学工业出版社, 2009

[13] 张双庆主编. 食品毒理学[M]. 北京：中国轻工业出版社, 2019

[14] Ledesma E, Rendueles M, Díaz M. Spanish smoked meat products: Benzo(a)pyrene(BaP)contamination and moisture[J]. Journal of Food Composition and Analysis, 2015, 37: 87-94

[15] 朱小玲. 烹饪过程中多环芳烃的产生及控制[J]. 四川烹饪高等专科学校学报, 2012, 5: 22-25

[16] 王卫. 工艺改进以减少熏烤兔肉苯并[α]芘含量的研究[J]. 食品工业科技, 2005, 26(9)：129-131

[17] Kira S, Katsuse T, Nogami Y, et al. Measurement of benzo (a) pyrene in sea water and in mussels in the Seto Inland Sea, Japan[J]. Bulletin of Environmental Contamination and Toxicology, 2000, 65(5)：631-637.

[18] 王广峰. 苯并芘对人体的危害和食品中苯并芘的来源及防控[J]. 菏泽学院学报, 2014, 36(2)：66-70

[19] 杨美艳. 食用油热加工过程中反式脂肪酸的形成与控制[D]. 南昌：南昌大学，2012

[20] 卫璐琦, 刘彪, 张雅玮, 等. 油炸与油炸食品中的反式脂肪酸产生、危害及消减[J]. 肉类研究, 2014, 28(7)：32-37

[21] 王维涛, 李桂华, 赵芳, 等. 煎炸条件对油脂中反式脂肪酸及氧化物影响的研究[J]. 河南工业大学学报(自然科学版), 2011, 32(3)：21-25

[22] 魏丽芳, 李培武, 谢立华, 等. 食用油脂中反式脂肪酸研究进展[J]. 食品工业科技, 2008, 29(2)：294-298

[23] 武丽荣. 反式脂肪酸的产生及降低措施[J]. 中国油脂, 2005,30(3)：42-44

[24] 左青. 植物油的营养和如何在加工中减少反式酸[J]. 中国油脂, 2006, 31(5)：11-13

[25] Cook R. Thermally induced isomerism by deodorization[J]. INFORM-CHAMPAIGN-, 2002, 13(1): 71-76

[26] 穆昭. 煎炸油加热过程品质变化与评价[D]. 无锡：江南大学, 2008

[27] Romero A, Cuesta C, Sánchez-Muniz F J. Trans fatty acid production in deep fat frying of frozen foods with different oils and frying modalities[J]. Nutrition Research, 2000, 20(4)：599-608

[28] Ganbi H H A. Alteration in fatty acid profiles and formation of some harmful compounds in hammour fish fillets and frying oil medium throughout intermittent deep-fat frying process[J]. World Appl Sci J, 2011, 12: 536-544

[29] 杨滢, 陈奕, 张志芳, 等. 油炸过程中 3 种植物油脂肪酸组分含量及品质的变化[J]. 食品科学, 2012, 33(23): 36-41

[30] 邵斌, 张雅玮, 彭增起, 等. 传统烧鸡加工业面临的挑战和机遇[J]. 肉类研究, 2011, 25(5): 33-36

[31] 王园, 惠腾, 赵亚楠, 等. 传统熏鱼中反式脂肪酸的形成机理及控制措施[J]. 肉类研究, 2013, 27(5): 40-44

[32] 蔡鲁峰, 李娜, 杜莎, 等. N-亚硝基化合物的危害及其在体内外合成和抑制的研究进展[J]. 食品科学, 2016, 37(5): 271-277

[33] 郭瑞杰. P450 催化下几种不同类型亚硝胺羟基化代谢机理的理论研究[D]. 北京: 北京工业大学, 2013

[34] Flower C, Carter S, Earls A, et al. A method for the determination of N-nitrosodiethanolamine in personal care products-collaboratively evaluated by the CTPA Nitrosamines Working Group[J]. International Journal of Cosmetic Science, 2006, 28(1): 21-33

[35] Preussmann R. Carcinogenic N-nitroso compounds and their environmental significance[J]. Die Naturwissenschaften, 1984, 71(1): 25-30

[36] Andrzejewski P, Kasprzyk-Hordern B, Nawrocki J. The hazard of N-nitrosodimethylamine (NDMA) formation during water disinfection with strong oxidants[J]. Desalination, 2005, 176(1-3): 37-45

[37] De Kok T, Engels L, Moonen E J, et al. Inflammatory bowel disease stimulates formation of carcinogenic N-nitroso compounds[J]. Gut, 2005, 54(5): 731

[38] 戴乾圜, 逯萍, 彭少华, 等. 黄曲霉素和 N-亚硝基化合物借诱发 DNA 互补碱对交联而启动癌变[J]. 自然科学进展, 2003, 13(7): 693-697

[39] Zhou H, Calaf G M, Hei T K. Mlignant transformation of human bronchial epithelial cells with the tobacco-specific nitrosamine, 4-(methylnitrosamino)-1-(3-pyridyl)-1-butanone[J]. International Journal of Cancer, 2003, 106(6): 821-826

[40] Shibata M A, Fukushima S, Takahashi S, et al. Enhancing effects of sodium phenobarbital and N, N-dibutylnitrosamine on tumor development in a rat wide-spectrum organ carcinogenesis model[J]. Carcinogenesis, 1990, 11(6): 1027-1031

[41] 潘世成. 亚硝胺类化合物致癌作用的某些问题[J]. 生理科学进展, 1979(2): 6

[42] 胡荣梅, 马立珊. 化学致癌物质 N-亚硝基化合物的研究概述[J]. 江苏医药, 1978(6): 12

[43] 方如康. 亚硝胺类化合物致癌问题的探讨[J]. 肿瘤, 1985, 5(2): 13

[44] Gnewuch C T, Sosnovsky G. A critical appraisal of the evolution of N-nitrosoureas as anticancer drugs[J]. Chemical Reviews, 1997, 97(3): 829-1014

[45] Mestankova H, Schirmer K, Canonica S, et al. Development of mutagenicity during degradation of N-nitrosamines by advanced oxidation processes[J]. Water Research, 2014, 66: 399-410

[46] Inami K, Ishikawa S, Mochizuki M. Activation mechanism of N-nitrosodialkylamines as environmental mutagens and its application to antitumor research[J]. Genes and Environment, 2009, 31(4): 97-104

[47] 马丽丽, 严冬, 朱建华. 沸石对于亚硝胺的吸附和裂解[J]. 宁夏大学学报(自然科学版), 2001(2): 208-210

[48] Bombick D W, Bombick B R, Ayres P H, et al. Evaluation of the genotoxic and cytotoxic potential of mainstream whole smoke and smoke condensate from a cigarette containing a novel carbon filter.[J]. Fundam Appl Toxicol, 1997, 39(1): 11-17

[49] Mitch W A, Sharp J O, Trussell R R, et al. N-nitrosodimethylamine (NDMA) as A drinking water contaminant: A review[J]. Environmental Engineering Science, 2003, 20(5): 389-404

[50] 谢兰英, 刘琪, 朱效群, 等. 卷烟烟气 N-亚硝胺化合物及其吸附催化降解研究进展[J]. 环境科学与技术, 2006(S1): 133-135

[51] Chao Zhou, Naiyun Gao, Yang Deng, et al. Factors affecting ultraviolet irradiation/hydrogen peroxide (UV/H₂O₂) degradation of mixed N-nitrosamines in water[J]. Journal of Hazardous Materials, 2012, 231-232(SEP. 15): 43-48

[52] Lv Juan, Li Yongmei, Song Yun. Reinvestigation on the ozonation of N-nitrosodimethylamine: Influencing factors and degradation mechanism[J]. Water research, 2013, 47(14): 4993-5002

[53] 张文敏. N-亚硝基化合物在动物及人体内的合成[J]. 国外医学(卫生学分册), 1981(2): 78-81

[54] Mirvish S S , Gold B , Eagen M, et al. Kinetics of the nitrosation of aminopyrine to give dimethylnitrosamine[J]. Ztschrift Für Krebsforschung Und Klinische Onkologie, 1974, 82(4): 259-268

[55] Rywotycki R. The effect of baking of various kinds of raw meat from different animal species and meat with functional additives on nitrosamine contamination level[J]. Food Chemistry, 2007, 101(2): 540-548

[56] Suzzi G , Gardini F . Biogenic amines in dry fermented sausages: A review.[J]. International Journal of Food Microbiology, 2003, 88(1): 41-54

[57] 黄高凌, 翁聪泽, 倪辉, 等. 琯溪蜜柚果皮提取物抑制亚硝化反应的研究[J]. 食品科学, 2007, 28(12): 36-39

[58] 董彦佐, 李学理, 何秀丽, 等. 典型酚类化合物清除亚硝酸钠及对二乙基亚硝胺生成的影响[J]. 食品科学, 2014, 35(13): 132-136

[59] 吴春, 陈林林, 李俊生. 黑大豆种皮花色苷对亚硝胺体内外合成的阻断作用[J]. 中国粮油学报, 2012, 27(1): 25-28

[60] 吴春, 黄梅桂. 槲皮素-锌(Ⅱ)配合物体内外抑制亚硝胺合成的研究[J]. 食品科学, 2007, 28(9): 35-38

[61] 赵二劳, 王晓妮, 张海容, 等. 山楂清除亚硝酸盐及阻断亚硝胺合成的研究[J]. 食品与发酵工业, 2006, 32(10): 29-31

[62] 胡道道, 房喻, 袁永刚. 生姜对亚硝胺合成阻断作用初探[J]. 食品科学, 1989, 10(6): 35-38

[63] 于世光, 刘志诚, 于守洋. 常见蔬菜阻断 N-亚硝基化合物(NC)形成的研究[J]. 营养学报, 1988, 10(1): 26-34

[64] 李洪军, 阚建全, 解纯刚, 等. 野生马齿苋抑制亚硝胺合成的体外试验[J]. 营养学报, 1998, 20(3): 3-5

[65] 时艳玲, 王光慈, 陈宗道, 等. 某些香辛料精油抑制 N-二甲基亚硝胺体外合成的研究[J]. 西南农业大学学报, 1997(4): 45-48

[66] 许钢. 玉米提取物抑制亚硝化反应的研究[J].中国粮油学报, 2004(4): 42-45

[67] 阚健全, 王光慈, 陈宗道, 等. 藠头和苦瓜汁抑制亚硝胺合成的体外试验[J]. 营养学报, 1995, 17(4): 409-410

[68] Sun Young Choi, Mi Ja Chung, Sung-Joon Lee, et al. N-nitrosamine inhibition by strawberry, garlic, kale, and the effects of nitrite-scavenging and N-nitrosamine formation by functional compounds in strawberry and garlic[J]. Food Control, 2007, 18(5): 485-491

[69] 金长炼, 张善玉, 金龙顺, 等. 洋虫对清除体内外亚硝酸钠和阻断二甲基亚硝胺合成的影响[J]. 延边大学医学学报, 1997(1): 12-14

[70] 黄艳娥, 刘海波. 食品防腐剂对人体健康的影响及发展趋势[J]. 化工中间体, 2005(7): 1-6

[71] 左玉, 张国娟, 惠芳, 等. 食品抗氧化剂的研究进展[J]. 粮食与油脂, 2018, 31(5): 1-3

[72] 吕双双, 李书国. 植物源天然食品抗氧化剂及其应用的研究[J]. 粮油食品科技, 2013, 21(5): 60-65

[73] 创建健康和谐生活: 遏制中国慢性病流行[EB/OL]. https://wenku.baidu.com/view/42255c130b4e767f5acfce6b. html, [2020-3-3]

[74] 保健食品行业现状与趋势[EB/OL]. https://wenku.baidu.com/view/e61fedfe00f69e3143323968011ca300a6c3f6f6. html, 2020-3-7

[75] 潘鸿章. 化学与健康[M]. 北京: 北京师范大学出版社, 2011: 6

[76] 保健食品[EB/OL]. https://baike.baidu.com/item/%E4%BF%9D%E5%81%A5%E9%A3%9F%E5%93%81/337957?fr= Aladdin, 2020-3-3

[77] 朱峰. 膳食营养保健品行业研究[D]. 成都: 西南财经大学, 2014

[78] 郭洁, 贾伯阳, 张蓉, 等. 国产保健食品原料与功效/标志性成分分析[J]. 食品研究与开发, 2018, 39(24): 218-224

[79] 保健食品发展现状与趋势[EB/OL]. https://wenku.baidu.com/view/94f2c434b94ae5c3b3567ec102de2bd9705de11. html, [2020-3-8]

[80] 加大力度治理保健食品安全风险[EB/OL]. http://www.cfsn.cn/front/web/site.newshow?hyid=12&newsid=2250, [2020-3-8]

[81] 刘洋, 金富标, 周鸿立. 我国保健品市场的安全问题与现状[J]. 广西质量监督导报, 2014(10): 51-52

[82] 李媛媛. 食用野生动物立法初探[C]. 国家林业局政策法规司、中国法学会环境资源法学研究会、东北林业大学. 生态文明与林业法治——2010全国环境资源法学研讨会(年会)论文集(上册). 国家林业局政策法规司、中国法学会环境资源法学研究会、东北林业大学: 中国法学会环境资源法学研究会, 2010: 438-445

[83] 郭锡铎. 野味的消费行为及其对人体的危害[J]. 肉类研究, 2003(3): 5-8, 4

[84] 吴毅, 易祖盛, 傅先元, 等. 广州市野生动物食用状况调查统计分析[J]. 广州大学学报, 2001, 15(2): 93-96

[85] 史湘莹, 张晓川, 肖凌云, 等. 新冠肺炎时期公众对野生动物消费和贸易意愿的调查[J]. 生物多样性, 2020, 28(5): 636

[86] 目前对河鲀鱼中毒尚无特效解毒药物[EB/OL]. http://gd.people.com.cn/n/2014/0401/c123932-20902678. html, [2020-3-8]

[87] 潘孝彰, 卢洪州. 新发传染病概况[J]. 世界感染杂志, 2004, 4(3): 217-220

[88] 中国现有人畜共患病约130种应做到"人病畜防"[EB/OL]. http://www.hi.chinanews.com/hnnew/2012-06-21/241412.html, [2020-3-8]

[89] 于元魁. 话说野生动物的价值[J]. 森林公安, 2020(2): 46-48

[90] 曹智. 动物主体论之辩与驳[J]. 昆明理工大学学报(社会科学版), 2008(2): 19-24

[91] 野生动物营养并不高[EB/OL]. http://www.forestry.gov.cn/portal/bwwz/s/2788/content-460625.html

[92] 佚名. 中国食用野生动物内幕调查[J]. 今日国土, 2006(Z2): 55-57

[93] 阮向东, 高明福. 滥食野生动物之立法思考[J]. 林业资源管理, 2014(3): 9

第二章　化学与药品安全

健康、长寿是每个人追求的生活目标。当人的免疫系统抵御不了外界微生物的攻击时，身体就会出现发热、呕吐、腹泻、疼痛等症状。为了使身体恢复健康，人们不得不求助于药物。但是不合理的用药会使人体产生不良的反应，甚至威胁到人的生命健康安全。

第一节　药品概述

一、药品的定义

药品是指用于预防、治疗、诊断人的疾病，有目的地调节人的生理机能并规定有适应证或者功能主治、用法和用量的物质，包括中药材、中药饮片、中成药、化学原料药及其制剂、抗生素、生化药品、放射性药品、血清、疫苗、血液制品和诊断药品等[1]。

二、药品的分类

依据不同的需要和分类原则，药品按照安全性、有效性、剂型、服用方式、功能主治等原则进行分类管理。依照药品的品种、规格、适应证、剂量及给药途径等的不同，将药品分为处方药和非处方药[2]。按照药理和临床功能可分为：心脑血管用药、消化系统用药、呼吸系统用药、泌尿系统用药、血液系统用药、五官科用药、皮肤科用药、抗风湿类药品、糖尿病用药、抗肿瘤用药、抗精神病用药、清热解毒药品、受体激动阻断药和抗过敏药、注射剂类药品、激素类药品、抗生素类药品、妇科用药、滋补类药品、维生素和矿物质药品等 19 大类。按创新程度不同，药物可分为新药和仿制药两大类。新药是指未在中国境内市场销售的药品，对已上市药品改变剂型、改变给药途径、增加新适应证的按照新药申请的程序申报。仿制药在我国是指已经国家药监局批准上市，并已有国家标准的药品。仿制药与被仿制药具有同样的活性成分、给药途径、剂型、规格和相同的治疗作用。

第二节 化学在常见药品开发中的应用

一、止痛药阿司匹林

(一)阿司匹林概述

阿司匹林是人们生活中最常见的一类药品，是三大经典药品之一，其他两种分别为青霉素和地西泮(安定)。阿司匹林(Aspirin，乙酰水杨酸)是非甾体类抗炎药，为一种白色结晶或结晶性粉末，无臭或微带乙酸臭，微溶于水，易溶于乙醇，可溶于乙醚、氯仿，水溶液呈酸性[3]。阿司匹林可以治疗感冒、发热、头痛、牙痛、风湿病等，还可抑制血小板凝集，用于预防和治疗缺血性心脏病、心绞痛、心肺梗死、脑血栓，应用于血管形成术及旁路移植术也有效。

(二)发展历程

阿司匹林原是商标名称，因其与柳树有关，也称为乙酰柳酸。19世纪，有机化学的兴起，促使科学家在植物中提取有效成分，意大利化学家发现了水杨酸，德国化学家发明水杨酸的廉价制备方法，促进了水杨酸的发展及普及。1898年德国拜耳公司合成了乙酰水杨酸，合成者是拜耳公司的一名年轻化学家霍夫曼。霍夫曼父亲患有风湿性关节炎，需服用水杨酸消炎止痛，但因此患上胃病。霍夫曼为减轻父亲的痛苦，寻找具有水杨酸药效而副作用小的药品，在一次偶然实验中发现了乙酰水杨酸。乙酰水杨酸的发现还有一位重要人物，便是艾兴格林，霍夫曼则是按他提出的操作路线成功合成的阿司匹林主要物质。乙酰水杨酸在水杨酸的基础上衍生而来，其对肠胃刺激较小，镇痛作用强，1899年，拜耳公司将其命名为阿司匹林，自上市起，便一举成名，拜耳公司也因此成为世界第三大制药公司[3]。

(三)阿司匹林衍生物

阿司匹林最基础的合成方法，以水杨酸(邻羟基苯甲酸)，在硫酸催化下经乙酸酐酰化制得。合成过程如图2-1：

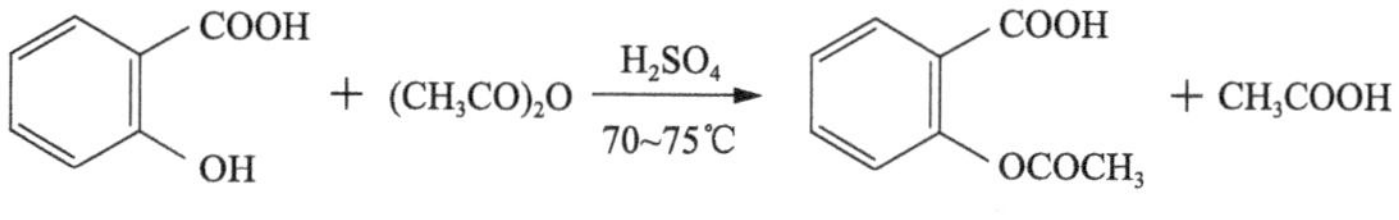

图2-1 阿司匹林合成方法

阿司匹林广泛应用于临床，但是长期使用或剂量过大可诱发并加重溃疡病。

在乙酰水杨酸的 5 位上引入含氟取代基，可明显增强消炎镇痛作用，且对肠胃刺激小，如二氟尼柳，又名 5-(2,4-二氟苯基)水杨酸。

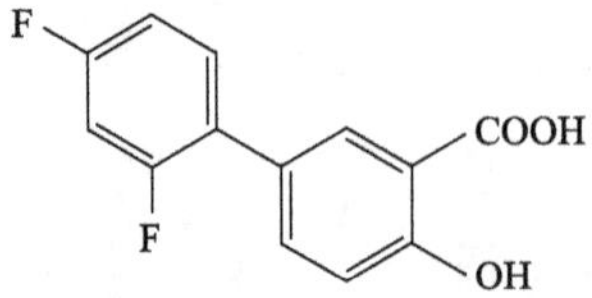

图 2-2　二氟尼柳结构式

硫化氢(H_2S)是近年新发现的一种内源性气体介质，可以抑制平滑肌细胞增殖、舒张血管等生理活性，尤其是有效抑制血小板聚集，为抗血小板凝集药物提供新思路。ACS-14(图 2-3)是一种硫化氢-阿司匹林衍生物，它以阿司匹林为母核，引入可以释放 H_2S 气体的基团——二硫醇硫酮。

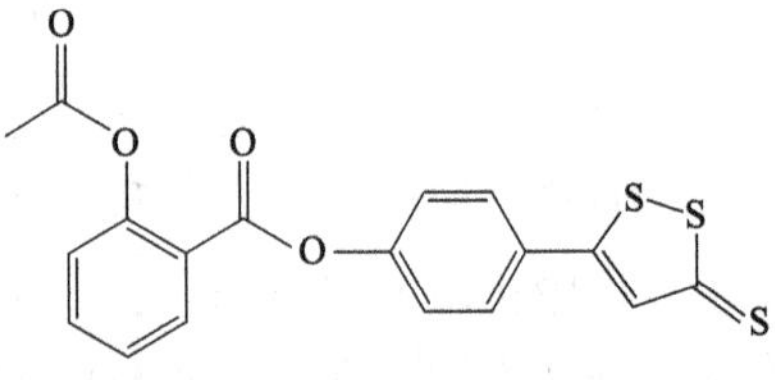

图 2-3　ACS-14 结构式

一氧化氮(NO)是一种多功能的细胞调节信息分子，将一氧化氮释放基团引入阿司匹林母核能够减少其对胃部的毒副作用。一些已经进行的动物和人体试验也证明了一氧化氮非甾体抗炎药与单纯使用非甾体抗炎药物相比，对胃黏膜并没有刺激作用。

阿司匹林中还有其他基团的引入，比如 NOSH-阿司匹林衍生物(图 2-4)没有任何细胞毒性，具有突出抗癌活性。糖类修饰的药物能增强药物的药代动力学，也可提升药物抗肿瘤、抗炎方面的药理活性。比如葡萄糖-阿司匹林衍生物，载药量提高，使水溶性得到提升。还有研究者将药物与阿司匹林相连，也具有良好的药理活性。

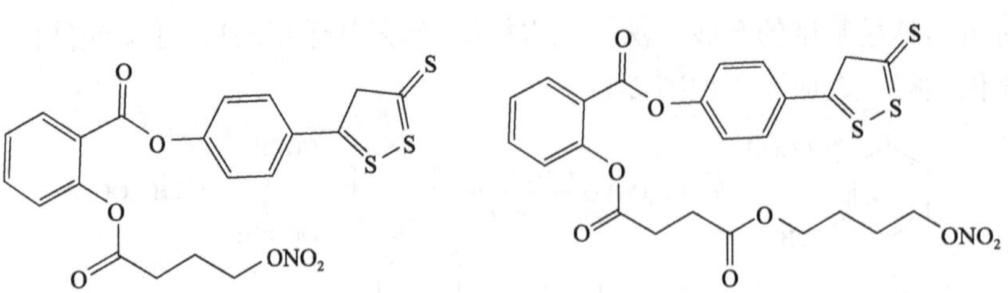

NOSH-1　　　　　　　　　　　　　　　NOSH-2

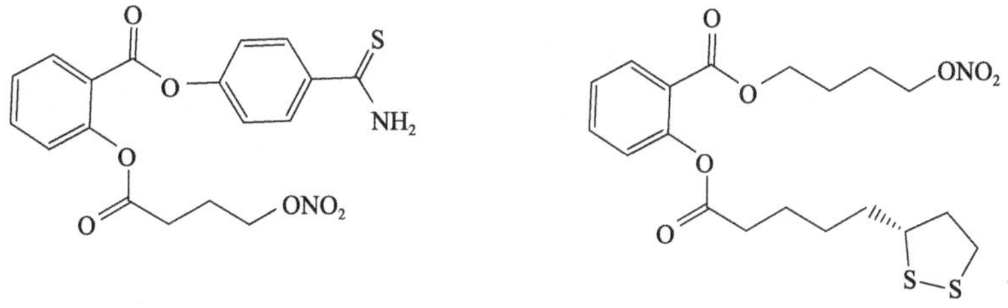

NOSH-3   NOSH-4

图 2-4　NOSH-阿司匹林衍生物结构图

阿司匹林不仅具有解热镇痛、治疗血栓、治疗阿尔兹海默症的功效，还具有抗癌活性。一系列的临床试验，科学家发现许多癌症患者通过服用小剂量的阿司匹林，使癌症发病率降低很多。抗癌活性赋予了阿司匹林更多的可能性，可以让这位药物史上的老将再次发光[4]。

二、抗生素结构改造

(一)抗生素定义

抗生素(antibiotias)是指由某些细菌、放线菌、真菌等微生物的次级代谢产物，或用化学方法合成的相同结构或结构修饰物，在低浓度下对各种病原菌微生物或肿瘤有选择性抑制作用的药物。它的杀菌作用机制主要有抑制细菌细胞壁的合成；与细胞膜相互作用，影响细胞膜的通透性；干扰蛋白质的合成；抑制核酸的转录和翻译，主要干扰叶酸的代谢。通过这四种途径，抗生素才能对各种病原生物有强力的抑制或杀灭作用[5]。在生活中可能会弄混的便是抗菌药，抗菌药(antibacterials)是指一类对细菌有抑制或杀灭作用的药物，除一部分来自于自然界某种微生物的抗生素外，还包括人工合成的抗菌药，比如磺胺类、喹诺酮类等。青霉素、链霉素等有抗细菌作用的抗生素以及一部分来源于微生物的抗肿瘤药物等也属于抗菌药[6]。

(二)抗生素的分类

1. 青霉素类

1929 年，青霉素的发现是抗生素的开端，至此化学疗法开启了新篇章。十年后，世界上首批青霉素问世，并且在第二次世界大战中崭露头角，奇迹般救回濒临死亡的士兵，被喻为"神药"。天然青霉素的发现、提取及应用，开启了医学新篇章。青霉素的化学结构(图 2-5)是由 β-内酰胺环、四氢噻唑环和酰基侧链构成，由于侧链 R 基不同，天然的青霉素被称为某青霉素，比如青霉素 X、青霉素 G 等。其中苄青霉素(青霉素 G)是第一种用于临床的天然抗生素，由青霉菌的培养液中分离得到，通过发酵方法同时还会得到其他天然青霉素，图 2-5 中列举几种天然青霉素的结构。经过临床实践，天然的青霉素不耐酸碱，不能口服，且抗菌谱窄，为了克服这些缺点，1953 年，青霉素母核 6-氨基青霉烷酸（6-aminopenicillanic acid）的发现，为青霉素化学结构改造提供了物质基础，为半合成青霉素的发展提供了契机。

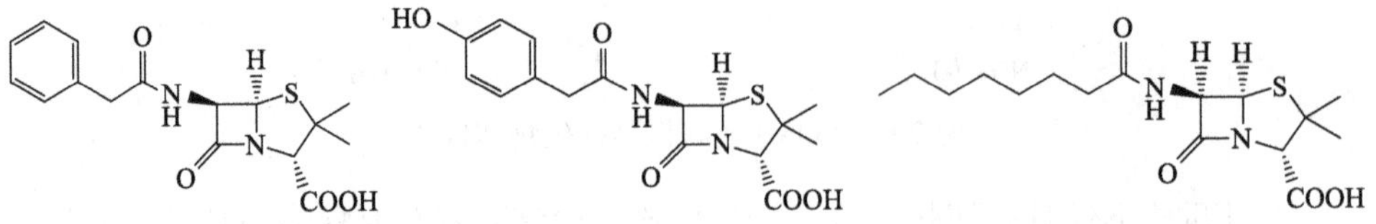

青霉素G　　青霉素X　　青霉素K

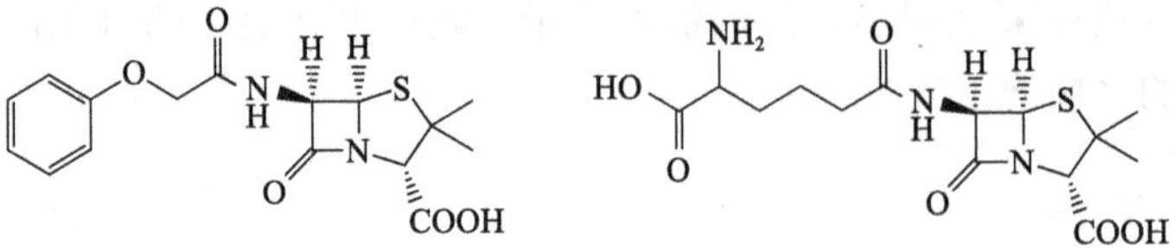

青霉素V　　青霉素N

图 2-5　几种天然青霉素结构式

青霉素的化学结构改造是以 6-氨基青霉烷酸（6-APA）为中间体，生产半合成青霉素。结构改造是指在已知药物结构基础上设计新药的一种方法，这种改造可以得到更好的新药物，广泛应用于药物设计。6-APA 也俗称无侧链青霉素，分子式为 $C_8H_{12}O_3N_2S$，分子量为 216.28，为白色片状六面体结晶。微溶于水，难溶于有机溶剂。对酸较稳定。易被强碱分解使 β-内酰胺开裂，也可被微生物产生的青霉素酶破坏，6-APA 本身抗菌活性很低，只能用作生产半合成青霉素的原料。人们对青霉素进行结构修饰，合成数以万计的半合成青霉素及其衍生物，这些半合成青霉素中，生活中常见的有阿莫西林，它属于广谱青霉素，主要作用于抑制细胞壁合成，对肺炎链球菌、溶血性链球菌、沙门菌属等具有良好抗菌活性[7-10]。

2. 头孢菌素

1953 年，6-APA 在日本被发现的同时，欧洲大陆上发现了青霉素近缘的头孢菌素，头孢菌素是真菌所产生的天然头孢菌素之一。其结构由 D-α-氨基己二酸和 7-氨基头孢烷酸（7-aminocephalosporanic acid，7-ACA）缩合而成，其中抗菌主体是 7-ACA[11]。头孢菌素 C 是头孢菌素类中第一个抗生素，并且头孢菌素 C 比青霉素稳定，与天然青霉素存在问题不同，天然头孢菌素的抗菌效力比较低，因此根据青霉素结构改造的经验，科学家提出设想，头孢菌素的 α-氨基己二酰侧链换成其他侧链，从而获得更高活性的头孢菌素。经过不断研究与实践，在侧链酰胺的 α 位引入亲水性基团—SO_3H、—NH_2、—COOH，并且成功合成一些广谱可口服头孢菌素，如头孢磺啶、头孢氨苄、头孢拉定等[12]。

3. 氨基糖苷类抗生素

1944 年，链霉素作为第一个氨基糖苷抗生素被发现并沿用至今，随后相继发现新霉素、卡那霉素等。氨基糖苷类抗生素是一类由单组分或多组分糖基取代的氨基环醇类化合物，具有抗菌谱广、杀菌完全的特点，而且可以与青霉素这类抗生素具有良好协同作用。天然的氨基糖苷类抗生素的毒性及不良反应较大，日益增多的耐药菌可以产生钝化酶，钝化抗生素分子某些活性基团，影响疗效。开展这类抗生素的细菌耐药机制和构效关系研究，通过半合成和对母体抗生素的结构改造，得到一系列衍生物，其中对卡那霉素改造研究较多，比如将氨基羟丁酰基侧链引入卡那霉素 A 分子的链霉胺部分得到阿米卡星(图 2-6)[13]。

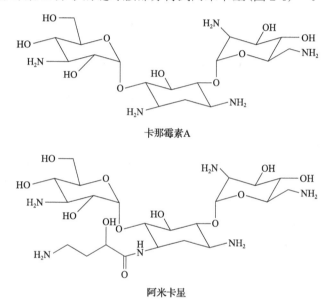

图 2-6 卡那霉素 A 和阿米卡星结构式

尽管通过化学半合成氨基糖苷类抗生素取得了长足的进展，但存在合成步骤烦琐、产率低、环保压力大等问题。随着合成生物学等技术的突飞猛进，人们越来越多开始思考利用生物合成的方法来取代原本通过化学半合成获得的氨基糖苷类抗生素，这也将成为合成下一代氨基糖苷类抗生素新的突破口。目前为止，已报道的天然和半合成的氨基糖苷类抗生素总数已超过 3000 种，由于氨基糖苷类抗生素的耳毒性、肾毒性等毒副作用，限制其在临床的大量使用。但是氨基糖苷类抗生素在治疗革兰阴性菌严重感染方面依旧占有一席之地。除此之外，这类药的新用途也逐渐被发现，包括治疗遗传性疾病、梅尼埃病及抗 HIV 病毒等。

4. 四环素类抗生素

1948 年，金色链丝菌培养液中分离出来一种抗生素——金霉素。两年后，在土壤中皲裂链丝菌中分离出土霉素。之后，在不含氯的培养基中分离了四环素（图2-7）。金霉素、土霉素和四环素属于天然四环素类抗生素，此类抗生素以四并苯为母核，与氯霉素相同，都具有宽广的抗菌谱。天然四环素类抗生素具有疗效好、容易生产、使用方便、经济等特点，在抗生素的临床应用和生产都占有很大比重。但是天然抗生素有缺点，首先对酸碱不稳定，其次由于耐药菌的发展，天然四环素类抗生素疗效降低或无作用。为克服这些问题，通过结构改造找到半合成衍生物获得较好治疗效果。

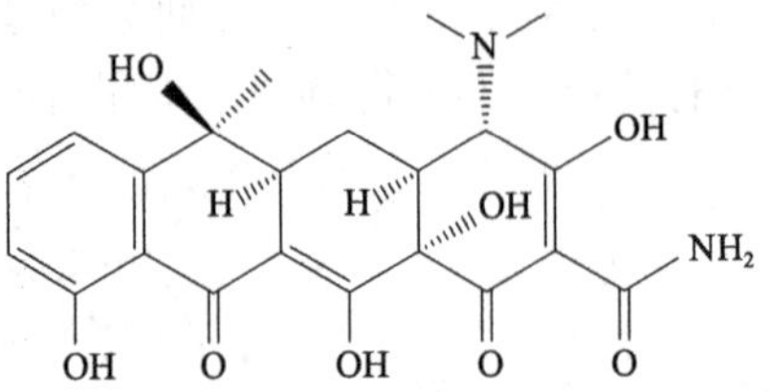

图 2-7　四环素结构式

四环素类抗生素结构改造主要集中在 2、6、7、9 位，C_6 位羟基除去，不影响抗菌活性；C_6 位甲基对抗菌活性无影响；C_2 酰胺为抗菌活性的必需基团，酰胺基上引入取代基，增加了水中溶解度及血清中的有效浓度，对抗菌活性有利；C_6 位用—S 代替，可以提高抗菌活性；C_7 和 C_9 位上的改变也有效果。临床使用较多的半合成产品有甲烯土霉素、多西环素、二甲胺四环素等，但这类药物的使用存在局部感染、二重感染和损害肝脏的缺点，在临床上受到较大限制[14]。新型四环素类抗生素的研究也在继续，Omadacycline 则是其中一种，已经被批准用于临床，有静脉和口服两种剂型，而且目前没有耐药菌产生的报道。不得不说，随着广谱抗生素的应用，多重耐药菌感染越来越常见，Omadacycline 在治疗多重耐药菌上有一定前景，但仍需科学设计的临床评估[15]。

5. 大环内酯类抗生素

1952 年，在红色链霉菌的培养液中分离出一种碱性多组分抗生素——红霉素。红霉素属于大环内酯类，它的发现，促进了第一代大环内酯类抗生素的开发。大环内酯类抗生素是以一个大环内酯为母体，通过羟基，以苷键和 1～3 个分子的糖相连接的一类抗生素物质。根据大环内酯结构不同，可分为三类：多氧大环内酯、多烯大环内酯和蒽沙大环内酯。大环内酯类抗生素都具有 14～16 元内酯环，红霉素（图 2-8）、罗红霉素、克拉霉素等属于常见 14 元内酯环的药物。

大环内酯类抗生素是目前使用较多的碱性中谱抗生素，这类抗生素主要对酸不稳定，在体内容易被酶水解，打开内酯或脱去酰基，造成抗菌活性的降低或丧失，化学结构改造则可改善这种情况。红霉素是最常用的大环内酯类抗生素，在

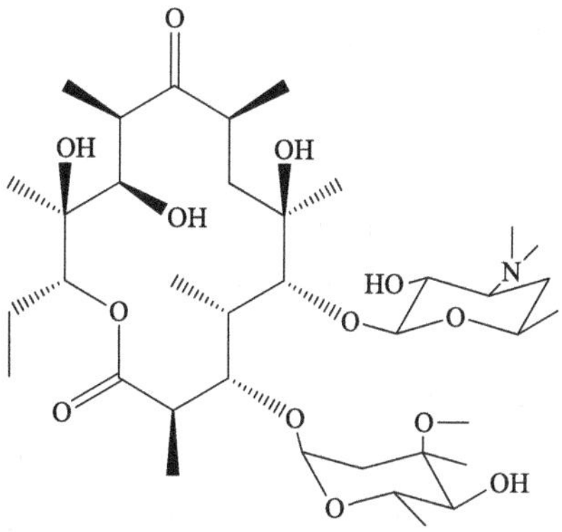

图 2-8　红霉素结构式

临床上多用于耐药金黄色葡萄球菌、顽固的链球菌感染、肺炎以及严重的支气管感染。人体的胃液呈酸性，用药时，红霉素在酸性环境不稳定，易被分解，而且红霉素本身味苦，造成口服的效果差。为克服这些缺点，红霉素先后经过红霉素丙酰酯、红霉素丙酸酯十二烷基硫酸盐(依托红霉素)的改造历程。还有研究者将红霉素做成红霉素 A 的 11、12 碳酸酯门冬氨酸盐。寻找红霉素衍生物的探索从未停止，新的研究仅在内酯环上改造，成功的新品有：罗红霉素、克拉霉素、阿奇霉素等。

　　抗生素按照化学结构分类，除上述种类，还包括多肽类抗生素、多烯类抗生素、苯烃基胺类抗生素、蒽环类抗生素、环桥类抗生素等。以氯霉素为例，1947年，在青霉素研究火热之时，发现了第一个含硝基的天然药物——氯霉素，是在委内瑞拉链霉菌培养液中得到。氯霉素属于苯烃基胺类广谱抑菌抗生素，是治疗伤寒、副伤寒的首选药，治疗厌氧菌感染的特效药物之一，其次用于敏感微生物所致的各种感染性疾病的治疗。但是由于氯霉素毒性大、抑制骨髓造血功能、引起再生障碍性贫血，临床应用受限，现用得越来越少。

　　抗生素本就是一个庞大的家族，新型抗生素的研发一直在继续。值得注意的是，抗生素挽救了无数人的生命，并将继续拯救人类生命。但是抗生素不能治愈所有疾病，也并非制造奇迹的神药。

三、现代药物设计

(一)胰岛素

1. 胰岛素简介

　　胰岛素[16](insulin)是一种蛋白质激素，是由胰岛 β 细胞受内源性或外源性物质刺激而分泌的，分子式为 $C_{256}H_{381}N_{65}O_{76}S_6$，分子量为 5778。内源性或外源性物质包括葡萄糖、乳糖、核糖、精氨酸、胰高血糖素等。胰岛素是一种典型的球状蛋白质，由 51 个氨基酸残基构成，这些氨基酸残基按照一定顺序接成 A、B 两条链，A 链有 21 个氨基酸残基，B 链有 30 个氨基酸残基。两条链间通过两个二硫键(二硫键由两个—SH 脱掉两个氢连接而成)连接，在 A 链上也形成 1 个二硫键。二硫键[17]是比较稳定的共价键，在蛋白质分子中，起着稳定肽链空间结构的作用。二硫键数目越多，蛋白质分子对抗外界因素影响的稳定性就越大。

胰岛素是机体内唯一直接降低血糖的激素，也是同时促进糖原、脂肪、蛋白质合成的激素。胰岛素在胰岛 β 细胞中储备胰岛素约 200 单位，正常人每天约 25～50 单位胰岛素入血。空腹时，血浆胰岛素浓度是 5～15 μU/mL。进食后血浆胰岛素水平可增加 5～10 倍。胰岛素不断合成和不断分泌是受血糖浓度、氨基酸和脂肪酸、激素和神经调节因素控制和调节的。胰岛素产生效果，并不是直接发挥作用，需要与细胞膜上的胰岛素受体结合。胰岛素与胰岛素受体的关系，可以比作是钥匙和锁的关系。2 型糖尿病并不是胰岛素分泌不足，而是由于胰岛素与受体结合量少，还会造成胰岛素过量的情况。

胰岛素与糖尿病的关系密不可分。糖尿病是一种由遗传或后天胰岛素分泌不足或胰岛素抵抗所致的慢性病，其并发症包括心脑血管病变、肾衰竭、视网膜病变、足溃疡、感染，以及神经系统障碍[18]。

2. 胰岛素研究历史

蛋白质是生物体的主要功能物质，生命活动主要通过蛋白质体现。1889 年，德国的敏柯夫斯基首次发现了胰脏和糖尿病的关联后，就不断有人研究胰脏的"神秘内分泌物质"。1921 年，加拿大的弗雷德里克·班廷等因首次成功提取胰岛素，并成功应用于临床治疗，获得了 1923 年诺贝尔生理学或医学奖；英国化学家弗雷德里克·桑首次阐明了胰岛素分子的氨基酸序列，获得 1958 年诺贝尔化学奖[19]。

1958 年年底，我国科学家提出了用人工方法合成胰岛素的课题[20]。科学家们从 1959 年初春起，首先开始了天然胰岛素的拆合工作。经过三年多的努力，1964 年获得半合成结晶胰岛素，然后用部分提纯的人工 A 链和人工 B 链衍生物进行全合成，得到具有轻微活力的全合成产物后，科学家不断总结，不断实践，为全合成产物活力的提高做出种种努力，终于在 1965 年 9 月 17 日获得了首批人工全合成结晶胰岛素。

3. 胰岛素的人工合成

胰岛素的人工合成，简要概述为三步：第一步，先把天然胰岛素拆成两条链，再把它们重新合成为胰岛素，研究小组在 1959 年突破了这一关，重新合成的胰岛素是与原来活力相同、形状一样的结晶；第二步，合成胰岛素的两条链后，用人工合成的 B 链与天然的 A 链相连接——这种牛胰岛素的半合成在 1964 年获得成功；第三步，半合成的 A 链与 B 链相结合[21]。1965 年 9 月 17 日人工成功合成牛胰岛素，性质与天然牛胰岛素性质无异。时至今日，胰岛素已经经历了有代表性的三代产品(根据胰岛素来源和化学结构)，分别为动物源性胰岛素、基因重组人胰岛素和人胰岛素类似物。近十几年来，美国的一些生物工程制药公司已经开始利用转基因高产作物进行研究，加拿大的一家公司已经成功利用北美洲常见油料植物红花，经过基因改造后生产出人胰岛素产品。这种尝试会降低胰岛素产品的成本，丰富合成途径，为糖尿病防治与胰岛素应用展现崭新的前景。

(二)达菲

1. 达菲简介

达菲是磷酸奥司他韦胶囊的商品名，由瑞士罗氏公司研制生产，被 WHO 批准为抗流感的首选药物。1996 年完成了达菲的首次合成，目前为止，已在 80 多个国家注册使用。它在我国于 2001 年 9 月 6 日作为处方药获准上市。

达菲是白色或黄白色粉末，化学名称是(3R，4R，5S)-4-乙酰胺-5-氨基-3-(1-丙氧乙酯)-1-环己烷-1-羧酸乙酯磷酸盐，分子式为 $C_{16}H_{28}N_2O_4 \cdot H_3PO_4$，分子量为410.4，结构式如图 2-9。达菲分子为环己烷的衍生物，1 位为乙氧羰基(羧酸乙酯)，1，2-双键，而 3，4，5 位为连续三个连接含氧、氮、氮的手性中心，相对构型为反、反，而绝对构型相应为 R，R，S。达菲通常是胶囊制剂，灰白色或者浅黄色胶囊外壳，主要用于治疗人类感染禽流感，并且可以大大减少并发症(主要是气管与支气管炎、肺炎、咽炎等)的发生和抗生素的使用，也是目前唯一证实有效的流感、甲型 H1N1 的治疗药物。

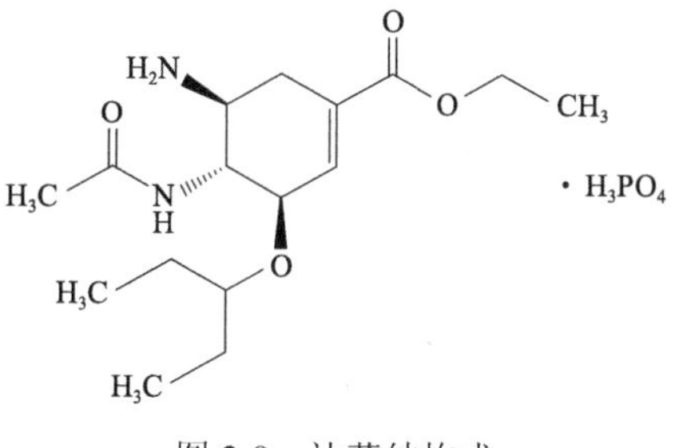

图 2-9 达菲结构式

流行感冒简称流感，是由流感病毒引起的呼吸道疾病，特点是传染性强、流行广、发病率高，在儿童、老人及高危人群中的死亡率高。2009 年的甲型 H1N1流感，在墨西哥和美国先后出现，并短时间内在全球暴发，导致世界卫生组织(WHO)将全球流感大流行预警级别调整为 5 级。冬季是流感流行季节，数据表明，流感爆发期会使全球大约 10%的人受到感染。仅在美国，每年约有 30 万人因各种流感并发症住院治疗，约 4 万人死亡，由此造成的医疗费用及劳动力方面的损失可达 120 亿美元。在这严峻形势下，抗流感药物的研究与合成就显得尤为重要。

2. 达菲的合成

自达菲问世，对其合成路线的研究层出不穷，成果显著。截至 2013 年，达菲的合成路线已达三十多种。达菲合成的原料，除了利用莽草酸，还有奎尼酸、L-丝氨酸、木糖、D-甘露糖、L-甲硫氨酸、酒石酸二乙酯等手性原料，更有通过不对称催化反应实现达菲的合成，比如二羟甲基氮杂环丙烷衍生物，不对称催化可以高效地实现手性增殖，实现达菲的高效合成[22-24]。

(三)顺铂

1. 顺铂简介

顺铂又称顺氯氨铂、氯氨铂、DDP、锡铂、乙铂定、顺-双氯双氨络铂，英文名称为 Cisplati，橙黄色或黄色结晶性粉末，微溶于水，易溶于二甲基甲酰胺，是目前常用的金属铂类络合物。顺铂中的铂原子对抗肿瘤具有重要意义，可与 DNA 链交叉连接，显示出细胞毒作用，但只有顺式才有意义，反式无效(图 2-10)。

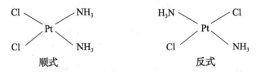

图 2-10　顺铂结构式

顺铂是一种中性的无机化合物，平面正方形几何结构，包含一个 Pt(Ⅱ)中心，
两个稳定氨配体(载体配体)和两个不稳定的氯配体(离去基)。

2. 顺铂历史

19 世纪 40 年代初，顺铂被合成，即 1844 年由法国化学家皮朗尼首先制得，曾被称为皮朗尼氏盐。1965 年由美国密歇根大学罗森伯格及其同事发现顺铂的抗癌活性。1978 年 12 月美国食品和药品监督管理局批准将顺铂用于临床，并作为商品供应市场[25,26]。经过 40 多年的临床应用，顺铂对睾丸癌的治愈率超过 95%，对卵巢癌、头颈癌、肺癌等病症效果明显。但是顺铂用于治疗癌症，有三个主要副作用：一般毒性、肾毒性和神经病毒性。为解决顺铂使用安全问题，连续问世了第二代药物卡铂，第三代药物奥沙利铂，它们都是顺铂的衍生物。这些衍生物的化学结构与顺铂极为相似，而且提高了用药安全性，具有抗癌谱变广、口服活性增加、交叉耐药性降低等优点。

3. 顺铂合成

顺铂合成并不复杂[27-29]，技术的关键点在于两个酸根(Cl⁻)配体处于相邻顺位，"反位效应"则是合成路线关键。反位效应指在配合物内界，由于某些配体的存在，使得和它处于相反位置的配体活化，从而使这一位置配体比其他配体更容易发生取代反应。Cl⁻的反位效应强于 NH_3，则顺铂的合成可以用氨处理$[PtCl_4]^{2-}$（图 2-11）。

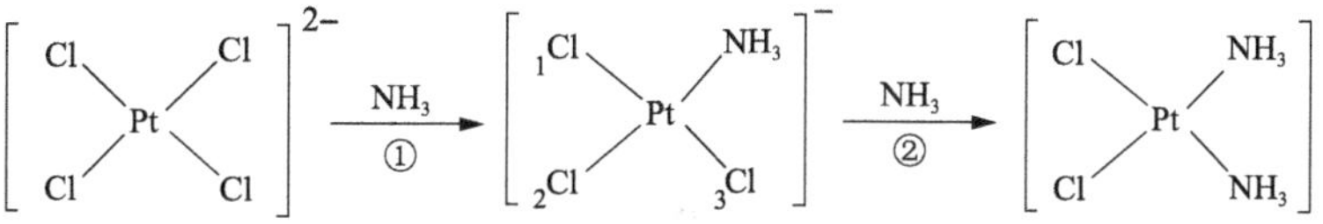

$$\left[\begin{array}{c} Cl \\ Pt \\ Cl \end{array}\begin{array}{c} Cl \\ \\ Cl \end{array}\right]^{2-} \xrightarrow[①]{NH_3} \left[\begin{array}{c} {}_1Cl \\ Pt \\ {}_2Cl \end{array}\begin{array}{c} NH_3 \\ \\ {}_3Cl \end{array}\right]^{-} \xrightarrow[②]{NH_3} \left[\begin{array}{c} Cl \\ Pt \\ Cl \end{array}\begin{array}{c} NH_3 \\ \\ NH_3 \end{array}\right]$$

图 2-11　顺式顺铂反应过程

同样道理，以 Cl⁻处理$[Pt(NH_3)_4]^{2+}$则只能制得反式异构体，这种结构没有抗癌活性。实际生产中，原料一般为 K_2PtCl_6，在铂黑催化下以草酸钾还原制得 K_2PtCl_4，$K_2PtCl_6 + K_2C_2O_4 \xrightarrow{Pt} K_2PtCl_4 + 2KCl + 2CO_2$，再以 NH_3 处理 K_2PtCl_4 即可。

四、药品安全合理使用

（一）阿司匹林

阿司匹林作为镇痛药已经有百年历史，而且拥有很多神奇功效，可用于解热镇痛、抗炎抗风湿、治疗关节炎及小儿皮肤黏膜淋巴综合征。阿司匹林是比较和评价其他药物疗效的标准制剂，其镇痛作用包括中等疼痛的钝化效果（比如头痛、牙痛、关节痛、神经痛等）和轻度癌性疼痛，但对外伤性剧烈疼痛和平滑肌绞痛无效。阿司匹林还能抑制血小板聚集，用于预防和治疗缺血性心脏病、心绞痛、心肺梗死等，长期规律地使用还可以降低胃肠道肿瘤的发生率。

阿司匹林忌服情况：对阿司匹林过敏者；痛风患者，阿司匹林会与排尿酸的药物反应；哮喘患者服用阿司匹林可能会引起剧烈哮喘；具有溃疡病症或其他原因引起的消化道出血的患者，阿司匹林对胃黏膜的损伤严重；甲亢引起的高热情况，服用阿司匹林易发生过敏；血小板低或者血友病的患者是出血时凝血出现障碍，而阿司匹林可抑制血小板聚集，抑制凝血，因此对此类患者不利。

药物之间的相互作用也是不可忽略的因素：阿司匹林不可与维生素 B_1 同服，会增加胃肠道反应；避免与其他抗血栓药或导致消化性溃疡的药物同服，例如，阿司匹林会与布洛芬等非甾体抗炎和抗血小板药物发生作用；不可与降血糖药物同服，易导致低血糖反应；不可与糖皮质激素合用，易引发胃溃疡；不可与甲氨蝶呤同用，会增强其毒性；不可与利尿剂同用，易造成水杨酸中毒。

服用阿司匹林一定不可以饮酒。酒精的代谢过程（图 2-12）是：酒精通过乙醇脱氢酶作用变成乙醛，然后在乙醛脱氢酶的作用下进一步变成二氧化碳和水。阿司匹林可以抑制乙醛脱氢酶的作用，导致体内乙醛大量堆积。这样就会出现全身疼痛的症状加重，会导致肝脏毒性较大，肝脏的乙醛含量过高，严重的会导致肝损伤[30,31]。

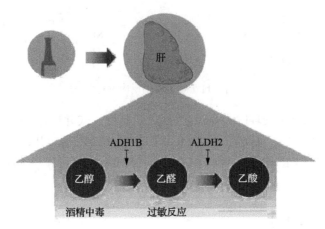

图 2-12　酒精代谢过程示意图

(二) 抗生素合理使用

抗生素的发现和应用是现代医学的伟大成就，治愈疾病，帮助人们远离病痛折磨。抗生素治疗的"黄金时代"则是青霉素的临床应用。随着抗生素种类不断增多，世界各国 30%～80%的住院病人接受过至少一种抗生素的治疗。滥用抗生素，会对人体造成不良后果，比如过敏反应和毒副作用等。青霉素会造成呼吸困难、喉头水肿，引起 I 型过敏反应，表现为麻疹、胸闷气短等，严重者发生过敏性休克、甚至死亡。四环素易引起肠胃功能紊乱，链霉素引起不可逆的耳聋，氯霉素引起白细胞减少，庆大霉素、卡那霉素、新生霉素会引起肝脏损害、肾功能衰竭与出血等。长期大量使用抗生素，会打破人体的微生态平衡，杀死有益菌群，降低免疫力，使吞噬细胞功能减弱，影响抗体形成。滥用抗生素，还会导致致病菌产生耐药性，这种耐药性不断增强，造成原特效抗生素失去治疗效果，甚至出现"超级细菌"。第一例"超级细菌"出现在英国。1996 年，医生在两位手术病人体内发现由普通肠道球菌变异的新型细菌，为防止术后感染而注射的万古霉素抗生素，不仅不能杀死变异细菌，反而变成新型细菌的"食物"。

抗生素不仅应用于临床，畜牧业中的抗生素使用也占有很大比例。中国养殖业是抗生素使用量最大的领域，超过国内抗生素消费总量的一半。2011 年国内抗生素总产量为 21 万吨，国内消费量约为 18 万吨，其中畜牧业及饲料行业的抗生素用量高达 9.7 万吨，约占 54%。中国市场调研在线发布的 2020～2026 年中国畜禽养殖中抗生素使用行业现状调研及发展趋势预测报告认为，养殖业中抗生素的使用主要分为两大部分。一部分为饲料企业在生产全价、浓缩、预混料的过程中添加，主要用于预防疫病及促进生长。另一部分为养殖户在养殖过程中使用，采用拌料、饮水、注射、灌服以及环境喷洒等多种方式，使用目的多为预防和治疗畜禽疫病[32]。抗生素在畜牧业的滥用，同样会存在问题。长期使用抗生素的禽畜，免疫力降低，而且出现抗药性，为保证效果，会不断增加抗生素的使用量。抗生素本身也会对禽畜有毒副作用，而且会造成抗生素残留。人一旦食用，可能会引起过敏，中毒反应，降低自身免疫力，严重的会引发畸形或癌变现象[33]。

阅读链接：屠呦呦与青蒿素（摘自 Krungkrai J, Krungkrai S R. Antimalarial qinghaosu/artemisinin: The therapy of a Nobel Prize[J]. Asian Pacific Journal of Tropical Biomedicine, 2016, 6(5)：371-375）

屠呦呦是中国首位诺贝尔生理学或医学奖获得者、药学家，她多年从事中药和中西药结合研究，突出贡献是创制新型抗疟药青蒿素和双氢青蒿素。1972 年成功提取到一种分子式为 $C_{15}H_{22}O_5$ 的无色结晶体，命名为青蒿素。2011 年 9 月，因为发现青蒿素(一种用于治疗疟疾的药物)挽救了全球特别是发展中国家的数百万人的生命获得拉斯克奖和葛兰素史克中国研发中心"生命科学杰出成就奖"。2015 年 10 月，屠呦呦获得诺贝尔生理学或医学奖，理由是她发现了青蒿素，这种药品可以有效降低疟疾患者的死亡率。她成为首获科学类诺贝尔奖的中国人。

疟疾是一种古老的寄生虫病，全世界近一半的人处于感染风险之中，造成 5.15 亿病例，流行于 96 个亚热带和热带国家。非洲是疟疾病例的集中地，其余大部分集中在巴西，土耳其，印度，阿富汗，斯里兰卡，印度尼西亚，越南，缅甸，柬埔寨，泰国和中国。据报告，每年的死亡人数为 130 万人，其中大部分是幼儿，分布在撒哈拉以南非洲地区(90%)，东南亚地区(7%)和东地中海地区(2%)。疟原虫是疟原虫属的单细胞真核生物，通过被感染的雌性按蚊叮咬传播。

1967 年，屠呦呦负责名为 523 的药物研究项目。她的团队筛选了 2000 多种传统中药配方，并制作了 380 种草药提取物，对疟疾感染的小鼠进行了试验。其中一种草药的提取物在中国传统疗法中治疗"间歇性发烧"已超过 1600 年，即青蒿素，是青蒿或黄花蒿的提取物，通过低温乙醚提取法分离得到的，于 1971 年进行了化学表征，在动物模型和人体内体外和体内测定活性抗疟部分和物理化学性质。

青蒿素的化学结构是一种带有内过氧化物基团的 C_{15} 倍半萜烯内酯，对抗疟活性至关重要。双氢青蒿素是一种活性代谢产物。为了增加青蒿素/双氢青蒿素的溶解度，青蒿素和双氢青蒿素被合成为脂溶性，青蒿琥酯和青蒿酸为水溶性衍生物。

青蒿素作用机理众说纷纭，公认的一种机理是，游离或血红素结合的铁(Fe)催化药物转化为自由基，即通过电子从 Fe^{2+} 还原为自由基和亚铁还原为 Fe^{3+} 的内过氧化物桥。自由基烷基化和氧化蛋白质以及脂质，导致寄生虫的快速杀灭，即青蒿素的抗疟活性通过氧化剂增强并通过还原剂减弱。

第三节 毒 品

《2019 年中国毒品形势报告》指出[34]，全球每年约有 2.7 亿人吸毒，近 3500 万人成瘾，近 60 万人直接死于毒品滥用，其中海洛因、甲基苯丙胺(冰毒)和氯胺酮三类是主要滥用品种。生活中常见的毒品有哪些，危害又有哪些？

一、常见毒品

(一)毒品定义

《国际禁毒公约》规定：毒品是指受管制的麻醉品和精神药品。

我国根据实际使用情况，在国际公约基础上，细化了毒品规定，即毒品是指阿片、海洛因、冰毒、吗啡、大麻、可卡因以及国家规定管制的其他能够使人形成瘾癖的麻醉品和精神药品。这是新修订的《中华人民共和国刑法》中的规定。

(二)毒品种类

毒品只是一种泛称，世界上的毒品繁多，按照不同的性质，可以分成不同种类。

世界卫生组织将毒品使用的物质分成八大类：吗啡类、巴比妥类、酒精类、可卡因类、印度大麻类、苯丙胺类、柯特(KHAT)类和致幻剂类，其他还有烟碱、挥发性溶液等。

按照对人体作用，毒品可分为麻醉剂、抑制剂、兴奋剂、镇静剂和致幻剂。

按照对人体危害程度，毒品可分为软性毒品和硬性毒品。

按流行的时间顺序分类，毒品可分为传统毒品和新型毒品。传统毒品一般指阿片、海洛因等阿片类流行较早的毒品。新型毒品是相对传统毒品而言，主要指冰毒、摇头丸等人工化学合成的致幻剂、兴奋剂类毒品。

按照来源和生产方法分类，毒品可以分为天然毒品、半合成毒品和合成毒品。天然毒品是指在植物中直接提取，如阿片、可卡因、大麻等；半合成毒品是指将天然毒品与化学物质反应合成，如海洛因；合成毒品是指完全由化学合成方法制造，如冰毒。我们按天然毒品、半合成毒品和合成毒品，将常见的毒品进行分类介绍[35-38]。

(三)常见毒品概述

1. 天然毒品

(1)阿片

阿片在中国约有一千多年的历史。《唐本草》中就记载了一种药物，它味道辛苦，从西戎传入，被叫作底也伽。在当时，底也伽的主要用途是治疗痢疾，是一种含阿片的混合物。直到明朝时，人们服用的阿片主要靠进口，罂粟当时只是以观赏植物的身份存在。据记载，明朝官员徐光启的家书中提到在家中空闲地方种植五色鸡冠、凤仙、罂粟等。同样在明朝，人们也逐渐懂得了阿片的生产、制造。李时珍的《本草纲目》曾记录了采收生阿片的方法，他写道："阿芙蓉(即阿片)前代罕闻，近方有用者。云是罂粟花之津液也。罂粟结青苞时，午后以大针刺其外面青皮，勿损里面硬皮，或三五处，次晨津出，以竹刀刮，收入瓷器，阴干用之。"并不是罂粟都能制造阿片，只有阿片罂粟和苞麟罂粟可以生产一定的阿片，其中阿片罂粟较为普遍[39]。

阿片分为生阿片和熟阿片。生阿片是罂粟果割破外皮流出的白色乳状液体凝固后的产物，干燥后的颜色为褐色或黑色，内部有黏稠状物质，有刺激气味(以尿味为主)，味苦，不可以直接吸食。生阿片的成分分为生物碱(10%～20%)、矿物质(15%～30%)、树脂和水分。

熟阿片也称精制阿片，是在生阿片的基础上，混合水，经加热、过滤、除杂等加工程序制得，呈棕色或金黄色，通常制成条状、板片状或块状，表面光滑油腻，略带臭味，可供吸食。

初次吸食阿片时，会出现头晕目眩，恶心或者头痛，接下来，吸食者会处于半麻木状态，长期吸食阿片，面色为黄色或黑色，身形消瘦，思维能力减退，丧失劳动能力。日复一日，则会造成人体免疫力下降，最终缩短寿命。而一次性过量吸食阿片，则会引起急性中毒或抑制呼吸而死亡。

(2)吗啡

1806年德国化学家泽尔蒂纳首次将吗啡从阿片中分离出来，并使用希腊梦神Morpheus的名字将其命名为吗啡。吗啡在阿片中的含量为4%～21%，平均为10%左右。

吗啡(图2-13)，化学名称：17-甲基-4，5α-环氧-7，8-二脱氢吗啡喃-3，6α-二醇，英文名：Morphine，缩写为MOP，化学式为 $C_{17}H_{19}NO_3$，分子量为 285.34。纯吗啡是无色结晶或者白色结晶粉末，无臭，遇光易变质。吗啡难溶于水，易溶于氯仿及热乙醇中，盐酸吗啡则可以溶于水和酒精。吗啡本质是一种异喹啉生物碱，可被制成方形、片状和粉末状。吗啡及其衍生物具有镇痛、镇咳、止泻作用，在医学上主要作为麻醉剂。

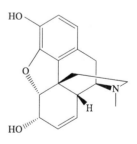

图2-13 吗啡结构式

生物碱是自然界(主要为植物，但有的也存在于动物)中的一类含氮的碱性有机化合物，有似碱的性质，所以过去又称为赝碱。大多数有复杂的环状结构，氮多包含在环内，有显著的生物活性，是中草药中重要的有效成分之一。具有光学活性。有些不含碱性而来源于植物的含氮有机化合物，有明显的生物活性，故仍包括在生物碱的范围内。而有些来源于天然的含氮有机化合物，如某些维生素、氨基酸、肽类，习惯上又不属于"生物碱"[40]。

吗啡若长期使用则会上瘾，并且难以戒掉，若强制戒断，会出现流汗、颤抖、发热、高血压、肌肉疼痛和痉挛等。吗啡相比于阿片来说，毒性更强，大约是阿片毒性的 10 倍，由此对身体的损害更为严重。吗啡可诱发强烈的镇静作用，还会造成注意力、思维和记忆功能衰退。长期使用吗啡会成瘾，而且迫使成瘾者不断增加剂量以达到效果，形成严重的毒物癖。成瘾者初期表现为嗜睡，性格改变，记忆力衰退，注意力分散等。长此以往，人会表现出精神失常，出现幻觉，严重的话，会抑制呼吸造成死亡。

(3) 大麻

大麻原产于亚洲西部，在我国有广泛的种植。大麻是一年生草本，1～3 米高，茎梢及中部成方形，基部圆形，皮粗糙富纤维，被短腺毛。掌状复叶，小叶 3～11 片，披针形，边缘有锯齿。花单性，雌雄异株，雄花序圆锥状，雌花序球状或短穗状[41]。大麻本是绳子和纺织品的原材料，大多数品种是无毒的，后来发现部分大麻品种中存在大麻酚衍生物，这类物质具有精神活性作用，从而被用作毒品，北美大麻和印度大麻是欧美市场上常见品种。医学上，大麻经常被用来辅助某些绝症(癌症、艾滋病)晚期的治疗，用来增进食欲、减轻疼痛，可用来缓解青光眼和癫痫、偏头痛等神经症状，以及两极情绪不稳，可以减轻化疗病人的恶心症状。

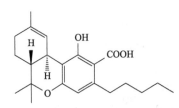

图 2-14　四氢大麻酚结构式

大麻中化学成分是复杂多变的，主要成分包括：类脂物、黄酮类化合物、萜烯、碳氢化合物、非环形大苯酚、生物碱、柠檬酸银和环形大麻酚(如四氢大麻酚)。其中主要毒性成分是四氢大麻酚(图 2-14)[42]。大麻的主要产品有大麻烟、大麻树脂、大麻油，这三类产品是由大麻植物经过不同工艺生产制得，其中四氢大麻酚的含量分别为 0.5%～5%、4%～12%、20%～60%。四氢大麻酚(THC)是一种芳香类萜，难溶于水，易溶于多种有机溶剂。大麻中的四氢大麻酚可以说是一种植物(对于草食性动物)的自我保护机制，而且四氢大麻酚在 28～315 nm 有吸收峰，可以使其免受紫外辐射的伤害。

大麻烟比烟草更易致癌，因为大麻烟中烃类致癌物的含量较烟草中含量高达 70%。小剂量的大麻，使人产生嗜睡，平衡功能障碍，时间空间认知错误，过量大麻会出现幻觉和妄想，思维混乱，自我认知障碍。长期吸食，吸毒者表现为呆滞、淡漠、注意力不集中、记忆力差、判断力损害、精神衰退。

(4)咖啡因

咖啡因(图 2-15)是一种黄嘌呤类生物碱化合物，在茶叶、咖啡豆等天然植物中常见，是世界上使用最为广泛的精神活性药物。化学名：1,3,7-三甲基黄嘌呤，化学式为 $C_8H_{10}N_4O_2$，英文名：Caffeine。纯咖啡因是白色粉末，有强烈苦味。小剂量(50～200 mg)的咖啡因可以兴奋大脑皮层，抗疲劳，大剂量则会成瘾，引起惊厥，损害内脏器官，诱发呼吸道炎症等疾病，长期摄入，不仅会对人体中枢神经系统造成损害，引发心脏病和高血压，咖啡因还会在体内蓄积，并且在代谢过程中产生茶碱(药物治疗剂量与中毒剂量相近)，引起中毒，还会引起吸毒者的下一代智力低下、肢体畸形。

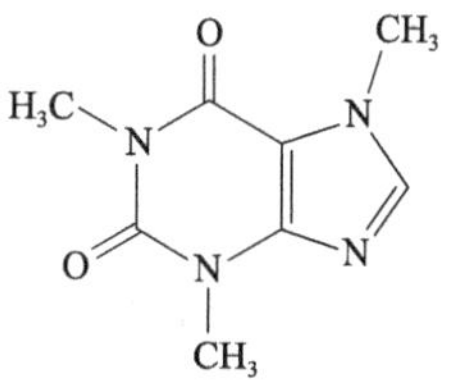

图 2-15　咖啡因的结构式

咖啡因也是国际奥林匹克委员会禁用物质中受管制药物之一。目前，咖啡因类制剂的使用越来越广泛，常用的咖啡因制剂有感冒灵胶囊、复方氨酚烷胺片、氨基比林咖啡因片等。含咖啡因的饮料已经成为人们日常生活中补充能量和抵抗疲劳的主要产品，大多数功能性饮料中均含有咖啡因。成年人口服咖啡因后，吸收快而完全，生物利用度近 100%，大量饮用很可能成瘾甚至中毒死亡[43]。

(5)可卡因

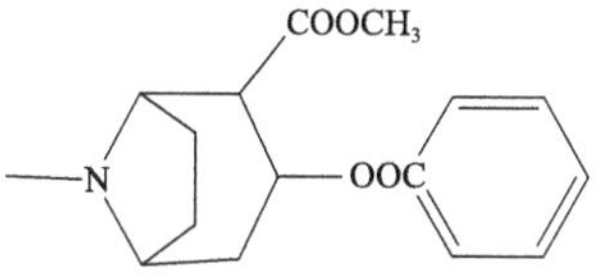

可卡因(图 2-16)又名古柯碱，是在古柯植物中提取的一种生物碱。化学名称为苯甲基芽子碱，化学式为 $C_{17}H_{21}NO_4$，英文名：Cocaine。可卡因为纯白、灰白粉末，极易吸潮，有特殊气味，味苦而麻。

图 2-16　可卡因结构式

古柯植物原产于南美秘鲁、哥伦比亚等地，我国台湾、广西、海南也有栽培。古柯科，小灌木，高达 1 米。树皮浅棕色，有纵纹。叶长椭圆形，互生，革质。花小，单生或数朵簇生于叶腋内，黄白色，花瓣 5 片。核果，含种子一枚。

可卡因是一种极强烈的局部麻醉剂，主要对神经系统具有刺激作用，少量使用可卡因或含可卡因类物质确能起到消除疲劳、提高情绪的作用，但大量使用使吸毒者出现幻觉，举止怪异，过度兴奋，周身颤抖，暴力行为，甚至死亡。长期大量吸服，吸毒者则会出现精神疾病，被迫妄想，出现假想敌，攻击别人，肢体自残。

2. 半合成毒品

(1)海洛因

1874 年，伦敦圣玛利亚医院一位英国化学家在吗啡中加入乙酸而得到两种白色结晶粉末，并且在狗身上做实验，立即出现了虚脱、恐惧和困乏等一些可怕症状。直到 1898 年，德国贝尔药物化学公司大批量生产，正式定名为海洛因，应用于临床，主要是治疗吗啡毒瘾问题。经过实践表明，海洛因的成瘾性比吗啡更强烈，它对人体及社会的危害后果，已经超出其医用范围[44]。

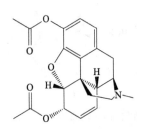

图 2-17　海洛因结构式

海洛因(图 2-17)，俗称"白粉"，即"盐酸二乙酰吗啡"，由吗啡与乙酸酐反应，经过化学方法提取的一种白色粉末。微溶于水，易溶于有机溶剂。

海洛因可以根据纯度不同，分为 1 号、2 号、3 号、4 号和 5 号，其中 3 号是可吸食海洛因，4 号主要是静脉注射，其毒性是吗啡的 4～8 倍。海洛因直接作用于中枢神经系统，极易上瘾。海洛因会使吸食者体重下降，皮肤出现荨麻疹，嗜睡，行动迟缓，全身乏力。尤其对神经系统具有极大的损伤，具有强抑制性。长期吸食海洛因，会使吸食者瞳孔缩小，说话含糊不清，消瘦，营养不良。而且海洛因还会促使皮肤组织胺释放，使成瘾者皮肤发红、发痒，出现荨麻疹。若吸毒者一次性过量吸食，会引起海洛因中毒，主要表现为昏迷、呼吸减弱、体温降低、心跳缓慢、血压过低，并伴随肺水肿，导致呼吸困难而死。海洛因不仅对人体产生巨大危害，最可怕的一点可能就在于由于心理和生理依赖性导致的复吸[45]。

(2)麦角酸二乙酰胺

麦角酸二乙酰胺，简称 LSD，化学式为 $C_{20}H_{25}N_3O$，英文名：Lysergic acid diethylamide。LSD 是由麦角酸与其他化学物质合成的一种致幻剂，其中麦角酸是麦角真菌中提取的一种吲哚生物碱。LSD 是白色无味粉末，常掺杂其他物质并被制成粉剂、药片、胶囊等形式非法使用与出售。服用 LSD 后，导致吸食者产生顽固的心理依赖，由于药物的耐受性，致使吸食量逐渐加大，会出现幻觉和妄想，精神错乱，情绪变化无常，记忆力衰退，判断力和控制力下降，同时方向感缺失、距离和时间的认知错误，有自残和暴力倾向。长期服用，会造成记忆力受损，出现抽象思维障碍。如吸食完 LSD 青年会出现将高楼误以为平地的错觉而跳楼，也会出现冲向近在眼前的汽车的现象，因为吸毒者的眼中，汽车的距离足够远。除此之外，LSD 的损害是不可逆的，尤其对染色体的损害，会导致孕妇流产或婴儿先天畸形。

3. 合成毒品

(1)冰毒

化学名称：2-甲胺-1-苯基丙烷，分子式为 $C_{10}H_{15}N$，英文名：Metamfetamine，为白色透明晶体，具有与普通冰块相似的外观，味道微苦。冰毒微溶于水，易溶于乙醇、氯仿等有机溶剂。冰毒(图2-18)的合成以苯乙酸、麻黄素、氯苯为原料，在麻黄素的基础上进行化学结构改造，也称为去氧麻黄素。冰毒毒性相当大，少量使用有抗疲劳的功效，长期服用，会导致贫血，反应迟钝，昏厥甚至死亡。而且冰毒容易上瘾，致幻力强，毒性发作快，用药后精神兴奋，大量消耗体力和降低免疫力，严重损害心脏、大脑组织，性欲亢进，食欲减退，甚至造成死亡。冰毒属于中枢神经兴奋剂，常导致情感冲动和暴力倾向，表现出妄想、好斗等行为。

（2）K粉

化学名称：2-邻氯苯基-2-甲氨基环己酮，简称氯胺酮(图 2-19)，分子式为 $C_{13}H_{16}ClNO$，英文名：Ketamine，为白色粉末。K粉溶于水，水溶液呈酸性，微溶于乙醇。氯胺酮常被制成针剂，医学上作为麻醉剂使用，是静脉全麻药，有时也作为兽用麻醉药。氯胺酮可以勾兑在饮料中，具有很强的上瘾性和依赖性，而且足量接触两三次足以上瘾。食用K粉后，可以使吸毒者疯狂摇头，听到音乐节奏，不自觉地手舞足蹈，这种效果会持续数小时甚至更长，直至药性散尽身体虚脱为止。长期吸食，心率加快，血压升高，出现幻觉，做噩梦，举止失常，动作不协调等。

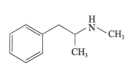

图2-18 冰毒结构式

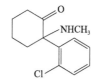

图2-19 氯胺酮结构式

（3）摇头丸

化学名称：3,4-亚甲二氧基甲基苯丙胺，分子式为 $C_{11}H_{15}NO_2$，属于中枢神经兴奋剂，英文简写：MDMA。游离态的 MDMA 是一种无色油状液体，一般不溶于水，溶于乙醇等有机溶剂。摇头丸(图2-20)多以药片、药丸形式出现，按照药片、药丸的不同颜色、不同图案、不同字母也被称为"蓝精灵""白天使""蝴蝶""鸽子"等。摇头丸具有兴奋和致幻双重作用，服用摇头丸后，活动过度，感情冲动，性欲亢进，嗜舞，偏执，妄想，自我约束力下降，出现幻觉和暴力倾向。长期服用，会导致肌肉萎缩，血管膨胀，引起死亡。

（4）哌替啶

化学名：盐酸哌替啶，分子式为 $C_{15}H_{21}NO_2$，英文名：Pethidine。白色结晶性粉末，味苦，无臭，能溶于水和乙醇。哌替啶(图2-21)在临床上应用广泛，属于人工合成的吗啡替代品，一般被制成针剂。哌替啶具有成瘾性，连续使用 1～2

周可产生依赖，过量使用会产生兴奋，心跳加快，瞳孔散大，肌肉痉挛，惊厥，震颤等症状。

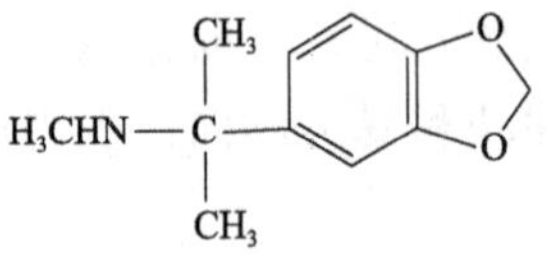

图 2-20 摇头丸结构式 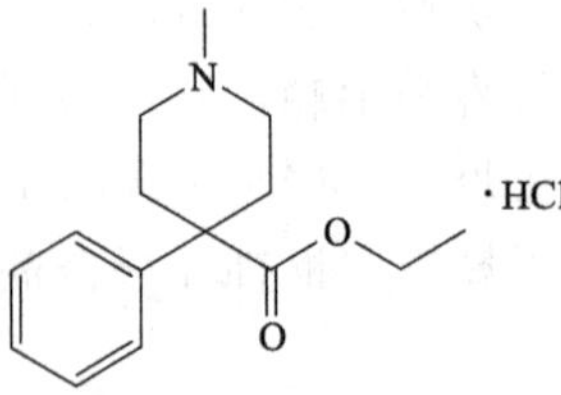   图 2-21 哌替啶结构式

上述介绍的毒品只是无数毒品中较为常见，流通广泛的种类。根据国家食品药品监督管理总局发布的《麻醉药品品种目录》和《精神药品品种目录》（2013 版）中总共列举了 270 种[46]。在我国把毒品分为麻醉药品和精神药品两大类。麻醉药品指连续使用能成瘾、产生依赖性的药物，如阿片、可卡因、吗啡、大麻、哌替啶。精神药品指直接作用于中枢神经系统，使大脑兴奋或抑制，若连续使用能够产生依赖性的药品，如咖啡因、安定等。其中，麻醉药品类毒品又分为阿片类、可卡因类和大麻类，精神药品类毒品又分为中枢神经兴奋药、中枢神经抑制药和致幻剂[47]。

二、毒品对人体的损害

(一)吸食毒品上瘾机理

毒品成瘾是一种慢性复发性脑病，与中枢神经系统内存在的奖赏系统密不可分，成瘾性毒品使脑内奖赏系统兴奋，产生正性强化效应，从而产生心瘾。在正常情况下，人在接受外界刺激后，首先将信息传递给大脑，此时大脑会下达指令，由各种递质将信号传递给相应部位，从而产生快感，这一系列的反应称为奖赏机制。奖赏机制与多巴胺(DA)、阿片肽、γ-氨基丁酸(GABA)的活动方式息息相关。人体是一个复杂的体系，而神经递质在人体体系中发挥着"信使"的作用，在各个神经元之间传递信息，传达大脑的指令。毒品则是利用奖赏机制使人上瘾，刺激多巴胺释放、抑制多巴胺摄取或直接兴奋多巴胺受体而使多巴胺含量增加，多巴胺递质与脑内多巴胺受体结合后完成奖赏效应，产生毒品成瘾作用。而为了维持这种病理性的稳态，必须增加毒品的使用量以刺激多巴胺神经元释放足够量的多巴胺，形成依赖。这种依赖一旦形成，便一发不可收拾，一旦停药，则会导致多巴胺释放突然减少并产生戒断症状，对人体造成不可逆的损害[48,49]。

多巴胺神经环路是药物依赖产生的主要神经基础，毒品还可以作用于阿片肽神经元，刺激内啡肽的释放，内啡肽再作用于多巴胺神经元上的阿片受体，通过增强多巴胺神经元的活性而产生药物奖赏效应。例如吗啡，进入人体后可以直接作用于阿片肽神经元，使其释放的内啡肽增加，内啡肽再作用于多巴胺神经元上的阿片受体，促发多巴胺神经元的活性而发挥药物奖赏效应。阿片肽神经环路与多巴胺神经环路还存在着大量的交互作用，共同对毒品的成瘾起增强作用。除此之外，毒品也可以通过抑制 GABA 能神经元，解除 GABA 能神经元对多巴胺神经元的抑制，使释放的多巴胺增多而产生奖赏兴奋效应。

(二)毒品危害

1. 吸毒危害身体健康

成瘾药物对身体各个系统均有不同程度的损伤。

(1)危害神经系统

毒品对神经系统的危害主要表现在神经系统的适应性变化。比如神经肽类物质脑啡肽，在海洛因成瘾后，对大脑海马区的神经元造成损伤，导致部分投射中断，造成海马区的脑啡肽释放形成负反馈调节。负反馈调节的结果是脑啡肽的释放量下降，进而影响海马递质的营养，最终导致神经元的损伤加重。长此以往，毒品不仅会影响神经肽类物质，还会影响各类神经递质、线粒体功能，最终损害中枢神经系统和周围神经系统，干扰脑内的精神活动，引起幻觉、妄想等精神疾病的症状，还会导致对外界感知错乱，国外有吸毒者产生有飞行能力的幻觉，导致坠楼而死的报道[50]。

(2)危害心血管系统

静脉注射毒品的危害最大，不仅毒瘾越来越重，而且极易感染其他疾病，心律失常和缺血性改变、心内膜炎、心肌病等。可卡因可以引起血管痉挛，冠状动脉痉挛引起心肌梗死。大剂量的海洛因使人体血压下降，心动过缓，滞留 CO_2，脑血管扩张，使颅内压升高。对于海洛因成瘾者来说，常出现心律失常，表现为全身乏力、心慌、气促等症状，这是由于海洛因作用于心血管系统，心脏泵功能衰退，冠状动脉灌注压、平均动脉压、舒张压降低，引发心肌供血不足。而且海洛因中有不溶性杂质，直接静脉注射，这些杂质可作为血栓核形成血栓。吸毒者注射毒品时，一时找不到蒸馏水稀释，就用自来水或抽自己的血液稀释，注射器也不消毒，极易感染。吸毒者还常共用一个注射器，形成交叉感染。所以吸毒者中高发肝炎、结核病、艾滋病等传染病，静脉注射若掌握不好，过量还易造成死亡。还有的吸毒者将一些不适于静脉注射的片剂、粉剂混入水中供静脉注射，如此注入不溶颗粒而造成血管栓塞，后果不堪设想[51]。

(3)危害呼吸系统

毒品会引起阻塞性肺气肿、细菌性肺炎、海洛因肺水肿、肺结核和呼吸系统其他并发症。白粉一类的毒品，可以通过鼻腔吸食，毒品直接与呼吸道黏膜接触，容易引起感染、支气管炎等呼吸疾病。海洛因中的掺杂物会沉积在器官、支气管、细支气管黏膜表面，使呼吸道上皮细胞受损，出现纤毛倒伏、分泌物增多等现象，严重的还会引起细菌感染。

除了危害神经系统、心血管系统和呼吸系统外，毒品还会危害消化系统、生殖系统和免疫系统。一般来说，吸毒人群的普遍特点是消瘦，脸色差，毒品会抑制食欲，减少人体进食，缺乏某些必需维生素和矿物质，引起营养不良综合征。吸毒还会引起胃肠蠕动减慢，造成便秘，肠梗阻。长期吸毒，可造成性功能减退，甚至完全丧失。吸毒还会引起严重的感染性疾病、皮肤的多发性脓疮、感染性静脉炎、脉管炎、亚急性心肌炎、破伤风、败血症等。

除了上述的生理损害，吸毒人员还存在心理损害。吸毒成瘾者的思维、情绪和行动，因毒品的抑制或兴奋作用而受到严重影响。同时吸毒者的意志力、记忆力、耐受力等受到明显的破坏，行动效率降低，责任感、羞耻感丧失。如果对吸毒人员强制戒断，马上便引起一系列的生理变化和生物化学变化，从而出现过敏、震颤、周身无力、精神恍惚、打哈欠、涕流泪淌、恶心、呕吐、周身发凉、骨头发痒，严重者有痉挛性腹痛、血压升高、心跳过速、瞳孔放大、白细胞增多、体液丢失，电解质紊乱而危及生命。此时吸毒者往往无法自拔，或抱头乱窜，或发狂自杀等[52]。

毒品的生理依赖性强，尤其是精神依赖，使人容易上瘾。毒品也会对大脑神经细胞产生直接的损害作用，导致神经细胞变性、坏死，出现急慢性精神障碍。不仅如此，吸毒会导致全身骨骼肌痉挛、恶性高热、脑血管损害、肾功能严重损伤、急性心肌缺血、心肌病和心律失常。吸毒者的平均寿命较一般人短10～15年。

2. 吸毒破坏家庭和谐

吸毒一旦成瘾，吸毒成了生活的全部，买毒品、吸毒成为吸毒者的首要事情。但是吸毒的高额支出，使吸毒者债台高筑、倾家荡产，当合法手段不能得到足够金钱时，便会转向非法途径。而且吸毒成瘾后，吸毒者会变得烦躁易怒，厌世，对配偶、子女及家庭情感淡漠，易导致幸福家庭的破裂。更糟的是，生活在吸毒家庭中，孩子容易造成心理不健康，行为具有攻击性和反抗性，容易走上违法犯罪的道路。

3. 吸毒危害社会安定

吸毒会吞噬巨额财产，影响国家经济发展，诱发犯罪事件，扰乱社会安定，败坏社会风气，危害年青一代，破坏生态环境，并对整个社会的文明进程构成威胁。引发毒品案件存在诸多因素，金钱财产占有一定比重。一般来讲，毒品的价格昂贵，在毒瘾的诱发下，更容易引起毒品犯罪案件。以冰毒为例，吸毒者每天3颗的消耗量，每颗100元，每年360天，一个人每年的毒品开销10.8万，而全国在籍吸毒人员大约 240.4 万人，粗略估计，每年吸毒会吞噬社会财富 2596 亿。由于毒瘾难以戒断，无力支付这笔费用的吸毒人员，则要另谋途径。这也是一部分毒品犯罪案件的起因之一。除此之外，吸毒者在药物作用下，容易行为失控，暴力事件频频发生，影响社会治安[53]。

热点聚焦：推进高校毒品预防教育，护航大学生健康成长

一、毒潮泛滥形势严峻，高校毒品预防教育刻不容缓

（一）全球毒品问题恶化，我国禁毒形势依然严峻

毒品是人类社会的公害，严重威胁着人类健康、发展、和平与安全。当前，全球毒品问题呈恶化态势，一些国家和地区毒品持续泛滥，吸毒致死人数连年攀升。《2019 年世界毒品报告》显示，全球每年约有 2.7 亿人吸毒，近 3500 万人成瘾，近 60 万人直接死于毒品滥用。在毒品问题全球化背景下，世界范围毒品泛滥对中国构成重大威胁和严重影响，特别是"金三角""金新月"等境外毒源地向我国毒品渗透不断加剧。2019 年，全国共缴获各类毒品 65 吨，其中明确来源于境外的毒品占全国缴获毒品的一半以上，国内制造的毒品只占缴获总量的 4%[54]。虽然吸毒人员总量较上一年有所下降，但是吸毒人员数量依然庞大，且吸毒人群覆盖各个年龄段、不同文化程度、各个社会群体，毒品蔓延的态势还没有根本扭转。中国毒品形势依然严峻复杂，治理工作面临着巨大压力和挑战。

（二）毒品侵入大学校园，大学生涉毒案件时有发生

随着毒品问题的发展蔓延，高校已不再是一个远离毒品的世外桃源，在校大学生也出现了吸毒贩毒等涉毒案件。2012～2014 年，仅广西 201 所学校就有 439 名在校生出现涉毒行为，大学生 196 人占涉毒人数的 44.6%[55]。根据《2015 年中国毒品形势报告》，学生吸毒人数占全国吸毒人员总数的 0.5%，相当一部分为在校大学生。在校大学生近年来出现滥用新型毒品的现象，通过对浙江省杭州市 3 所大学的 2484 名在校大学生的调查研究发现，有 45 名学生曾经至少用过一次新型毒品，新型毒品尝试率为 1.81%[56]。而另一份调查结果显示，6.8%的广州大学生有新型毒品滥用意向，新型毒品滥用率高达 3%[57]。

此外，从全国法院审结的毒品案件来看，以贩毒为主的大学生毒品犯罪日益增多。如北京市朝阳区人民法院 2012 年以前尚未受理过高校在读大学生毒品犯罪案件，但 2014～2015 年却飙升至 20 件[58]。2019 年 6 月～2020 年 5 月，厦门两级法院审结的毒品案件中便有 10 余起是大学生实施的毒品犯罪案件[59]。频频发生的涉毒案件不仅影响着大学生的身心健康和学业发展，也威胁着校园安全与社

会稳定，为高校毒品预防教育敲响了警钟。

二、滥用毒品自毁前程，大学生不可承受的生命之重

(一)识毒不清防毒不强，为大学生吸毒埋下隐患

我国大学生大多数处于 20 岁左右的年龄阶段，个体的生理成长已接近完成，心理上处于走向成熟的关键过渡期。随着文化层次的不断提高，他们的知识储备和信息获取量不断提升，但对毒品的认知、防范与公众的预期还有较大差距。调查显示，绝大部分学生对毒品缺乏全面系统认识，对毒品的危害认识不清或认识不全[60]。对于常见的 15 种毒品名称，大学生的平均知晓率仅为 56.3%[61]，而对近年出现的新型毒品如 LSD、迷幻蘑菇、"浴盐"等更是所知甚少，平均知晓率只有 15.3%[62]。另外，大学生对于毒品的危害也存在着严重的认识误区，如"吸食冰毒可以减肥""大麻不属于毒品""吸食新型毒品不会成瘾"[63]。由于大学生本身对于毒品及其危害缺乏全面充分的认知，使其防范毒品的意识不强，少数学生甚至认为沾染毒品并不可怕，加之好奇心的驱使、同伴诱惑、学业就业的压力以及明星的不良示范等原因，导致大学生成为毒品的"易感人群"。

(二)滥用毒品自毁前程，祸及家庭危害社会安全

大学生吸食毒品不仅直接侵害自身的身体健康，还会影响学业甚至葬送自己的未来。大量的临床资料表明，吸食冰毒和摇头丸等毒品可以对人的大脑神经细胞产生直接的损害作用，导致人的大脑神经细胞变性、坏死，出现急性或慢性的精神障碍[64]。实践中，许多大学生因滥用毒品被强制戒毒或被学校开除学籍而无法完成学业。部分学生即使能够完成毕业，在就业、择偶等方面个人发展也会受到一定的限制和阻碍。同时，由于毒品价格昂贵，大学生吸毒也会给家庭带来沉重的经济负担。除了给本人和家庭带来危害，大学生吸食毒品还会造成社会财富的损失和浪费，诱发其他违法犯罪行为，扰乱社会经济秩序。大量案例表明，大学生不仅是毒品犯罪的受害者，也正在成为毒品罪恶的制造者和传播者。作为国家建设和发展的生力军，青年大学生肩负着实现中华民族伟大复兴的历史使命，是民族兴旺发达的希望所在和力量依托。大学生滥用毒品已成为一个社会问题，而不是简简单单的个人嗜好。筑牢校园禁毒防线，建设高校无毒校园，关系到青年大学生健康成长、家庭和谐和社会稳定，有着极为重大的现实意义。

三、加强毒品预防教育，助力新时代大学生健康成长

(一)近年来我国毒品预防教育取得一定成效

面对高校毒品蔓延形势，我国陆续出台相关政策对学校禁毒教育予以指导。

1997 年，国家教育委员会会同国家禁毒委员会下发通知，正式将禁毒教育纳入德育教育教学大纲，拉开了我国校园毒品预防教育的大幕。通知要求在大中小学校有针对性地开展形式多样的禁毒教育，每学年开展毒品预防教育的课时不得少于2 课时。2008 年 6 月开始实施的《禁毒法》在总则部分直接确定了以毒品预防为主的禁毒工作方针，并明确规定教育行政部门、学校应当将禁毒知识纳入教育、教学内容，为学校进行毒品预防教育提供了法律依据。2015 年，国家禁毒委员会组织实施了全国青少年毒品预防教育"6·27"工程，并联合公安部、教育部等 14个部门制定了《全国青少年毒品预防教育规划(2016—2018)》(以下简称《规划》)。该《规划》将学校作为毒品预防教育的主阵地，明确了量化目标和工作要求，建立了责任追究制度，标志着我国青少年毒品预防教育工作格局初步形成。上述政策与法律的出台为学校做好毒品预防教育工作奠定了坚实的制度基础，起到了良好的导向作用。近五年，18～35 岁吸毒人数连续三年下降(表 2-1)，占全国吸毒人数比例连续四年下降。2019 年，全国 18～35 岁吸毒人数为 104.5 万，较 2015年下降 37.7 万，降幅为 26.5%[54]。我国青少年涉毒问题高发势头得到初步遏制，青少年毒品预防教育取得阶段性成效。

表 2-1　近年来全国 18～35 岁吸毒人员数及占比变化

年份	全国吸毒人员数/万人	18～35 岁吸毒人员数/万人	18～35 岁吸毒人员占比/%
2014	295.5	165.9	56.1
2015	234.5	142.2	60.6
2016	250.5	146.4	58.4
2017	255.3	141.9	55.6
2018	240.4	125	51.9
2019	214.8	104.5	48.7

(二)现阶段高校毒品预防教育亟须深入推进

目前，学校毒品预防教育是禁毒的最有效措施已成为国际社会的共识。我国于 20 世纪 90 年代末开展毒品预防教育且取得一定成效，但相较于越来越受关注的中小学毒品预防教育，高校对毒品预防教育却缺乏应有的重视，有的高校甚至没有执行《规划》关于高等院校要在新生入学后和毕业生毕业前各开展一次毒品预防教育的基本规定。一项涉及福建省 14 所高校的调查显示，21.1%的大学并未对学生进行毒品预防教育[62]。受专业师资短缺、经费难以保障、缺乏配套机制等因素影响，高校毒品预防教育知识内容滞后、教育方式过于单一、教育效果不甚理想等问题较为突出[65]。高校毒品预防教育的缺失与不足严重削弱了我国毒品预防工作效果，与毒品加剧向大学生侵蚀的形势极不相称，已成为禁毒人民战争中的薄弱环节。

随着新型毒品增多及互联网、物流快递业的迅猛发展，高校毒品预防教育面临的挑战愈发严峻。近年来，新型毒品——反传统毒品单一形态，花样不断翻新。据国家毒品实验室检测，2019年全年检测出新精神活性物质41种，其中新发现5种，有些尚未列入毒品管制范围[54]。一些不法分子则通过改变形态包装，将新型毒品伪装成"咖啡奶茶包""巧克力""饼干"等产品进行销售，具有极强的伪装性和迷惑性。大学生识别、防范毒品的难度不断增加，有成为新型毒品吸食人群的趋势[66]。根据《2018年中国毒品形势报告》，"互联网+物流"已成为贩毒活动的主要方式。不法分子通过互联网发布毒品订购和销售信息，利用网络虚拟身份进行线上交易，借助物流快递运送毒品的网络贩毒。作为互联网活跃用户的大学生，接触毒品信息、获取毒品的难度有所降低。互联网和快递运输一定程度上成为大学生涉毒的"帮凶"，也对毒品预防教育的内容和效果提出了新的要求。此外，层出不穷的娱乐明星吸毒事件和一些欧美国家实行大麻合法化政策，也对毒品在我国大学校园流行起到了推波助澜的作用，加大了高校毒品预防教育的难度。

面对高校毒品预防教育的缺位与复杂的社会环境带来的挑战，深入推进高校毒品预防教育势在必行。2018年6月，习近平总书记就禁毒工作作出重要指示时强调：要坚持关口前移、预防为先，重点针对青少年等群体，深入开展毒品预防宣传教育。2019年1月，国家禁毒委员会发布《关于加强新时代全民禁毒宣传教育工作的指导意见》，要求深入推进"6·27"工程，尤其要"着力加强普通高校、职业院校毒品预防教育工作"。高校应站在事关国家安危、民族兴衰、人民福祉的高度充分认识毒品预防教育的重要性，利用好学校毒品教育的最后机会，有计划、有目的、有系统地扎实推进大学生毒品预防教育。实践中，高校可以通过保障毒品预防教育课时、多种形式建设禁毒师资、及时更新毒品预防教育内容、完善责任机制考核机制、营造良好校园禁毒氛围等方面的努力，真正从深度和广度上提高毒品预防的教育实效。

青年兴则民族兴，青年强则国家强，身心健康的大学生是国家的希望、民族的未来，抓好大学生毒品预防教育是关系民族未来发展的重大问题。作为大学生预防毒品危害的第一责任人，高校应"守土有责、守土负责、守土尽责"，通过扎实有效的毒品预防教育遏制毒品在校园和学生中传播和蔓延，助力大学生健康成长，为促进经济社会发展、维护社会大局稳定、保障人民安居乐业做出贡献。

参 考 文 献

[1] 药品[EB/OL]. https://baike.baidu.com/item/%E8%8D%AF%E5%93%81/383716?fr=aladdin, [2020-2-8]

[2] 杨有旺, 李昌梅. 药品安全常识[M]. 武汉: 湖北科学技术出版社, 2011

[3] 柳敏夏. 举世瞩目的医学成就[M]. 太原: 山西经济出版社, 2017

[4] 李俊. 阿司匹林衍生物的设计、合成及其抗肿瘤活性研究[D]. 青岛: 中国海洋大学, 2015

[5] 郭文正. 滥用抗生素, 危险[M]. 天津: 天津科技翻译出版公司, 2004

[6] 闫鹏飞, 郝文辉, 高婷. 精细化学品化学[M]. 北京: 化学工业出版社, 2004

[7] 顾觉奋. 抗生素[M]. 上海: 上海科学技术出版社, 2001

[8] 柳敏夏, 举世瞩目的医学成就[M]. 太原: 山西经济出版社, 2017

[9] 叶发青. 药物化学[M]. 杭州: 浙江大学出版社, 2012

[10] 孙心君, 李永华, 刘星. 常用抗生素药物治疗学[M]. 天津: 天津科学技术出版社, 2009

[11] 陈肖庆. β-内酰胺抗生素[M]. 上海: 上海科学技术文献出版社, 1989

[12] 闫鹏飞, 郝文辉, 高婷. 精细化学品化学[M]. 北京: 化学工业出版社, 2004

[13] 李思聪, 孙宇辉. 氨基糖苷类抗生素生物合成研究进展[J]. 中国抗生素杂志, 2019, 44(11): 1261-1274

[14] 吕浩, 张也. 四环素类抗生素概述[J]. 中西医结合心血管病杂志(电子版), 2017, 5(34): 15

[15] 伍玉琪, 吴安华. 新型四环素类抗生素 omadacycline 的研究进展[J]. 中国感染控制杂志, 2019, 18(11): 1087-1092

[16] 胰岛素[EB/OL]. https://baike.baidu.com/item/%E8%83%B0%E5%B2%9B%E7%B4%A0/107964?fr=aladdin#1_4, [2020-2-10]

[17] 二硫键[EB/OL]. https://baike.baidu.com/item/%E4%BA%8C%E7%A1%AB%E9%94%AE/1236041?fr=aladdin, [2020-2-10]

[18] 王战强. 胰岛素及其合成技术应用与发展[J]. 中国医药导报, 2011, 8(13): 11-12, 24

[19] 本刊编辑部. 1965 年中国首次人工合成结晶牛胰岛素蛋白[J]. 创新科技, 2009(10): 49

[20] 曹爱明. 中国首次人工全合成胰岛素[J]. 生物学教学, 2007(3): 69-70

[21] 佚名. 人工合成牛胰岛素: 重新打开人的生命大门[J]. 发明与创新: 综合版, 2009(10): 22

[22] 仇国苏. 莽草酸与禽流感治疗药——达菲[J]. 化学教育, 2006(2): 1-2, 21

[23] 达菲(药品)[EB/OL]. https://baike.baidu.com/item/%E8%BE%BE%E8%8F%B2/2570575?fr=aladdin,2020.2.12

[24] 张田财, 鲁慧, 张辅民, 等. 达菲合成最新进展[J]. 有机化学, 2013, 33(6): 1235-1243

[25] 顺铂[EB/OL]. https://baike.baidu.com/item/%E9%A1%BA%E9%93%82/1175597?fr=aladdin, 2020-2-15

[26] 顺铂 15663-27-1[EB/OL]. https://www.chemicalbook.com/ChemicalProductProperty_CN_CB9236183.htm, [2020-2-15]

[27] 房田田. 抗肿瘤药物顺铂与 ATPase 的作用机理研究[D]. 合肥: 中国科学技术大学, 2019

[28] 唐和孝. 氯沙坦提高顺铂治疗肺癌的效果[D]. 武汉: 武汉大学, 2019.

[29] 陈鸿利, 吾麦尔江·艾麦提, 高峻峰, 等. 顺铂类抗肿瘤药物研究进展[J]. 承德医学院学报, 2005, 22(2): 150-153

[30] 郭之东. 合理使用阿司匹林[J]. 首都食品与医药, 2017, 24(9): 62-63

[31] 杨科敏. 认识和合理安全使用阿司匹林[J]. 健康向导, 2019(1): 18-19

[32] 2020-2026 年中国畜禽养殖中抗生素使用行业现状调研及发展趋势预测报告_化学药_中国市场调研在线[EB/OL]. http://www.cninfo360.com/yjbg/yyhy/hxy/20170310/538745.html, 2020.3.8

[33] 黄秋实. 抗生素在畜牧业生产中的应用[J]. 中国畜牧兽医文摘, 2013, 29(4): 149, 190

[34] 《2019 年中国毒品形势报告》发布[EB/OL]. https://baijiahao.baidu.com/s?id=1670462119974013484&wfr=spider&for=pc,[2020-3-9]

[35] 贾东明. 毒品成瘾与康复[M]. 杭州: 浙江大学出版社. 2013

[36] 李云昭, 李锦昆. 毒品与艾滋病知识问答[M]. 昆明: 云南大学出版社, 2018

[37] 唐明德, 王周丽. 毒品基本知识[M]. 成都: 四川人民出版社, 1997

[38] 邱铺怡, 欧阳发, 谈明宗. 毒品对人体的危害及禁毒[M]. 贵阳: 贵州科技出版社, 2007

[39] 朱庆葆. 黑色的瘟疫[M]. 济南: 山东画报出版社, 2012

[40] 生物碱(自然界中碱性有机化合物)[EB/OL]. https://baike.baidu.com/item/%E7%94%9F%E7%89%A9%E7%A2%B1/131597, [2020-3-11]

[41] 周国飞. 几种常见毒品的源植物[J]. 生物学通报, 1992(5): 26-27

[42] 四氢大麻酚-搜狗百科. https://baike.sogou.com/v23575647.htm?fromTitle=%E5%9B%9B%E6%B0%A2%E5%A4%A7%E9%BA%BB%E9%85%9A, [2020-3-11]

[43] 翟金晓, 崔文, 朱军. 咖啡因的中毒、检测及其应用研究进展[J]. 中国司法鉴定, 2017(5): 30-35

[44] 海洛因[EB/OL]. https://wenku.baidu.com/view/1158c886b9d528ea81c77910.html, [2020-3-11]

[45] 海洛因(吗啡类毒品总称)[EB/OL]. https://baike.sogou.com/v119405.htm?fromTitle=%E6%B5%B7%E6%B4%9B%E5%9B%A0, [2020-3-11]

[46] 麻醉药品和精神药品品种目录(2013版)[EB/OL]. https://wenku.baidu.com/view/9480f8130166f5335a8102d276a20029bd6463c5.html, [2020-3-11]

[47] 毒品[EB/OL]. https://baike.baidu.com/item/%E6%AF%92%E5%93%81/507457?fr=aladdin, [2020-3-11]

[48] 钱若兵, 傅先明, 汪业汉. 毒品成瘾的神经机制、治疗现状和进展[J]. 立体定向和功能性神经外科杂志, 2005(3): 179-182

[49] 罗翠婷, 吴凤荣. 合成毒品成瘾机制探索及其防治药物的研发进展[J]. 广东职业技术教育与研究, 2019(3): 185-188

[50] 皮明山, 吴钰祥, 茹琴. 常见毒品对大脑神经元损伤的研究进展[J]. 神经损伤与功能重建, 2014(1): 63-67

[51] 张发意. 吸毒病人的心脏损害机制并防治[J]. 世界最新医学信息文摘(电子版), 2015, 15(98): 133, 134

[52] 删世定. 毒品与化学[J]. 化学教育, 1997, 18(3): 2-3

[53] 2018年中国毒品形势报告[EB/OL]. https://www.mps.gov.cn/n6557558/c6535096/content.html, [2020-3-15]

[54] 2019年中国毒品形势报告[EB/OL]. http://www.nncc626.com/2020-06/24/c_1210675813.html, [2020-3-15]

[55] 曾贞. 安全教育视角下的广西高校大学生毒品预防与控制研究[J]. 高教学刊, 2018(6): 44

[56] 王祎, 陈吉宏. 杭州市滨江区大学生新型毒品尝试及认知态度抽样调查[J]. 云南警官学院学报, 2010(3): 32-36

[57] 姚晓欣, 钟田飞, 夏希. 广州市大学生新型毒品滥用情况及影响因素[J]. 中国公共卫生, 2014, 30(8): 1038-1041

[58] 毒品犯罪开始向大学校园蔓延. https://china.huanqiu.com/article/9CaKrnJW6VD, 2020-3-20

[59] 爱慕虚荣, 自毁前程!在校大学生贩卖毒品牟利获刑[EB/OL]. https://k.sina.com.cn/article_1984847913_764e602902000ovch.html?cre=tianyi&mod=pcpager_ent&loc=36&r=9&rfunc=100&tj=none&tr=9, [2020-3-20]

[60] 刘彦波. 高校开设毒品知识课程必要性探析[J]. 吉林工程技术师范学院学报, 2014, 30(9): 51

[61] 许书萍. 高校毒品预防教育的对策——基于大学生毒品认知及易染原因的调查[J]. 青少年犯罪问题, 2013(6): 85

[62] 朱晓莉, 邓雅蓝. 高等院校毒品预防教育实证研究——基于福建省14所高校3109名大学生样本的分析[J]. 云南警官学院学报, 2019(6): 29-37

[63] 钟田飞, 姚晓欣, 夏希, 等. 广州市高校学生新型毒品滥用意向及其影响因素[J]. 中山大学学报, 2014, 35(3): 479

[64] 雷鸣. 新式毒品更易成瘾[N]. 西安晚报, 2008-6-24(21)

[65] 姚慧, 宋晓明. 我国学校毒品预防教育存在问题及其对策[J]. 政法学刊, 2018, 29(1): 94-96

[66] 倪敏, 陆叶. 江苏省2006~2008年新型毒品(冰毒滥用监测资料分析)[J]. 重庆医学, 2010, 39(6): 709-712

第三章 化学与服装安全

在人类几千年的发展中，"衣、食、住、行"作为一条主线贯穿了我们生活的方方面面，"衣"作为第一部分足以体现服装对于我们生活的重要性。随着社会的不断发展，服装也在不断地革新，服装的多样化为我们生活增添了色彩，但现在的不少服装存在化学污染，服装面料加工不当，未按规范要求严格完成工序，残存较多加工过程中使用的化学物质，储存过程中为防蛀和防霉使用化学用品，严重影响了人们的健康。

第一节 服 装 材 料

一、纤维[1]

纤维是一种细而长的物质，它的直径从几微米到十几微米，长度则从几毫米到几十毫米甚至上千米，长度与细度之比很大。按照定义来说，我们可以在自然界找到很多符合条件的纤维，但并不是所有自然界的纤维都可以叫作纺织纤维。纺织纤维应该满足如下几点要求：①具有一定的长度和长度整齐度。②具有一定的细度和细度均匀度。③具有一定的力学性能。④具有一定的抱合力。⑤具有一定的吸湿性和染色性。⑥具有一定的化学稳定性。

纺织纤维的种类随着社会的不断发展也在不断更新，为了适应现在服装的多样性、多功能性还出现了许多新名词，如功能性纤维、差别化纤维等。纺织纤维的分类方法很多，最常用的方法是从纤维来源进行分类，如图3-1所示。

（一）天然纤维[2]

1. 棉纤维

棉纤维是棉花的种子纤维。棉纤维的主要组成物质是纤维素，其余为纤维素的伴生物，如果胶、蛋白质、脂肪、蜡质以及某些无机盐等，棉纤维中纤维素及其伴生物的含量取决于棉纤维的成熟程度。正常成熟的棉纤维其纤维素的含量约占棉纤维总量的94%左右，伴生物含量较少。伴生物的存在对棉纤维的加工使用性能有较大影响。

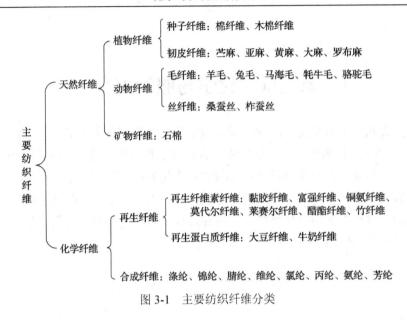

图 3-1　主要纺织纤维分类

　　棉纤维表皮层的主要成分是蜡质与果胶,它们对棉纤维具有保护作用,在生长过程可防止外界水分浸入,在采摘后保护原棉纤维不受潮变质,在纺纱过程中也可起到一定的润滑作用,是棉纤维具有良好纺纱性能的原因之一。但在夏季高温的生产环境中,它们会发生软化、融化,导致纺纱过程纤维缠绕胶辊,以致影响纺纱工艺。而在棉布染色时,蜡质会影响染液的均匀上染,所以在染色之前必须经过煮练工艺除去蜡质。

　　在常温下用稀碱溶液处理棉纤维,会使棉纤维发生膨化,使纤维截面变圆,令天然转曲消失,从而使纤维表面趋于光滑,呈现丝一般的光泽。如果膨化的同时再给予拉伸,则会在一定程度上改变纤维的内部结构,提高纤维的强力,改善纤维的染色性能,这一处理过程称为“丝光整理”。浓碱、高温对棉纤维有破坏作用。

　　2. 麻纤维

　　麻纤维是从各种麻类植物取得纤维的统称,包括韧皮纤维和叶纤维。韧皮纤维作物主要有苎麻、亚麻、黄麻、洋麻、大麻、苘麻(又称青麻)和罗布麻等,剑麻、蕉麻和菠萝麻属于叶纤维。麻纤维的品种很多,而作为服装面料用麻主要是苎麻和亚麻,其他品种的麻纤维长度很短、手感粗硬,一般很少用于衣着,主要用于麻绳、麻袋或其他包装用布,也可以代替羊毛织造低档地毯。

　　麻纤维的纤维素含量一般比棉纤维低,但纤维胞壁中纤维素大分子的取向度比棉纤维大,结晶度也高于棉纤维,亚麻纤维有 90%的结晶度和接近 80%的取向度,使得大分子的“柔曲性”较差,因而麻纤维的强度比棉纤维高,强力是天然纤维中最高的，但拉伸变形较小，伸长率只有棉纤维的一半，麻纤维是弹性回复很差的纤维，是典型的高强低伸型纤维。体现在服装上，就是麻织物缺少弹性，手感硬挺，不能设计尺寸偏紧的服饰，而且麻织物易皱，不容易回复。吸湿后纤维强力大于干态强力，麻织物较耐水洗。麻纤维吸湿、散湿、透气性好，有凉爽感，出汗后不贴身，被认为是理想的夏季面料。实验表明，麻纤维具有一定的卫生保健作用，可适当抑制细菌。

3. 毛纤维

动物毛纤维为天然蛋白质纤维，包括绵羊毛、山羊绒(开司米)、骆驼毛(绒)、牦牛毛(绒)、马海毛、兔毛等。天然毛纤维服装面料中用得最多的是绵羊毛，其次为山羊绒。

羊毛纤维是天然蛋白质纤维，大分子主链的化学键是"肽键"(即 R—CONH—R′，又叫酰胺键)，其中的 R 或 R′叫作侧基，是毛纤维的功能基团。

羊毛耐酸性比耐碱性强，对碱较敏感，不能用碱性洗涤剂洗涤。羊毛对氧化剂也比较敏感，尤其是含氯氧化剂，会使其变黄、强度下降，因此羊毛不能用含氯漂白剂漂白，也不能用含漂白粉的洗衣粉洗涤。高级羊毛织物应采用干洗，以避免毡缩，造成外观尺寸的改变，与 25%以上的涤纶、锦纶等合成纤维混纺的羊毛织物可以水洗。水洗时，应使用中性洗涤剂、温(或冷)水，以轻柔的方式进行。羊毛织物熨烫温度为 160～180℃，羊毛耐热性不如棉纤维，洗时不能用开水烫，熨烫时最好垫湿布。羊毛易虫蛀，也可生霉，因此保存前应洗净、熨平、晾干，高级呢绒服装勿叠压，并放入樟脑球防止虫蛀。

4. 蚕丝

蚕丝，是熟蚕结茧时分泌丝液凝固而成的连续长纤维，也称"天然丝"。蚕丝与毛纤维一样也是天然蛋白质纤维，是由十八种 α-氨基酸的乙酰胺键连接构成的长链，此外尚含少量油脂类、色素、无机物等。组成丝纤维的蛋白质大分子与毛纤维相比，有两个特点：一是组成丝纤维主要的氨基酸是甘氨酸、丙氨酸和丝氨酸(这三种氨基酸在丝纤维中的比例接近 80%)，它们都是侧基非常小的氨基酸；二是丝纤维中几乎没有胱氨酸，由于这样的组成特点，使得丝纤维的大分子基本上是直线状曲折链排列的(与棉纤维的大分子排列相似)，导致丝纤维大分子的结晶度也偏高，约为 80%左右，故大分子的"柔曲性"不如毛纤维，丝纤维的强度比羊毛高，但是变形回复性不如毛纤维，丝织物容易起皱。

蚕丝不耐盐水侵蚀，汗液中的盐分可以使蚕丝强度降低，所以夏天蚕丝服装要勤洗勤换。洗涤高级蚕丝织物可以干洗也可水洗，一般的蚕丝织物可以机洗或手洗，洗涤时应避免碱性洗涤剂，因为碱会损伤蚕丝。洗涤时应采用柔和的方式，洗后不能绞干，应摊平晾干。与羊毛一样，蚕丝不能用含氯的漂白剂处理，也不能用含漂白粉的洗衣粉洗涤。蚕丝能耐弱酸和弱碱，耐酸性低于羊毛，耐碱性比羊毛稍强。丝织物经乙酸处理会变得更加柔软，手感松软滑润，富有光泽，所以洗涤丝绸服装时，在最后清水中可加入少量白醋，以改善外观和手感。蚕丝耐光性差，过多的阳光照射会使纤维发黄变脆，因此丝绸服装洗后应阴干。蚕丝的熨烫温度为160～180℃，熨烫最好用蒸汽熨斗，一般要垫布，防止烫黄和水渍的出现。与羊毛一样，蚕丝可虫蛀也可生霉，白色蚕丝因存放时间过长会泛黄。

(二)化学纤维[3]

化学纤维是用天然高分子化合物或人工合成的高分子化合物为原料，经过制备纺丝原液、纺丝和后处理等工序生产的具有纺织性能的纤维。化学纤维分为人造纤维与合成纤维两大类。

1. 人造纤维

人造纤维又叫再生纤维。再生纤维的生产是受了蚕吐丝的启发，用纤维素和蛋白质等天然高分子化合物为原料，经化学加工制成高分子浓溶液，再经纺丝和后处理而制得的纺织纤维，例如黏胶纤维、醋酯纤维等。

(1)黏胶纤维

黏胶纤维以木材、棉短绒、竹材、甘蔗渣、芦苇等为原料，经物理化学反应制成纺丝溶液，然后经喷丝孔喷射出来，凝固成纤维。黏胶纤维的主要成分是纤维素大分子，因此很多性能与棉纤维相似。

(2)铜氨纤维

铜氨纤维是将棉浆、木浆中的纤维素原料溶解在铜氨溶液中，经后加工而制得。因此与黏胶纤维一样，同属于再生纤维素纤维。但纤维素的溶解工艺与黏胶纤维不同，获得的纤维性状也发生了一些变化。铜氨纤维成本比黏胶纤维高。

(3)醋酯(酸)纤维

醋酯纤维(简称醋纤)是用含纤维素的天然材料，经过一定的化学加工而制得的，其主要成分是纤维素醋酸酯，因此不属于纤维素纤维，性质上与纤维素纤维相差较大，与合成纤维有些相似。常见的醋酯纤维分为二醋酯纤维(以下简称二醋纤)和三醋酯纤维(以下简称三醋纤)两种。通常说的醋酯纤维多指二醋纤。

2. 合成纤维

合成纤维(简称合纤)是以煤、石油、天然气中的简单低分子为原料，通过人工聚合形成大分子高聚物，经溶解或熔融形成纺丝液，然后从喷丝孔喷出凝固形成纤维。合成纤维具有生产效率高、耐用性好、品种多、用途广等优点，因此发展迅速。目前用于服装的主要有涤纶(聚酯纤维)、锦纶(聚酰胺纤维)、维纶(聚乙烯醇纤维)、腈纶(聚丙烯腈纤维)、丙纶(聚丙烯纤维)、氯纶(聚氯乙烯纤维)和氨纶(聚氨酯纤维)七大纶。

(1)涤纶

涤纶是聚对苯二甲酸乙二酯纤维的商品名称,其学名为聚酯纤维。涤纶大分子为线型分子,没有大的侧基和支链,分子链易于沿着纤维拉伸方向平行排列,因此分子间容易紧密地堆砌在一起,形成结晶,这使大分子具有较高的取向度和结晶度,使得纤维具有较高的强度。涤纶大分子的主链中含有苯环,阻碍了大分子的内旋转,使主链刚性增加;但涤纶大分子的基本链节中还含有一定数量的亚甲基,所以又有一定的柔性;刚柔相济的大分子结构使涤纶具有优良的弹性,在较小的外力作用下不易变形,当受到较大外力作用而产生形变后,其回复原状的能力也较强,与羊毛相近。因此织物不易起皱,外观挺括,尺寸稳定性好,衣服具有"洗可穿"性。

涤纶的耐酸性较好,其耐酸性仅次于羊毛,但其耐碱性较差。涤纶的大分子中含有酯键,在浓碱的作用下容易发生水解,使纤维表面形成微孔,这可以改善涤纶特有的"极光",而且可以使纤维逐渐变细。后整理中利用这一方法处理涤纶织物,可使纤维变得细而柔软,使织物质量变轻,增加纤维在纱线中的活动性,使涤纶织物获得仿真丝效果,称之为"碱减量整理"。

(2)锦纶

锦纶又称尼龙,其学名叫聚酰胺纤维,主要品种有锦纶 6 和锦纶 66,两者分子结构和性能相差不多。锦纶的大分子主链是由碳原子和规律相间的氮原子构成的,主链上无侧基,容易排列整齐,形成结晶,锦纶的结晶度为 60%~70%,取向度也较高。故在热性能、强度等方面与涤纶有许多相似之处。锦纶与涤纶相比,最大的不同是锦纶分子主链上没有苯环,分子链"轻盈"了很多,使它们的大分子链在柔顺性上有差异。锦纶大分子结构中具有大量的亚甲基,在松弛状态下,纤维大分子易处于无规则的卷曲状态,当受外力拉伸时,分子链被拉直,长度明显增加。外力取消后,由于氢键的作用,被拉直的分子链重新转变为卷曲状态,表现出高延伸性和良好的回弹性。锦纶是所有纤维中耐磨性最好的,它的耐磨性比棉纤维高 10 倍,比羊毛高 20 倍,比黏胶纤维高 50 倍。

锦纶的耐碱性较强,但是酸可使锦纶大分子中的酰胺键水解,因此锦纶对酸是不稳定的。锦纶对氧化剂的稳定性较差,如次氯酸钠、过氧化氢等都能引起锦纶大分子链的断裂,使纤维强度降低,所以锦纶织物在使用中要尽量少用漂白液。

(3)腈纶

腈纶的学名是聚丙烯腈纤维。腈纶是以丙烯腈为主要组分的共聚物。国内生产的腈纶基本上采用三种单体进行共聚,第一单体为丙烯腈,是组成聚丙烯腈纤维的主体;第二单体通常为含酯基的乙烯基,可破坏聚丙烯腈大分子的规整性,降低大分子间的作用力,改善纤维的手感和弹性;第三单体为染色单体,用于提供染色基团,改善纤维的染色性及亲水性,由于有第二单体和第三单体的存在,腈纶大分子堆砌比较疏松，因而腈纶的相对密度较小，一般为 1.12～1.17，约比羊毛轻 10%，比棉轻 20%，腈纶的外观呈白色，有卷曲、蓬松、手感柔软，酷似羊毛，多用来和羊毛混纺或作为羊毛的代用品，因此又被称为"合成羊毛"。

(4) 丙纶

丙纶的学名是聚丙烯纤维。它是用石油精炼的副产物丙烯为原料制造的，原料来源丰富，生产工艺简单，产品价格比其他合成纤维低廉。

(5) 氨纶

氨纶的学名是聚氨酯弹性纤维。氨纶的大分子结构很特别，它的大分子链中有两种链段，一种为柔性链段(无侧基的直链型)，在常温下它们处于高弹态，在应力作用下很容易发生形变，从而赋予纤维容易被拉长变形的特征；另一种为刚性链段(环状结构)，这种链段在应力作用下基本上不发生形变，从而可防止分子间滑移，并赋予纤维足够的回弹性。因此，当外力作用时，柔性链段为纤维提供大形变，使纤维容易被拉伸，而刚性链段则用于防止长链分子在外力作用下发生相对滑移，并在外力去除后立即回弹，起到物理交联的作用，从而使纤维具有优异的弹性。

(6) 维纶

维纶的学名是聚乙烯醇缩甲醛纤维，国外又称"维尼纶""维纳尔"等。其原料是煤、天然气和石灰石等，产品以短纤维为主。

(7) 氯纶

氯纶的学名为聚氯乙烯纤维，因我国首先在云南研制成功并投入生产，故又称"滇纶"。国际市场上有"天美纶""罗维尔""佩采""毛唯尔"等称呼。

二、皮革

皮革是经脱毛和鞣制等物理、化学加工所得到的已经变性不易腐烂的动物皮。革是由天然蛋白质纤维在三维空间紧密编织构成的，其表面有一种特殊的粒面层，具有自然的粒纹和光泽，手感舒适。皮革根据来源及加工方法不同分为天然皮革、人造皮革和再生皮革。

(一) 天然皮革[4]

动物的皮板(原料皮)经一系列化学处理和机械加工成革。皮革与原料皮性质相比，耐腐蚀性(不会变臭)、耐热性(原料皮 65℃变形)、耐虫蛀性及弹性均有提高，且手感柔软、丰满，保型性好，因此应用广泛。

(1) 羊皮革

羊皮革的原料皮可分为山羊皮和绵羊皮两种。山羊皮的皮身较薄，皮面略粗，粒面层和网状层各占真皮厚度的 1/2，两者之间的联系比绵羊皮的紧密。因此成品革的粒面紧实细致,有高度光泽,手感坚韧、柔软、有弹性,透气性好。强度也高于绵羊皮革,是皮革服装首选革料。

山羊皮的质量与很多因素有关,不同品种之间山羊皮的质量不同,同一品种不同产地之间质量也不相同,除此之外,宰剥季节也会影响山羊皮的质量。一般来讲,秋末冬初的质量最好,冬季次之,夏季再次,春季最差。我国的山羊皮过去几乎全部出口,以质量优良在国际上享有一定的声誉。山羊分布遍及全国,其中以重庆和四川的山羊皮质量最好。最近几年,我国也大量进口山羊皮,以澳大利亚和非洲国家和地区的较多。

绵羊皮的纤维束较细,编织疏松,因此抗张强度比较低,但延伸性较大。成革后透气性、延伸性较好,手感柔软,表面细致平滑,但强度不如山羊皮,做成的服装不耐穿。

(2)牛皮革

牛皮革中包括黄牛皮、水牛革和小牛革。一般来说,牛皮是世界皮革工业最重要的生皮原料来源。我国年产牛皮约 2000 万张,主要为黄牛皮。不同季节宰剥的牛皮质量存在差异,秋季宰剥的皮质量最好,夏季宰剥的皮质量次之,冬季和春季宰剥的皮板质枯瘦,质量差。

用于制鞋及服装的牛皮原料主要是黄牛皮。黄牛皮的组织结构特点是毛孔细,粒面细致,表皮薄。粒面层与网状层以毛根底部为界限,分界线明显。两层之间的差异较大,粒面层较薄,约为真皮厚的 1/4~1/3,胶原纤维束较细,编织较为疏松;网状层较厚,胶原纤维束较粗壮,编织紧密。黄牛皮耐磨、耐折,吸湿透气性较好,粒面经打磨后光亮度较高,绒面革的绒面细密,是优良的服装材料。

水牛皮毛稀,毛孔大,表皮厚,粒面粗糙,粒面胶原纤维束细小,粒面层与网状层胶原纤维束编织悬殊,组织结构较松散,成革的强度、耐磨性、弹性、丰满性较差,部位差较大,成品不及黄牛革美观耐用。

小牛革(牛犊皮)的组织结构具有更细致的纤维编织与组成,牛犊年龄越小,粒面越细致,小牛革柔软、轻薄、粒面致密,是制作服装的好材料,主要用于制作光亮、粒面细致的高档鞋面革。但牛犊皮的加工难度比大牛皮的大,且小牛原料皮资源有限。

(3)猪皮革

猪皮的粒面凹凸不平,毛孔粗大而深。猪皮的透气性比牛皮好,粒面层很厚,纤维组织紧密,作为鞋面革较耐折,较耐磨,但皮厚粗硬,弹性较差。绒面革和经过磨光处理的光面革是制鞋的主要原料。

(4)其他皮革

鹿皮指家鹿和野鹿、麂子一类的生皮。鹿皮的表皮很薄,真皮中乳头层比网状层厚，纤维编织疏松，制成的革松软、不结实、延伸性大，常用以制造鞋用绒面革、服装革等，是一种外观比较漂亮的制革原料皮。

鳄鱼的表皮由特殊的、不易变形的角质层构成，且鳄鱼生长时间越长，其表面的角质"鳞片"就越坚硬，越突出明显。鳄鱼皮只有二维的纤维编织，因此弹性较小，不易制成手感优良的皮革，但其具备很好的成型性及特殊的外观。鳄鱼皮属于稀有名贵皮革，价格很高，其腹部皮革多用于加工成皮包、皮鞋等。

世界范围内鱼皮制革量很少，仅占总量的 0.1%以下。海水鱼皮有鲨鱼皮、鳕鱼皮、鳘鱼皮、鳗鱼皮等；淡水鱼皮有草鱼、鲤鱼皮等有鳞鱼皮。鱼皮可用于包装、皮鞋的装饰、点缀。

其他皮种有羚羊皮、骆驼皮、袋鼠皮、鸵鸟皮、鸸鹋皮、狗皮、蜥蜴皮、蛇皮、牛蛙皮等。在皮革市场中占有一定份额，但量一般较少，价格较高。

(二)人造皮革[5]

人造皮革，又称人造革、合成革，即仿皮革。它将树脂、增塑剂或其他辅料组成的混合物涂敷或贴合在机织物、针织物或非织造布的基材上，再经特殊的加工工艺制成。人造革性能主要取决于树脂的类型、涂层或贴合的方法、各组分的组成、基布的结构等。总体来说，人造革具有厚薄均匀、涨幅大、裁剪缝纫工艺简便等优点，但是透气、透湿性和耐用性不如天然皮革，制成的服装、鞋、提包舒适性、耐用性稍差。近年，人造皮革模仿天然皮革的外观，产品肌理丰富、时尚感强，成本低廉，透湿性也大大改善，人造革已越来越被服装设计师和消费者所接受。人造皮革主要品种有聚氯乙烯人造革(PVC 革)、聚氨酯合成革(PU 革)、人造麂皮等。

1. 聚氯乙烯人造革

聚氯乙烯人造革(俗称人造革)是第一代人造革，其服用性能较差。它用聚氯乙烯树脂、增塑剂和其他辅料组成的混合物涂敷或贴合在基材上，再经适当的加工工艺制成。与天然皮革相比，聚氯乙烯人造革耐用性较好，耐酸碱、耐油、耐污、不吸水、不脱色，离火自灭，但是舒适性较差。另外，聚氯乙烯人造革的环保指标常常会达不到服装用革的要求，因此目前主要用于鞋、箱包等。

2. 聚氨酯合成革

聚氨酯合成革(俗称合成革)是在机织物、针织物或非织造布上涂敷一层聚氨酯而制成，这层树脂具有微孔结构。聚氨酯合成革具有良好的弹性，柔软光滑，可以上染多种颜色，并进行轧花、磨绒等表面处理，模仿天然皮革的效果好，适用性广。在强度、柔韧性、耐磨性、透气性、耐光性、耐气候性、耐老化性及耐水性等服用性能方面优于聚氯乙烯人造革。

3. 人造麂皮

人造麂皮的生产方法有多种，一种是对聚氨酯合成革表面进行磨毛处理，其底布采用化纤中的超细纤维制成的非织造布；另一种方法是在涂过胶液的底布上，采用静电植绒工艺，使底布表面均匀地布满一层绒毛，从而产生麂皮般的绒状效果；还有一种方法是将超细纤维的经编针织物进行拉绒处理，使得织物表面呈致密的绒毛状。

人造麂皮柔软、轻便、绒毛细密，透湿性良好，并且外观很像天然麂皮，是制作仿麂皮服装的理想材料。

(三)再生皮革

再生皮革是利用天然皮革的边角料经过粉碎成碎皮纤维后，与黏合剂、树脂及其他助剂混合，按照一定的肌理纹样压制成型，最后通过表面涂饰加工而制成的产品。根据皮革中皮纤维的数量和长度的不同，可不同程度地保留部分天然皮革的吸湿、透气性，较人造皮革舒适性好，但在物理机械性能方面不及人造皮革，远不及天然皮革，而价格上具有显著的优势。因此，常用作钱夹、小背包、服装辅料及配饰等。

三、其他新型材料

(一)生态服装材料[6]

当今，"绿色产品""绿色营销""绿色消费"的概念已深入人心，人们日益趋向选择无污染、无公害的服装材料。所谓绿色产品或生态服装材料指应用对环境无害或少危害的原材料和加工过程所制成的对人体健康无危害的服装材料。

在现代工业环境条件下，人们利用天然纤维、天然染料生产的纺织品，或是利用科技生产的化学纤维制品，在其生长与生产加工过程中或多或少都要受到环境污染的影响。真正意义上的生态服装材料应当是在其生产加工成纺织产品的过程中，终端产品服装的穿用过程中以及废弃后对人体、人类和自然界不会造成负面影响。显然，理想的生态材料是不存在的。但从生态学角度来讲，生态服装材料从生产、消费到废弃过程中对生态环境的影响非常小。因此，各种生态环保纺织纤维得到开发与应用。

1. 天然彩色棉花

天然彩色棉花简称"彩棉"。它是利用现代生物基因工程等高技术培育出的新型棉花品种。该品种的棉桃生长过程中就具有红、黄、绿、棕、灰、紫等天然色彩，我国多为深、浅不同的棕绿两类颜色。这种彩色棉花在纺纱、纺织成布时不需染色，无化学染料污染，色泽自然，质地柔软自然而富有弹性，制成的服装经洗涤和风吹日晒也不变色。其中一种浅绿色的棉花，不仅具有良好的环境适应性，而且抗虫抗菌。天然彩色棉花因为不需要人工染色，降低了纺织成本，也防止了普通棉织品对环境的污染。因此，天然彩色棉花特别适合制作与皮肤直接接触的各种内衣裤、婴幼儿产品和床上用品等。

目前国际上，天然的五彩丝和彩色绵羊毛也得到了研究开发。

2. 竹纤维

竹纤维被专家们誉为"会呼吸的纤维"，因为其可以瞬间吸收和蒸发水分。竹纤维可分为天然竹纤维的竹原纤维和化学竹纤维两种。竹原纤维是一种全新的天然纤维，是采用物理、化学相结合的方法制取的天然竹纤维；化学竹纤维包括竹浆纤维和竹碳纤维。天然竹原纤维与竹浆纤维有着本质的区别，竹原纤维属于天然纤维，竹浆纤维属于化学纤维。竹原纤维具有吸湿、透气、抗菌抑菌、除臭、防紫外线等良好的性能；但竹浆纤维在加工过程中竹子的天然特性遭到破坏，纤维的除臭、抗菌、防紫外线功能明显下降。

竹原纤维服装面料，织物挺阔、洒脱、亮丽、高贵典雅；竹原纤维针织面料吸湿透气、滑爽悬垂、防紫外线；竹原纤维床上用品，凉爽舒适、抗菌抑菌、健康保健；竹原纤维袜子浴巾，抗菌抑菌、除臭无味。

3. 莫代尔

莫代尔纤维是一种高湿模量再生纤维素纤维，该纤维的原料采用欧洲的榉木，先将其制成木浆，再通过专门的纺丝工艺加工成纤维，在加工纤维的整个生产过程中没有任何污染。

莫代尔将天然纤维的质感与合成纤维的实用性合二为一，具有棉的柔软、丝的光泽、麻的滑爽，且吸水、透气性能都优于棉，具有较高的上染率，织物颜色明亮而饱满。其织造的面料具有丝般光泽，柔软触摸感和悬垂感，以及极好的耐穿性能。由于莫代尔纤维的优良特性和环保性，已被纺织业一致公认为是 21 世纪最具有潜质的纤维。

4. 甲壳素纤维

甲壳素广泛存在于昆虫类、水生甲壳类的外壳和海藻的细胞壁中。将甲壳素或壳聚糖粉末在适当的溶剂中溶解，可制成甲壳素纤维。制造甲壳素纤维的原料一般为虾、蟹类水产品的废弃物，一方面可以解决该类废弃物对环境的污染，另一方面甲壳素纤维的废弃物又可利用生物降解，不会污染环境。

用甲壳素制成的纤维属纯天然素材，具有抑菌、镇痛、吸湿、止痒等功能，可制成各种抑菌防臭类保健纺织品。甲壳素纤维与棉、毛、化纤混纺织成的高档面料，有坚挺、不皱不缩、色泽鲜艳、吸汗性能好和不透色等功能。另外，在医用方面其主要用于手术缝线和人造皮肤。

(二)功能性服装材料[7]

功能性服装材料是具有特殊功能的材料,例如安全保健、舒适卫生等功能。智能型服装材料指服装材料可以根据人体与环境的变化使得材料本身变化。随着科技的进步,服装材料的功能从单一向多功能化,由低级向高级发展,有些服装成了具有较高科技含量和高附加值的产品。

常见的功能性服装材料有:耐阻燃服装材料、防辐射服装材料、抗静电服装材料、抗菌防臭服装材料、抗菌保健服装材料、养生保健服装材料、芳香型服装材料、防创伤服装材料、可食服装材料和变色服装材料等。本书主要介绍以下几种功能性服装材料。

1. 耐阻燃服装材料

用碳纤维和凯夫拉(Kevlar)纤维混纺制成的防护服,穿着后进入火焰短时间内,对人体有十足的保护作用;聚苯并咪唑(PBI)纤维和凯夫拉纤维混纺制成的防护服,耐高温、耐火焰,在 450℃的高温时也不会燃烧、不会熔化。耐阻燃服装材料适合老人儿童以及消防战士、危险工种的人穿着使用。

2. 养生保健服装材料

远红外线纤维被称为第四代纺织材料。该纤维的填充料、面料、服装或床上用品,能高效能地吸收太阳能并转化为热量,提高服装的保暖性;可促进人体的微循环,增强细胞的活力;促进人体新陈代谢,延缓衰老;缓解疲劳,分解脂肪,具有减肥作用。其用于高寒环境下的服装及床上用品。

负离子纤维作为床上用品或服装面料,同样具有多种养生保健作用:抗菌抗病毒;促进血液循环,新陈代谢,降低血压;促进大脑活化与精神安定,改善睡眠质量;提高室内空气中负离子的浓度,可改善居室的空气环境。其用于内衣、床上用品与装饰品等。

3. 防辐射服装材料

目前防辐射的服装材料有:抗紫外线纤维、防 X 射线纤维、防微波辐射纤维、防中子辐射纤维等。

20%的金属纤维与棉等混纺可制成防辐射织物,金属纤维早期采用金属钢、铜、铅、钨或其他合金拉细成金属丝或延压成片,然后切成条状而制成。现已采用熔体纺丝法制取,可生产小于 10 μm 的金属纤维。防辐射服装材料广泛用于帽子、太阳伞、窗帘以及各种防辐射服,例如医院放疗室内医生与护士的服装以及防辐射孕妇装等。

(三)其他高科技服装材料[8]

随着科学技术的进一步发展,在原化学纤维的基础上用物理或化学方法进行改性,不同于普通纤维的化学纤维,即差别化纤维相继涌现。差别化纤维外形变化大,性能接近或超过天然纤维,克服了原纤维的基本特性,主要是克服了原有的不足,扩大了化学纤维的用途。现在,广泛应用的纤维有:超细纤维、异性纤维、复合纤维、PTT 纤维和碳纤维等。

1. PTT 纤维

PTT 纤维是聚对苯二甲酸丙二醇酯纤维的简称,是由美国壳牌化学公司于 1995 年研制成功的新型纺丝聚合物。PTT 纤维与 PET(聚对苯二甲酸乙二酯)纤维、PBT(聚对苯二甲酸丁二酯)纤维同属聚酯纤维,即由同类聚合物纺丝而成。

PTT 纤维兼有涤纶和锦纶的特性,防污性能好、易于染色、干爽挺括、手感柔软、富有弹性,伸长性同氨纶一样好,但与氨纶相比更易于加工,非常适合作纺织服装面料。PTT 适合纯纺,或与纤维素纤维、天然纤维、合成纤维复合,生产地毯、便衣、时装、内衣、运动衣、泳装及袜子。因此,PTT 纤维可望逐步取代涤纶和锦纶而成为 21 世纪的大型纤维种类。

2. 碳纤维

碳纤维是一种纤维状碳材料。其强度比钢大、密度比铝小、比不锈钢还耐腐蚀、比耐热钢还耐高温、像铜那样导电,具有许多优良的电学、热学和力学性能。

碳纤维是 20 世纪 50 年代初应火箭、宇航及航空等尖端科学技术的需要而产生的,现在广泛应用于体育器械、纺织、化工机械及医学领域。

随着材料科学的发展和各种科学技术的应用,新型服装材料品种还将不断增加,以满足人们的生活与工作需要。

阅读链接:航天服(摘自: https://baike.baidu.com/item/)

航天服(space suit)是保障航天员的生命活动和工作能力的个人密闭装备。可防护空间的真空、高低温、太阳辐射和微流星等环境因素对人体的危害。在真空环境中,人体血液中含有的氮会变成气体,使体积膨胀。如果人不穿加压气密的航天服,就会因体内外的压差悬殊而发生生命危险。航天服是在飞行员密闭服的基础上发展起来的多功能服装。早期的航天服只能供航天员在飞船座舱内使用,后研制出舱外用的航天服。现代新型的舱外用航天服有液冷降温结构,可供航天员出舱活动或登月考察。

世界上第一个使用航天服装备的人是美国冒险家威利·波斯特。20 世纪 30 年代初,他驾驶"温尼妹号"单座机在向横越北美大陆飞行的挑战中,将飞机上升到同温层。当时波斯特身穿的高空飞行压力服，是用发动机的供压装置送出的空气压吹起来的气囊。航天服已经历经 4 代的发展更新，现在的航天服不仅在功能上更加完善，而且其舒适性也越来越好，航天服的制造和发展时间还相当短，未来的航天服将更适合人类航天和在太空生活的需要。

航天过程中保护宇航员生命安全的个人防护救生装备，又称宇宙服或航天服。宇航服能构成适于宇航员生活的人体小气候。它在结构上分为 6 层：

（1）内衣舒适层。宇航员在长期飞行过程中不能洗换衣服，大量的皮脂、汗液等会污染内衣，故选用质地柔软、吸湿性和透气性良好的棉针织品制作。

（2）保暖层。在环境温度变化范围不大的情况下，保暖层用以保持舒适的温度环境。选用保暖性好、热阻大、柔软、质量轻的材料，如合成纤维絮片、羊毛和丝绵等。

（3）通风服和水冷服（液冷服）。在宇航员体热过高的情况下，通风服和水冷服以不同的方式散发热量。若人体产热量超过 350 大卡/小时（如在舱外活动），通风服便不能满足散热要求，这时即由水冷服降温。通风服和水冷服多采用抗压、耐用、柔软的塑料管制成，如聚氯乙烯管或尼龙膜等。

（4）气密限制层。在真空环境中，只有保持宇航员身体周围有一定压力时才能保证宇航员的生命安全。因此气密层采用气密性好的涂氯丁尼龙胶布等材料制成。限制层选用强度高、伸长率低的织物，一般用涤纶织物制成。由于加压后活动困难，各关节部位采用各种结构形式：如网状织物形式、波纹管式、橘瓣式等，配合气密轴承转动结构以改善其活动性。

（5）隔热层。也叫真空隔热层。宇航员在舱外活动时，隔热层起过热或过冷保护作用。它用多层镀铝的聚酰亚胺薄膜或聚酯薄膜并在各层之间夹以无纺织布制成。各膜之间用网络物隔开，贴在一起形成屏蔽。它有良好的隔热和防辐射作用，舱外航天服必须有隔热层。

（6）外罩防护层。是宇航服最外的一层，要求防火、防热辐射和防宇宙空间各种因素（微流星、宇宙线等）对人体的危害。这一层大部用镀铝织物制成。这个外套要求防磨损力强、耐高温，除能防护内部各层不受损坏外，还要注意到颜色，一般用白色或金黄色为好。

综上所述，我们可以了解到宇航服的制作过程非常复杂，工艺路线繁多，服装材料多种多样。一套航天服的制作材料从我们日常生活常见的棉、毛、丝等天然服装材料，到聚氯乙烯管、尼龙膜、涤纶织物等化学纤维，再到具有隔热、防火、防热辐射功能的功能性服装材料。中国自主研制的具有中国特色的第一代舱外航天服"飞天"航天服约有 120 千克，颜色为白色，造价约 3000 万元人民币。

第二节　服装制作的化学加工剂

一、染料

染料[9]一般是有色的有机化合物，大多能溶于水，或通过一定化学试剂处理能转变成可溶于水的物质。用作纤维染色的染料根据其来源可分为天然染料和合成染料两种。进入 21 世纪，人们对环境保护、自身健康更加重视，合成染料的不安全因素已引起人们普遍担忧，天然染料又重新引起人们关注。随着天然染料技术的不断成熟，必将成为未来绿色环保产品发展的方向。自 19 世纪出现合成染料后，天然染料就逐渐被合成染料所替代。合成染料又称人造染料，主要从煤焦油中分馏(或石油加工)并经化学加工而成。合成染料与天然染料相比具有色泽鲜艳、耐洗、耐晒、可批量生产、产品质量稳定等优点，故目前主要使用合成染料。

(一)合成染料

合成化学染料是以碳素分子为中心的化合物。合成染料的制造，是由苯、甲苯、萘、蒽等作为最初的原料，经过若干反应的工艺过程，合成染料中间体，再经若干工序合成染料饼。合成染料品种很多，不同染料适用于不同纤维的染色，不同染料又具有不同的染色牢度与染色工艺。

合成染料按应用方法分为酸性染料、碱性染料、直接染料、硫化染料、还原染料、冰染染料、分散染料、活性染料等[10-12]。

1. 酸性染料

染料离子为阴离子性的水溶性染料中，分子量小，对毛及尼龙等的聚酰胺纤维有亲和力。酸性染料分子中有配位键合的金属是金属络盐酸性染料。酸性染料的颜色和化学结构有关，黄、橙、红、藏青、黑色大部分为偶氮系染料，蓝、绿色主要是蒽醌系染料。市售酸性染料是改变基本结构中的置换基以改善染色性及色牢度。例如提高染色性是导入亲水性磺酸基、氨基的酰基化(—NH_2—$NHCOCH_3$)；提高湿色牢度是增加分子量、导入长链烷基、环己基，染色色素两分子连接；耐光色牢度是将磺酸基改为硫酰胺基；缩绒色牢度(高温碱洗)是导入分子量大的芳胺基、羟基酯化；耐甲醛色牢度是氨基的酰基化(酸性染料染色)。

2. 碱性染料

碱性染料是有机色素盐与酸生成的盐，故又称盐基染料，其分子中含有氨基或取代氨基，能与酸生成盐或形成季铵盐，碱性染料的结构类型有二苯甲烷、三苯甲烷、二苯基萘基甲烷、氧杂蒽、噁嗪、吖嗪和喹啉等类型。碱性染料是在 19 世纪中叶发展起来的，世界上第一种合成染料苯胺紫就是碱性染料。碱性染料的色谱齐全、色泽鲜艳、给色量高、合成简单、成本低廉，主要用于动物纤维染色，同时也广泛用于纸张、棉布、木材、皮革、塑料的染色。在对纤维制品染色时,各项染色坚牢度都较低,尤其日晒牢度更差,因此其在棉纤维制品上的染色受到限制。

碱性染料能溶于水,在溶液中,加碱则生成沉淀,再加酸沉淀溶解又形成复盐。碱性染料溶于水时,可离解生成有色的阳离子,所以其也属于阳离子染料,故部分品种用于醋酸纤维和腈纶纤维及其织物的染色。

3. 直接染料

不借助于媒染剂就能上染纤维素纤维的染料称为直接染料。最早的直接染料是 1884 年伯琴发现的直接大红 4B(又称刚果红)。直接染料具有色谱齐全、色泽鲜艳、匀染性好、拼色简易、价格低廉、生产过程简单和染色方法简便的优点,虽然直接染料的耐晒、耐洗牢度差,但仍是纤维素纤维用染料的主要类别。

从化学结构上看,直接染料几乎全是偶氮型;且多为双偶氮或三偶氮型。在偶氮型染料中,又包括联苯胺型、尿素型、二苯乙烯型、三聚氯氰型等。直接染料是在酸性染料的基础上发展起来的,其分子量比弱酸性染料的分子量要大些,这对于提高染料分子间的范德瓦耳斯力和染料的直接性是有利的。它的结构特点在于染料分子为线型大分子;有较长的处于共平面的共轭双键系统,有易形成氢键的原子(如氮原子、氧原子等);有水溶性基团(如磺酸基、羧基)等。直接染料分子与纤维素纤维分子之间依靠范德瓦耳斯力和氢键结合。直接染料主要用于棉纤维的染色和印花,其次用于丝绸、皮革等。

4. 硫化染料

有机化合物在高温下与硫、硫化钠或多硫化钠反应生成的染料,总称硫化染料。硫化染料必须溶于硫化钠溶液,还原成隐色体,再由被染物吸收后经氧化或其他作用变回原来的不溶有色物,以使染料固着于被染物上。主要用于棉、麻、黏胶及人造丝的染色,也可用于维纶纤维的染色,可溶性硫化染料还可用于黏胶的原浆着色。

硫化染料的生产工艺比较简单,对设备要求不高,是投资少、成本低、质优价廉、产量大、使用方便的大众化染料。由于硫化染料不溶于水、是以隐色体吸附在纤维上,经氧化后以固体形态固着在纤维上,因此,具有优良的耐水洗牢度及耐晒、耐汗渍牢度。缺点是色谱不全,色泽不够鲜艳,只能染出朴素的深色织物。如我国广泛使用的黑色、蓝色、藏青色、墨绿色、咖啡色等。此外,硫化染料的耐氯漂坚牢度较差,用漂白粉漂洗极易褪色。

5. 还原染料

还原染料是指在碱性条件下被还原而使纤维着色,再经氧化,在纤维上恢复成原来不溶性的染料而染色,用于染纤维素纤维;将不溶性还原染料制成硫酸酯钠盐,变成可溶性还原染料,主要用于棉布印花。还原染料不溶于水,染色时要在碱性的强还原液中还原溶解成为隐色体钠盐才能染上纤维，经氧化后，恢复成不溶性的染料色淀而固着在纤维上，一般耐洗、耐晒坚牢度较高。例如士林蓝等，主要用于棉、涤棉混纺织物染色；维纶也可上色；在丝绸行业中，用于人丝、人丝·人棉交织，真丝绸拔染印花。还原染料染色时，可采用浸染、卷染或轧染。一般纱线及针织物大都用浸染，机织物大都用卷染和轧染。

还原染料的色谱比较齐全、色彩鲜艳，有较好的全面坚牢度，尤其是耐晒和耐洗牢度更为突出。可用于棉、麻、黏胶、维纶等织物以及涤/棉、涤/粘混纺织物的染色和印花。在纺织工业及染料工业中占有重要的地位。还原染料按其化学结构不同，可分为靛族染料、稠环酮类染料、可溶性还原染料三大类。

6. 分散染料

分散染料在水中的溶解度极小，经过一定加工，将其制成极细的颗粒，在扩散剂作用下均匀地分散在水中，借助高温使聚酯纤维染色，故称为分散染料。分散染料是染料行业里最重要和主要的一大类，不含强水溶性基团，在染色过程中呈分散状态的一类非离子染料。其颗粒细度要求在 1 μm 左右。在制得原染料后，需经后处理加工，包括晶型稳定，与分散剂一起研磨等商品化处理，才能制得商品染料。主要用于涤纶及其混纺织物的印染。也可用于醋酸纤维、锦纶、丙纶、氯纶、腈纶等合成纤维的印染。

分散染料的主要用途是对化学纤维中的聚酯纤维(涤纶)、醋酸纤维(二醋纤、三醋纤)以及聚酰胺纤维(锦纶)进行染色，对聚丙烯腈(腈纶)也有少量应用。经分散染料印染加工的化纤纺织产品，色泽艳丽，耐洗牢度优良，用途广泛。由于它不溶于水，对天然纤维中的棉、麻、毛、丝均无染色能力，对黏胶纤维也几乎不沾色，因此化纤混纺产品通常需要用分散染料和其他适用的染料配合使用。

(二)天然染料

天然染料是从自然界的植物、动物和矿物质中提取的天然有色物质。例如，从植物的根、茎、叶及果实中提取出来的靛青、茜红、苏木黑等，叫作植物性染料；从动物躯体内提取的胭脂等，叫作动物性染料；从矿物中提取的铬黄、群青等，叫作矿物性染料。天然染料历史悠久，但由于色谱不全、染色牢度不够理想等缺点，除极少数外，天然染料是非亲和性的，须与媒染剂一起使用。

天然有机染料和涂料有多种化学结构，如聚甲炔、甲酮、亚胺、苯醌、萘醌、蒽酮、黄酮、黄酮醇、二氢黄酮、靛类和叶绿素等，本书主要介绍下面几种[13]。

1. 靛类染料

含靛类结构的两种较主要的天然染料是靛蓝和泰尔红紫。靛蓝可以被认为是人类使用得最古老的天然染料，它的主要成分是 β-吲哚葡萄糖苷，存在于一种名为木兰的植物中，在印度已有 400 多年的历史，另一种也是有靛类结构名为菘蓝的蓝色染料。

2. 蒽醌染料

红色染料都含有蒽醌结构，它们大多数是从植物、昆虫或动物中提取的，以耐光牢度好而著称。蒽醌类化合物极性小，易溶于极性小的溶剂。由于母体上不同部位连接羟基或羧基，形成了多种呈红色或黄色的蒽醌类物质，染色时它们与金属盐形成络合物，生成的金属络合物，具有较高的日晒牢度、水洗牢度和金属络合能力。

3. α-萘醌

具有 α-萘醌结构的染料以劳松黄或指甲红花最为典型，它们是从一种主要生长在印度和埃及的植物——散沫花的叶子中提取的。劳松黄的结构为 2-羟基-1,4-萘醌。另一种胡桃醌染料，结构为 5-羟基-1,4-萘醌，是从未成熟的核桃壳中提取的。其他有 α-萘醌结构的天然染料是 C.I.天然黄 16、C.I.天然棕 7、C.I.天然红 20、22 和 23。

4. 黄酮

黄酮是一种无色有机化合物，天然黄色染料大多是黄酮或黄酮醇的羟基或甲氧基取代物。黄木犀草——C.I.天然黄 2，含有黄酮木犀草素，是欧洲最主要的天然黄色染料。其他同类染料还有 C.I.天然黄 1、8、10、11、12、13 和 C.I.天然棕 1、5。

5. 二氢吡喃

在化学结构上与黄酮密切相关的是取代的二氢吡喃。如羟高铁血红素和它的隐色体形式——苏木精。它是苏木染料（C.I.天然黑 1）的主要着色体，也是历史上最主要的丝绸、羊毛和棉用黑色天然染料。巴西红木染料和苏木染料的化学结构类似，从它们的隐色体和氧化物也可得到证实。这两种染料存在于苏木属的各种红木中，如巴西红木和苏木。

6. 花色素

天然花色素结构的染料有 C.I.天然橙 5 和 C.I.天然蓝 3，其中前者是从紫葳属植物的叶子中提取，而后者是从一种植物的花中提取的，主要用于染蓝色丝绸。

7. 类胡萝卜素

类胡萝卜素类染料因在胡萝卜中被发现而得名，结构中有长的共轭双键。类胡萝卜素主要存在于植物的叶片、果实中，均由 8 个类异戊二烯构成，按分子组成分为胡萝卜素和叶黄素，主要呈黄、橙、红三种颜色，较主要的染料有胭脂树橙和藏红花。

随着生活水平和消费水平迅速提高，人们对纺织品的要求不再仅仅局限在遮体、保暖等简单需求，对于纺织品的色泽美观、功能性高、无毒害等方面要求越来越高。在染色方面，天然染料不仅染出的纺织品颜色鲜艳、饱和、自然，还可有大量细腻的中间色，满足人们对于时尚的需求。在环保、安全方面，天然染料对环境无污染，可生物降解、安全不刺激等特点，使人们在使用过程中安心。在功能多样化方面，天然染料的纺织品不仅具有抗紫外线的功能，还具有抗菌、消炎等医疗功效，满足人们对于功能的需求。

阅读链接：彩色棉花（摘自：https://baike.baidu.com/item/）

美国植物学家萨利·福克斯发现了有色棉花，在其后 7 年里她保持了对它们的强烈兴趣，她耐心地培育颜色越来越深的棉花品种，挑选出那些纤维长度和强度足以纺成织物供制作服装、床单及毛巾手套之用的品种。1989 年她创立了天然棉花色彩公司，销售各种颜色的棉花。公司销售的品种包括红褐色的"小狼"棉、黄褐色的"野牛"棉和橄榄绿的"绿树"棉。由于有色棉花不经任何传统棉花加工工艺中使用的苛性染料的处理，福克斯的棉花几乎可以消除与纺织生产有关的所有环境危害。

这些有色棉花还由于一种独特但至今仍无法解释的特性而获得了农业专利。其专利注册商标名为"福克斯纤维"。这种特性就是：它们的颜色在最初用机洗 20～30 次后会加深，以后再变回到在棉田中的颜色，但决不会变得比原来的颜色浅。

我国于 1994 年开始彩棉育种研究和开发，现已育出了棕、绿、黄、红、紫等色泽的彩棉。中国农业科学院棉花研究所培育的棕絮 1 号和新疆天彩科技股份有限公司开发的天彩棕色 9801，在国际彩棉品种改良中处于领先地位，这两个品系于 1998 年用于大田生产和产品开发。另外，新疆中国彩棉股份有限公司现已有可供大面积种植的棕色、绿色、驼色 3 个定型品种和 90 余份优良选系材料。其中棕色、绿色、驼色 3 个定型品系在新疆大面积种植获得成功。

二、整理剂

服装整理剂是在服装后整理过程中为了改变服装的表面性能，使其具有柔软、丰满、手感好和富有弹性等优点，并赋予服装特殊的功能，从而在服装上施加的一种整理剂。服装整理剂最早是 1950 年由美国的 Du Pont 公司研制成功的，经过多个公司的后期研发、改良，到 20 世纪 60～70 年代法国、德国、瑞士、日本和韩国也成功研制出此产品并实现了商品化。近年来，随着绿色环保理念在消费者中不断增强，人们不仅对服装的原料提出更高的要求，而且对服装在制作过程中的添加剂也十分关心，所以绿色环保型的整理剂具有广阔的应用前景。服装整理剂可以根据其赋予服装面料的不同功能特性可以分为抗菌整理剂、柔软整理剂、防皱整理剂、卫生整理剂和免烫整理剂等多个种类。

（一）抗菌整理剂[14,15]

服装的抗菌整理是通过在服装上加入抑菌整理剂使服装具有抑制菌类生长的功能，从而破坏微生物的生存环境，抑制微生物繁殖，切断疾病通过接触传播的途径，保障人们的身体健康。20 世纪 60 年代，服装的抑菌效果主要是通过在服装中加入有机抗菌剂实现；1984 年银沸石、银硅胶、银活性炭等无机抑菌剂的出现加速了抑菌整理剂的发展；现在人们对绿色健康理念的追求使得壳聚糖、艾蒿和芦荟等天然抑菌剂得到迅速发展。但是由于技术等原因的限制，现在我们应用的抑菌剂主要是无机和有机类抑菌剂，天然抑菌剂还处于初级研究阶段。

无机抗菌整理剂主要是由抗菌成分和载体两部分组成。抗菌成分主要是纳米级或亚微米级的银和银的化合物最为常见，除此之外还有铜、锌及其化合物；常见的无机抗菌剂载体材料有沸石、磷酸复盐、可溶性玻璃、硅胶和托勃莫来石等无机材料。无菌抗菌剂主要是通过抗菌成分的金属离子破坏微生物的细胞膜，进而与细胞内的酶结合降低酶的活性，破坏微生物的基础代谢，抑制其繁殖而使其死亡。有机抗菌剂主要通过与纤维形成化学键、与纤维上活性基团络合或螯合或者借助于反应性树脂固着于纤维表面，进而破坏细胞内的蛋白质结构，使蛋白质和核酸变性从而使细胞丧失活性。常见的有：有机金属化合物、氨基系聚合物抗菌剂、二苯基醚类药物抗菌剂和季铵盐抗菌剂等。天然抗菌剂可以大致分为植物类天然抗菌剂、动物类天然抗菌剂、矿物类天然抗菌剂和微生物类天然抗菌剂四大类；天然抗菌剂的抗菌机理各不相同，植物类天然抗菌剂主要是利用植物中的天然抗菌成分来达到抑菌效果，常用作植物类天然抗菌剂的有艾蒿、芦荟和甘草等；动物类天然抗菌剂主要有壳聚糖和昆虫抗菌性蛋白两种，壳聚糖是通过壳聚糖分子中的氨基吸附细菌和细胞壁表面的阴离子成分结合，破坏细胞壁的生物合成，阻止细胞壁内外物质的传输，从而使细菌死亡；矿物类和微生物类的抗菌剂目前还处于探索阶段。

目前，服装的抗菌整理剂一般是无机和有机抗菌剂，该类的抗菌剂虽然具有成本低和抗菌效果好等优势，但是在抑菌过程中也会对人体造成一定的伤害。随着社会的不断发展和科技的进步，消费者对抗菌整理剂的副作用有了更加深入的了解，使得消费者更加期望天然抗菌剂在服装领域的广泛应用；然而，目前天然抗菌剂的制备条件还不够完善，而且并不是天然抗菌剂就完全无害，所以在抓紧开发天然抗菌剂的同时也要慎重评价每一种新产品的安全性能。天然抗菌剂具有丰富的自然资源、良好的生物降解性和优良的吸收性能，所以未来天然抗菌剂的开发一定具有广泛的市场潜力。

(二)柔软整理剂[16,17]

服装的柔软整理剂是指在进行服装柔软整理时使用的一种化学试剂。服装在染整过程中会受到各种化学试剂的湿热处理和机械张力的作用，这一过程会导致服装的纤维组织结构发生变形，从而使服装僵硬粗糙影响手感，通过柔软整理手段可以使服装具有良好的手感。服装的柔软整理一般有机械和化学两种方法。机械柔软整理顾名思义是利用机械手段使服装在张力作用下，经过多次揉搓来降低服装的刚性使其恢复至合适的柔软度；化学柔软整理则是通过柔软整理剂降低服装纤维之间的摩擦系数，从而使服装达到柔软、舒适的效果。柔软整理剂的使用由来已久，经过不断的发展目前柔软整理剂的种类繁多，按照柔软整理剂的化学结构将其分为非表面活性型、表面活性型、反应型和高分子聚合物型这四类。

非表面活性型柔软整理剂主要是以矿物油、石蜡和植物油为主，目前服装的柔软整理中几乎不再用非表面活性型柔软整理剂。现在服装柔软整理过程中用到的表面活性型柔软整理剂，一般分为阴离子型、阳离子型、非离子型、两性型、反应型和高分子聚合物类等，每一种类型都具有其优势和劣势。阴离子型柔软整理剂具有良好的润湿性和热稳定性，并且不会引起服装变色，但是其应用受到染色剂的影响；阳离子型柔软整理剂具有良好的纤维结合能力并且柔软效果耐久性强、耐洗涤，但有泛黄现象并且对身体有刺激作用；非离子型柔软整理剂无泛黄现象但是其不能很好地吸附纤维使其耐久度降低；两性型柔软整理剂具有对纤维吸附效果好等优点且不会泛黄和抑制荧光增白剂，但是由于价格昂贵现在种类很少；反应型柔软整理剂是通过与纤维中的羟基发生反应生成酯键和醚键，所以其具有耐磨耐洗的优势；高分子聚合物柔软整理剂具有手感舒适、耐磨耐洗、耐高温、不泛黄等多项优势，是国际纺织界公认的优良柔软整理剂。服装的柔软整理剂主要是通过降低纤维的表面张力使服装呈现蓬松状态，提高手感；降低服装纤维之间的摩擦系数，增强服装在受外力作用时纱线的滑动，提高服装的撕破强度；柔软剂可以减少纤维之间的摩擦，防止纱线原纤维化，提升服装的柔软性。

随着人们生活水平的提升，消费者对服装的舒适度也提出了更高的要求。仅仅使用服装柔软整理剂已经无法满足消费者的要求，这就要求不断进行创新，开发出更多的柔软整理方法，例如：液氨整理法和生物酶整理法。未来还可以在使用柔软整理剂的同时进行多种整理法相结合的整理工艺，增加服装整理后的风格，满足消费者的多种需求。

(三)抗皱整理剂[18-20]

服装的抗皱整理是为了让服装达到不起皱、免熨烫的目的，提高服装形态的稳定性。最初，为了使服装达到持久的防皱、防缩和阻燃的性能，在服装整理过程中一般采用的是以甲醛和尿素为原料经过化学缩合反应而成的树脂整理剂，但是由于其中含有很多游离的甲醛和缩甲醛，在服装穿着过程中会释放甲醛对人体产生毒害作用、刺激皮肤，对消费者的健康造成威胁。自 2003 年 11 月国家质检总局发布强制标准将甲醛作为首要限定指标列入该标准中，开发无甲醛抗皱整理剂和新型绿色抗皱整理剂成为研究的首要任务。现在已经开发出的无甲醛抗皱整理剂有树脂类、双羟乙基砜、多元羧酸和水溶性聚氨酯等。

树脂类抗皱整理剂主要是通过树脂与纤维分子在高温烘熔条件下发生交联或自我交联反应，形成网状大分子，从而赋予服装抗皱、防缩的性能。按照树脂结构可以将树脂分为 N-羟甲基类树脂和无甲醛类树脂整理剂。环氧树脂属于热固性树脂，是以环氧基聚合后，将环氧基与羟基、羧基和氨基等反应而硬化，环氧树脂类服装整理剂主要有缩水甘油醚和环氧树脂两大类。多元羧酸抗皱整理剂能够有效提升棉、麻织物等的抗皱性和防缩性。环氧树脂类抗皱剂主要是依靠纤维素分子和抗皱剂之间的酯键交联作用达到服装的抗皱、防缩效果。聚氨酯类抗皱整理剂具有成膜弹性高、成膜透气性好、黏性强和绿色环保等优势。

第三节　服装中的有害物质对健康的危害及预防

一、服装中的有害物质[21]

人们为了使服装挺括，不起皱，或防霉防蛀，通常在纺织品的生产过程中添加各种化学品，使其满足人们的需要。在服装的存放、干洗时，也会使用一些化学品。如不加注意，这些化学品就可能对人体产生危害。服装中的有害物质主要来源于两个方面：一是服装原料在种植过程中，为控制病虫害使用的杀虫剂、化肥、除草剂等，这些有毒有害物质残留在服装中，会引起皮肤过敏、呼吸道疾病或其他中毒反应，甚至诱发癌症；二是在服装加工制造、后期的印染和后整理过程中，使用的各种染料、氧化剂、催化剂、阻燃剂、增白荧光剂和树脂整理剂等多种化学物质，这些有害物质残留在服装中，使服装再度受到污染。自 1994 年 7 月 15 日德国政府颁布禁用偶氮染料法令以来，到目前为止，在纺织品和化学品领域中禁用和限制的化学物质有 13 类约 300 种。一般服装中有害物质归纳起来大致有以下几种：

（一）致癌偶氮染料

偶氮染料是指含有偶氮基（—N＝N—）的染料，是品种最多，应用最广的一类合成染料。偶氮是染料中非常重要的结构，含该类结构的染料有几千种，经研究表明某些芳香胺对人体或动物具有致癌作用或怀疑有致癌作用，因此各国的法规仅对会分解产生致癌芳香胺的偶氮染料进行禁止。德国最先颁布禁止生产和使用以联苯胺为代表的 20 种致癌芳香胺及可分解出这些芳香胺的染料的法令,规定进口商不得进口用这些染料加工的与人体直接接触的纺织品。随后,这一法令也被欧盟其他国家所采用。按照德国 Bayer 公司在 1994 年提出的禁用染料品种以及 1999 年德国 VCI(德国化学工业协会)提出的禁用染料数据统计有 146 个,规定纺织品上残留的致癌芳香胺的限制值不超过 30 mg/kg,染料中致癌芳香胺的限定值不超过 150 mg/kg。

(二)游离甲醛

甲醛是一种易挥发性化合物,通常用于纺织品抗皱和防缩整理剂的合成试剂,生产上还用于固色剂、防水剂、柔软剂、黏合剂等中,涉及面非常广。甲醛还是一种刺激性化合物,易引起皮肤过敏反应和人体呼吸道疾病。少量的甲醛会对人的眼睛、皮肤和黏膜产生刺激作用,过量的甲醛会使黏膜和呼吸道严重发炎,也可导致皮炎。近期的研究还表明在蛋白质生物细胞中,已发现与甲醛反应的 N-羟甲基化合物的代谢物呈现突变性,疑似具有致癌性。

(三)可萃取重金属

纺织品及服装上残留的重金属有镍、铬、钴、汞、砷、镉、锑、铅、铜等 9 种。过量的重金属被人体吸收会累积于人体的肝、骨骼、肾及脑中,不仅会减弱人体免疫功能、诱发癌症,还可能引起慢性中毒,伤害人的中枢神经。

纺织品上的重金属主要来源于印染工艺中使用的部分染料、氧化剂和催化剂,其中大部分并不对人体造成伤害,法规和标准所规定的是可萃取重金属的限量,是指在一定的条件下可从纺织品中萃取出的量。Oeko-tex100 明确对 9 种金属进行了限量规定,德国日用危险品法还首次将锑(Sb)列入受限制的重金属之列。

(四)含氯酚及邻苯基苯酚

纺织品中可能含有的含氯酚类化合物主要有五氯苯酚(PCP)、2,3,5,6-四氯苯酚(TeCP)和邻苯基苯酚(OPP)等。PCP 是一种防腐剂,常用于木材、皮革和纺织品的加工中。为便于纺织半成品(如坯布)、成品的储存,生产过程中(主要上浆过程)一般要加入少量防腐剂,在棉纤维和羊毛的储存、运输时常用,它还用在印花浆中作增稠剂。

PCP 具有相当的生物毒性,它会造成动物畸形和致癌;而且残留在纺织品中的 PCP 的自然降解过程缓慢,穿着时会通过皮肤在人体内产生生物积累,危害人体健康。纺织品漂洗时使用五氯苯酚使排出的废水对环境造成污染。含 PCP 的物质燃烧时会产生高度毒性的物质。TeCP 和 OPP 在纺织品、皮革中的用途与 PCP 类似。

德国法律规定禁止生产和使用 PCP，服装和皮革制品中该物质的限量为 5 mg/kg；有的国家要求该物质的检出率为 0。

(五)有机氯载体

涤纶纤维在常温常压下，采用的是载体法染色，这种方法所使用的有机氯载体均为有毒物质，所以各国都已禁止使用。在现有法规和相关标准中限制使用的有机氯载体有 10 种。

二、服装中有害物质对健康的危害[22]

人们为了使服装挺括，不起皱，或防霉防蛀，通常在纺织品的生产过程中添加各种化学品，使其满足人们的需要。在服装的存放、干洗时，也会使用一些化学品。如不加注意，这些化学品就可能对人体产生危害。

(一)纤维整理剂

纤维经过整理后可起到防缩抗皱的作用，克服弹性差、易变形、易褶皱等缺点，制成的服装挺括、漂亮。然而，由于整理剂多为含甲醛的羧甲基化合物，所以整理过的纺织品在仓库储存、商店陈列，甚至再次加工和穿着过程中受温热作用，会不同程度地释放甲醛。甲醛是一种中等毒性的化学物质，对人眼、皮肤、鼻黏膜有刺激作用，严重者引起炎症，可诱发突变，对生殖系统也有影响，已被定为可疑致癌物。

(二)防火阻燃剂

防火阻燃剂可使纤维难以燃烧，起到防火的作用，主要使用含磷、氯(溴)、氮、锑等元素的化合物。防火阻燃剂又分暂时性和耐久性两种。暂时性防火剂只被纤维所吸附，不耐洗涤，易脱落，代表性物质有磷酸铵、多磷酸氨基甲酸酯和硼砂；耐久性防火剂可经数十次乃至上百次的洗涤，这类物质多为有机磷酸酯类等有机磷化合物，或与纤维起反应或嵌入纤维以达到防火阻燃的作用，因而较耐久，代表物质有 APO、磷酸三甲苯酯(TCP)、四羟甲基氯化铵(THPC)、磷酸三(2,3-二溴丙基)酯(TDBPP)等。我国一般使用硼砂类阻燃剂、含磷阻燃剂及 THPC。

在以上这些阻燃剂中，已发现有几种物质毒性较大，被某些国家明令限制使用，如 APO、TDBPP、Tris-BP、BOBPP 等。动物实验证明 APO 经口、经皮毒性都很强，对造血系统有特异性毒作用，类似射线效应；TDBPP 为动物致癌物；Tris-BP 对肾、睾丸、胃、肝等器官，特别是生殖系统有一定的毒性，并有致突变和致癌作用；BOBPP 中某些化合物有致突变性和致癌性。

(三)防霉防菌剂

在适宜的基质、水分、温度、湿度、氧气等条件下,微生物能在纺织品上生长和繁殖。天然纤维纺织品比合成纤维纺织品更易受到微生物的侵害。微生物在纺织品上新陈代谢活动的结果,一方面使纺织品受到直接侵害,强度或弹性下降,严重时会变糟、变脆而失去使用价值;另一方面其活动产物会造成纺织品变色,外观变差,同时产生难闻气味。因此,为防止微生物的侵害,往往对纺织品做特殊处理,使之具有防霉防蛀的功能。专用于纺织品杀菌、防菌、防感染的物质多为金属铜、锡、锌、汞、镉等的有机化合物,苯酚类化合物和季胺类化合物等。常用的有含铜化合物、苯基醚系抗菌抗霉剂、有机锡化合物、有机汞化合物等。其中有机锡化合物由于毒性较强,容易被皮肤吸收,产生刺激性,并损害生殖系统,已被有的国家明令禁止或限制使用。有机汞化合物、苯酚类化合物对机体也有危害。

羊毛制品易发生虫蛀,其主要原因是蛀虫产卵育出的幼虫以蛋白质为食物,而羊毛纤维正是由蛋白质分子组成的,从而导致羊毛织物被虫蛀。因此,为提高羊毛纤维的防蛀能力,或使羊毛本身的蛋白质发生变性,不易被虫蛀,成为具有防蛀功能的防蛀纤维;或使用防蛀剂,抵抗虫蛀。防蛀剂FF、狄氏剂等氯系化合物常用于西服、围巾、毛毯等羊毛制品。狄氏剂由于具有很强的慢性毒性和蓄积性,对肝功能和中枢神经有损害,日本等国家已经规定在纺织品中不得使用或限制使用。

(四)杀菌剂

我们通常在衣箱、衣柜内放置一些杀虫剂,直接杀死蛀虫。对二氯苯、萘、樟脑、拟除虫菊酯类、薄荷脑等制成的卫生球、熏衣饼等杀虫剂都是利用其自身挥发出的气味使蛀虫窒息死亡。然而,这些化学物质或多或少都有毒性。萘的慢性毒性很强,并可能引发癌症,已被禁止使用;樟脑具有致突变性;拟除虫菊酯类化合物的毒性一般均较低,未见致癌、致突变、致畸作用,但可引起神经行为功能的改变,对中枢神经系统有影响,并会导致皮肤感觉异常;而对二氯苯蒸气可引起中枢神经系统抑制,黏膜刺激,为动物致癌物。

(五)干洗剂

随着生活水平的提高,人们着装档次也逐渐提高,各种高档天然丝毛、皮制品已经非常大众化,为了防止水洗这些高档织物后出现皱缩、变形,往往采用干洗的方法。干洗剂的危害主要来自有机溶剂的挥发。常用的有机溶剂有四氯乙烯和三氯乙烯,都属于低毒类物质,对眼、鼻、呼吸道黏膜及皮肤有一定刺激作用,高浓度下对中枢神经系统有抑制作用，可造成肝、肾损害。长期接触会出现眩晕、嗜睡、乏力、多汗、腱反射增强、嗅觉视觉障碍等症状。我国已经明令禁止使用四氯乙烯作为干洗剂溶剂。

（六）染料

偶氮类染料在人体内所产生的致癌芳香胺化合物（如联苯胺等）可引发膀胱癌、输尿管癌、肾盂癌等恶性肿瘤。同时，它的中间产物苯系可引发白血病；萘系有很强的慢性毒性，可能诱发癌症。另外，偶氮类染料往往还是皮肤致敏原，可引发过敏。

三、预防服装中有害物质对健康危害的措施[23-25]

目前我国和世界其他很多国家对日用化学品的危害给予了高度重视，除了国家制定相关的法律法规及标准从源头控制服装质量外，消费者也要增强自我保护意识，在购买及穿着衣物时要注意以下几点：

（1）尽量购买浅色服装（尤其是内衣）。相对而言浅色服装在制作过程中污染的机会较少。

（2）尽量不要购买经过抗皱处理的服装及漂白过的服装。

（3）选购童装最好选择浅色、小图案且印花不要太硬的服装。

（4）服装（尤其是内衣）买回后最好先用清水漂洗后再穿，以降低甲醛的含量，防止刺激。

（5）尽量购买通过绿色环保认证的服装，一定要认清服装上带有的一次性激光防伪标志或者注意服装所带有的有关安全的标识。

（6）不要让婴幼儿咬嚼衣物，避免有害物质进入体内。

（7）如果穿上新衣后出现咳嗽、食欲不佳等症状或皮肤瘙痒、接触性皮炎等，应考虑到是否与新衣有关、并尽快到医院诊治。

阅读链接：选购和着装应注意的问题（摘自：牛戎山. 警惕衣服中的健康隐患. 健康向导，2010（5）：46-47）

消费者在选购服装时切不可只注重款式和美观而忽视健康，要通过认真鉴别，购买正规厂家的合格产品，并合理穿着使用。

识标签：标签是产品的身份证。纺织产品属于哪种类型，质量等级、技术要求、生产厂商等信息，消费者可以在产品标签、使用说明、外包装或吊牌上看到；而没有安全类别标识的纺织产品属于不合格产品。

看色彩：为婴幼儿购买服装要选择小图案的服装，且色彩不能过于艳丽，最好选择浅色服装。深色衣服一般染色环节较多，经孩子穿着摩擦，易使染料脱落渗入皮肤。特别是一些婴幼儿爱咬嚼衣服，染料及化学助剂会因此进入孩子体内损伤身体；色彩过于艳丽的服饰往往加入了过多的染料，且强烈的色彩在阳光的反射下会损伤儿童的眼睛而影响视力。

闻气味：选购衣服时应闻一闻有无刺激性异味。如衣服上有浓重的刺激性味道，感觉眼、鼻、喉部有轻度烧灼感，这样的衣服大多甲醛含量超标不能购买。

辨质地：选购内衣时应选柔软、透气性好、吸湿性强的纯棉织品。纯棉的衣服摸起来较软而化学纤维的则比较滑。选购时不妨烧一下线头来判断，纯棉衣服的线头在燃烧时有烧纸的味道，灰烬呈灰白色，用手一捻就没了。化纤衣物的线头在燃烧时会缩成一个黑色的小球。选购婴幼儿服装最好不要印花过硬的服装，过硬的图案用力揉搓后，因其色牢度不达标往往会出现褪色现象。

刚买回来的衣服不要立即挂入衣柜中：刚买回来的免烫衣服，不要立即挂入衣柜中，因为衣柜内空气不流通。在柜内甲醛浓度增高的情况下，还容易污染其他衣服；新衣水洗后再穿：新买的衣物最好先用清水充分漂洗，然后再穿着，这样服装中的残留物会大大降低；对甲醛过敏者，勿穿免烫服饰；不穿时应把免烫衣服挂在通风处，让衣服中的甲醛释放并随风飘散。

热点聚焦："穿"越 40 年，从保守朴素到开放多元
——改革开放以来服装的变迁之路

一、服装变革的 80 年代：从保守朴素单一走向丰富多彩

改革开放以前，我国基本处于物资短缺的经济状态，纺织品供不应求的矛盾长期没有得到解决。1978 年，人均年购买棉布 12.75 尺、呢绒 0.19 米、绸缎 0.25 米、布制服装 0.68 件，全年纺织品服装表观消费量仅为 2.88 千克[26]。受政治因素和物资短缺的影响，人们以朴素为时尚，服装款式保守单一且色彩单调。改革开放前，中山装、军便装、人民装等"老三样"是中国人最普遍的选择，最时髦的装束莫过于穿一身绿军装。蓝绿灰黑几乎是人们着装的所有色彩，"远看一大堆，近看蓝绿灰"是那个年代百姓穿衣的真实写照。中国人曾经因为服装式样的单一和"蓝、灰、黑"的沉闷色调而被西方人嘲讽为"蓝蚂蚁""灰蚂蚁"。全民高度统一的穿着显得僵化呆板，也映射出当时中国社会经济落后和思想的狭隘禁锢。

随着我国工业的发展尤其是轻纺工业的快速发展，纺织品的市场供应日趋充足，为服装的发展提供了物质保证。1979～1981 年，纺织行业连续 3 年生产平均增速达到 18%以上，各种主要纺织品生产都有较大增长。1983 年中国更是跃居为

全球第一产棉大国，并连续多年保持棉产量世界第一。面对国内城乡纺织品市场连年供大于求的新局面，国家于 1983 年底决定取消持续近 30 年凭证限量供应的布票制度。这标志着我国服装短缺问题得到根本解决，人民的衣着消费开始从数量的满足进步转向到对品质品种的要求。20 世纪 70 年代末，一种被称为"料子"的化纤纺织品"的确良"风行一时，作家马未都评价"的确良"为当时"社会上着衣的最高标准"。鲜亮挺括的"的确良"掀起的服装时尚风席卷全国，国人缝缝补补的粗布时代逐渐成为历史。

20 世纪 80 年代是中国服装发生重大变革的时代。伴随人民生活水平提高和国际流行服饰进入中国市场，中国人的服装逐渐从单一的绿蓝黑灰转变成五彩缤纷，服装的色彩由单调趋于斑斓，款式由单一渐趋多样，喇叭裤、蝙蝠衫、健美裤、猎装、西服、牛仔裤和连衣裙等新时装悄悄进入人们的生活，给予了沉浸在灰暗色系十几年里的中国人明媚的"色彩"。80 年代初，年轻人穿一条喇叭裤、留长发、戴蛤蟆镜招摇过市，回头率很高；80 年代末，只要身穿健美裤，就是整条街最靓的"仔"！不同的服装反映的是一不同的观念："西装热"代表着对国际范儿的追求，紧身健美裤是开放思想的体现；而蓝色白条纹的运动衫、海魂衫和回力鞋，是那个时代的文艺小清新。喇叭裤、健美裤等新时装不仅承载着 80 年代年轻人对新事物的向往和追求，也反映出人们思想和心灵不断解放。

二、激情碰撞的 90 年代：紧跟国际潮流，追求彰显个性

90 年代，中国经济高速发展的同时，服装的流行趋势也逐渐与国际接轨。1993 年，第一届中国国际服装服饰博览会在北京开幕，这是我国纺织服装业举办国际博览会的开篇之作。除国内数百家厂商参展外，法国、英国、韩国、意大利、美国等国家的 200 多家厂商参加本次博览会，世界著名的服装设计大师瓦伦蒂诺、皮尔·卡丹和费雷同时光临本届盛会。国际品牌和国际大师的到来使中国服装界开阔了眼界和思维。改革开放促进了服装业的交流发展，不断举办的服装发布会展示着国际最新的流行趋势，这些流行趋势与我国大都市融汇并演绎成中国的服装时尚，美国牛仔装、巴黎时装、米兰服饰迅速成为我国大都市街头靓丽的风景。1996 年，北京成为"21 世纪服装大赛获奖作品巡回展"地点之一，国际服装时尚界给出的理由是北京将成为世界时装中心。在 20 世纪 90 年代的国际服装发布会中，中国设计师多次获得大奖，中国服装流行已经逐渐实现了与世界时尚趋势的同步。

1991～2000 年十年间，我国国内生产总值年均增长率近 10%，全国居民人均可支配收入增长了 2 倍[27]。经济的迅速崛起和生活的持续改善使人们的思想观念更加开放，多样化和个性化成为这中国服装这一时期的主题。人们一改之前赶时髦的"从众"心理，开始追求个性与不同，"穿出个性，穿出自我，只要我喜欢，

没有什么不可以"的穿衣态度，越来越被中国大众所认同。街头开始出现变幻无穷的流行色，已经很难用一种款式或色彩来概括时装潮流。突破传统的"内衣外穿"，颠覆长短秩序的"反常规"着装，诠释服装内涵的"文化衫"等各式各样的着装观念被人们接受和推崇。"老三样、老三色"彻底成为历史，"的确良"、喇叭裤、蝙蝠衫等曾在80年代时尚潮流中涌现出的新时装也已渐渐远离人们的视线。这一时期人们普遍认为着装只要能突出个性、讲究品位就是流行，已经没有绝对的主流和非主流之分。同时，品牌意识在大众心中普遍建立，追求国际名牌成为时尚，服装已经成为人们品位和身份的主要标志。90年代中国人在追求着装个性上表现出前所未有的大胆与自信，尽扫世纪末的浮躁不安，显现出明亮乐观的气息，是当时社会稳定和生活祥和的有力见证。

三、开放包容的21世纪初：崇尚多元个性，民族服装复兴

进入21世纪，我国社会经济高速发展，综合国力显著增强，城乡居民生活水平日益提高。2010年，中国GDP总量超越日本成为世界第二大经济体，并连续10年稳居世界第二。改革开放40年来，居民纺织品服装表观消费量增长5.94倍，目前人均表观消费量为20千克/年左右，达到中等发达国家的消费水平[26]。人们的穿衣也开始讲究起来，中国服装进入了一个多元化的时代。"波西米亚"被一次次提起，"中性装"日渐兴盛，低腰裤、环保装、生态装等也在这一时期得到不少人的追捧。在服装选择上，人们不再盲目追求国际品牌或者只是看重服装款式，而是开始主动选择一些兼具美观和实用的高档舒适服饰。"自然、健康、环保、时尚"成为选择服装的主旋律，"穷穿貂、富穿棉，大款穿休闲"的顺口溜便是人们对服装主旋律认可的真实反映。随着服装私人订制悄然兴起，越来越多的人通过私人定制及合理搭配彰显自己的品位。此外，海淘和网购的日渐普及使人们足不出户即可购买全世界最时髦的各色服饰，极大满足了人们不"撞衫"的个性化需求。"越来越个性，越来越多元，越来越斑斓"，是近20年来中国人穿衣变化的鲜明写照。

近年来，具有民族风格的新中式服装越来越受欢迎。2001年，20位各国领导人身穿大红色或宝蓝色唐装亮相上海APEC峰会，成为本次大会的一大亮点，作为中国符号的唐装迅速在世界范围内流行。2008年奥运会礼仪服装大量运用青花瓷、祥云、刺绣等中国元素，其中"青花瓷"系列被认为最富有中国情调，受到全世界的瞩目。进入新时代，国家主席习近平多次身着中山装改良装出席国宴和国庆大典等重要活动，让"中华风"成为时尚经典。2017年，身着汉服夺取"中国诗词大会"冠军的武亦姝将诗词美与服饰美完美结合，使曾经作为"奇装异服"的汉服获得了形象重塑，推动了汉服文化的复兴。天猫发布的《2018汉服消费人群报告》显示，2018年购买汉服人数同比增长92%[28]。如今，汉服已经融入了人

们的生活，为人们的社会生活方式提供了新的选择。汉服、唐装、中上装等新中式服装的复兴体现了当下中国人的文化自信和不忘初心的精神追求，对于构建新时期中华文明的认同感意义重大。透过新世纪人们的穿衣理念，我们不仅能看到国家经济实力的大跨步发展、城乡居民消费水平的大幅度提高，也能看到当今审美取向的日益多元、社会的高度开放与包容。

　　服装是一个国家最为鲜活生动的形象记录，同时，它也见证着社会经济的发展和人们生活的变迁。改革开放以来，中国人的服装伴随着经济的发展和人民生活水平的提高变得绚丽多彩。从"喇叭裤""健美裤"风行一时到品牌化、个性化和高端定制，从保守朴素、样式单一到开放多元、五彩缤纷，中国人40年来的服装变迁之路绘就了一幅绚烂的历史画卷，也展现了中华大地发生翻天覆地的变化。

参 考 文 献

[1] 李栋高. 纤维材料学[M]. 北京: 中国纺织出版社, 2006

[2] 刘国联. 服装材料学[M]. 上海: 东华大学出版社, 2006

[3] 肖长发. 化学纤维概论(第三版)[M]. 北京: 中国纺织出版社, 2015

[4] 郭一飞. 皮革服装设计与制作[M]. 北京: 中国轻工业出版社, 1994

[5] 韩清标. 毛皮化学及工艺学[M]. 北京: 中国轻工业出版社, 1990

[6] 张怀珠, 袁观洛, 王利君. 新编服装材料学[M]. 4版. 上海: 东华大学出版社, 2017

[7] 王革辉. 服装材料学（第二版）[M]. 北京: 中国纺织出版社, 2010

[8] 吴微微. 服装材料学应用篇（第二版）[M]. 北京: 中国纺织出版社, 2009

[9] 周璐瑛, 王越平. 现代服装材料学[M]. 2版. 北京: 中国纺织出版社, 2011

[10] 赵国俊. 染料生产工艺学[M]. 成都: 成都科技大学出版社, 1989

[11] 杨新伟, 张澎声. 分散染料[M]. 北京: 化学工业出版社, 1989

[12] 李和平. 精细化工工艺学(第三版)[M]. 北京: 科学出版社, 2017

[13] 蔡雨杭, 陶荣静, 郭荣辉. 天然染料的应用及发展[J]. 纺织科学与工程学报, 2018, 35(3): 137-142

[14] 张云发, 霍瑞亭. 抗菌整理剂的种类及发展趋势[J]. 济南纺织化纤科技, 2009(2): 31-33

[15] 李辉芹, 巩继贤. 天然抗菌整理剂[J]. 纺织导报, 2002(2): 50-52, 54

[16] 唐增荣. 纺织品柔软整理剂的应用研究[C]. 中国纺织工程学会. 第五届全国印染后整理学术讨论会论文集, 2001: 186-193

[17] 董春芳. 织物用柔软整理剂的机理与应用研究[J]. 河北纺织, 2010(3): 24-29

[18] 陈朝晖, 王则臻, 王丽艳, 等. 无醛防皱整理剂的研究进展[J]. 化工时刊, 2003(12): 16-20

[19] 董永春. 树脂整理剂的研究开发进展[J]. 印染助剂, 1994(2): 3-9

[20] 闵洁, 刁正平, 潘建君, 等. 水性聚氨酯抗皱整理剂的合成及其在棉针织物上的应用性能研究[J]. 印染助剂, 2010, 27(4): 32-35

[21] 颜蜘殊. 现代生活中的化学[M]. 成都: 西南交通大学出版社, 2011

[22] 冯晓建. 服装中常见的有害物质[J]. 中国纤检, 2003(11): 42-43

[23] 卢庆生. 服装中的有害物质对健康的影响及对策[J]. 中国全科医学, 2006(13): 1088.

[24] 杨立静. 服装中的有害物质及防护[J]. 中国环境管理干部学院学报, 2001(Z1): 74-76

[25] 牛戎山. 警惕衣服中的健康隐患[J]. 健康向导, 2010, 16(5): 46-47

[26] 毛树春, 李亚兵, 王占彪, 等. 改革开放 40 年中国棉花产业回顾与展望[J]. 农业展望, 2019(1): 42-44

[27] 中国历年 GDP 与城镇居民人均可支配收入[EB/OL]. https://wenku.baidu.com/view/6362e2116edb6f1aff001f56.html, [2020-4-18]

[28] 汉服热袭来 2018 年购买汉服人数比上年增长 92%[EB/OL]. http://news.haiwainet.cn/n/2019/0723/c3541083-31597226.html, [2020-4-18]

第四章　化学与日用品安全

随着精细化学合成工业的不断发展，石化产品成为绝大多数日用化学品的原料。种类繁多的日用化学品源源不断地进入人们的日常生活并成为日常生活的必需品。但是，由于合成日用化学品的部分原料本身具有毒性，部分日用化学品在给人们的生活带来方便、洁净、卫生和时尚的同时，也给人体的健康和环境带来了危害。

第一节　化学与洗涤剂安全

一、洗涤剂分类及组成[1,2]

（一）洗涤剂分类

根据国际表面活性剂会议的定义，洗涤剂是指以易去污为目的而设计配合的制品。通常洗涤剂包括肥皂和合成洗涤剂两大类。

肥皂是至少含有 8 个碳原子的脂肪酸或混合脂肪酸的碱性盐类的总称。肥皂通常按照用途和组成的金属离子来分类。根据肥皂阳离子的不同，可以进行如图 4-1 所示的分类。

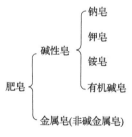

图 4-1　肥皂的分类

通常用于洗涤的块状肥皂是碳数为 12～18 的脂肪酸钠皂，又称钠皂；钾皂由脂肪酸钾盐组成；氨类，如氨、单乙醇胺、二乙醇胺、三乙醇胺等与脂肪酸作用制成的肥皂称为铵皂或有机碱皂。脂肪酸的碱土金属及重金属盐称为金属皂。

根据用途不同，肥皂又可分为家用皂和工业用皂两类，家用皂包括洗衣皂、香皂、特种皂等，工业用皂主要指纤维用皂。

合成洗涤剂是指以表面活性剂为主要成分和各种助剂、辅助剂配制而成的一种洗涤剂。按照用途不同，洗涤剂可分为家庭日用和工业用两大类，如图 4-2 所示。按照产品的外观形态不同，洗涤剂可分为粉状洗涤剂、液体洗涤剂、块状洗涤剂、粒状洗涤剂、膏状洗涤剂。

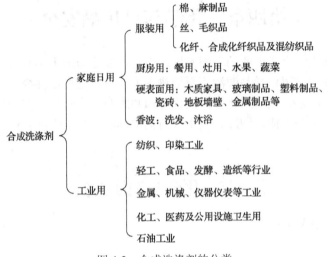

合成洗涤剂
- 家庭日用
  - 服装用
    - 棉、麻制品
    - 丝、毛织品
    - 化纤、合成化纤织品及混纺织品
  - 厨房用：餐用、灶用、水果、蔬菜
  - 硬表面用：木质家具、玻璃制品、塑料制品、瓷砖、地板墙壁、金属制品等
  - 香波：洗发、沐浴
- 工业用
  - 纺织、印染工业
  - 轻工、食品、发酵、造纸等行业
  - 金属、机械、仪器仪表等工业
  - 化工、医药及公用设施卫生用
  - 石油工业

图 4-2 合成洗涤剂的分类

阅读链接: 肥皂与合成洗涤剂的发展(摘自: 洗涤剂的发展现状及趋势. http://www. docin.com/p-443939452.html, 2020-2-7; 张少雄, 曾晖, 黄平. 液体织物洗涤剂产品开发方向探讨. 中国洗涤用品工业, 2019(4), 82-85)

肥皂是历史极其悠久而至今仍被广泛使用的一种洗涤用品。它的起源可追溯到公元前 2800 多年。据说在公元前 2500 多年，在美索不达米亚、斯美利亚开始用肥皂洗涤衣物。英国居尔特人以动物脂肪和草木灰制成了原始的肥皂洗涤衣物，并命名为(Saipo)，后来将肥皂的英文名称定作 Soap。到了公元 900 多年，肥皂生意扩展到意大利、西班牙、法国等地中海国家。19 世纪 20~30 年代初期，硅酸钠、碳酸钠、硼酸钠作为助剂加入了肥皂。1840 年，英国入侵我国，肥皂产品逐渐输入我国市场，从此洋皂代替了我国的皂荚。

合成洗涤剂则起源于 20 世纪初。1917 年由德国巴斯夫公司开发了烷基萘磺酸盐，用于洗涤衣物，目的是代替肥皂但是去污效果不够理想。19 世纪 20 年代后期到 30 年代初期，由德国汉高公司及美国宝洁公司等开发了烷基硫酸钠，以后由德国及美国开发了烷基苯磺酸盐，并供应了市场，但并未被广泛用作普通洗涤剂。第二次世界大战后以四聚丙烯为原料的十二烷基苯开发后，巩固了合成洗涤剂的地位。1953 年，美国在织物洗涤剂方面，合成洗涤剂需求量率先超过了洗衣皂的需求量。接着，西欧各国也开始排斥洗衣皂市场。1963 年，日本的合成洗涤剂用量也超过了洗衣皂用量。

在中国，草木灰和天然碱最早被人们用作洗涤剂来清洗衣物。后来，猪胰与砂糖、猪脂和碳酸钠的研磨混合物经过压制后，也被用作衣物的清洁，即为"胰子"，呈块状或球状，外形上与如今的肥皂颇为相似。而我国肥皂产业的工业化时代则开启于 1906 年，其标志是天津皂胰公司的建立。随后，上海等地的肥皂厂也相继建立，并在传统肥皂的基础上，涌现出了透明皂等新产品。合成洗涤剂在中国的发展开始于 1958 年，1959 年，上海永兴化工厂建设并投产 5000t 洗衣粉装置[3]，标志中国合成洗涤剂工业的诞生。由于其优异的去污效果，合成洗涤剂的发展非常迅速，1985 年我国的合成洗涤剂产量超过肥皂产量。中国合成洗涤剂工业经过几代人的创业与摸索，及时跟踪国外先进技术装备并引进消化吸收和自主创新，截至 2019 年，我国已形成原料生产、产品开发、市场推广及应用的完整的合成洗涤剂产学研发展体系，大众原料产品生产工艺、技术水平达到或接近国际先进水平，中国合成洗涤剂工业水平与世界已经接轨。目前市面上洗涤剂产品呈现多样化，总体来说，浓缩化、绿色化、多功能化是当前液体洗涤剂产品的发展趋势。

（二）洗涤剂的组成

1. 表面活性剂

表面活性剂是指在溶液中加入少量就能显著降低其表面张力，改变体系界面状态的物质。在家用洗涤剂中表面活性剂能起润湿、增溶、乳化、渗透、发泡、去污等作用。迄今为止，表面活性剂已有 2000 多种，广泛应用于洗涤剂、纺织品、化妆品、食品、制药、建筑、采矿等领域。

（1）洗涤剂用表面活性剂的结构[3]

洗涤剂中使用的表面活性剂的分子都是由两种不同基团构成的，即非极性的亲油基团和极性的亲水基团。这两种基团共存于一个分子中，因而既有亲油性又有亲水性，称其为"双亲结构"，如图 4-3 所示。

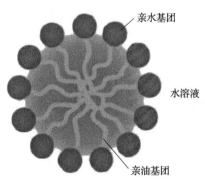

图 4-3　表面活性剂的双亲结构示意图

由图 4-3 可见，洗涤剂用表面活性剂亲水基团一般为羧基、羟基、磺酸基、醚氧基等，亲油基团一般为含八个碳以上的烃链，具有吸附、乳化、润湿、分散等功能[4]。

(2)洗涤剂用表面活性剂的种类

根据表面活性剂在水溶液中电离出的表面活性离子所带电荷的不同,分为阳离子型表面活性剂、阴离子型表面活性剂、两性表面活性剂、非离子型表面活性剂。目前,家用洗涤剂中使用的表面活性剂主要是阴离子型表面活性剂和非离子型表面活性剂。

阴离子型表面活性剂主要是指溶于水后生成的亲水基团为带正电荷的原子团。阴离子型表面活性剂是世界上产量最大也是家用洗涤剂中用量最多的表面活性剂。主要有直链烷基苯磺酸盐(LAS)、α-烯基磺酸盐(AOS)、脂肪醇聚氧乙烯醚硫酸盐(AES)、脂肪酸甲酯磺酸盐(MES)等。目前市场上的洗衣粉和洗衣液多以 LAS 为主要的表面活性剂,LAS 因性能优良且价格低廉而成为用量最大、应用范围最广的表面活性剂。但是 LAS 是石油基表面活性剂,其合成原料不可再生、化学安全性较低,随着人们对环境、生态及安全性关注程度的日益增加,以天然油脂为主要原料、安全性高和可生物降解的 AES、MES 正逐步取代 LAS。

非离子型表面活性剂就是在水中不会离解成离子的表面活性剂。主要有脂肪醇聚氧乙烯醚(AEO)、脂肪酸甲酯乙氧基化物(FMEE)、烷基糖苷(APG)等。其中 FMEE、APG 因性能温和、安全性高、生物降解性好,属于新型绿色表面活性剂,在家用洗涤剂中的用量将不断增大。

两性表面活性剂主要是指溶于水后生成的亲水基团为正负两种电荷,在酸性溶液中呈阳离子型表面活性,在碱性溶液中呈阴离子型表面活性,在中性溶液中呈非离子型表面活性。主要有十二烷基二甲基甜菜碱(BS-12)、椰油酰胺丙基甜菜碱(CAB)、羟磺基甜菜碱、咪唑啉两性表面活性剂、氨基酸两性表面活性剂等。通常两性表面活性剂在洗涤剂中不作为主表面活性剂,主要用作乳化剂和柔软剂。

阳离子型表面活性剂是指溶于水后生成的亲水基团为带正电荷的原子团。通常少量阳离子型表面活性剂用于与非离子型表面活性剂复配,增加其特殊功能,如柔软、抗静电等。

2. 洗涤助剂

洗涤剂的主要成分是表面活性剂,如果想使表面活性剂更好地发挥洗涤能力,通常还需要添加一些"助剂"。助剂本身去污能力很小或没有去污能力,但加到洗涤剂中可使洗涤剂的性能得到明显的改善,是洗涤剂中必不可少的重要成分。

助剂的功能主要有:①对金属离子有螯合作用,将洗涤剂水溶液中的金属离子封闭,使硬水软化。②起碱性缓冲作用,使洗涤液维持一定的碱性,保证去污效果。③具有分散作用,在洗涤过程中使污垢在溶液中悬浮而分散,防止污垢向织物和纤维再沉积,使衣物更加洁白。此外助剂还具有增大溶解度,提高黏度,稳定泡沫,抗结块,降低对皮肤的刺激性以及增白等性能,从而改善洗涤剂其他方面的性能。洗涤助剂可分为无机助剂和有机助剂两大类，常用的洗涤助剂及其作用见表4-1。

表 4-1　常见的洗涤助剂及其作用

助剂类型	助剂名称	作用
无机助剂	三聚磷酸钠	对重金属离子有强烈的螯合作用，软化硬水，促使污垢解离；对污垢起解胶、乳化和分散作用，促使污垢去除和防止污垢再沉积作用；起碱性缓冲作用，维持洗涤剂溶液有良好的去污洗涤能力；对表面活性剂起增效作用；保持洗涤剂呈干爽粒状，防止因吸水而发生结块作用
	硅酸钠	对水起软化作用；吸附于织物和纤维固体表面形成一层保护膜，从而防止污垢在衣物上再沉积；润湿、乳化、增大黏度、防锈、防止结块作用；碱性缓冲作用
	碳酸钠	将水中钙、镁离子沉淀，使水软化；起碱性缓冲作用，保持pH大于9，提高去污力
	沸石	与金属离子起交换作用，使洗涤剂溶液软化；起碱性缓冲作用；吸附污垢粒子，促进污垢聚集，抗污垢再沉积
有机助剂	螯合剂 氨基酸类：乙二胺四乙酸(EDTA)、氨基乙三酸(NTA)和二亚乙基三胺五乙酸(DTPA) 羧氨基羧酸类：羟乙基乙二胺三乙酸(HEDTA)和二羧乙基甘氨酸 羧基酸类：草酸、酒石酸、柠檬酸和葡萄糖酸	对钙、镁离子均有较强的螯合作用，其螯合钙离子的量：NTA>EDTA>DTPA；pH为9时可螯合铁离子及其他金属离子(除钙、镁离子外)；葡萄糖酸钠为良好的全能螯合剂，草酸钠螯合钙离子，酒石酸钠和柠檬酸钠能螯合大多数二价和三价金属离子
	抗再沉淀剂 羧甲基纤维素钠(CMC)和聚乙烯基吡咯烷酮(PVP)	抗污垢再沉积
	泡沫稳定剂 烷基醇酰胺 脂肪族氧化叔胺	使泡沫稳定作用；具有良好的渗透性能，添加量为表面活性剂的10%时显著提高洗涤剂的性能；具有使皮肤柔润和抗静电性能，有极好的起泡性
	荧光增白剂 4，4′-二氨基二苯乙烯-2，2′-二磺酸类(TA，DM，DMEA，DDEA) 氨基香豆素衍生物、二苯基咪唑啉衍生物等二苯并唑啉的衍生物	棉织品用荧光增白剂 尼龙羊毛织物用荧光增白剂 聚酯纤维织物用荧光增白剂
	增稠剂 羧甲基纤维素 乙基羧乙基纤维素、甲基羧丙基纤维素的衍生物、烷基醇酰胺、氧化胺	膏状洗涤剂增稠剂 透明的液体洗涤剂增稠剂
	增溶剂 乙醇、异丙醇、烷基苯磺酸钠、钾铵盐	增溶作用，控制黏度和防止微生物生长作用
	酶制剂	去除织物上的蛋白质、淀粉、脂肪及微细纤维等
	织物柔软剂 烷基二甲基季铵盐	防止在纤维表面形成盐膜，使织物变得柔软
	其他助剂 三溴水杨酰苯胺、二溴水杨酰苯胺、羊毛脂、尿囊素、十六烷醇等	抑菌剂、皮肤保护剂

(三)家庭常用洗涤剂的组成

1. 皂类洗涤剂

皂类洗涤剂是油脂、蜡、松香或脂肪酸与有机或无机碱进行中和所得到的产物。常用的皂类洗涤剂有肥皂和香皂两大类。主要用于清洗人体和织物表面的污垢,包括人体分泌的油脂、皮屑,常见的动植物油脂、食物残留、泥土、灰尘等。皂类洗涤剂的成分主要有:油脂、碱以及加脂剂、螯合剂、高沸点烃、着色剂、香精、抗氧剂、杀菌剂等。常用的皂类洗涤剂的配方见表4-2[1]。

表 4-2　透明皂配方

原料名称	用量/%			
	配方1	配方2	配方3	配方4
牛油	15.9	13.49	11.77	29.44
椰子油	23.80	16.86	11.77	8.63
蓖麻油	7.94	13.49	11.70	4.06
33%苛性碱液	23.80	22.43	11.62	23.86
乙醇	19.05	5.06	11.77	12.69
蔗糖	—	15.81	5.88	—
甘油	9.51	—	16.18	12.69
水	补足100	补足100	补足100	补足100

2. 洗衣粉

粉状洗涤剂的主要成分是阴离子型表面活性剂及非离子型表面活性剂,再加入一些助剂等,经混合、喷粉等工艺制成。虽然近年来液体洗涤剂的市场份额越来越大,但洗衣粉还将在一段时间内存在,浓缩化是洗衣粉发展的主要方向。常见的洗衣粉配方见表4-3[1]。

表 4-3　浓缩洗衣粉配方

原料名称	用量/%	原料名称	用量/%
十二烷基苯磺酸钠	10	硅酸钠	5
聚氧乙烯月桂醇醚	6	羧甲基纤维素钠	2
三聚磷酸钠	49.5	荧光增白剂 CBW-2	0.2
碳酸钠	20	香精	0.3
二氧化硅	2	水	补足100

3. 液体织物洗涤剂

液体织物洗涤剂是使用量最大的一种液体洗涤剂,用于各种织物的洗涤和保养。一般由表面活性剂、增效剂、pH 调节剂、螯合剂、功能性助剂、染料、防腐剂、消泡剂、无机盐、溶剂与助溶剂等组成。常用的液体织物洗涤剂配方见表 4-4[1]。

表 4-4　液体织物洗涤剂配方

原料名称	用量/份			原料名称	用量/份		
	例 1	例 2	例 3		例 1	例 2	例 3
月桂醇聚氧乙烯醚	7	11	9	柠檬酸	2	4	3
仲烷基磺酸钠	6	9	8	羧甲基纤维素钠	0.5	2	1
棕榈酸甲酯-α-磺酸钠	2	4	3	异噻唑啉酮	1	3	2
壬基酚聚氧乙烯醚硫酸钠	3	5	4	去离子水	100	120	110

（四）洗涤剂的发展方向[5]

随着生活水平和环保意识的不断提高，高浓度的浓缩型洗涤剂和绿色环保的环境友好型洗涤剂备受消费者的青睐。同时，随着高品质生活的发展，洗涤产品多功能化也是洗涤剂市场未来的发展趋势。

1. 浓缩化洗涤剂

浓缩化洗涤剂是洗涤剂行业发展的重要目标及策略之一，也是世界洗涤剂行业的未来发展趋势。浓缩且多功能性的洗涤剂在 20 世纪 90 年代已被西安开米公司成功开发。如今，浓缩化液体洗涤剂在市场上所占比重越来越大。目前浓缩化洗涤剂产品在欧洲和日本深受消费者欢迎。

2. 高效表面活性剂的应用

由于传统表面活性剂的表面活性较差，且使用量和排放量大，因此，随着洗涤剂新产品的开发，高效能的新型表面活性剂越来越受到青睐，如天然藻类、植物的天然表面活性物质的提取、开发与利用等。高效新型表面活性剂的应用使洗涤剂的安全性得到了有效的提高。

3. 多功能化洗涤剂

衣物材质的种类多样和衣物洗涤要求的变化多样需要洗涤剂满足不同的衣物洗涤的要求，为了满足不同的洗涤要求，多功能化的洗涤剂开发也成为当前洗涤剂开发的目标之一。例如，市场上开发的同时具有抗静电、柔软、护色、除菌、抗硬水和低泡等功能的洗衣液、含有海盐或天然植物提取物等除菌抑菌剂的除菌洗衣液、新型防晒配方的洗涤剂等。

4. 安全环保的洗涤剂产品

随着人们环保责任意识的增强，探索使用可再生资源开发对人体无伤害、对环境无污染的绿色安全环保型洗涤剂产品已成为当前洗涤剂开发的主流趋势之一。

二、洗涤原理[5,6]

(一)污垢的种类和性质

污垢是指吸附于物体的表面、内部，可以改变清洁表面外观及质感特性的物质。其中衣物外观是指沾染在衣、帽、被褥、巾类等纤维上的外观，这类外观随着穿用人的性别、年龄、穿用部位以及穿用人所处的环境不同而有很大的差异。通常我们把各类污垢分为油质污垢、固体污垢和水溶性污垢等。其中油质污垢是纤维植物的主要污垢，包括动植物油脂、脂肪酸、脂肪醇、矿物油及其氧化物。也包括人体分泌的皮脂、皮肤脱落的蛋白质和汗腺分泌物等。这类污垢不易洗脱。固体污垢是悬浮于大气中的尘埃如煤烟、灰尘、泥土、砂、水泥、石灰以及铁锈等。它们可以单独存在，也可以与油、水黏附在一起。尽管这类污垢不溶于水，但可被表面活性剂分子吸附，将它们分散、悬浮在水中。水溶性污垢包括盐、糖、有机酸。一般经洗涤及机械作用便可溶于水中而被洗去，但是有些可溶性污垢能与织物起化学反应，形成"色斑""色渍"而变成难溶性污垢，很难去除。

(二)洗涤过程及表面活性剂的作用

1. 洗涤过程

将浸在某种介质(一般为水)中的固体表面上的污垢去除的过程称为洗涤。在洗涤过程中，洗涤剂通过一系列复杂的物理、化学作用，减弱污垢与被洗物表面的黏附作用，并借助于机械力，使污垢从被洗物表面分离并悬浮于洗涤介质中而被除去。这个过程可用下式表示：

物体表面·污垢+洗涤剂 ⟷ 物体表面·洗涤剂+污垢+污垢·洗涤剂

具体可以描述为：

(1)吸附过程

洗涤剂中的表面活性剂分子对载体上的污垢物质发生定向吸附，使其疏水基一端吸附在污垢表面并伸入其内部，同时又在其表面置换细孔中的空气。

(2)润湿和渗透过程

表面活性剂分子进一步渗透到污垢与载体之间，减弱污垢在载体上的附着力，使载体和污垢都被洗涤剂润湿、渗透而膨胀，减弱它们之间的引力。

(3)污垢脱落

表面活性剂分子仍与污垢和载体吸附相互作用，形成亲水基向水，而另一方面使憎水基伸向载体内部的单分子层，在强度机械搅拌、加热和搓揉(手洗)等的作用下，加快污垢与载体两者分离并快速脱落转移到水中。

(4)污垢的乳化、分散过程

表面活性剂的胶束中包含污垢颗粒，且带有同种电荷，同时吸附一层水膜，从而在水中分散稳定。此时还有一定数量的油性污渍被活性物质增溶到表面活性剂胶束中，也被稳定分散到水溶液中。洗涤后的洗涤物表面上也附有一层定向排列的表面活性剂分子，从而使污垢不能再次沉积到载体表面。洗涤剂的去污过程可用图 4-4 表示。

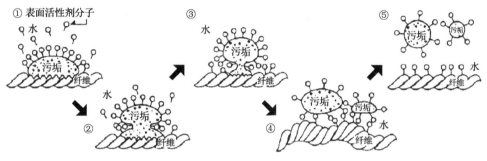

图 4-4　洗涤剂的去污过程示意图

2. 表面活性剂的作用

表面活性剂在洗涤过程中主要起三方面的作用：润湿、分散和乳化。

(1)润湿作用

在洗涤过程中，润湿是指用水或水溶液取代固体表面上气体的过程。液体分子间的引力和液体、固体间的引力大小决定了润湿能力。表面活性剂的亲油基吸附在油污表面，使油污与固体间的表面张力降低，从而达到润湿的效果。

(2)分散作用

油污间的内聚力被洗涤剂的润湿效果破坏，一方面表面活性剂分子的亲油基团进入油污的缝隙，在擦洗、揉搓等机械力的作用下，油污被破碎成微小质点分散在水中。另一方面，表面活性剂的亲水基团在油污四周形成一层具有亲水性的吸附膜，使被分散在溶液中的油污粒子不能再次结合。

(3)乳化作用

油污粒子在表面活性剂的进一步作用下被分散为更细的液滴，在机械力的作用下形成稳定的乳液。乳液可以简单分为水包油(O/W，油为内相、不连续相，水为外相、连续相)和油包水(W/O，水为内相、不连续相，油为外相、连续相)两种类型。

生活常识：日常生活中污渍的洗涤方法(摘自：江家发. 现代生活化学. 芜湖：安徽师范大学出版社, 2013：242)

日常生活中常会碰到用一般的洗涤剂难以清洗的污渍，其洗涤方法见表 4-5。

表 4-5　日常生活中污渍的洗涤方法

污渍类型	洗涤方法
动、植物油渍	先用松香水、香蕉水、汽油擦或用液体洗涤剂洗，再用清水漂洗
茶、咖啡渍	新渍用 70～82℃的热水揉洗。旧渍用浓盐水浸洗或先用洗涤剂洗，然后用氨水和甘油(1：10)混合制成的溶液搓洗。羊毛混纺织品不宜用氨水，可改用 10%甘油溶液洗
汗渍	用 1：4 氨水溶液洗涤，也可将衣服放在 3%的盐水里浸几分钟，用清水漂洗后，再用肥皂洗。白色衣物上的陈汗渍，要经过漂白才能完全除去
水果汁渍	新沾上的果汁，马上用食盐水揉洗，一般就能去除。如果还有痕迹，可用稀释 20 倍的氨水揉洗，再用清水漂洗。白衣物上的果汁渍，宜先用氨水涂擦，随后用肥皂或洗涤剂揉擦
酱油渍	新渍用冷水搓洗后再用洗涤剂洗。陈渍在温洗涤剂溶液中加入 2%氨水或硼砂进行洗涤，然后用清水漂洗
中性笔水渍	新渍水洗，再用温皂液浸渍一些时间，用清水漂洗。陈渍先用洗涤剂洗，再用 10%酒精溶液洗，最后漂净。也可用 0.25%的高锰酸钾(灰锰氧)溶液洗，或用过氧化氢漂洗
蓝黑墨水渍	新渍先用洗涤剂洗。陈渍先在 2%的草酸水溶液中浸几分钟，再用肥皂或洗涤剂洗。或用维生素 C 片擦拭
碳素墨水、墨汁渍	新渍用米饭粒涂抹污迹表面，细心揉搓可除去，然后用洗涤剂揉洗。陈渍用 1 份酒精、2 份肥皂制的溶液反复涂擦
油漆、沥青渍	新渍用松节油(或苯、汽油等)揉搓，陈渍可将污迹处浸在15%～20%的氨水或硼砂溶液中，使凝固物溶解并刷擦污迹
尿渍	新渍能用温水洗去。陈渍可用温热的洗衣粉(肥皂)溶液洗，再用氨水或硼砂处理，最后以清水洗净
铁锈	用 1%草酸温溶液洗后，再用清水漂净
口红渍	用纱布沾酒精或挥发油擦洗
口香糖渍	先撕下残迹，再放到冷箱中冷却剥离，最后用挥发油擦洗

三、洗涤剂对人体健康的危害及安全使用

(一)洗涤剂对人体的危害

1. 肥皂对人体健康可能产生的危害

制造肥皂的原料主要来自天然的动植物脂肪，因此，肥皂对人体无害。但是当制造时使用了劣质原料，也会给使用者造成不同程度的伤害。主要有以下几种情况：如果在制皂过程中使用的烧碱过量，其碱性会对使用者皮肤造成灼伤等一系列刺激性损害。而当乙醇、食盐过量时，也会对皮肤产生一定的刺激作用。肥皂中使用的香料、羊毛脂等致敏原可能引起皮肤瘙痒、丘疹、湿疹、过敏性皮炎等。此外肥皂中含量很少的苯酚对皮肤刺激性很大，可引起刺激性损伤；三溴水杨酸、苯胺被怀疑为光敏性物质；对氯苯酚和六氯酚也是致敏物质。但是这些物质在肥皂中的含量很小，通常洗涤后在皮肤上的残留量很少，因此这些物质引起的皮肤损伤并不严重。

2. 合成洗涤剂对人体健康可能产生的危害[7-9]

一般洗涤剂的主要原料本身毒性并不大，在正常使用条件下不需要担心合成洗涤剂的毒性。日本肥皂洗涤剂工业协会对合成洗涤剂"急性毒性"进行了评估，评估结果表明，合成洗涤剂的急性毒性试验数值与家庭日用品中的食盐、发酵粉几乎处于同样的水平，可以放心地使用。

合成洗涤剂的有些原料或生产中使用了劣质的原料，则会对人体的健康产生影响。如合成洗涤剂中含有的漂白剂、杀菌剂、酶制剂、香料等本身就是致敏原或者对皮肤有刺激作用。此外，劣质原料中可能含有过量的重金属铅、汞、砷以及对人体有害的甲醇和荧光增白剂等。合成洗涤剂对人体健康的危害主要有：

(1)皮肤损伤

合成洗涤剂中所含的阴离子型表面活性剂，能除去皮肤表面的油性保护层，对手皮肤造成伤害，通常所说的"主妇手"就是在双手毫无保护地前提下由于经常使用肥皂、洗衣粉等洗涤剂导致的。

(2)免疫功能受损

合成洗涤剂中的某些化学物质可能使人体发生过敏性反应，引起人体抵抗力下降，特别是从事加酶洗涤剂生产的工人容易出现皮肤刺激、过敏、职业性哮喘等现象。其中所含有的漂白剂、荧光剂、增白剂等成分侵入人体后，容易在人体内蓄积，从而减弱人体免疫力。

(3)致癌风险增高

洗涤剂中的荧光增白剂能使人体细胞出现变异性倾向，其与伤口外的蛋白质结合，会使伤口的愈合受到阻碍，使人体细胞出现变异性倾向。此外，荧光增白剂的毒性累积在肝脏或其他重要器官，具有潜在的致癌作用。被广泛应用于肥皂、牙膏、内衣裤清洗剂、洗手液中的抗菌剂三氯生(三氯羟基二苯醚)被认为可能致癌。

(4)生殖系统受损

合成洗涤剂中含有的氯化物过量，会使女性生殖系统受到损害。合成洗涤剂中的烃类物质可使女性卵巢丧失功能，烷基磺酸盐等可通过皮肤黏膜吸收，若孕妇经常接触，可导致卵细胞变性，卵子死亡。洗涤剂中的某些化学物质在怀孕早期还有致胎儿畸形的危险。洗涤剂中含有的十二烷基苯磺酸钠，会导致精子活性及数量下降。使用家用洗涤剂造成的化学污染已成为导致白血病、恶性淋巴病、神经细胞瘤、肝癌等患者增多的原因之一。

(二)洗涤剂的安全使用

为了避免合成洗涤剂对人体健康造成的危害，需注意以下几点：

1. 选用正规企业生产的洗涤剂[10]

为避免合成洗涤剂中劣质原料对人体健康的影响，在选用洗涤剂时，一定要购买包装上标明生产许可证、卫生许可证编号、品牌信誉度高的正规企业生产的品牌洗涤剂。同时，应选用无苯、无荧光增白剂的洗涤剂。

2. 现购现用

洗涤剂因储存不当而被污染或者储存时间超过保质期限时，可使微生物在洗涤剂中繁殖，一些有害的微生物能通过消化道、皮肤进入人体，对人体造成潜在的危害。因此，不要一次购买太多洗涤剂，现购现用，并在产品的保质期内使用。

3. 按照使用说明规范使用

有人认为洗涤剂加得越多，衣物就洗得越干净。事实上，洗衣粉达到一定量后，去污力就不再随着加入量而增加。例如，普通洗衣粉浓度在 $2\sim5$ g/L 时，洗涤去污能力最强。如果洗涤剂过量施用，会使溶液的碱性增加，除了对衣服纤维有损伤外，还会使过量的洗涤剂残留在衣服上，对人体健康带来不良的影响。因此，洗涤剂要按照使用说明书适量投加，并要将衣物漂洗干净。

第二节　化学与消毒剂安全

一、消毒剂的分类及作用机理

从 SARS、禽流感、埃博拉疫情到新型冠状病毒肺炎疫情，传染病的防治受到前所未有的重视，化学消毒剂因杀菌效果明显、价格低廉、使用简便等特点使其在预防疾病传播、控制感染等领域得到广泛使用，成为人们实现主动防治的重要手段。化学消毒法是用化学药物直接作用于病原微生物将其杀死，以切断传染病的传播，达到预防感染和传染病流行的方法。化学消毒法不能杀死芽孢，仅对繁殖体有效，其目的在于减少病原微生物的数目，以控制无菌状况至一定水平。用于消毒的，对病原微生物具有杀灭或抑制作用的化学药物，就是化学消毒剂。

(一) 消毒剂的分类

化学消毒剂的分类方式有两种，即按化学结构和杀菌效果分类[11]。

1. 按化学结构分类

化学消毒剂按化学结构划分，一般可以分为含氯消毒剂、含碘消毒剂、醛类、醇类、酚类、氧化型消毒剂、季铵盐类、双胍类和杂环类。另外还有酸、碱类，生物制剂类，金属制剂类，烷基化气体消毒剂等。

2. 按杀菌效果分类

按杀菌效果，化学消毒剂分为高效、中效、低效 3 类。

(1)高效消毒剂

高效消毒剂是可杀灭各种微生物(包括细菌芽孢)的消毒剂，如戊二醛、含氯消毒剂、臭氧等。

(2)中效消毒剂

中效消毒剂是可杀灭各种细菌繁殖体及多数病毒、真菌，但不能杀灭细菌芽孢的消毒剂，如含碘消毒剂、醇类消毒剂、酚类消毒剂等。

(3)低效消毒剂

低效消毒剂是可杀灭细菌繁殖体和亲脂病毒的消毒剂，如苯扎溴铵等季铵盐类消毒剂、氯己定等双胍类消毒剂及中草药消毒剂。

(二)常用消毒剂[12]

1. 含氯消毒剂

含氯消毒剂是使用最广的消毒剂，常用品种有漂白粉、次氯酸钙、次氯酸钠、二氯异氰酸钠(优氯净)等，有粉剂、片剂、液体等多种剂型。

含氯消毒剂属于高效消毒剂，对细菌繁殖体、真菌、病毒、结核杆菌等具有较强的杀灭作用，高浓度时能杀灭细菌芽孢，适用于饮用水、餐具、果蔬、环境与物体表面，以及污水、污物、排泄物、分泌物的消毒。

漂白粉是应用最广的含氯消毒剂，主要成分为次氯酸钙$[Ca(ClO)_2]$，含有效氯 25%～30%，性质不稳定，受光、受潮、受热后容易分解，要现配现用，平时须密封保存在阴暗、干燥、通风处。漂白粉与水作用后产生次氯酸(HClO)，次氯酸不稳定，立即分解生成新生态氧，具有强烈的杀菌漂白效力。乳剂消毒一般配制成 10%～20%的溶液，用于对厕所、地板、垃圾堆及车辆消毒。粉剂消毒直接把漂白粉洒在带病原体的污物上。

二氧化氯(ClO_2)1983 年被世界卫生组织定为 A 级安全消毒剂，其杀菌、消毒作用，不会使蛋白质变性，对高等动物细胞基本无影响，仅使微生物中酶蛋白质中的氨基酸氧化分解，导致肽键断裂、蛋白质分解，从而使微生物死亡。二氧化氯是高效消毒剂，可以杀灭包括细菌繁殖体、细菌芽孢、真菌、病毒甚至原虫在内的各种类型微生物，还可消除水中的臭味等异味，提高水质。对水消毒时，一般加入量为 2 mg/L，作用时间 1～3 min 可达到饮用要求，但溶液不稳定，需现配现用，忌与碱或有机物混合。

2. 含碘消毒剂

含碘消毒剂具有广谱杀菌作用，对细菌、真菌、病毒具有灭活作用，也可杀灭细菌芽孢，主要有碘伏、碘液、碘酊等。

碘伏是碘与表面活性剂形成的配合物(聚乙二醇碘 PEG-I、聚乙烯吡咯烷酮碘 PVP-I、壬基酚聚氧乙烯醚碘 POP-I 等),表面活性剂为碘的载体和增溶剂,碘以配合或包络的形式存在于载体中,在水中碘缓慢地游离出来,产生杀菌作用,属于中效消毒剂。适用于外科手及前臂,手术切口部位,注射及穿刺部位皮肤,新生儿脐带部位皮肤消毒,黏膜冲洗消毒,也可用于物体表面消毒。有效碘浓度为 2~10 g/L,常用消毒方法有浸泡、擦拭、冲洗等。

碘酊又名碘酒,是碘的酒精溶液,是常用的皮肤消毒剂,有效碘含量为 18~22 g/L。碘酊的消毒作用很强,但对皮肤黏膜有刺激性。

3. 醛类

甲醛($HCHO$)为无色可燃气体,具有强烈刺激性气味,34%~38%的甲醛水溶液俗称福尔马林液,是常用的高效广谱消毒剂。甲醛消毒有液体浸泡和气体熏蒸两种方法,但甲醛为中等毒性化学物质,对皮肤黏膜有强烈刺激作用,使用时应注意防护,因此已较少应用。

戊二醛为无色透明油状液体,为高效消毒剂,可杀灭各种微生物,适用于不耐热、不耐腐蚀医疗器械与精密仪器等的浸泡消毒与灭菌。消毒、灭菌时通常使用 2%~2.5%戊二醛溶液。戊二醛对皮肤黏膜有刺激性,接触浓溶液时应戴橡胶手套,防止溅入眼内或吸入体内。

4. 醇类

乙醇(C_2H_5OH)又名酒精,为无色透明液体,属于中效消毒剂,可杀灭除细菌芽孢以外的各种微生物,适用于手、皮肤消毒,也可用于小面积物体表面与诊疗用品的紧急、快速消毒,比如体温计、血压计等医疗器具、精密仪器的表面消毒;不宜用于被血、脓、粪便等污染的表面消毒,空气消毒及医疗器械的浸泡消毒。

5. 酚类

苯酚(C_6H_5OH)又名石炭酸,无色针状结晶,通过使菌体蛋白质变性而具有杀菌作用,且杀菌谱很广,是中效消毒剂,适用于物体表面和织物的消毒。0.1%~1%溶液有抑菌作用;1%~2%溶液有杀菌和杀真菌作用;5%溶液可在 48h 内杀死炭疽芽孢。苯酚对动物和人有较强的毒性,不能用于创面和皮肤的消毒。

甲酚又名煤酚、甲苯酚,是从煤焦油中分馏得到的邻位、间位和对位 3 种甲酚异构体的混合物。抗菌作用比苯酚强 3~10 倍,毒性大致相等,但消毒用药液浓度较低,故较苯酚安全,是酚类中最常用的消毒药。医药上通常制成甲酚皂溶液,俗称"来苏儿"。常稀释为 2%~5%,用于喷洒、擦拭、浸泡器械,环境和排泄物消毒等。

6. 过氧化物消毒剂

主要有过氧化氢、过氧乙酸和臭氧等。由于具有强氧化性,各种微生物对其十分敏感，可将所有微生物杀灭，且消毒后在物品上不残留，但化学性质不稳定，需现配现用。过氧化氢杀菌作用强，属于高效消毒剂，对微生物的杀灭作用主要由自由基等通过破坏细胞膜而引起膜通透性的改变，以及破坏微生物的蛋白质、氨基酸、酶和 DNA 达到杀灭效果。3%～6%溶液 10 min 可以消毒，10%～15%溶液 60 min 可以灭菌，10%溶液喷雾消毒室内污染表面。

7. 季铵盐类消毒剂

常用季铵盐类消毒剂有苯扎溴铵(新洁尔灭)、苯扎氯铵等，使用液为淡黄色液体，属于低效广谱消毒剂，能增加细菌胞浆膜通透性，使菌体胞质物质外渗，阻碍其代谢而起到杀灭作用。杀菌力强，对皮肤和组织无刺激性，稀释至 0.05%～0.1%，浸泡 5 min 用于外科手术前洗手，浸泡 30 min 用于压舌板、体温计等消毒。

8. 胍类消毒剂

洗必泰又称氯己定或双氯苯双胍乙烷，性质稳定，难溶于水，属于低效消毒剂。洗必泰是阳离子消毒剂，与肥皂、洗衣粉等阴离子表面活性剂有拮抗作用，不能同时使用。

(三)化学消毒剂的作用机理

化学消毒剂的作用机理主要有以下 3 种方式：①改变细胞膜通透性。表面活性剂、酚类及醇类可导致细胞膜结构紊乱并干扰其正常功能，使小分子代谢物质溢出胞外，影响细胞传递活性和能量代谢，甚至引起细胞破裂。②蛋白质变性或凝固。酸、碱和醇、酚类等有机溶剂可改变蛋白质构型而扰乱多肽链的折叠方式，造成蛋白质变性。③改变蛋白质与核酸功能基团，或作用于细菌胞内酶的官能团而改变或抑制其活性。如某些氧化剂和重金属类能与细菌的—SH 基结合并使之失去活性。表 4-6 列出了各类消毒剂的杀菌机理、杀菌特点[13]。

表 4-6 消毒剂的杀菌机理及使用范围

消毒剂类别	杀菌机理	杀菌特点
氧化类消毒剂	释放出新生态原子氧，氧化菌体中的活性基团	作用快而强，能杀死所有微生物，包括细菌芽孢、病毒
醛类消毒剂	使蛋白质变性或烷基化	对细菌、芽孢、真菌、病毒均有效，温度对其效果影响较大
酚类消毒剂	使蛋白质变性、沉淀或使酶系统失活	对真菌和部分病毒有效
醇类消毒剂	使蛋白质变性、干扰代谢	对细菌有效，对芽孢、真菌、病毒无效
碱盐类消毒剂	使蛋白质变性、沉淀或溶解	能杀死细菌繁殖体、细菌芽孢、病毒和一些难杀死的微生物。杀菌作用强，有强腐蚀性
含氯、含碘类消毒剂	氧化菌体中的活性基团，与氨基结合使蛋白质变性	能杀死大部分微生物
季铵盐类消毒剂	改变细胞膜透性，使细胞外漏，妨碍呼吸或使蛋白质变性	能杀死细菌繁殖体，但对芽孢、真菌、病毒、结核病菌作用差

生活常识：新型冠状病毒 2019-nCov 的预防性消毒措施(摘自：魏秋华，任哲. 2019 新型冠状病毒感染肺炎疫源地消毒措施. 中国消毒学杂质, 2020, 37 (1)：59-62)

在居住区附近已出现疑似或诊断病例或本地区已出现多例疑似或诊断病例时，应开展以下预防性清洁消毒措施。①环境物品消毒：一般物体表面每天进行1～2 次湿式清洁并保持干燥, 定期使用 250 mg/L 含氯消毒剂或 1000 mg/L 以上季铵盐类消毒剂擦拭消毒; 衣服、被褥、织物等应勤换洗晾晒(直射阳光暴晒 3～6 h)。②公共场所消毒：地面、走廊、楼梯等可用水或加洗涤剂湿式清扫, 每日 1～2 次; 门把手、电梯按钮、楼梯扶手等高频接触物体表面可每日采用 250 mg/L 含氯消毒剂进行擦拭作用 20 min 后再用清水擦拭; 垃圾废弃物日产日清, 定期对垃圾存放场所进行 1000 mg/L 含氯消毒剂喷洒消毒。③室内空气消毒：首选通风, 可采取每日 1～2 次开窗通风 30 min/次以上或机械通风; 空气质量差时或无良好通风条件, 室内有人时也可采用循环风式空气消毒机进行空气消毒, 室内无人可用紫外线(定期消毒 1～2 次/d, 每次消毒照射时间大于 30 min)或定期采用消毒剂喷雾(1000 mg/L 过氧乙酸)的方法。④卫生间与卫生用品：地面应每日定期清扫、消毒(250 mg/L 含氯消毒剂擦地)1～2 次; 水龙头、公用坐便器、洗漱池、蹲坑等用品应定期清洁消毒; 拖把、抹布等清扫用具分开使用, 每次使用后及时清洗、晾干放置, 必要时用有效氯 250 mg/L 的消毒剂浸泡 30 min, 清洗干净, 干燥备用。

二、常用的家用消毒剂及性能

(一)常用家庭消毒剂

市场上销售的消毒液主要有卤素类消毒剂(主要成分为次氯酸钠)、酚类消毒剂(主要成分为对氯间二甲基苯酚)和表面活性剂类(主要成分为单双链复合季铵盐)消毒剂。

1.84 消毒液

次氯酸钠消毒液俗称 84 消毒液, 有效成分是次氯酸钠, 有效氯含量为 1.1%～1.3%。次氯酸钠溶于水产生次氯酸, 扩散到细菌表面并穿透细胞膜进入菌体内, 使菌体蛋白质氧化导致细菌死亡。次氯酸钠消毒液可杀灭肠道致病菌、化脓性球菌和细菌芽孢。广泛用于物体表面、白色衣物、医院、宾馆、食品加工行业、家庭等的卫生消毒。由于次氯酸钠消毒液长期使用对人体健康和环境都有较强的影响, 目前消毒液多使用有机氯——二氧化氯来替代。二氧化氯消毒灭菌剂属实际无毒级产品, 是国际上公认的含氯消毒剂中唯一的高效消毒灭菌剂。

2. 滴露

对氯间二甲基苯酚类消毒液, 又称 PCMX。常见的就是"滴露"。其有效成分对氯间二甲基苯酚是酚类化合物的一种衍生物。它是一种高效、广谱的防霉抗菌剂，对多数革兰氏阳性菌、革兰氏阴性菌、真菌、霉菌都有杀灭功效。如果皮肤不是敏感皮肤，可以用洗衣机来消毒清洗衣物。

3. 复合季铵盐消毒液

单、双链复合季铵盐消毒液简称复合季铵盐。它是一种新型复合消毒剂，主要由单链季铵盐(十二烷基三甲基氯化铵)、双链季铵盐(双八、双十烷基二甲基氯化铵)、戊二醛和其他助剂配制而成。该消毒剂为透明液体，季铵盐总含量为100g/L。复合季铵盐消毒液对细菌繁殖体、金黄色葡萄球菌、大肠埃希菌、球菌、真菌和病毒等都具有较好的杀灭效果。

(二)常用家庭消毒剂的性能

李桂芬等对家庭常用的四种消毒剂的刺激性、腐蚀性和使用残留、杀菌效果、安全性进行了实验，实验结果见表 4-7[13]。

表 4-7　常用家庭消毒剂性能对照表

性能	84 消毒液	季铵盐	苯酚	二氧化氯
杀菌力	可杀灭所有细菌繁殖体，高浓度时能杀死芽孢	可杀灭许多细菌繁殖体	可杀灭许多细菌繁殖体	可杀灭所有的微生物，包括细菌芽孢
毒性	中等毒性	无	有	无
三致效应	有	无	有	无
pH 影响	大	小	大	小
腐蚀性	对金属有强腐蚀	无腐蚀	无腐蚀	对不锈钢无腐蚀
残留	有	无	有	无
气味	强氯味	无	有强刺鼻味	稍有二氧化氯味
稳定性	不稳定	稳定	稳定	稳定

由表 4-7 可见，复合季铵盐具有灭菌效果好、无刺激、无腐蚀、无毒、无残留、长效等优点。使用后，对生物的增殖与生长也无影响。且不会产生抗药性，也不会在动物体内残留，因此属于安全、绿色的消毒剂产品。复合季铵盐消毒液符合美国公共卫生局颁布的环保级消毒法规附录的全部规定，并已得到美国 FDA的批准，列入美国医院处方集，美国医师手册，美国、加拿大及欧洲各国药典及美国联邦法规 21CFR178.1010。

三、消毒剂对人体健康的危害及安全使用

(一)消毒剂对人体健康的危害[14]

1. 刺激皮肤、黏膜

消毒剂中的某些成分对皮肤、黏膜有一定的刺激作用，如 84 消毒液次氯酸释

放出的氯、酚类消毒液中的甲酚等。一些人使用后皮肤发红、瘙痒或脱皮，且对皮肤有脱脂作用，可产生干裂。

2. 具有毒性

消毒剂中的有机氯、酚类及醛类等本身有毒，如煤酚皂溶液中的甲酚属高毒性。急性中毒可引起肌肉无力、胃肠道紊乱、严重抑制、虚脱甚至死亡。含氯消毒液次氯酸释放的氯可能会引起氯气中毒，表现为烦躁、恶心、呕吐、呼吸困难，甚至窒息死亡。

3. 有三致效应

消毒剂中的有机氯和酚类等影响中枢神经系统，也可导致肺水肿及肾、肝、胰腺和脾的损害，次氯酸钠消毒剂和酚类消毒剂对人体有致突变、致畸性及致癌等作用。

4. 具有腐蚀性

大部分消毒剂对皮肤都具有强弱不等的腐蚀性，直接皮肤接触会引起局部皮肤灼伤甚至导致皮炎。

(二)消毒剂的安全使用[15]

1. 根据用途合理选用消毒剂

消毒剂种类繁多，比较理想的消毒剂应该具备杀菌广谱、使用有效浓度低、杀菌作用速度快、性能稳定、易溶于水、可在低温下使用、无臭无味无色、毒性低，消毒后无残留毒害，使用安全等特点。但是目前常用的消毒剂中，没有一种消毒剂能满足上述所有要求，因此在选用消毒剂时应根据实际的用途，选择毒性低、对人体健康和环境危害小的消毒剂。此外，选用消毒剂时一定要购买正规厂家生产的经卫生部门允许的消毒剂。一般家庭中常选用的消毒剂有 75%酒精、0.5%碘伏、84 消毒液等。甲醛、戊二醛、漂白粉、漂白粉精、优氯净、过氧乙酸、高浓度的过氧化氢不适宜家用。

2. 正确使用消毒剂

在使用化学消毒剂前，要认真阅读使用说明书，严格按照说明书规定的消毒剂的使用范围、使用浓度、使用量使用，避免与洗衣粉、洁厕灵等混合使用。在使用消毒剂时，避免消毒剂直接接触人体。家中有婴幼儿、孕妇、老人等免疫力低下者，慎用消毒剂，尽量采用物理方法消毒。此外，一些消毒剂对金属和纺织品也有腐蚀作用，如 84 消毒液腐蚀金属并有漂白作用。因此，不能在洗衣机中使用 84 消毒液，且不能使用 84 消毒液洗涤彩色衣服。

3. 合理存放

消毒剂一般都不稳定，存放一定时间后，有效成分分解，消毒效果下降。因此家用消毒剂一定要在有效期内使用，超过有效期的消毒剂没有消毒效果。

第三节　化学与化妆品安全

一、化妆品的分类及原料[16]

《消费品使用说明、化妆品通用标签》(GB5296.3—2008)对化妆品的定义是：化妆品是指以涂抹、洒、喷或其他类似方法，施于人体表面的任何部位(皮肤、毛发、指甲、口唇等)，以达到清洁、芳香、改变外观、修正不良气味、保养、保持良好状态为目的的产品。

(一)化妆品的分类

化妆品的品种繁多，根据其性质、功能、用途可以分为多个种类。按照《化妆品分类》(GB/T 18670—2002)将化妆品分为清洁类化妆品、护理类化妆品和美容、修饰类化妆品。

1. 清洁类化妆品

清洁类化妆品是以涂抹、喷洒或其他类似的方法，施于人体表面(如皮肤、毛发、指甲、口唇等)，起到清洁卫生作用或消除不良气味的化妆品。如清洁皂、洁面乳、清洁霜、洗面奶、卸妆水、清洁面膜、磨砂膏、去死皮膏、沐浴露等。

2. 护理类化妆品

护理类化妆品是以涂抹、喷洒或其他类似的方法，施于人体表面(如皮肤、毛发、指甲、口唇等)，起到保养作用的化妆品。如雪花膏、润肤乳、润肤霜、润肤水、护手霜、防裂膏、发油、发蜡、发乳、洗发膏、护发素等。

3. 美容、修饰类化妆品

美容、修饰类化妆品是以涂抹、喷洒或其他类似的方法，施于人体表面(如皮肤、毛发、指甲、口唇等)，起到美容、修饰、增加人体魅力作用的化妆品。如香粉、胭脂、唇膏、唇线笔、眉笔、眼影膏、鼻影膏、睫毛膏、烫发剂、染发剂、发胶、摩丝、定型发膏等。

(二)化妆品的主要原料

化妆品是以天然、合成或者提取的各种作用不同物质作为原料，经加热、搅拌和乳化等生产程序加工而成的化学混合物质。化妆品原料根据其性能和用途，大体分为基质原料、辅助原料及功能性原料三类。

1. 基质原料

基质原料是化妆品的主体原料，在化妆品配方中占有较大比例，体现化妆品的基本性质和基本作用。基质原料主要包括油性原料、粉质原料、溶剂原料。化妆品类型不同，这三种原料在化妆品配方中所占的比例也不相同。

(1)油性原料

油性原料是油、脂、蜡等物质的总称，是组成护肤类化妆品、唇膏、发用护理品的基质原料。其主要作用是在皮肤表面形成疏水薄膜，抑制水分蒸发，防止皮肤干燥，使皮肤柔软，增加皮肤吸收能力等。化妆品常用的油脂和蜡一般来源于动植物油脂和蜡，主要有羊毛脂、蜂蜡、鲸蜡、橄榄油、椰子油、月见草油、卵磷脂、凡士林等。

(2)粉质原料

粉质原料是组成爽身粉、香粉、粉饼、唇膏、胭脂以及眼影等重要的基质原料，主要起到遮盖、滑爽、附着、吸收、延展作用。化妆品中常用的粉质原料主要有碳酸钙、碳酸镁、二氧化硅、钛白粉、锌白粉、滑石粉、高岭土、云母粉等。这些原料一般均含有对皮肤有毒性作用的重金属，应用时，重金属含量不得超过国家化妆品卫生规范规定的含量。

(3)溶剂原料

溶剂原料是膏霜、乳液、水剂、香水、花露水、护发素、洗发膏、睫毛膏、剃须膏、香波等绝大多数化妆品不可缺少的一类主要组成成分，起到溶解作用，有的还可以起到润湿、留香、收敛等作用。常用的溶剂原料有水、醇类(如乙醇、异丙醇、正丁醇、戊醇等)、酮类(如丙酮、丁酮等)、醚类(如二甲醚、二乙二醇单乙醚等)、酯类(如乙酸乙酯、乙酸丁酯、乙酸戊酯等)、芳香族有机化合物(如甲苯、邻苯二甲酸二乙酯等)等。

2. 辅助原料

辅助原料是对化妆品的成型、稳定、色调、香气等方面发挥作用的物质，其用量不大，但作用很大。主要包括表面活性剂、增稠剂、防腐剂、抗氧剂、色素、香料和香精等。

(1)表面活性剂

表面活性剂在化妆品中起乳化、增溶、分散、洗涤、润湿和起泡等作用，常用于化妆品的表面活性剂除了在洗涤剂中介绍的传统的表面活性剂外，还有新型的环保型生物表面活性剂及类生物表面活性剂，如：糖脂、脂肽、磷脂、烷基糖苷系列、壳聚糖系列、蔗糖脂肪酸酯系列、氨基酸系列[17]等。

(2)增稠剂

增稠剂是一类能够增强体系稠度的物质，通过与表面活性剂形成棒状胶束、与水作用形成三维水化网络结构，或利用自身的大分子长链结构等使体系达到增稠的目的。化妆品中常用的增稠剂有：氯化钠、月桂醇、肉豆蔻醇、亚油酸、亚麻酸、椰油二乙醇酰胺、鲸蜡醇聚氧乙烯醚、月桂醇聚氧乙烯醚、PEG150 季戊四硬脂酸酯、氧化胺、天然黏合剂(明胶、淀粉、胶性二氧化硅)、半合成黏合剂(纤维素、变性淀粉)和合成黏合剂(聚乙烯类高分子化合物)等。

(3)防腐剂

防腐剂是指能够防止和抑制微生物生长和繁殖的物质。其作用是保护化妆品，使之免受微生物污染，延长产品的货架寿命，确保产品的安全性，防止消费者因使用受微生物污染的产品而引起可能的感染。化妆品中常用以下四类防腐剂，即醇类防腐剂、甲醛的供体和醛类衍生物防腐剂、苯甲酸及其衍生物和有机化合物防腐剂。我国的《化妆品卫生规范》中列出了 56 种化妆品组分中规定使用的防腐剂及其最大允许使用浓度、使用范围和标签上必须标印的注意事项，常见的有咪唑烷基脲、乙内酰脲、异噻唑啉酮、苯甲醇/苯甲酸/苯甲酸钠/山梨酸钾及其衍生物、布罗波尔等。

(4)抗氧剂

抗氧剂是指能够抑制或者延缓高聚物和其他有机化合物在空气中热氧化的有机物。按来源分为天然抗氧剂和合成抗氧剂两类。按溶解性可分为油溶性抗氧剂和水溶性抗氧剂。化妆品中常用的抗氧剂有：二丁基羟基甲苯、丁基羟基茴香醚、去甲二氢愈创木酸、五倍子酸丙酯和生育酚(维生素 E)等。

(5)色素

色素是赋予化妆品一定颜色的物质。化妆品中常用的色素有天然色素(胭脂红及其提取液、β-胡萝卜素、叶绿素及其衍生物等)、无机色素(二氧化钛、氧化铬、氢氧化亚铁等)、有机合成色素(胭脂红、柠檬黄、靛蓝等)和珠光颜料(云母钛、二氧化钛-云母等)。

(6)香料和香精

香料和香精的主要功能是掩盖产品基体的气味，提供令人愉快的气味，增强产品对消费者的吸引力。对于香水产品而言，产品的香气是产品最重要的价值所在。

香料是具有挥发性的单一赋香物质，它具有一定的特殊香气和香味，是配制香精的原料。香料按其来源分为天然香料与合成香料两类。天然香料目前已知的有 3000 多种，较常用的有麝香、灵猫香、龙涎香、海狸香及各种植物精油等。合成香料产量大，品种多，价格低廉。香精配方中合成香料占 85%左右，有时甚至超过 95%。

香精是将数种香料甚至几十种天然和合成香料，按一定比例和顺序调配成的具有某种香气或香型及一定用途的调和香料。化妆品常用的香精有：香水类用香精大致可分为十二种，即清香型、花香-清香型、花香-草香型、花香型、醛香-花

香型、醛香-花香-粉香型、醛香-清香-苔香型、素馨兰型、苔香-果香型、东方型、烟草-皮革香型、馥奇香型。高级香水中一般都是用茉莉、玫瑰和麝香等天然原料。乳剂类产品用香精多采用花香型,霜和蜜类产品的香精用量在 0.2%~0.5%。香粉类产品用香精多采用花香-膏香-动物香的复合香,用量在 1%以下。

3. 功能性原料

功能性原料是赋予化妆品特殊功能的一大类物质。包括保湿剂、营养成分添加剂、防晒剂等。

(1)保湿剂

保湿剂又称湿润剂,是以补充角质层中水分为目的的吸湿性高的水溶性物质或保持皮肤滋润、柔软的物质,其作用是保持皮肤水分、防止皮肤干裂。化妆品常用的保湿剂有脂肪酸酯、多元醇脂肪酸酯、硅油、醇类保湿剂、乳酸和乳酸盐、氨基酸等。

(2)营养成分添加剂

化妆品中的营养成分添加剂主要有:生物制剂类,包括蛋白质类、氨基酸类、肽类、脂类、糖类、酶类、细胞生长因子、核酸、曲酸及其衍生物等;维生素类,包括维生素 A、维生素 D、维生素 E、维生素 K、维生素 C 和 B 族维生素等;矿物质,主要有镁、钙、锌、铜、锰、硅、硒、铁、铬、碘、锗等;动物营养添加剂,如胎盘提取液、牛初乳、胚胎干细胞、蜂王浆、鹿茸等;植物提取物,包括舒缓、抗刺激成分(如春黄菊、柳兰、甘草、橄榄叶提取物等)、抗老化成分(如葡萄籽、苹果、绿茶、银杏、人参、红景天提取物等)、美白活性成分(如熊果苷、植物黄酮、植物多酚、果酸、木瓜蛋白酶等)。

(3)防晒剂

防晒剂是能有效吸收或散射太阳光中的 UVB 波段(波长为 290~320 nm)和 UVA 波段(波长为 320~400 nm)紫外线的物质。按照防护作用机制,防晒剂分为紫外线屏蔽剂和紫外线吸收剂两类。紫外线屏蔽剂主要是超细无机粉末,如二氧化钛、氧化锌、二氧化钛云母等。紫外线吸收剂主要有对氨基苯甲酸及其衍生物、邻氨基苯甲酸酯衍生物、肉桂酸酯类、水杨酸酯类等。有些植物因含有能吸收紫外线的化学成分,其提取液也具有防晒性,如芦荟、牛蒡、薏苡仁与鱼腥草等。

阅读链接:化妆品的前世今生(摘自:谭静怡,广丰. 化妆品的前世今生. 中国化妆品,2009(9):70-76)

"爱美之心人皆有之",自古以来人类对美化自身的化妆品就有着无限的追求,期盼着能容颜不老、永葆青春。化妆品的发展历史,大概经历了 5 个阶段。

1. 古代化妆品阶段

　　远古的原始社会时期，大多数部落成员会将动植物油脂涂抹在自己的皮肤上，使身体肌肤的颜色看起来既健康又充满光泽。公元前5世纪到公元前7世纪，各国都出现了一些关于制作和使用化妆品的传说与记载。例如，古埃及人用黏土卷曲头发，古埃及皇后用铜绿描画眼圈，用驴乳浴身，古希腊人美亚斯巴齐用鱼胶掩盖皱纹等。公元1世纪至2世纪，希腊物理学家格林将玫瑰花水加入蜂蜡和橄榄油中，经搅拌调和后得到一种很不稳定的乳膏状物，就是最早的"膏霜"化妆品。公元7世纪到12世纪，阿拉伯国家发明了用蒸馏法加工植物花朵的先进技术，这种方法大大提高了香精油的产量和质量。胭脂、鸭蛋粉、头油和香囊四件物品都是中国古代化妆品的典型代表。公元14世纪，一位意大利的制鞋工匠偶然发现油脂能够平复皮革表面的褶皱。于是他突发奇想地认为既然在动物的表皮上油脂可以产生如此奇妙的功效，那么若在人的皮肤上又会有什么样的反应呢？正是这个大胆的设想，开启了人类化妆品发展的新历程、新篇章。

2. 合成化妆品阶段

　　合成化妆品阶段是以油和水乳化技术为基本理论，以矿物油锁住角质层的水分，保持皮肤湿润、抵抗外界刺激为主要功用的化妆品。第二次世界大战后，随着石油化学工业的迅速发展，催化了合成化妆品的产生。生产商研发了以矿物油为主要成分，加入香料、色素等其他化学添加物的化妆产品，雪花膏就是早期合成化妆品中有代表性的护肤膏霜。由于合成化妆品是多种化工原料的汇集品，添加了大量对肌肤有潜在伤害的化学添加物，且内含阻碍皮肤呼吸，导致毛孔粗大、引发皮脂腺功能紊乱的油类，因此会对皮肤造成内在的伤害。

3. 自然化妆品阶段

　　20世纪70年代以后，由于合成化妆品在生产与消费的过程中，造成了人体毒性和环境污染问题，全世界掀起了一股"回归大自然"的热潮，自然化妆品应运而生。自然化妆品用植物油、动物油等天然油取代了过去的矿物油。各种与人类肌肤亲和性好，具有一定滋润作用的各种天然原料添加到化妆品中。但是很多生产商只是把添加天然成分当作宣传产品的噱头，某些自然化妆品事实上含有非常稀少的天然物质，绝大多数成分仍然是化工原料。

4. 无添加化妆品阶段

　　随着人们对化妆品安全健康的需求，无添加化妆品肩负着开创安全健康化妆品的历史责任，正式诞生。无添加化妆品阶段又称为仿生化妆品阶段，指采用生物技术制造出与人体自身结构相仿的，具有较高亲和力的生物精华物质进行复配的化妆品。20世纪90年代末，日本率先成功地研发了一种以凝胶为原料，且不加入着色剂、香料、化学防腐剂、油脂、蜡、乳化剂、乙醇等所有可能对皮肤造成刺激及有潜在危害化学添加物的新型化妆品，即无添加化妆品。利用高科技人工细胞技术且不加入任何对皮肤有刺激性化学添加物成分的无添加化妆品，从本质上脱离了简单的角质层保养，而是把肌肤真正需要的细胞间脂质送到肌肤里层，使皮肤细胞之间进行微小循环，彻底起到活化基底母细胞，促进皮肤新陈代谢作用。21 世纪的化妆品，已经进入了无添加细胞护理的新时代。

5. 基因时代

随着人类有关皮肤和衰老的基因被破解，大规模的基因研究已经开始梳理参与皮肤老化过程的关键通路，逐渐渗透到了护肤和化妆品领域。许多药厂介入其中，罗氏大药厂斥资 468 亿美金收购基因科技，葛兰素史克用七亿二千万收购 Sirtris 的一个抗老基因技术。还有很多企业开始以基因为概念的宣传，当然也有企业已经进入产品化。这个时代的特点，就是更严密，更科学，因为技术的先进，而且它的新奇，必须要有严格的临床和实证，严格检测，基因的技术在世界各地都是严格控制的。未来的趋势是每个人的体检都会有基因图谱扫描这项，根据图谱的变化来验证产品的功效，美国有些已经做到这方面的工作了。这也是一个未来的趋势。

二、皮肤及皮肤用化妆品

(一)皮肤

皮肤是身体表面包在肌肉外面的组织，可以保护体内组织和器官免受外界各种刺激和损害，可以排汗、分泌皮脂、散热、保温，具有排泄废物和调节体温的功能。同时，皮肤可以感受触、压、痛、温、冷等的刺激，是重要的感觉器官。成年人全身皮肤的面积大约是 $1.5 \sim 2.0 \ m^2$，其质量约占体重的 16%。皮肤厚度依年龄、性别、部位的不同而各自不同，通常为 $0.5 \sim 4.0 \ mm$(不包括皮下脂肪层)。皮肤的化学成分为水 20%、蛋白质(角蛋白、弹性硬蛋白和胶原)27.5%、酯类 2%、矿物盐分 0.5%。正常皮肤表面的 pH 通常为 $4.5 \sim 6.5$。

1. 皮肤的构造[18]

皮肤由三部分组成，由外到内依次为表皮、真皮和皮下组织。表皮由角质层、透明层、颗粒层、有棘层和基底层构成，表皮内没有血管，内含丰富的神经末梢，可感知各种外界的刺激。角质层是表皮的最外层，由 $5 \sim 15$ 层角质形成细胞和细胞间脂质，胞质内充满了角质蛋白，角质细胞包埋于细胞间质，该结构被形象地比喻为 "砖墙结构"。角质层厚度为 $15 \sim 50 \ \mu m$，含水量非常低(5%~20%)，代谢不活跃，是化学物质透皮吸收的主要屏障。细胞间脂质主要由 45%~50%神经酰胺、25%胆固醇、15%长链游离脂肪酸和 5%其他脂质组成。真皮由胶原组织构成，内含丰富的毛细血管、淋巴管、神经、毛囊、汗腺和皮脂腺等，它使皮肤具有弹性，光泽和张力；皮下组织由结缔组织和脂肪细胞组成，皮下脂肪起到保持体温的作用。

2. 皮肤的类型

根据皮肤表面的油腻、光滑和酸碱度差别，美容以及医学护理专家把人类的皮肤划分为以下几种类型。

(1)干性皮肤

毛孔比较细小，皮脂分泌量少，皮肤较干燥。干性皮肤经不起外界刺激，如夏天日晒皮肤会变红，冬天遇冷皮肤会干燥，吃刺激性食物后皮肤会出现斑点。这类皮肤易老化、起皱纹。pH 为 4.0～5.0。

(2)油性皮肤

毛孔粗大、皮脂分泌量多。油性皮肤经得起外界刺激，不易老化、起皱纹，易生粉刺暗疮。pH 为 6.0～7.0。

(3)中性皮肤

皮脂分泌量和含水量适宜，皮肤健康、比较平滑，不干也不油，柔滑而有弹性、无瑕疵。pH 为 5.0～5.5。中性皮肤是正常、健康和理想的皮肤，对外界的刺激不太敏感。

(4)混合性皮肤

同时具有两种不同类型的皮肤，脸部双眼和鼻子、嘴唇组成的"T"字部位属油性，两颊呈干性或中性。

(5)敏感性皮肤

皮肤较薄，对外界的刺激很敏感，当外界刺激时会出现局部微红、红肿、刺痒、皮疹等症状。

3. 化妆品的透皮吸收[19]

化妆品中的有效性或者功能性成分作用于皮肤表面或者是进入皮肤的表皮、真皮等不同皮肤层，在该部位积聚并发挥有效作用的过程即化妆品的透皮吸收。化妆品透皮吸收的生理结构主要包括角质层、毛囊、皮脂腺和汗管口。经角质层渗透的途径可分为两种：①细胞间途径：化学物质绕过角质细胞，通过角质细胞间连续分布的细胞间质透入皮下。②跨细胞途径：化学物质直接穿过角质细胞和细胞间质，在水相和脂相中交替扩散。化学物质经毛囊、皮脂腺和汗管口等皮肤附属器直接进入真皮层的透皮途径又称为旁路途径，大分子物质及离子型物质难以通过富含类脂的角质层，可能经由该途径进入皮肤。

(二)皮肤用化妆品

化妆品主要用于保持皮肤健康、增进容貌美观以及弥补脸部的缺陷等。下面介绍常用的化妆品。

1. 皮肤清洁类化妆品

清洁是保持皮肤健康不可缺少的一个环节，也是皮肤护理的基础。清洁类化妆品的作用是除去皮肤表面附着的皮肤角质层的皮屑、皮脂的氧化分解物、汗液的残渣等皮肤生理代谢产物和空气中的尘埃、微生物、美容类化妆品等。目前，清洁类化妆品品种繁多，按照皮肤清洁剂的化学组成和亲水亲油性质，大体可分为以皂基型和非皂基表面活性剂为主体的表面活性剂型，以油性成分和保湿剂、乙醇和水等为溶剂的溶剂型，介于两者之间的水包油乳化型三种类型。

(1)洗面奶

洗面奶是一类乳化型化妆品，除依靠表面活性剂的乳化作用、渗透作用外，以及配方中油分和水分的溶解作用，去除皮肤表面的污垢和皮肤表面分泌的油脂及化妆品残迹，是目前洁肤市场上销售量最大的一种乳液状洁肤品。

洗面奶配方的基本架构包括水分、油脂和乳化剂三种基础原料，还包括润肤剂、保湿剂、防腐剂、香精、功效成分等。其中水相去除汗腺的分泌物和水溶性污垢，油相去除油脂性污垢并具有润肤作用。表 4-8 是一种洗面奶的配方[16]。

表 4-8　洗面奶的一种配方

原料名称	用量(质量分数)/%	原料名称	用量(质量分数)/%
白油	4.0	椰油酰胺丙基甜菜碱	2.0
十八醇	2.5	去离子水	70.0
单硬脂酸甘油酯	2.0	丙烯酸(酯)类交联聚合物	0.2
聚二甲基硅氧烷	2.0	去离子水	10.0
尼泊金丙酯	0.1	甘油	2.0
EDTA-2Na	0.05	果汁水	2.0
月桂基单磷酸酯钾盐	3.0	香精	适量
尼泊金甲酯	0.2	三乙醇胺	适量

(2)面膜

面膜是涂敷于面部皮肤的具有深层清洁、护理、营养的多功能化妆品。其主要作用是在皮肤上形成不透气薄膜，将皮肤与外界隔绝，皮肤表面温度升高，血液循环加快，使面膜中的各种营养成分同时渗入并被皮肤吸收，起到滋润、补充营养、促进皮肤新陈代谢的作用；同时，利用面膜干燥时的收缩力，使皮肤绷紧、毛孔收缩、消除细小皱纹；最后，从皮肤上剥离或洗去面膜时，把皮肤的分泌物、皮屑、污物等除去，清洁皮肤。

《面膜类产品的选择与使用专家共识(2019 科普版)》中对面膜的分类及其使用建议见表 4-9[20]。

表 4-9　面膜分类及对应使用建议

面膜种类		使用建议
膏状面膜	洗去型	取适量膏体涂抹在面部，停留 10～20 min 后，用清水洗去。建议油性、混合性皮肤一周不超过 2 次；干性、中性皮肤建议一周不超过 1 次；敏感性皮肤一般不建议使用
	免洗型	取适量膏体涂抹在面部，无须特意清洁。干性、中性皮肤，建议 1 周使用不超过 2～3 次；油性皮肤、敏感性皮肤和痤疮患者慎用
面贴膜		在面部停留 10～30 min，揭离后擦除残留的面膜液即可；若肤感较黏，可以用清水冲洗，再进行皮肤护理。面贴膜的使用频率，可根据个人皮肤状态、护肤习惯和环境气候条件等因素而定，避免过度使用
撕拉式面膜		该类产品具有剥脱角质、清除油脂作用，故油性皮肤可每周使用 1 次；中性或混合性皮肤可每两周 1 次；干性皮肤、敏感性皮肤不建议使用。此类面膜不建议频繁使用
粉状面膜	硬膜	通常在皮肤科和专业美容机构中使用
	软膜	软膜粉在使用时需添加水分使其成糊状后立刻涂敷于面部，待成膜后揭下，清水洗除面部残留物。具有一定的清洁和剥脱作用。中性、油性、混合性皮肤建议每周使用不超过 2 次；干性、敏感性皮肤不建议使用

（3）浴用化妆品

浴用化妆品是一类在洗浴时使用的洁肤类化妆品，包括浴油、泡沫浴、浴盐、浴精、洗发洗身合一香波等，市场上销售较多的有沐浴露、一次性浴液和浴盐。沐浴露主要是以各种表面活性剂为主要活性物并加入滋润剂、保湿剂和清凉止痒效果的添加剂而制成的洁身、护肤的黏稠状液体。浴盐是一类由天然矿物盐、营养素和天然提取物经加工而成的粉状或颗粒状物质，是一种适用于浴盆或浴池的沐浴制品。浴盐可以彻底清除皮肤毛孔中积聚的油脂、老化角质细胞及各种污垢，同时还具有杀菌、软化角质层及促进血液循环等作用。浴盐的主要成分为无机矿物盐及某些添加剂。沐浴露的一种配方见表 4-10[21]。

表 4-10　沐浴露的一种配方

原料名称	用量（质量分数）/%	原料名称	用量（质量分数）/%
精制水	70.0	十二烷基硫酸钠	15.0
聚氧乙烯羊毛脂醚	5.0	月桂基酰胺丙基甜菜碱	5.0
茶皂素	4.0	香精	0.8
尼泊金甲酯	0.2	氯化钠、色素	适量

2. 护肤膏霜和乳液

护肤膏霜和乳液是一类固态或半固态乳状制品。其作用为保持皮肤水分的平衡，补充重要的油性成分、亲水性保湿成分，并能作为其中的活性成分或药剂的载体，使之为皮肤所吸收，达到调理和营养皮肤的目的，也可以使皮肤的使用部位对外界刺激有"缓冲"的作用。

(1)雪花膏

雪花膏洁白如雪花,是一种水包油(O/W)型的乳化膏体,将它涂擦在皮肤上,开始有乳白痕迹,随后很快就消失,由此而得名。雪花膏的生产已有 100 多年历史,是一类传统的大众化护肤品,其成分绝大部分为水,油相约 10%~30%,涂抹后可在皮肤表面形成一层光滑的、很薄的涂层,抑制表皮水分的过量蒸发,减少外界环境对皮肤的影响与刺激。其使用感觉滑爽、舒适、不油腻,并散发出宜人的香气,雪花膏可防止因气候干燥而造成的皮肤干燥、干裂或粗糙,保持皮肤柔软。表 4-11 是雪花膏的一种配方[21]。

表 4-11　雪花膏的一种配方

原料名称	用量(质量分数)/%	原料名称	用量(质量分数)/%
蜂蜡	5.8	白油	15.2
羊毛脂	3.1	硫酸软骨素	3.0
二十二烷醇	1.5	骨原水解物	3.0
十六醇	4.1	丙三醇	8.0
司盘-60(Span-60)	1.6	精制水	41.8
蓖麻油酸聚氧乙烯酯	3.9	苯甲酸钠	0.2
三十碳烷	8.8	香精	适量

(2)香脂

香脂是一种含油量高的油包水(W/O)型护肤乳化膏霜,其油性组分一般为50%~80%,香脂的外观具有光泽、触感滑爽,涂抹于皮肤后在皮肤表面形成一层油膜,可防止皮肤干燥、皲裂,使皮肤滋润、柔软、润滑,一般适用于干性皮肤者使用。将香脂涂擦在皮肤上,由于皮肤的体温而蒸发水分,或者因所含水分被冷却成冷雾而有晾冷的感觉,故又名冷霜。表 4-12 为香脂的一种配方[21]。

表 4-12　香脂的一种配方

原料名称	用量(质量分数)/%	原料名称	用量(质量分数)/%
白油	38.0	双硬脂酸铝	1.0
凡士林	8.5	二叔丁基对苯酚	0.1
地蜡	8.5	精制水	39.5
蜂蜡	1.0	尼泊金甲酯	0.1
单硬脂酸甘油酯	1.5	氢氧化钙	0.1
硬脂酸	1.2	香精	0.5

(3)润肤霜

润肤霜是介于弱油性和油性之间的膏霜,油性成分含量一般为 10%~70%,

有水包油型和油包水型，以水包油型为主。润肤霜所含油性成分介于雪花膏和香脂之间，可在油相与水相各自范围内配制成各种油相水相比例，以适合于各种皮肤类型，故产品品种很多，适合一年四季使用。润肤霜的主要作用是恢复和维持皮肤的滋润、柔软和弹性，保持皮肤的健康和美观。润肤霜中加一些营养物质、生物活性物质、药剂等，其便成为抗衰老营养霜、抗敏霜、抗痘霜、美白霜等疗效性的制品。润肤霜的一种配方见表4-13[21]。

表4-13　润肤霜的一种配方

原料名称	用量(质量分数)/%	原料名称	用量(质量分数)/%
精制水	70.3	单硬脂酸甘油酯	3.0
甘油	5.0	十四酸异丙酯	3.0
三乙醇胺	1.0	硬脂酸	2.0
尼泊金甲酯	0.2	芦荟胶	4.0
羊毛脂	8.0	香精	0.5
十六醇	3.0	色素	适量

(4)润肤乳液

润肤乳液又叫润肤奶液或润肤蜜，多为含油量低的水包油型乳液。其含油量低于15%，使用感好，较舒适清爽，易涂抹，延展性好，无油腻感。特别适合夏季使用。润肤乳液的组分与润肤霜类似，但乳液为流动体，其固体油相组分比膏霜要低，稳定性较膏霜差，常添加水溶性高分子化合物增加其稳定性。润肤乳液的一种配方见表4-14[16]。

表4-14　润肤乳液的一种配方

原料名称	用量(质量分数)/%	原料名称	用量(质量分数)/%
橄榄油	5.00	凡士林	3.5
硬脂酸	5.00	蜂蜡	3.00
C_{16}醇	3.5	司盘-80	0.98
吐温-80	3.02	去离子水	71.00
甘油	3.00	1,4-丁二醇	2.00
苯甲酸钠	0.10		

3. 化妆水

化妆水也称收缩水或爽肤养肤水，通常在洁面剂等洗净黏附于皮肤上的污垢后，为给皮肤的角质层补充水分及保湿成分，使皮肤柔软，以调理皮肤生理作用为目的而使用的化妆品。化妆水和乳液相比，油分少，有舒爽的使用感，且使用范围广，功能也在不断扩展，如具有皮肤表面清洁、杀菌、消毒、收敛、防晒、控油、祛痘、润肤等多种功能。一种收敛性化妆水的配方见表4-15[22]。

表4-15　化妆水的一种配方

原料名称	用量(质量分数)/%	原料名称	用量(质量分数)/%
乳酸	4.0	95%乙醇	25.0
硫酸铝	0.2	EDTA-2Na	0.1
硼砂	2.0	香精	0.2
山梨醇	3.0	色素	适量
甘油	8.0	卡松	0.1
聚氧乙烯月桂醇醚	2.5	去离子水	54.9

4. 粉底类化妆品

在膏霜或乳液中添加香粉、颜料的化妆品叫粉底类化妆品。其主要用于敷粉及其他美容类化妆品使用前涂抹在皮肤上，预先打下光滑而有润肤作用的基底，它有助于粉剂黏附于皮肤，也作为皮肤保护剂，可防止因环境因素(如日光或风)所引起的伤害作用。粉底类化妆品品种很多，按形态可分为粉底液、粉底霜、粉饼等。粉底霜有两种，一种不含粉质，配方与雪花膏相似，遮盖力较差；另一种加入钛白粉及二氧化锌等粉质原料，将粉料均匀分散,悬浮于乳化体(膏霜或乳液)中制得，有较好的遮盖力、抗水和抗汗能力。在粉底霜中还可加入色素或颜料，使其色泽接近于皮肤的自然颜色，市场称之为 BB 霜或 CC 霜。一种粉底霜的配方组成见表 4-16[21]。

表4-16　粉底霜的一种配方

原料名称	用量(质量分数)/%	原料名称	用量(质量分数)/%
膨润土	5.36	聚氧乙烯改性二甲基硅油	4.0
高岭土	4.0	去离子水	51.9
钛白粉	9.32	分散剂	0.1
红色氧化铁	0.36	1,3-丁二醇	5.0
黄色氧化铁	0.8	防腐剂	适量
黑色氧化铁	0.16	稳定剂	2.0
液状石蜡	5.0	香精	适量
十甲基环戊烷硅氧烷	12.0		

5. 香粉类化妆品

香粉类化妆品是一种涂敷在人体皮肤表面的浅色或白色粉状化妆品。其具有遮盖皮肤缺陷、调整肤色、使皮肤滑爽舒适、吸收皮肤分泌的过多油脂、防止紫外线辐射对皮肤造成损害等作用。香粉类化妆品根据形态或用途可分为普通香粉、粉饼、爽身粉、痱子粉等。一种粉饼的配方见表4-17[21]。

表4-17 粉饼的一种配方

原料名称	用量(质量分数)/%	原料名称	用量(质量分数)/%
羧甲基纤维素钠溶液(2%)	20.0	二氧化钛粉	27.0
山梨醇溶液(70%)	3.0	云母粉	24.0
羊毛脂	5.0	氧化铁	适量
单硬脂酸甘油酯	2.0	香料	1.0
滑石粉	18.0		

6. 唇膏

唇膏又称口红,唇膏常用其修饰唇形、唇色,能使人显得格外娇媚。唇膏分为原色唇膏、变色唇膏和无色唇膏三种。原色唇膏是最普遍的一种类型,有各种颜色;变色唇膏内仅使用溴酸红染料;无色唇膏不加任何色素,主要作用是护理口唇,起到护肤油膏的作用。唇膏的一种配方见表4-18[21]。

表4-18 唇膏的一种配方

原料名称	用量(质量分数)/%	原料名称	用量(质量分数)/%
蓖麻油	41.7	尼泊金甲酯	0.25
羊毛脂酸异丙酯	8.0	叔丁基羟基苯甲醚	0.05
甘油单油酸酯	6.0	碱性品红	18.0
十四酸异丙酯	4.5	碱性红	2.5
乙酰化羊毛脂	4.0	碱性紫	3.5
蜂蜡	6.0	珠光颜料	0.5
地蜡	3.0	香精	适量
巴西棕榈蜡	2.0		

7. 眉笔

眉笔也叫眉墨,是用来修饰、美化眉毛的化妆品。现代眉笔有两种形式,一种是铅笔式,另一种是推管式,使用时将笔芯推出来画眉。眉笔的颜色有暗褐色、黑色和暗灰色等,根据肤色不同,可选用不同深浅的色调。表4-19为眉笔的一种配方[21]。

表 4-19　眉笔的一种配方

原料名称	用量(质量分数)/%	原料名称	用量(质量分数)/%
高岭土	15.0	硬化蓖麻油	5.0
滑石粉	10.0	凡士林	4.0
珠光颜料	15.0	羊毛脂	3.0
氧化铁黑	10.0	地蜡	1.78
日本蜡	20.0	尼泊金丁酯	0.2
硬脂酸	10.0	二叔丁基对甲酚	0.02
蜂蜡	6.0		

8. 香水类化妆品

香水类化妆品是散发香气的化妆品，按产品形态可分为乙醇溶液香水、乳化香水、固体香水和喷雾香水等几种。乙醇溶液香水是香精油、固定剂与酒精的混合液体。根据浓度及持香率将乙醇溶液香水分为香水、淡香水、古龙水和花露水等。乳化香水主要由香精、乳化剂、多元醇和水等组成。通常香精的加入量为 5%～10%，分为液体和半固体香水，留香持久，刺激性小。固体香水是将香精溶解于固化剂中，制成棒状并固定在密封较好的管形容器中，香气持久，携带和使用方便，但香气不如液体香水优雅。花露水的一种配方见表 4-20[23]。

表 4-20　花露水的一种配方

原料名称	用量(质量分数)/%	原料名称	用量(质量分数)/%
脱醛乙醇	75.0	香精	3.0
丙二醇	3.0	去离子水	18.2
2,6-二叔丁基对甲酚	0.02	色素	适量
EDTA-2Na	0.1		

9. 防晒类化妆品

防晒类化妆品是指能够防止或减轻由于紫外线辐射而造成的皮肤损害的一类特殊用途化妆品。防晒类化妆品剂型有膏霜、乳液、棒状制品、凝胶、摩丝和气雾喷剂等。防晒霜和防晒乳液可制成水包油型，也可制成油包水型，其配方结构可在一般的乳液和膏霜配方基础上加入防晒剂，配方中所使用的防晒剂必须符合国家有关规定，现阶段只能选用《化妆品卫生规范》(2007 年版)中所列出的防晒剂，而且用量也不能超过允许范围。一种防晒乳的配方见表 4-21[24]。

表 4-21 防晒乳的一种配方

原料名称	用量(质量分数)/%	原料名称	用量(质量分数)/%
鲸蜡硬脂基葡糖苷	2.5	鲨甘醇	0.5
羟苯丙酯	0.25	C_{12-15} 醇苯甲酸酯	4
碳酸二辛酯	6	甲氧基肉桂酸乙基己酯	7
二乙胺羟苯甲酰基苯甲酸己酯	2	维生素 E 乙酸酯	0.4
硅胶	2	二甲基硅氧 5cps	4
去离子水	余量	EDTA	0.1
甘油	4	丁二醇	4
羟苯甲酯	0.15	鲸蜡醇磷酸酯钾	1.5
二氧化钛分散液	4	丙烯酸酯共聚物	3
马齿苋提取物	0.5	抗敏剂	0.5
防腐剂	0.4	香精	0.2

防晒品对阳光中紫外线 UVB 的防御能力用 SPF 防晒指数来表示,SPF 防晒指数是根据皮肤的最低红斑剂量来确定的。最低红斑剂量,是皮肤出现红斑的最短日晒时间[25]。

SPF=最低红斑剂量(用防晒用品后)/最低红斑剂量(用防晒用品前)

SPF 后面的数值是指紫外线照对皮肤的照射不致伤害的一个时间范围。例如 SPF15 的含义,如果在不涂防晒产品的情况下,在阳光下停留 20 min 后,皮肤会稍稍变成淡红色,则防晒系数 15 的产品可保护你 15×20=300 min。

防晒指数为 SPF2～6,为低级防晒品,SPF6～8 为中级,SPF8～12 为高等防晒品,SPF 值在 12～30 范围内的产品则属高强或超高强防晒品。

阅读链接:挑选化妆品的五个必知技巧(摘自:http://www.sohu.com/a/136056678_ 551359, 2020-2-2)

现在,化妆品种类是越来越多,功能也越来越细分化,让很多爱美的女性无所适从,不知道应该如何选择化妆品。那么,究竟应该如何选择适合的化妆品呢?应该遵循什么样的原则?资深美容师跟大家分享一下如何选择化妆品。

1. 根据年龄选择化妆品

某美容机构的美容师指出,不同的年龄,皮肤特点不同,选择化妆品类型也不一样。比如青春发育期前的皮肤多为油性皮肤,青春发育期,皮脂腺的分泌能力强,多为油性皮肤。而青春发育期后,皮肤多为混合型皮肤;35 岁以后,皮肤逐渐衰老,从而变为干性皮肤。此外,由于年龄不同皮肤也会有所不同,所以,女性在选择化妆品上应该加以区分。比如，老年人用的营养润肤类化妆品就不适合年轻人，原因就在于此类化妆品里含有激素类元素，这些元素能够防止皮肤的萎缩与老化。但是这种化妆品对分泌正常的年轻女性来说，不仅会丧失上述作用，反而会刺激皮肤，甚至导致皮肤出现负面因素。

2. 根据用途选择化妆品

从外观包装上，很多化妆品都大同小异，很难从外包装上分辨出化妆品的用途和功能。有些包装差不多的，同一系列的产品也许功能、用途都会完全不一样。比如某些产品有保湿、祛斑、祛痘、抗衰老等多种功能的产品。因此选择化妆品时，应该根据自己的需要选择功能一致的化妆品。

3. 根据皮肤的性状选择化妆品

不同年龄的人，肤质不一样，而不同的肤质必须使用不同的化妆品。比如中性皮肤适合选用洗净力较弱的产品，同时应该选用奶液、润肤类的化妆品；油性皮肤应该选择洗净力比较强的化妆品，同时配合具有收敛功效的化妆水效果比较好；而干性皮肤应该使用含油脂成分的洁肤品，最好是用一些含油量比较高的霜，增强肌肤的补水锁水功能。

4. 根据季节选择化妆品

季节不同会导致气候差异，不同的气候对人体肌肤的影响也是比较大的，所以选择化妆品时应该充分考虑季节变化。比如夏季气温高，皮肤汗腺和皮脂腺功能旺盛，容易分泌很多油脂和汗液，这时千万不要用含油量太高的化妆品。同时，夏天阳光强烈，紫外线照射比较厉害，可以用一些防晒类的产品，而花露水爽身粉等可以驱除夏天讨厌的蚊虫，也是夏天必备的化妆品之一。反之，冬季则可以使用一些保湿成分的面脂、乳液、珍珠霜、润肤乳等。春秋季节风沙大，皮肤基本处于中性，所以，化妆品选择时可以含油脂量稍微大一些。

5. 根据质量选择化妆品

价格的高低不是衡量化妆品质量好坏的唯一标准，更非绝对标准，事实上，选用化妆品时，更应该注意化妆品的安全性，是否有副作用，有很多化妆品含有一些微量元素，长期使用对肌肤的损害还是比较大的。

此外，还要严格检查化妆品厂家生产是否符合质量标准，是否超过保质期等。最后，检查化妆品包装是否存在瑕疵，密封性、整洁性是否到位等。如果化妆品密封不好，很容易被污染或者氧化，大大降低化妆品的使用效果和使用寿命。

三、化妆品对人体健康的危害及预防

化妆品作为每天使用的日常生活用品，连续地、直接地与皮肤接触，并长时间停留在皮肤、面部、毛发、口唇等部位上。因此其安全性尤为重要。一般要求化妆品不应有任何影响身体健康的不良反应或有害作用。为了对化妆品的安全性有更为严格的要求和控制,各国分别对化妆品的安全性制定出相应的政策和法规。

(一)影响化妆品安全性的因素

1. 化妆品的原料和组分

随着科技的发展,用于化妆品的原料越来越多。国家食品药品监督管理总局发布的 2015 年版"已使用原料清单"中就有 8783 种物质,并且用于化妆品的原料还在不断研发。化妆品使用的原料或组分中含有毒性的物质,如重金属(汞、铅、砷、镉等)、甲醇、二噁烷、石棉等。某些厂家为提高产品特定效果人为添加铅、汞、糖皮质激素、性激素、抗生素、甲硝唑等物质,或厂家超标使用限量物质,如防腐剂、紫外线吸收剂、色素、香精中的某些化学成分等。《化妆品卫生规范》(2007 年版)规定了化妆品中的 1286 种禁用物质和 406 种限用物质。《化妆品安全技术规范》规定了化妆品禁用组分 1288 种,禁用植(动)物组分 98 种;限用组分共 354 种,包括限用防腐剂 51 种、限用防晒剂 27 种、限用着色剂 156 种、限用染发剂 73 种、其他限用组分 47 种。《化妆品安全技术规范》规定化妆品中有害物质不得超过表 4-22 规定的限值。

表 4-22 化妆品中有害物质限值

有害物质	限值/(mg/kg)	备注
汞	1	含有机汞防腐剂的眼部化妆品除外
铅	10	
砷	2	
镉	5	
甲醇	2000	
二噁烷	30	
石棉	不得检出	

2. 微生物污染

化妆品中含有丰富的营养物质(如人参提取液、胎盘提取液、水解蛋白和维生素等)和水分,且 pH 一般都在 4～7 之间,适于微生物的生长、繁殖,容易被微生物污染。微生物污染分为一次污染和二次污染,一次污染是指生产过程中被微生物污染,二次污染是指消费者在使用和保管上的不当引起的污染。化妆品易受霉菌的污染,常见的霉菌有青霉、曲霉、根霉、毛霉等。除霉菌外,常引起污染的还有酵母菌,细菌有杆菌和大肠埃希菌。在化妆品中加入一定量的防腐剂是防止微生物污染的有效方法之一,但是需要控制防腐剂的添加量。

(二)化妆品对人体健康的危害[26-28]

1. 全身性伤害

化妆品原料中含有的重金属和部分有机物等对身体会产生毒害作用。如香粉中均不同程度地含有铅，祛斑霜中含有毒金属汞，有些化妆品还含有砷、铬等。如果长期使用，这些重金属及其化合物都可以穿过皮肤的屏障进入机体所有的器官和组织，对身体造成伤害。如汞对肾脏、肝脏和脾脏都有很大的伤害，对中枢神经系统也有较大的影响，使人出现记忆力衰退、失眠等症状。美白产品中含有的氧化氨基汞能抑制生殖细胞的形成，影响年轻人的生育。砷可导致色素沉着和/或脱失、角化过度和细胞癌，还会透过胎盘屏障，导致胎儿畸形等。铅影响造血系统、神经系统、生殖功能、心血管、免疫与内分泌系统，特别是影响胎儿健康。铅毒渗入皮肤会导致皮肤老化现象，产生暗疮、色斑，皮肤灰黄无活力、皱纹增多等。聚氧乙烯月桂醇醚硫酸钠(AES)等带有环氧乙烷基团的阴离子型和非离子型表面活性剂中含有的二噁烷，对人体具有致癌性。化妆品中常用的滑石、金云母、黏土、白云石、淡斜绿泥石等原料常伴生有石棉，石棉为人类致癌物，其暴露可诱发间皮瘤、肺癌、喉癌和卵巢癌。石棉暴露还与咽癌、胃癌和大肠癌的高发有关。香水中含有的邻苯二甲酸酯，可导致细胞突变甚至致癌，可使男子的精液量和精子数量减少，严重时会导致睾丸癌；同时，它还可能增加女性患乳腺癌的概率。唇膏有"光毒性"，染料分子吸收波长为 400～700 nm 的可见光后，可使生物细胞中的 DNA 受损伤。

2. 刺激性伤害

化妆品中含有酸、碱、盐、表面活性剂等经常会刺激皮肤，引起刺激性接触性皮炎，主要表现为局部灼热、微痒、以红斑肿胀为主或刺痛感，反应轻微。各类化妆品中所使用的色素、防腐剂、香料等对皮肤均有刺激作用，不仅能引起皮肤色素沉积，并能引发变应性接触性皮炎。香料中像醛类的系列产品，往往对皮肤刺激很大。有的色素对细胞能产生变异。

3. 感染性危害

使用被微生物污染的化妆品可能引起面部器官等局部甚至全身性感染，对破损皮肤和眼睛周围等部位伤害更大。此外病原微生物及其代谢产物会导致人体健康受到危害，会引起对人体不同程度的损害、致病和中毒。

4. 过敏性伤害

化妆品中使用的色素、防腐剂、香料等成分极易引起机体过敏，使皮肤出现血疹、水疱等现象。如部分防腐剂能导致良性和恶性肿瘤、皮肤发炎等，是引起皮肤过敏的主要原因。香精中含有很多光敏性物质，经光照后易引发变应性接触性皮炎，损伤皮肤细胞，是引起皮肤过敏的重要因素。化妆品所用颜料也是过敏性物质，可不同程度地引起皮肤过敏反应，出现疹子、皮肤瘙痒等症状。化妆品中若加入激素或抗生素，可产生过敏等不良反应。据有关医院皮肤科统计，化妆品皮炎约占皮肤病患者的30%。

5. 对眼睛的伤害

许多化妆品进入眼睛，都会引起不同程度的眼损伤，轻者造成红肿、畏光、流泪、疼痛、异物感等，重者可造成失明。油彩、霜脂、染料类化妆品、药品类的化妆品等都会损伤眼睛的结膜、角膜，甚至危害晶状体，严重时导致角膜和晶状体混浊，使视力下降或失明。

(三)化妆品危害预防

1. 加大对化妆品生产、销售的监管力度

对化妆品生产加强监管，严格执行化妆品品质行业认证，禁止违规生产的产品进入市场销售，严厉打击违法生产的企业。生产企业所用的原料化妆品符合《化妆品卫生规范》和《化妆品安全技术规范》，并在化妆品使用说明上明确原料组成。销售商应选具有化妆品安全认证、生产环节具有可溯性的生产商，做到对消费者认真负责。

2. 消费者正确选用化妆品

一定要在正规商场或超市购买有生产许可证标识的化妆品。根据自身皮肤情况，并考虑季节、个体耐受性等选择适合自己使用的化妆品，尽量不用或少用香水、香粉、口红等美容化妆品。在选用新的化妆品前，要先做皮肤试验，以避免引起过敏或刺激反应。在使用过程中如发现化妆品对皮肤有不良反应，应立即停止使用。为避免化妆品变质或细菌感染，应将化妆品存放在阴凉通风处保存，并在3~6个月内用完，不要使用过期或陈旧化妆品。使用化妆品前要注意清洁，睡前要清洗日间所有化妆品，以免妨碍皮肤的正常呼吸和新陈代谢。

第四节　化学与洗发美发产品安全

一、头发结构及类型

(一)头发的结构

头皮是肌肤的一部分，伴随头部表皮的生长循环，头发也在不断地生长和脱落。头发由毛根和毛干组成，毛根在表皮内，是非角质化细胞，由毛球、毛乳头和毛母质组成。毛母质中含有黑色素细胞，可以生成黑色素供给毛发。毛干从外到里可分为毛表皮、毛皮质、毛髓质三个部分。头发的组织结构如图4-5所示。

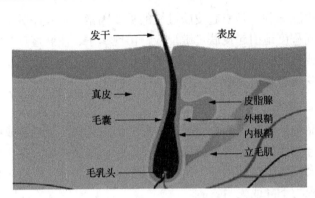

图 4-5　头发的组织结构图

　　头发的化学组成包括蛋白质、色素、脂质、微量元素和水分。其中蛋白质由 18 种氨基酸组成，约占发干总质量的 85%～90%，提供头发生长所需的营养。一般成年人大概拥有 10 万根左右的头发。有人统计，头发平均长度为 60～70 cm，偶有长达 2 m 或更长者，毛发的直径一般在 40～105 μm，这与性别、部位以及颜色有关。如颜色，按人种毛发的颜色有黑色、金黄色、褐色和棕色。红色头发最粗，直径可达 100 μm，黑色头发平均直径约为 75 μm，浅黄色头发最细，直径约为 50 μm。每根头发的平均寿命是 3～7 年，每天脱落 20～50 根头发，是正常的新陈代谢现象。在头发的生长和新陈代谢过程中，避免不了要遭受外力损伤，酸碱以及紫外线、红外线对头发的伤害，出现诸如分叉、枯萎变色、异常脱发、斑秃、头皮屑增多等异常的情况。因此需要对头发进行保养护理。

(二)头发的类型

　　根据头发的发质特点，可将头发分为中性、干性和油性三种。

1. 中性发质

　　中性发质头发不油腻、不干燥、软硬适度，丰润柔软顺滑，有自然的光泽。油脂分泌适中，只有少量的头皮屑。

2. 干性发质

　　干性发质油脂分泌少，头发干而枯燥、无光泽，容易有头皮屑并且容易断裂；头发蓬松、缠绕，在浸湿的情况下难于梳理；通常头发根部颇稠密，但至发梢则变得稀薄，发梢易开叉；头发僵硬，弹性较低，其弹性伸展长度往往小于 25%。干性发质是由于皮脂分泌不足或者头发角蛋白缺乏水分，经常漂染或用过热温度洗发、天气干燥等因素造成的。

3. 油性发质

　　油性发质皮脂分泌过多，头发油腻，易产生静电，易吸尘；容易产生头皮屑，需要经常清洁。油性头发还容易产生脂溢性皮炎等头发炎症；发丝细长者，油性头发的可能性较大。油性发质的形成大多数与激素分泌紊乱、遗传、精神压力大、过度梳理以及经常进食高脂食物有关。

二、洗发美发产品及其组成

(一)洗发香波

香波是一类除去附着在毛发和头皮上的污垢，保持头发清洁的产品。香波不单是一种清洁剂，而且具有良好的护发和美发效果，洗后能使头发光亮而美观。按香波的功能和使用对象可分为通用型香波、调理香波、二合一香波、儿童用香波、药剂型香波(包括去屑、止痒、祛臭、杀菌等)、专用香波(如定型、染发、电烫和漂白后用香波)。理想的洗发水应具有如下性能：适度的清洁能力，可除去头发上的沉积物和头皮，但又不会过度脱脂而造成头发干涩；洗发过程中可产生丰富细密且有一定稳定性的泡沫；使用方便，易于清洗；性能温和，对眼睛和头皮刺激性低、无毒，可安全使用；干湿梳理性好，有光泽；各种调理剂和添加剂的沉积适度，长期重复使用不造成过度沉积；产品本身及在使用中和使用后均具有悦人的香气。大多数液态洗发水的组成见表 4-23。其中表面活性剂、稳泡剂、调理剂、防腐剂和香精是基本成分，其他成分则取决于消费者的需求、配方设计的要求和成本，可作不同的选择[29]。

表 4-23　洗发水的主要配方组成

组分	主要功能	代表性原料
主表面活性剂	清洁和气泡作用	脂肪醇硫酸钠、脂肪醇聚氧乙烯醚硫酸钠、脂肪醇硫酸铵、脂肪醇聚氧乙烯醚硫酸铵、仲烷基磺酸钠
辅助表面活性剂	稳泡、增加黏度、降低刺激性	椰油酰胺丙基甜菜碱、氧化胺、烷醇酰胺、咪唑啉、烷基糖苷、脂肪酸甲酯磺酸盐
调理剂	调理作用(柔软、抗静电、润滑、光泽)	季铵化羟乙基纤维素、聚季铵盐-10、阳离子瓜尔胶、十六烷基甲基氯化铵、乳化硅油
流变调节剂	调节黏度，增加稳定性	电解质(如 NaCl、NH₄Cl)、聚乙二醇双硬脂酸酯(DS6000)、聚乙二醇(120)甲基葡萄糖酸二油酸酯(DOE120)、PEG-150 季戊四醇硬脂酸酯、水溶性聚合物
珠光剂	赋予产品珠光	乙二醇双硬脂酸酯、乙二醇单硬脂酸酯
螯合剂	络合钙、镁和其他金属离子	EDTA-2Na、EDTA-4Na
酸度调节剂	调节 pH	柠檬酸、乳酸
色素	赋予产品颜色	化妆品用色素
香精	赋香	
防腐剂	抑制微生物生长	尼泊金酯类、1,3-二羟甲基-5,5-二甲基海因(DMDMH)、卡松(Kathon)
功能添加剂(去屑剂、植物提取液)	赋予各种特定功能(如去头屑、特效、修复等)	吡啶硫酮锌、OCT、芦荟提取液、金缕梅提取液

(二)护发素

护发素是一种洗发后使用的护发制品,以阳离子型表面活性剂(季铵盐类)为主要成分,含有油分、营养剂和疗效剂等。具有改善干梳和湿梳性能、抗静电、赋予头发光泽、保护头发表面、增加头发立体感等功能。一般情况下,头发带有负电荷,而使用主要以阴离子型表面活性剂为洗净剂的洗发香波后,头发会产生更多的负电荷,产生静电,使头发难以梳理。当以阳离子型表面活性剂或阳离子高分子聚合物为主要原料配制的护发素涂于头发后,具有正电荷的阳离子吸附在具有负电荷的头发上,而非极性的亲油基部分向外侧排列,在头发上形成一层油膜,而使头发润滑、光亮、柔软、易于梳理。护发素的品种繁多,按使用方法分为水洗型、免洗型、焗油型等。表 4-24 列出了一种护发素的配方[21]。

表 4-24　护发素的一种配方

原料名称	用量(质量分数)/%	原料名称	用量(质量分数)/%
十六醇	6.0	甘油	2.0
羊毛醇	2.0	聚氧乙烯月桂醇醚	1.5
羊毛脂	2.0	三乙醇胺	1.0
乙酰化羊毛脂	2.0	尼泊金甲酯	0.2
精制水	77.3	卵黄磷脂	3.0
聚乙烯吡咯烷酮	3.0	香精、色素	适量

(三)染发剂

染发用化妆品主要是指改变头发颜色的发用化妆品,通常称为染发剂,可将头发染成黑色或其他各种颜色。染发的过程是通过各种染料的作用来实现的,人类最早使用的染发剂是天然植物染发剂,其中某些品种现仍在使用。现在的染发剂大都是以苯胺染料为主体的合成氧化染料为主。

染发剂根据染发效果可分为暂时性染发剂、半永久性染发剂和永久性染发剂。

暂时性染发剂通过使染料(颜料)吸附或粘连而沉积在头发的最外层,从而使头发改变颜色,它所使用的色素是以颜料(炭黑)为主,也有用酸性染料的,多以喷雾剂面市。这种染发是不牢固的,一经洗发,染料就被完全冲洗掉,而恢复到原来的颜色,因此它只作为临时性修饰头发之用或演员在舞台、影视上的需要而进行的暂时性染发。

半永久性染发剂的染发机理是染料通过头发的表层,用“浸透”或“扩散”的方式到达毛发的上皮和毛发髓,形成离子键而沉淀、着色,从而实现染发。它可以染成各种色泽的头发,染发后可耐洗发 5~6 次,其使用的主要染料为偶氮系酸性染料，配合的溶剂有醇、N-甲基吡咯烷酮等，用柠檬酸等调节 pH，在酸性条件下进行染发较容易、效果好。

永久性染发剂通常不用染料，而是由一些低分子量的显色剂和耦合组分组成，经过氧化还原反应生成染料中间体，再进一步通过耦合反应或缩合反应生成稳定的物质。因此，这种染色剂又称为氧化染色剂。永久性染发剂染发色泽牢固、自然、耐洗涤、耐日晒，颜色一般能保持 1～3 个月。永久性染发剂多数使用苯胺类染料中间体，其刺激性和毒性在化妆品原料中较高，容易引起接触部位过敏或全身性急性过敏反应和远期致癌效应。一种永久性染发剂的配方见表 4-25[21]。

表 4-25　永久性染发剂的一种配方

原料名称	用量(质量分数)/%	原料名称	用量(质量分数)/%
精制水	52.0	氨基甲基丙二醇	5.0
壬基酚聚氧乙烯醚	15.0	乙二醇	4.0
辛基酚聚氧乙烯醚	10.0	对苯二胺	2.0
甘油	6.0	对苯二酚	1.0
异丙醇	5.0		

阅读链接：对苯二胺导演的"变色计"（何聪芬，韦诗雨. 染发机理探秘——对苯二胺导演的"变色计". 中国医药报，2019-12-18，第 3 版）

永久性染发常用的染发剂为苯二胺类物质，其中对苯二胺因其染色牢固、着色持久，是染发剂中重要的染色原料之一。对苯二胺(p-phenylenediamine，简称PPD)，又名乌尔丝 D。因存在氨基，对苯二胺具有弱碱性，可与酸进行反应，并可得到一系列的衍生物，如对苯二胺盐酸盐、对苯二胺硫酸盐、甲苯-2,5 二胺、甲苯-2,5 二胺硫酸盐等。

持久染发剂通常由两种制剂组成：染色剂(Ⅰ剂)和显色剂(Ⅱ剂)。染色剂的成分主要是染色中间体(如对苯二胺及苯二胺类物质等)、碱性物质(如氨水)、耦合剂等。显色剂成分主要为氧化物质(具有强氧化性)，包括过氧化氢和过硼酸钠等。染色中间体通常无色，在与显色剂混合发生反应时，才能起到染色效果。染发时需将以上两种制剂混合在一起后均匀涂抹于头发上。染色中间体具有还原性，易被强氧化剂氧化，根据氧化剂种类、氧化过程不同，可变为不同的颜色，如紫红色、褐色、黑色等。以对苯二胺为例，遇过氧化氢可变黑，遇三氯化铁可变棕色。对苯二胺与毛发中的角蛋白有极强亲和力，与毛发中角蛋白结合后，对苯二胺在毛发中被氧化的过程就是头发染色过程。具体步骤如下：

①染色剂中碱性物质(如氨水)首先与头发接触，打开头发表皮层(常说的毛鳞片)，以便其他染发成分能够进入头发内部。

②显色剂(强氧化物质，如过氧化氢)中的过氧化氢进入头发内，与黑色素等发生反应，"漂白"毛发，使头发失去本来的颜色。

③染色剂中的对苯二胺、耦合剂等进入头发内部(对苯二胺与角蛋白有强亲和力)，对苯二胺/耦合剂/角蛋白相连生成大分子。

④对苯二胺被显色剂(如过氧化氢)氧化为有色染料，这种耦合染料可长期存在于毛发中，达到持久固色效果。

⑤使用护发素等具有酸性的产品中和染发剂中的碱性物质，关闭头发的表皮层，使有色染料储存在头发中，染发即完成。

(四)烫发剂

烫发是改变头发的形态和结构，而达到并保持预先所设计的发型。烫发剂是用化学方法即化学卷发剂来使头发的结构发生变化达到卷曲目的，并维持相对稳定的产品。化学卷发剂分为热烫卷发剂和冷烫卷发剂，目前市场流行的是冷烫法。

化学烫发的机理是头发中角蛋白细胞的胱氨酸的架桥结构切断理论。头发分子可以看作具有 R—N—C—H 类型的一系列长的多肽键结构，它以头发的轴为中心，多肽通常的结构形态是折叠而不是直的，这种头发分子的结构称为 α-角蛋白。当头发伸展时肽键展开，此时头发分子的结构称为 β-角蛋白。从 α-角蛋白到 β-角蛋白反复展开与折叠的过程是可逆的，也是头发具有弹性的原因。这些长的肽键通过胱氨酸的 S—S 键连接在一起，就形成了如图 4-6 所示的基本的头发分子[28]。

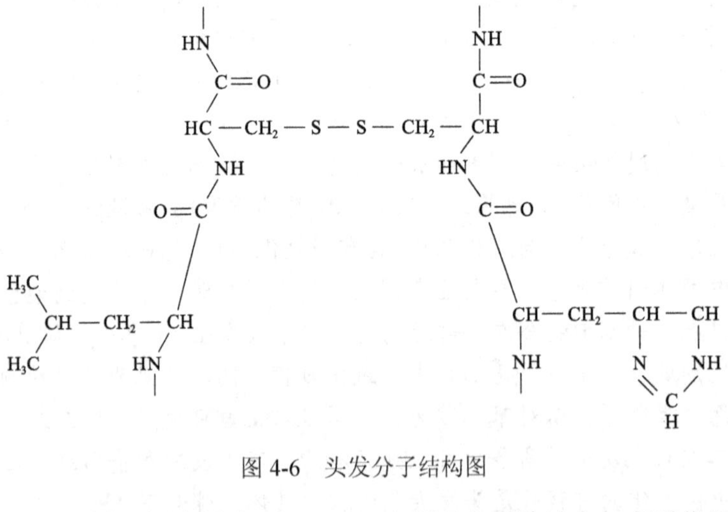

图 4-6　头发分子结构图

角蛋白中的胱氨酸(含量为 14%～15%)的蛋白质肽链中起交联作用的二硫键含量特别高，冷烫的化学原理为还原剂将头发中角蛋白的二硫键打开，这一过程叫软化，然后将软化的头发卷曲成所需的发型，最后再用氧化剂使头发在卷曲状态下重新生成新的二硫键，这就是定型。因此，冷烫包括软化、卷曲和定型三个过程。冷烫卷发剂一般为两剂型，即软化过程所使用的卷曲剂(还原剂)和定型过程所使用的定型剂(氧化剂)。表 4-26 列出了烫发剂的配方[21]。

表 4-26　烫发剂的一种配方

	原料名称	用量(质量分数)/%	原料名称	用量(质量分数)/%
卷曲剂	去离子水	85.5	EDTA	适量
	巯基乙酸铵	5.5	氨水(28%)	2.0
	碳酸氢铵	6.5	香精、防腐剂	适量
	羊毛脂聚氧乙烯醚	0.5		
定型剂	去离子水	95.0	乌洛托品(定型促进剂)	适量
	溴酸钠	3.7	防腐剂	适量
	磷酸二氢钠	1.3		

三、洗发美发产品对人体健康的危害及预防

1. 美发对人体健康的危害

美发剂中含有许多对人体健康有害的化学物质，经常染发烫发会对人体的健康造成严重的危害，主要有以下几个方面：

(1)过敏反应

对苯二胺是染发剂的主要成分，也是强过敏原，长期接触对苯二胺会导致过敏反应，引起过敏性皮炎。严重时，头皮、周围皮肤或手部会出现红斑、水肿症状，继而出现丘疹、水疱，周围皮肤明显感觉瘙痒。在法国、德国等欧盟国家，对苯二胺已被明令禁止加入染发剂中，我国仍在使用，但是其含量必须符合国家标准。烫发剂中含有的硫丙三醇酯之类的化学物质也可以使皮肤过敏。染发剂和烫发剂中含有的氨水、过氧化氢等碱性物质对皮肤有腐蚀和刺激作用。

(2)损害肝肾

染发剂中有些产品为增强染色效果，会添加铅、汞、铋、铜等重金属盐，这些重金属对健康不利，长期使用会对身体造成慢性损害，对肝、肾等功能造成损害。烫发剂使用的碱性溶液中所含的氨水和亚硫酸盐都是有毒物质，长期或过量使用，会导致窒息和内脏功能丧失等症状。

(3)对头发的损害

染发剂中的对苯二酚类物质等苯系化合物，能渗透进头发使毛囊中的胶蛋白凝固，导致头发干燥、断裂甚至脱发。染发剂和烫发剂中含有的氨水也可以溶解毛囊中的胶蛋白，从而导致毛发脱落。烫发剂中的主要成分巯基乙酸在碱性条件

下可与头发中的胱氨酸反应，切断了胱氨酸的—S—S—键，生成易于卷曲的半胱氨酸，使头发变得干燥、易断。冷烫剂中的氧化剂和还原剂也会破坏头发原有的蛋白质结构，使头发强度降低，容易断裂，干燥无光泽。

(4)致癌变

对苯二胺、对氨基苯酚及其衍生物都有致癌作用。另外染发剂中的二胺化合物和芳香胺类化合物，同样具有致癌作用。染色越深或鲜艳的染发剂，对苯二胺的含量越高，致癌的风险越高。有资料显示冷烫剂中主要成分巯基乙酸也有致癌作用。美国癌症学会对 1.3 万名染发女性进行的调查表明，与不染发女性相比，染发的女性患白血病的风险高 3.8 倍。理发行业从业者经常接触染发剂会导致哮喘，股骨头坏死等疾病，其中肿瘤死亡率较不接触染发剂者高 6 倍。

2. 美发剂对人体健康危害的预防

为防止美发对人体健康的危害，应注意以下几点[30,31]：

①最好不要染发，如果必须染发，两次染发时间至少间隔 3 个月。

②为保证染发的安全性尽量选用品牌好的染发剂。初次染发最好做皮肤试验以防皮肤过敏。试验方法是取少许染发剂涂在手臂内侧或耳后皮肤上，两天内没有水疱或灼痛感等异常反应再染发。

③染发前应检查头皮，若有破伤、疮疖，皮炎者不宜染发。患有高血压、心脏病及怀孕、分娩期间均不得染发。

④染发时为减少皮肤接触须戴手套。染发后，为避免染发剂残留在头发上尽量多清洗几次，为减少头皮对有害物质的吸收，洗头时要避免抓破头皮。

⑤染发时不要同时使用不同品牌的产品，以避免不同染发剂间发生化学反应产生有毒物质，增加皮肤过敏的概率。

⑥尽量选用药性较温和、对头发的刺激较小的烫发剂以减轻对头发的伤害。

⑦烫发会使头发最外层的毛小皮分裂，从而使头发显得粗糙、无光并难于梳理。可选用微酸性香波洗头，再用护发剂洗。

热点聚焦：从半块肥皂看中国工业跨越式发展

一、日用化工业迅速崛起，人民生活日益多彩

新中国成立后，我国日用化工业快速发展，但受多重因素影响，日化产品市场供给仍不能满足大众需求。1978 年，全国肥皂总产量为 59.63 万吨，人均年消费量不足 1 千克，一些地区每人每月只能购买半块肥皂[32]。1978 年，党的十一届三中全会做出了把党和国家的工作重心转移到经济建设上来，实行改革开放的伟大决策，开创了以经济建设为中心的历史发展新时期。经过几代人的不懈努力，

日用化工业迅速崛起。2018 年，我国合成洗涤剂工业从 1959 年的 5700 吨产品增长至 1350 万吨，人均消费量接近 10 kg[33]，完全满足国内大众对洗涤用品的需求。2017 年，全国肥皂产量为 100 万吨[32]，中国已成为世界肥皂产量最高的国家，国人"半块肥皂"的记忆早已远去。随着洗衣液、沐浴液、洗手液等洗涤产品不断出现，我国合成洗涤剂产业的产品结构发生了重大变化，洗衣粉在洗涤剂产业"一家独大"的局面已成为历史。广州立白、浙江纳爱斯等本土洗涤剂企业快速崛起，逐渐成为我国洗涤用品市场的中坚力量，品牌影响力和市场竞争力取得历史性突破，使得我国洗涤用品国产化趋势越来越明显。根据中国日用化学工业信息中心统计，2018 年，本土合成洗涤企业主要产品市场占有率超过 85%，品牌影响力在消费者心目中迅速提升[33]。日益丰富的洗涤产品不仅满足了人们对洗涤用品在功能和针对性等方面的不同需求，还给人们带来生活的享受，人民群众的生活品质不断提升。

作为日用化工的重要组成部分，我国化妆品市场也取得了长足的发展。1979 年全国仅有 200 余家化妆品企业[34]，而到了 2018 年 11 月底，化妆品生产企业高达 4664 家，化妆品市场规模快速攀升[35]。在改革开放的前 15 年里，外资企业大量涌入我国市场，先进的技术和管理经验随之而来。化妆品市场销售额平均以每年 23.8%的速度增长，最高的年份达 41%，其增长速度远远高于国民经济的平均增长速度[36]。2006 年，中国化妆品生产销售额第一次突破千亿大关[37]，2013 年超越日本成为仅次于美国的全球第二大化妆品消费国[38]。至 2018 年，我国化妆品市场规模已达 4105 亿[39]，美容产业已经成为继房地产、汽车、电子通信、旅游之后的第五大消费热点，化妆品在中国真正成为居民日常生活的必备品。随着规模的迅速扩张，市场上化妆品品种日趋丰富，产品质量不断提高。改革开放前，我国化妆品仅有凡士林油、蛤蜊油、香粉、雪花膏、花露水等几个品种。到如今，化妆品种类繁多、门类齐全，据不完全统计，我国生产的化妆品品种大约有 25000 多种，其中护肤类占 40%～50%，发用类占 30%～40%，彩妆类占 10%左右，其他小类占 10%左右，基本满足了不同消费群体、不同年龄层次、不同档次的需要[40]。琳琅满目的化妆品满足了人们对美的追求，"妆点"着国人的美好生活，为"美丽中国"建设提供强大助力。经过近 40 余年的发展，中国日用化工业取得了令人瞩目的辉煌成就，国内市场日化产品种类繁多且供应充足，人们生活日益丰富多彩。日化工业的迅速崛起成为我国轻工业高速发展的缩影。

二、轻工业持续高速发展，迈向国际创造辉煌

随着改革开放不断深入，我国轻工业发生了翻天覆地的变化，创造出了辉煌的业绩。近 40 年来，轻工业主要产品产量呈现几何级增长。到 2018 年，纸浆年产量由 1978 年的 418.7 万吨增加到 1757 万吨；合成洗涤剂由 32.4 万吨增加到

928.5 万吨；家用电冰箱由 16576 台增加到 7876.67 万台……钟表、自行车、空调、家具、微波炉等 100 多种产品的产量居世界第一[41]。伴随着产量的突飞猛进，轻工产品的市场逐步实现了由卖方市场向买方市场的转变，原本凭"券"购买的轻工产品如今飞入寻常百姓家。由八十年代的"老三件"（自行车、缝纫机、手表）到 20 世纪 90 年代的"新三件"（彩电、冰箱、洗衣机），再到科技含量更高的家电等产品又取代了"新三件"，城乡居民生活耐用消费品不断升级。2016 年，我国居民平均每百户耐用消费品拥有量：洗衣机、电冰箱、空调分别为 89.8 台、93.5 台、90.9 台，而 1985 年仅为 48.29 台、6.58 台和几乎没有。"冰箱券""洗衣机券""自行车券"等票券退出了历史舞台，成为商品匮乏时期的历史见证。在居民收入以及消费购买能力持续增长的推动下，轻工业主营业务收入也出现几何级增长，截至 2017 年，轻工行业规模以上企业 11.5 万个，累计完成主营业务收入 24.25 万亿元，比 1978 年全国轻工业主营业务收入增长 215.75 倍，年均增长 14.38%[42]，我国成为名副其实的轻工生产大国、消费大国。

我国轻工业在改革开放推动下最早向国际化迈进，已成为国际化程度最高的产业之一。目前，轻工产品出口到世界 200 多个国家和地区，小家电、羽绒服、自行车等多种产品国际市场占有率超过 50%，多个行业在全球具有一定国际竞争力[43]。2018 年全国轻工行业商品出口额为 6372.63 亿美元，较 2012 年增长 25.56%，是改革开放初期的 300 多倍[44]。我国已成为多种轻工商品的国际贸易集散地和供应地。由于轻工产业实力不断增强，我国出口产品的附加值大幅提升，产品出口覆盖面的国家和地区更加广泛。2017 年我国轻工商品与"一带一路"国家贸易额为 1906.87 亿美元，占轻工商品贸易总额的 25.01%，呈逐年增长趋势[45]。在国际贸易舞台上，中国利用自身的劳动力资源优势迅速成为世界工厂，不断向世界各地输送商品。此外，造纸、自行车、饮料等行业在应对国际贸易摩擦方面取得了积极成效，国际竞争力有了新的提高。1978 年以来，我国轻工业从无法完全满足人民群众的基本消费需求，逐步发展成为具有一定比较优势的产业，已经形成了既能满足人民群众对美好生活的需要，又能积极参与国际竞争的强大工业体系。

三、工业经济跨越式发展，制造大国屹立东方

新中国成立之初，面对极端落后的工业基础，毛泽东同志曾发出这样的感慨，"现在我们能造什么？能造桌子椅子，能造茶碗茶壶，能种粮食……但是，一辆汽车、一架飞机、一辆坦克、一辆拖拉机都不能造"。新中国成立以来，我国工业用几十年时间走完了发达国家几百年走过的工业化历程，由一个落后的农业国蜕变成长为世界第一工业制造大国，实现了工业发展的历史跨越，创造了人类工业史上的奇迹。

70 年间，中国工业跑出了"中国速度"。从 1949 年鞍钢第一炉铁水奔腾而出

到如今中国连续多年成为全球第一产钢大国、从 1956 年，第一辆解放牌卡车驶下一汽生产线到如今汽车产量稳居全球第一[46]……改革开放以来，中国工业飞速发展。至 2019 年，我国工业增加值相较于新中国成立之初增长近一千倍，220 余种产品产量居世界第一。目前，中国已经建立起全球最完整的现代工业体系，拥有41 个工业大类、207 个工业中类、666 个工业小类，是全球唯一拥有全部工业门类的国家。随着工业经济的发展，中国制造业规模不断壮大。2010 年，我国制造业增加值超越美国成为世界第一，此后中国制造业在全球产业链中的占比稳步提升。2019 年中国制造业增加值占世界份额近 30%，超过美国、德国、日本三国制造业增加值份额之和。在出口方面，越来越多的中国商品走向全球市场，中国连续十年保持全球货物贸易第一出口大国地位，市场遍布了 230 多个国家和地区。"中国制造"不仅有效满足了国内个性化、差异化的消费需求，更是赢得了全球用户的认可。日本一家电视台做了一个实验，将中国货从日本人的生活中移除会怎样，结果在实验嘉宾家中找出 619 件中国产品，家里几乎被搬空。美国独立日庆典上绽放的烟花、白宫宴会厅精美的餐盘、波士顿新型地铁列车……在全世界，"中国制造"就是这样无处不在地彰显着实力[47]。

党的十八大以来，我国大力推动先进制造业发展，工业经济发展向中高端迈进。2018 年，新能源汽车产量比上年增长 66.2%，生物基化学纤维增长 23.5%，智能电视增长 17.7%[48]。"华龙一号"、语音识别、掘进装备等跻身世界前列，C919大型客机、大型船舶制造装备等正在加速追赶国际先进水平，8 万吨模锻压力机、龙门五轴机床等装备填补了我国多项空白，堪称"国之重器"。这一时期，国内一些工业技术开始领先世界。据世界知识产权组织 WIPO 发布报告，2019 年中国正式超越美国成为最大的国际专利申请国。部分技术领先世界，输变电设备和通信设备等产业已处于国际领先地位、空间站建设取得重要成果，北斗三号全球卫星导航系统组网完成。此外，我国信息化和工业化融合进程加快，智能制造发展取得明显成效，制造业数字化网络化智能化水平持续提升，"互联网+制造业"新模式不断涌现。从世界工厂到创新高地，由中国制造到中国创造，70 年砥砺奋进，制造大国正屹立东方。

新中国成立 70 年，中国人民在中国共产党的领导下凭着滴水穿石的韧劲，创造了令全世界瞩目的工业发展奇迹。从改革初期只能购买半块肥皂的供应紧张，到新时代出口拥有自主知识产权的第三代核电技术，中国工业在引进国外先进技术的同时不断进行自主创新，实现了工业产品数量和质量的跨越式发展。在《中国制造 2025》的推动下，我国正在由中国制造向中国创造、中国速度向中国质量、中国产品向中国品牌转变。从新中国工业从小到大、从弱到强的发展历程中，我们深深感受到只有坚持在中国共产党领导下坚定不移地走中国特色社会主义道路，才能实现近代以来中华民族最伟大的梦想。站在新的历史起点上展望未来，中国工业仍然还需要爬坡过坎。这就要求我们必须紧紧抓住并用好重要战略机遇期，牢固树立并践行创新、协调、绿色、开放、共享的新发展理念，深化供给侧机构改革，加快构建国内国际双循环的新发展格局，推动中国工业实现由大到强的根本转变，为实现中华民族伟大复兴的中国梦奠定坚实基础。

参 考 文 献

[1] 王前进, 张辰艳, 苗宗成. 洗涤剂: 配方、工艺及设备[M]. 北京: 化学工业出版社, 2018

[2] 洗涤剂的分类与组成[EB/OL]. http://www.gbw114.com/news/n32743.html, [2020-1-15]

[3] 中国日用化学工业信息中心. 中国合成洗涤剂工业 60 年发展回顾[J]. 日用化学品科学, 2019, 42 (10): 11-13

[4] 岳霄. 家用洗涤剂及各种洗净剂、处理剂的正确选择及表示方法的解读[J]. 中国洗涤用品工业, 2017 (4): 69-78

[5] 应志伟. 基于海洋鱼油天然环保洗涤剂的制备研究[D]. 舟山: 浙江海洋大学, 2016

[6] 郁培云. 抗抑菌洗涤剂的研究与制备[D]. 天津: 天津大学, 2015

[7] 张利丹, 赵莉, 韩富, 等. 表面活性剂的性能与应用(XV)[J]. 日用化学工业, 2015, 45 (3): 132-136

[8] 周为群, 杨文. 现代生活化学[M]. 苏州: 苏州大学出版社, 2016

[9] 熊远钦, 邱仁华. 日用化学品技术及安全[M]. 北京: 化学工业出版社, 2016

[10] 肥皂洗涤剂的安全性与环境影响问答(七)[J]. 中国洗涤用品工业, 2014 (8): 85-87

[11] 赵宇, 王东黎. 常见化学消毒剂特点及在铁路站车的应用[J]. 铁路节能环保与安全卫生, 2018, 8 (2): 96-100

[12] 范红艳. 化学消毒剂[J]. 化学教育, 2015 (20): 1-5

[13] 李桂芬, 李振华. 家用消毒液安全使用探讨[J]. 中国洗涤用品工业, 2014 (12): 72-75

[14] 浅谈化学消毒剂对人体健康产生的影响[EB/OL]. http://ishare.iask.sina.com.cn/f/356DnTNEjQG.html, [2020-1-20]

[15] 谢强. 消毒剂的种类及应用[EB/OL]. https://wenku.baidu.com/view/f74f89a6ec3a87c24028c463.html, [2020-1-20]

[16] 梁红冬. 苹果皮提取物润肤乳液的配方设计[J]. 精细与专用化妆品. 2020, 28 (8): 35-37

[17] 杨泽宇, 台秀梅, 刘惠民, 等. 表面活性剂在化妆品中的应用[J]. 日用化学品科学, 2019, 42 (10): 50-54

[18] 皮肤结构图[EB/OL]. http://pic.sogou.com/d?query=皮肤的结构图&ie=utf8&page=1&did=1&st=255&mode=255&phu=http%3A%2F%2Fwww.wmp169.com%2Fskin.jpg&p=40230500#did0, [2020-1-30]

[19] 宋艳青, 盘瑶, 赵华. 化妆品透皮吸收试验方法概述[J]. 日用化学工业, 2019, 49 (12): 824-829

[20] 蒋丽刚, 岳娟. 破解化妆品谣言[J]. 日用化学品科学, 2019, 42 (9): 44-47

[21] 白景瑞, 腾进. 化妆品配方设计及应用实例[M]. 北京: 中国石化出版社, 2001

[22] 化妆水的一些配方[EB/OL]. https://wenku.baidu.com/view/8b4a3e43f46527d3240ce0d8.html, [2020-1-31]

[23] 黄荣. 化妆品制备基础[M]. 成都: 四川大学出版社, 2015: 2-6

[24] 陈洋东, 徐石朋, 王凯, 等. 防晒化妆品的配方设计[J]. 广东化工, 2020, 47 (14): 47-49

[25] 防晒系数[EB/OL]. https://baike.sogou.com/v261319.htm?fromTitle=spf%E5%80%BC, [2020-2-3]

[26] 胡芳华. 浅析化妆品安全性风险因素[J]. 香料香精化妆品, 2017 (3): 64-68

[27] 姜红. 化妆品中的不安全因素[J]. 安全, 2007 (4): 53-54

[28] 叶伟兰. 浅谈化妆品对人体健康的危害[J]. 科技视界, 2014 (1): 321-322

[29] 张婉萍. 《化妆品配方与工艺技术》第四讲 毛发清洁类化妆品[J]. 日用化学品科学, 2019, 42 (5): 48-56

[30] 陈浩民, 杨延民. 美发剂对人体健康的影响[J]. 西华师范大学学报(自然科学版), 2019, 30 (4): 426-434

[31] 染发有哪些危害[EB/OL]. https://zhinan.sogou.com/guide/detail/?id=316512851597, [2020-2-4]

[32] 中国轻工业联合会中华全国手工业合作总社. 不忘初心砥砺前行再铸辉煌[N]. 消费日报, 2018-11-05 (A01)

[33] 中国日用化学工业信息中心. 中国合成洗涤剂工业 60 年发展回顾[J]. 日用化学品科学, 2019 (10): 11-13

[34] 徐佳. 我国化妆品行业国际竞争力演变与影响因素分析[J]. 特区经济, 2013(5): 170-173

[35] 陈燮达. 我国化妆品行业现状分析及战略思路[J]. 中外企业家, 2020(6): 111-112

[36] 浅淡改革开放四十年中国化妆品消费与发展[EB/OL]. http://www.clii.com.cn/zhuantixinwen/ggkf40/201811/t20181113_3924790.html, [2020-2-15]

[37] 中国化妆品年销售额逾千亿[EB/OL]. http://www.ocn.com.cn/free/201001/huazhuangpin201442.htm. 2010.01, [2020-2-15]

[38] 李思彦. 中国化妆品行业的发展现状及战略分析[J]. 现代经济信息, 2015(4): 394-396

[39] 章秋瑜. 浅析经济寒冬的背景下化妆品行业"木秀于林"的原因[J]. 营销界, 2019(51): 111-112

[40] 郭华山. 我国化妆品行业发展现状、瓶颈及趋势[J]. 日用化学品科学, 2012, 35(7): 6-9

[41] 中国轻工业70年[EB/OL]. https://www.sohu.com/a/344114605_100276887, [2020-2-15]

[42] 中国轻工业联合会, 中华全国手工业合作总社. 不忘初心、砥砺前行、再铸辉煌[N]. 消费日报, 2018-11-05(A01)

[43] 中国轻工业联合会. 不断前行的中国轻工业[N]. 消费日报, 2014-09-24(A01)

[44] 风沐雨七十载, 砥砺奋进再扬帆——中国轻工业礼赞新中国七十华诞[J]. 轻工标准与质量, 2019(5): 3-12

[45] 俄罗斯: 我国轻工出口"一带一路"最大贸易国[EB/OL]. http://www.clii.com.cn/jingjiyunxing/201803/t20180313_3918508.html, [2020-2-16]

[46] 邱海峰. 工业大国, 脊梁挺立[N]. 人民日报海外版, 2019-09-04(005)

[47] 我国成为世界第一工业制造大国[EB/OL]. http://news.cctv.com/2019/07/10/ARTIT9YUWo2iJMuTK6yObgcf190710.shtml, [2020-2-16]

[48] 国家统计局工业司. 工业经济跨越发展, 制造大国屹立东方[N]. 中国信息报, 2019-07-11(001)

第五章　化学与居住安全

房子是一家人遮风避雨的港湾，它是人们每天生活时间最长的地方，是人们每天最希望回去的地方。不同的房子，有地段的区别，有大小的区别，有装修风格的区别，但是有一点是人们共同追求的，那就是居住环境的安全。居住环境是生活环境的重要组成部分，是人们为了充分利用良好的自然环境因素和防止一些不良的外界环境因素对机体造成有害影响而创建的重要生活设施，又是家庭团聚和人们生活、休息与学习的重要场所。人们一生中大部分时间是在居室内度过的。居室一般可使用几十年以上，所以它的卫生状况的好坏与人们的健康关系十分密切，它不仅影响一代人的健康，还可影响数代人的健康。伴随着"健康中国"理念的提出，人们在居住环境上将更加注重安全，而影响居住安全的，有物理因素、化学因素、生物因素及放射性因素等，我们重点谈谈化学因素与居室环境安全之间的关系。

第一节　化学与居室环境安全

一、居室环境的主要化学污染

居室环境中的化学性污染物主要有：甲醛、苯、甲苯、二甲苯、氨气、二氧化硫、二氧化氮、一氧化碳、二氧化碳、臭氧、总挥发性有机物 TVOC 和可吸入颗粒物。化学因素的作用往往不是独立的，而是协同作用，并且具有剂量-时间效应。

居室环境中的污染程度主要依据室内空气质量来衡量，《室内空气质量标准》(GB/T18883—2002)[1]中，规定了室内空气质量标准，具体见表5-1。

二、甲醛的危害机理及预防

甲醛是一种无色、具有刺激性且易溶于水的气体。甲醛的密度略大于空气(是空气密度的 1.06 倍)，易溶于水，其 35%～40% 的水溶液通称为福尔马林，此溶液沸点为 19.5℃，故在室温时极易挥发，随着温度的上升挥发速度加快。甲醛是较高毒性的物质，在我国有毒化学品优先控制名单上甲醛高居第二位。

(一)甲醛的来源[2]

甲醛污染主要出现在新装修的家庭和办公室，由于装饰装修广泛使用了含有

表 5-1　室内空气质量标准

序号	参数类别	参数	单位	标准值	备注
1		二氧化硫（SO_2）	mg/m^3	0.50	1h 均值
2		二氧化氮（NO_2）	mg/m^3	0.24	1h 均值
3		一氧化碳（CO）	mg/m^3	10	1h 均值
4		二氧化碳（CO_2）	%	0.10	日平均值
5		氨（NH_3）	mg/m^3	0.20	1h 均值
6		臭氧（O_3）	mg/m^3	0.16	1h 均值
7	化学性	甲醛（HCHO）	mg/m^3	0.10	1h 均值
8		苯（C_6H_6）	mg/m^3	0.11	1h 均值
9		甲苯（C_7H_8）	mg/m^3	0.20	1h 均值
10		二甲苯（C_8H_{10}）	mg/m^3	0.20	1h 均值
11		苯并[a]芘[B(a)P]	ng/m^3	1.0	日平均值
12		可吸入颗粒物（PM_{10}）	mg/m^3	0.15	日平均值
13		总挥发性有机物（TVOC）	mg/m^3	0.60	8h 均值
14	放射性	氡 ^{222}Rn	Bq/m^3	400	年平均值（行动水平）

脲醛树脂的木质人造板材或者含醛类的水溶性涂料。脲醛树脂中的游离甲醛和降解时产生的甲醛都可以释放出来，污染空气。脲醛树脂的降解是一个长期不间断的过程，所以由于装饰装修引起的甲醛污染持续的时间很长。少量甲醛污染来源于生活用品，比如：化妆品、清洁剂、防腐剂、油墨、纺织纤维、某些衣料和免烫服装等。家用燃料和不完全燃烧的烟叶中也含有甲醛。

（二）甲醛对人体健康的危害

众多研究证实，室内气态甲醛对人体健康的影响涉及：遗传毒性和致癌作用、免疫系统毒性反应、眼部和呼吸道刺激作用、细胞的氧化损伤作用、生殖毒性等。

1. 甲醛的遗传毒性

气态甲醛主要作用于人体接触部位和代谢器官，比如口腔颊黏膜细胞、鼻黏膜细胞和肝细胞等，靶分子为核 DNA（nDNA）和线粒体 DNA（mtDNA）。北京大学公共卫生学院和北京大学人民医院耳鼻喉科采用挑选病例和对照 100 例流行病学研究方法来探讨过敏性鼻炎与甲醛浓度的相关性。结果发现，卧室甲醛浓度超过国家室内空气质量标准时，患过敏性鼻炎的危险增加了 2.4 倍，且母亲患有过敏性鼻炎也增加了其子女过敏性鼻炎发生的可能性。甲醛的免疫毒性主要表现为免疫活性的提高，高浓度甲醛可以诱发过敏性鼻炎和支气管哮喘。甲醛诱导型哮喘发作严重时可以导致人死亡。受气态甲醛氧化损伤最严重的是肝脏细胞，其次是心、肺、肾细胞；而脑和睾丸细胞的氧化损伤比较轻微。根据流行病学研究，低浓度气态甲醛的暴露可能与孕妇的自发性流产有关，使月经紊乱人数增加，并使不孕率升高。动物毒理学研究也表明甲醛是一种生殖毒物。甲醛能使雄性小白鼠精子数显著减少，并使精子畸形率显著增加；甲醛能对雌性小鼠的动情周期及卵巢造成不良影响。

2. 甲醛的致癌性[3]

动物研究发现，大鼠暴露于每立方米 15 μg 甲醛的环境中 11 个月，可致鼻癌。美国国家癌症研究所于 2009 年 5 月 12 日公布的一项最新研究成果显示，频繁接触甲醛的化工厂工人死于血癌、淋巴癌等癌症的概率比接触甲醛机会较少的工人高很多。研究人员调查了 2.5 万名生产甲醛和甲醛树脂的化工厂工人，结果发现，工人中接触甲醛机会最多者比机会最少者的死亡率高 37%。研究人员分析，长期接触甲醛增加了患上霍奇金淋巴瘤、多发性骨髓瘤、骨髓性白血病等特殊癌症的概率。

3. 甲醛的致敏性

甲醛属于环境致敏原，可引起接触性皮炎和黏膜刺激，达到 0.05% 浓度便可引起过敏性紫癜[4]。波兰有人对确诊的职业性过敏和接触性皮炎患者进行研究，证明其中 18.1% 是由甲醛引起的[5]。2017 年黄南等[6]报道 174 名室内办公人员接触性皮炎的检测情况，尽管过敏最多的因素不是甲醛，但对接触甲醛过敏者达 31 名，占 17.82%。国外 Burkemper 等[7]对接触性过敏性皮炎患者进行甲醛贴片试验，有 6.6% 的阳性率。Thyseen 等[8]对意大利 277 例门诊纺织性皮炎患者进行研究，发现染料 (59.1%) 和甲醛 (4.5%) 是最重要的过敏原。此外，Wakamatsu 等[9]指出，甲醛、丙烯醛和颗粒物等室内污染物可引起眼部炎症及干眼症。国内阎华等[10]研究室内装修装饰材料所释放的甲醛对儿童哮喘的影响，采用病例-对照方法对 50 例哮喘儿童进行分析，证明居室因装修导致室内甲醛浓度升高，对儿童呼吸系统，尤其是儿童哮喘的影响是显著的。有研究证实，甲醛诱发哮喘的主要途径之一是活化淋巴细胞系统，导致机体形成获得性过敏体质。

4. 甲醛的毒性[11]

急性中毒反应：甲醛浓度过高会引起急性中毒，表现为咽喉烧灼痛、呼吸困难、肺水肿、过敏性紫癜、过敏性皮炎、肝转氨酶升高等。

慢性中毒反应：甲醛有刺激性气味，低浓度即可嗅到，长期、低浓度接触甲醛会引起头痛、头晕、乏力、感觉障碍、免疫力降低，并可出现瞌睡、记忆力减退或神经衰弱、精神抑郁；慢性中毒对呼吸系统的危害也是巨大的，长期接触甲醛可引发呼吸功能障碍和肝中毒性病变，表现为肝细胞损伤、肝胃功能异常等。

大多数报道甲醛的作用浓度均在 0.12 mg/m³ 以上。其浓度达到 0.06～0.07 mg/m³

时，儿童就会发生轻微气喘。当室内空气中甲醛含量为 0.1 mg/m³ 时，就有异味和不适感；含量为 0.3 mg/m³ 时可刺激眼睛引起流泪；当达到 0.5 mg/m³ 时，可引起咽喉不适或疼痛。浓度更高时，可引起恶心呕吐，咳嗽胸闷，气喘甚至肺水肿；达到 30 mg/m³ 时，会立即致人死亡。

世界卫生组织(WHO)规定了甲醛对嗅觉、眼睛刺激和呼吸道刺激潜在致癌力的阈值。并指出当甲醛的室内环境浓度超标 10% 时，就应引起足够的重视。

(三)甲醛的预防

(1)甲醛主要来自胶黏剂及其有关联的制品，如人造板材(胶合板、纤维板、细木工板、大芯板、中密度板、刨花板等)、家具、壁纸(布)、化纤地毯、油漆、涂料，有些服装、箱包和鞋类以及化学烟雾等。胶黏剂多采用脲醛树脂、酚醛树脂或三聚氰胺甲醛树脂。要防甲醛，在采用上述这些材料时，注意环保，是最关键的一条。《室内装饰装修材料　人造板及其制品中甲醛释放限量》(GB 18580—2017)[12]中，规定了室内装饰装修材料人造板及其制品中甲醛释放限量值为 0.124 mg/m³，限量标识 E_1。

(2)为消除甲醛，近期市场上出现了几十种产品。应该说有的产品可在不同程度上起到作用，有的则并非如此。所以在选购时要注意以下几点[2]：

①要看是否是由环保、质检、消协或其他有资质的权威机构试验和检测通过的。

②要看是否可能存在二次污染。

③应注意一些夸大宣传。根据当前的科技水平，用这些设备(剂)防治甲醛污染，只能是短期性的，根治可能性不大。

④同一种品牌的设备，在一些地方起作用，而在另一些地方则不太起作用。商家不但要有保修期，也还应有起作用的保质期。

⑤要按产品说明正确使用去除甲醛的"剂状物"。

(3)装修过程中，即使是环保产品，也不能超量使用。例如环保型大芯板，对 20 平方米面积的居室，用量最好不超过 20 平方米。

(4)抓好绿色装修六环节：科学设计、环保建材、规范施工、质量监督、绿色监理(检测)和适量花卉，其中关键是环保型建材。为此，在与装修公司签合同时，一定要签订装修完工后要有资质的权威单位检测说明，确认室内环境有害物质符合相应的国家标准。

(5)切勿用甲醛超标的大芯板做复合木地板的衬垫，目前已发生多起因此引起的甲醛污染，污染程度与大芯板中的甲醛含量成正比，而且其释放期一般也较长。

(6)"甲醛释放期 3～15 年"提法不科学。甲醛的释放时间与其要求标准、含量和所处条件密切相关，如温度、湿度、气压、风力、深度、密闭性、密度、外加力等。据此，甲醛的释放时间应是二三十天到数年。例如，将同量含有甲醛的胶黏剂放在裸露的玻璃板上和瓶中并盖上，显而易见，前者在通风换气下，可能在数天内即可降低到允许的标准，而后者在同等的条件下，可能需要数年。

(7) 采购复合木地板和家具等，一定要先闻味和看安全证书。例如，选购复合木地板时，要在新打开的箱中立即取一块闻味，有刺激味可能为超标；购家具时首先要看使用说明书，然后打开门，当闻有刺激味时超标的可能性则大。

(8) 室内装修竣工后，大约经过两、三个星期通风换气，如无异味或其他异常即可入住，否则可以委托具有资质的权威单位进行室内环境卫生监测，如超标不多，可采取一些做法，如可继续通风换气，通风换气可降低甲醛 50%～70%；由于甲醛溶于水，可以采用辅助加湿器或用湿抹布擦洗有甲醛释放的部位，以降低甲醛；适量摆放一些能吸收甲醛等有害物质的花卉，如吊兰、铁树、天门冬、芦荟和仙人球等。当检测确认甲醛超标严重，而且经采取上述措施无改进时，建议最好对甲醛释放位置进行彻底处理，处理完后仍应进行检测。

阅读链接：世界无醛日(摘自：https://baike.so.com/doc/23864838-24422364.html)

甲醛，已经被世界卫生组织确定为致癌和致畸形物质，是公认的变态反应源，是潜在的强致突变物之一。同时，甲醛也是室内空气污染的首要因素，许多不合格的家具和装修材料都存在甲醛超标的情况，给人们的生活与身心健康带来严重危害！

世界无醛日，是由广州好莱客创意家居股份有限公司首发倡导，红星美凯龙家居集团、北京新阳光慈善基金会、新浪、搜狐、网易、搜房、凤凰网等机构联合倡导，呼吁共建无醛家园。

世界无醛日启动仪式于 2015 年 4 月 26 日在上海隆重举行，这一天被定为首个世界无醛日，往后每年的 4 月 26 日皆为世界无醛日。世界建筑巨匠保罗·安德鲁、广州好莱客创意家居股份有限公司代表、红星美凯龙家居集团代表、北京新阳光慈善基金会代表以及权威行业代表出席了启动仪式。

三、挥发性物质的危害机理及预防

总挥发性有机物(TVOC)，是指用 Tenax GC 或 Tenax TA 采样，非极性色谱柱(极性指数小于 10)进行分析，保留时间在正己烷和正十六烷之间的挥发性有机化合物[1]。它是已知和未知的挥发性有机化合物的总称，包括挥发性有机化合物(VOCs)和半挥发性有机化合物(SVOCs)。

根据 WHO 的定义[13]，挥发性有机化合物(VOCs)是指常压下，其沸点在 50～260℃之间的挥发性有机化合物。在我国，VOCs 是指常温下饱和蒸气压大于 70 Pa、常压下沸点在 260℃以下的有机化合物，或在 20℃条件下，蒸气压大于或者等于 10 Pa 且具有挥发性的全部有机化合物。半挥发性有机化合物(SVOCs)[14]是指沸点一般在 170~350℃（由于分类依据模糊，经常与挥发性有机化合物有交义）、蒸气压为 $13.3×10^5$ Pa 的有机化合物，部分 SVOCs 容易吸附在颗粒物上。

VOCs 按其化学结构可分为八类：烷烃（脂肪烃）、芳香烃、烯烃、卤代烃、酯类、醛类、酮类和其他。非工业性的室内环境中，可以见到 50~300 种挥发性有机化合物。VOCs 可有嗅味、有刺激性，而且有些化合物具有基因毒性。

SVOCs 一般沸点较高，挥发慢、时间长，尽管它在空气中浓度不高，但挥发缓慢，持续时间长，且可以通过土壤、食物等非气体渠道进入体内。SVOCs 主要包括二噁英类、多环芳烃、有机农药类、氯代苯类、多氯联苯类、吡啶类、喹啉类、硝基苯类、邻苯二甲酸酯类、亚硝基胺类、苯胺类、苯酚类、多氯萘类和多溴联苯类等化合物。这些有机化合物在环境空气中主要以气态或者气溶胶两种形态存在。

由于 VOCs 更易挥发至空气中，对人体产生影响，因此，本书重点介绍 VOCs。

（一）VOCs 的来源

1. 室外来源

室外 VOCs 主要来自燃料燃烧和交通运输产生的工业废气、汽车尾气、光化学污染等。

2. 室内来源

室内 VOCs 主要来自燃煤和天然气等燃烧产物、吸烟、采暖和烹调等的烟雾、建筑和装饰材料、家具、家用电器、汽车内饰件生产、清洁剂和人体本身的排放等。其中建筑和装饰材料是 VOCs 的室内主要来源，分为涂料、黏合剂等。

（1）涂料

涂料是成分复杂的混合物，基本上由成膜物质、颜料、溶剂和助剂四种成分组成。按溶剂的性质，可分为溶剂性涂料、乳胶漆和水性涂料。按功能可分为墙用涂料、地板用涂料、木器家具涂料、镀锌铁皮用涂料和防锈涂料。溶剂性涂料含有多种有机溶剂、有害气体、挥发性有机化合物和重金属，挥发速度快，急性毒性最大，危害最严重；乳胶漆中最主要的有害物质是甲基溶纤剂、乙基溶纤剂和丁基溶纤剂，挥发速度慢，急性毒性居中；水性涂料急性毒性最低，但具有潜在的特殊毒性作用。

①成膜物质。成膜物质是组成涂料的基础，是使涂料牢固地黏附在物体表面上的主要物质。成膜物质可分为：油脂（桐油、亚麻油、豆油、葵花籽油），由于它们分子中含有共轭双键，经空气氧化形成固体薄膜；天然树脂（生漆、虫胶、松香脂漆）；合成树脂（酚醛树脂、醇酸树脂、环氧树脂、聚乙烯醇树脂、过氧乙烯树脂、丙烯酸树脂等）。其中除了生漆的主要成分是漆酚外，其他树脂都是高分子

化合物，涂布后进一步发生交联、聚合反应形成固体薄膜。其有毒物质主要是残留的游离单体，如聚氨酯涂料中的甲苯二异氰酸酯(TDI)、氨基树脂涂料中的游离甲醛、一些建筑涂料中使用的有恶臭味的丙烯酸乙酯的聚合物等。

②颜料。颜料分着色颜料、防锈颜料和体质颜料。着色颜料主要是无机颜料，占颜料的 98%，有机颜料仅占 2%。无机颜料所含的汞、镉、铬、铅等重金属，部分有机颜料所含的氧化砷、氧化铬、碳酸钡、磺酸钡、硒化物及含联苯磺胺等，都具有对人体的危害作用。

③溶剂。溶剂在涂料中的作用是为了降低成膜物质的黏稠度，便于施工，得到均匀而连续的涂膜。涂料中常用的有机溶剂主要有松节油、汽油、苯、二甲苯、酮类、酯类、醇类、醚类、脂肪烃混合物、芳香烃类、硝基化烷烃类、氯化烷烃类。室内木器装修大量使用的是溶剂性涂料，木器常用的是油脂漆、天然树脂漆、硝基漆、聚氨酯漆、聚酯漆，在涂装施工中溶剂基本上全部挥发至空气中。某些溶剂具有残留性，绝大多数有毒害作用。目前，一些少溶剂和无溶剂的涂料新品种，如高分子固体涂料、水乳胶涂料、粉末涂料越来越受到消费者的欢迎。

④助剂。助剂在涂料中的作用是为了改进涂层的性能、延长储存期限、扩大使用范围和便于施工，有催干剂、分散剂、增塑剂、防沉淀剂，此外还有乳化剂、助成膜剂、防结皮剂、防霉剂、增稠剂、消光剂、抗静电剂、紫外线吸收剂、消泡剂、流平剂等。其用量在配方中仅占百分之几甚至千分之几。但如果选用了毒性较高的物质，如助成膜剂的醇醚类有机化合物、防霉剂中的有机汞化合物，都有可能造成严重的危害。

(2)黏合剂

黏合剂可分为天然黏合剂和合成黏合剂，家庭中使用的黏合剂大多是合成黏合剂，包括溶剂型黏合剂、水基黏合剂、乳液型和胶乳型黏合剂、无溶剂型黏合剂、膜状黏合剂、热熔型黏合剂等，主要用于粘贴壁纸和塑料及人造板等。黏合剂中所用的脲醛树脂、酚醛树脂、三氯氰胺甲醛树脂的原料为甲醛。各种人造板也使用黏合剂，新式家具的制作、墙面及地面的铺设都使用黏合剂。因此，家庭装修凡大量使用黏合剂的工序，都会有甲醛的释放。

(3)其他家用化学品

现代家庭在日常生活中大多使用化学产品，如气溶胶喷雾剂产品、杀虫剂、除垢剂、除臭剂、消毒剂等，在这些产品中往往含有三氯乙烯、氧化氮和二氯甲烷，粉状灶具除垢剂可释放出氨气，卫生间所用除臭剂含碱液，与含氯漂白粉作用时将产生氯胺气体。除臭剂和防霉剂中含有对二氯苯。

①家用杀虫剂、灭鼠药、灭蚊蝇的除虫菊酯类和氨基甲酸酯类杀虫药如残杀威、敌百虫等，灭蟑螂的硼砂、灭鼠的氟乙酰胺、防虫蛀药，室中点燃的蚊香、烟头被气化后其中的重金属如镉、铬等可造成室内重金属污染。

②室内装饰材料、地板材料、尼龙地毯、漆布橡胶地板、聚氯乙烯(PVC)地板、聚乙烯地板等可释放出 VOCs，主要为烷烃、芳香烃、烯烃、醇、酚、醛、萜烯、酮等。

③洗涤剂与化妆品也是 VOCs 的来源。四氯乙烯用于干洗业，穿着或储存干洗的衣服，可导致室内四氯乙烯污染；使用热水，如淋浴、洗碗盘、洗衣服时氯可能从水中溢出；颗粒状洗涤剂、洗涤剂干粉、液体洗涤剂也可成为室内污染源。粉状化妆品中含有滑石粉，如过量使用香粉类化妆品于身体上，有吸入滑石粉的危险；某些喷发剂中含有"氟烷"，使用时有吸入的危险。

(二)VOCs 对健康的潜在危害

VOCs 对人类健康的影响与其种类和浓度有关。在 VOCs 中对健康危害较大的物质是苯系化合物，室内常见的苯系化合物有苯、甲苯、二甲苯、乙苯及苯乙烯。

苯系化合物挥发性强，室内 VOCs 浓度在 0.16~0.3 mg/m^3 时，对人体健康基本无害，但在装修中往往要超过该浓度，特别是不当的装修。一般油漆中 VOCs 含量在 0.4~1.0 mg/m^3。由于 VOCs 具有强挥发性，一般情况下，油漆施工后的 10 h 内，可挥发出 90%，而溶剂中的 VOCs 则在油漆风干过程只释放总量的 25%。当 VOCs 浓度为 3.0~25 mg/m^3 时，会产生刺激和不适，与其他因素联合作用时，可能出现头痛；当 VOCs 浓度大于 25 mg/m^3 时，除头痛外，可能出现其他的神经毒性作用。短时间接触高浓度 VOCs 可出现头晕、恶心、呕吐、白细胞降低、呼吸道刺激症状，神经系统的麻醉作用、呼吸衰竭、严重意识丧失、心衰死亡。长期低浓度接触 VOCs 可出现头晕、乏力、记忆力减退、免疫力低下。慢性苯中毒，严重的可致再生障碍性贫血、白血病。另有报道，甲苯的急性毒性为神经毒性和肝毒性，二甲苯可产生急性肾毒性、神经毒性和胚胎毒性，可导致胎儿先天性畸形。长期接触低浓度苯的人群，白血病、恶性肿瘤的发病率明显高于一般人群。世界卫生组织将苯化合物确定为人类致癌物。国际癌症机构(IARC)也确认，苯为人类致癌物。

其他挥发性有机物在室内空气中检出多达 500 多种，其中致癌物或致突变物有 20 多种。虽单个物质浓度较低，但总浓度增高，污染因子联合作用或超出阈值可产生健康危害。

(三)VOCs 的控制预防

鉴于 VOCs 的危害，为贯彻《中华人民共和国环境保护法》《中华人民共和国大气污染防治法》等法律法规，防治环境污染，保障生态安全和人体健康，促进 VOCs 污染防治技术进步，环境保护部制定了《挥发性有机物(VOCs)污染防治技术政策》。该技术政策提出了生产 VOCs 物料和含 VOCs 产品的生产、储存、运输、销售、使用、消费各环节的污染防治策略和方法，主要供有关单位在环境保护工作中参照采用。

作为消费者，我们力所能及的主要做法如下[2]：

(1)油性油漆为改变其流动性以满足生产和应用的需要使用了大量含苯有机溶剂，涂料成膜后苯会随有机溶剂不断挥发，而水性油漆是以水作为溶剂或分散介质，涂料成膜后挥发的大部分都是水。以水性油漆代替油性油漆进行室内装饰会大大降低室内苯和挥发性有机化合物的产生量。

(2)使用低挥发性有机化合物的地毯和石膏间隔板。

(3)使用干式杀虫剂代替喷雾式杀虫剂。

(4)避免吸烟。

(5)日常生活中应注意的问题。由于居室环境污染并不是一时能够解决的问题，特别是针对那些已经使用不合理材料装修过房子的人，重装修是不切实际的，在这种情况下只有对日常生活中的一些细节加以留意来尽量减少和避免居室空气的污染。

①通风换气是最经济的方法，尽可能地多通风，一方面有利于室内污染物的排放，另一方面可以使装修材料中的有毒有害气体尽早释放出来。

②保持室内环境一定的湿度和温度，湿度和温度高，大多数污染物就从装修材料中散发得快，这在室内有人时不利，同时湿度过高有利于细菌等微生物的繁殖。但是在居室无人时，比如外出旅游时就可以采取一些措施提高湿度。

③在使用杀虫剂、熏香剂和除臭剂时要适量，这些物质对室内害虫和异味有一定的处理作用，但同时它们也会对人体产生一些危害。特别是在使用湿式时，产生的喷雾状颗粒可以吸附大量的有害物质进入体内，其危害比用干式严重得多。

④尽量避免在室内吸烟，它不仅危害自身，而且对周围人群产生更大的危害。

⑤使用室内污染强效除味剂，能有效较快地去除室内因装修带来的各种异味，有效缓解新装修对室内的污染。

⑥在处理油漆、黏合剂、清洁剂及其他含 VOCs 产品时，应仔细阅读和小心依照说明书的指示；留意标签上的任何警告字句。

⑦避免在密闭的空间内使用油漆、胶水、脱漆剂及清漆；确保有足够通风，并尽可能在室外进行这类工作。

⑧只购买适量的含 VOCs 产品；并将任何未用的产品存放在通风的柜内。

⑨装修工程和防虫等工作应安排在楼宇没有人使用的时段内进行。工程完成后，让风吹透曾经进行工程的地方，以减低 VOCs 的积存。

⑩妥善地弃置剩余含 VOCs 的用品。

⑪如果你有衣服或床上用品刚完成干洗，在使用前应确保已经完全晾晒干透。

阅读链接：装修室内苯超标致白血病[2]

2001 年 8 月份，家住山西太原的刘女士，为了美化居室环境，决定自己动手把居住多年的 46 平方米的两居室简单装修一下，于是购买了装饰漆、醇酸树脂漆 8 桶(6 元/桶)，用于粉刷门窗。装修以后，家人在室内居住，开始出现头晕、胸闷、恶心、呕吐、掉头发、耳朵肿等症状，随着时间的推移，2001 年 11 月份，刘女士一家先后发病，年仅 18 岁正在读高中的儿子突发白血病，刘女士也感觉浑身无力，经检查血小板下降，红血球升高。一家人为看病花了很多钱，儿子的病情并未有明显好转。后来听说可能与装修房有关，于是刘女士马上请了有关人士对房子进行了检测，结果令人十分吃惊，室内的苯竟超标十几倍，世界卫生组织确定苯可致癌，引发白血病等，他们怎么也没想到，花钱费力装修完的房间，竟是一个十足的"毒气室"。

四、放射性物质氡气的危害机理及预防

氡气是室内污染物中唯一的放射性气体污染物。不同于氨气、甲醛、苯等可挥发性气体物质，由于氡无色、无味、无臭，人体又没有明显的不适感觉，且潜伏期长、难以根除，可以说氡气是室内最危险的有害物质。氡是一种天然放射性气体，是放射性元素铀、钍等衰变链的一个产物，是天然放射性铀系中的一种放射性惰性气体，它具有极强的迁移活动性，凡有空气的空间就有氡及其子体的存在。氡的半衰期较短(^{222}Rn 的半衰期为 31825d，^{220}Rn 的半衰期为 55165s)，在人体内停留的时间较短，因而在呼吸道内产生危害的剂量很小。而氡的子体则不然，它是氡衰变形成的固态放射性子体链——^{218}Po、^{214}Bi 和 ^{210}Pb，属金属粒子，其半衰期极短(一般为秒分量级)。

氡气易被脂肪、橡胶、硅胶、活性炭吸附。常温下氡及子体在空气中能形成放射性气溶胶而污染空气。当存于大部分泥土及岩石(尤其是花岗岩)的镭放射分解时，便会产生氡气。氡气再经衰变，会形成一系列带辐射的微粒。当氡气或微粒被吸入肺部，部分会积聚并继续散发辐射，令吸入者患肺癌的机会增高。

(一)室内氡气的来源

不同地段房间里的氡气有多种不同的来源途径。室内氡的聚集主要是指氡气的产生、向地表运移和进入室内的过程。氡气迅速移到地表是引起室内氡聚集的一个重要原因。岩石或土壤中铀、钍等的高含量是引起室内氡聚集的根本原因。居室环境中氡主要有以下几个来源：

(1)来自于地下地基土壤。地基土壤的扩散，通过地表和墙体裂缝而进入室内。

(2)来自于地下水。研究证明，水中氡浓度达到每立方米 10^4Bq 时，便是室内的重要氡源。

(3)来自于室外大气。室外大气中的氡会随着室外空气进入室内。

(4)天然气的燃烧。在燃烧天然气和液化气时，如果室内通风不好，其中的氡会全部释放到室内。

(5)来自于建筑材料和室内装饰材料；特别是一些矿渣砖、炉渣砖等建筑材料通常都含有不同程度的镭和那些含铀高的室内装饰材料，如花岗岩和瓷砖、洁具等。这是目前室内氡污染的主要来源。

(二)氡的危害机理[2]

氡是从放射性元素镭衰变而来的一种无色、无味的放射性惰性气体，易溶于脂肪，可通过呼吸过程进入人体。氡通过呼吸进入人体，衰变时产生的短寿命放射性核素会沉积在支气管、肺和肾组织中。当这些短寿命放射性核衰变时，释放出的α粒子对内脏照射损伤最大，可使呼吸系统上皮组织细胞受到辐射。由于氡与人体的脂肪有很高的亲和力，氡能在脂肪组织、神经系统、网状内皮系统和血液中广泛分布，对细胞造成损伤，最终诱发癌变。长期的体内照射可能引起局部组织损伤，甚至诱发肺癌和支气管癌等。氡被WHO公布为19种主要环境致癌物之一，且被国际癌症研究机构列入室内主要致癌物。氡不仅会增加患癌尤其是肺癌、败血症等疾病的可能，而且会因为对人体细胞的器质性损伤带来对子女甚至第三代的潜在伤害。根据美国环保机构(EPA)提供的数据，在美国，由于氡污染每年致死21000人，超过了艾滋病每年的致死人数。据估算，人的一生中，如果在氡浓度为370 Bq/m³的居室环境中生活，每千人中将有30～120人死于肺癌。氡及其子体在衰变时还会同时放出穿透力极强的γ射线，对人体造成外照射。若长期生活在含氡量高的环境里，就可能对人的血液循环系统造成危害，如白细胞和血小板减少，严重的还会导致白血病。

由氡污染引发的肺癌发病的潜伏期很长(15～30年)，因此，即使人们生活在高本底值的氡放射环境中，从吸入氡及其子体接受放射性辐射到人体发生癌变，通常需要很长时间，许多人在这种貌似"正常"环境中生活毫无知觉地受到氡的侵害，到晚年得了肺癌，而很少会有人认为是由于氡污染造成的。因而很难精确地统计出因室内氡污染引发的肺癌死亡率，正因为如此，其危害性更为可怕。现在，人们已经确信，氡是仅次于香烟的第二号致肺癌物质。据美国的资料表明，美国目前死于肺癌的人大约有13万，而其中由于吸入氡致死的达5000～20000人。

《室内空气质量标准》(GB/T18883—2002)中，氡(^{222}Rn)的标准值为400Bq/m³(年平均值)。

(三)降低室内氡含量的方法

室内的氡含量无论高低都会对人体造成危害，但只要注意降低居室里的氡含量就可以减少这种危害。降低住房的氡污染可以采取以下方法：

(1) 在建房或者购房前，一定要按照国家标准请有关专业机构做氡水平测试，从源头上控制和预防氡污染。

(2) 在进行室内装饰装修时，尽可能封闭地面、墙体的缝隙，特别是地下室和一楼以及室内氡含量比较高的房间更应注意，这种做法可以有效减少氡的析出。

(3) 注意建筑材料和装饰材料的选择。在选择室内装修材料时，尽量减少石材、瓷砖等容易产生辐射和氡气的材料，选用时应当向商家索取放射性检测合格证明。一般来说石材分为大理石、花岗岩，大理石放射性比花岗岩小，可以根据石材的颜色简单判断辐射的强弱，红色、绿色、深红色的超标较多，如杜鹃红、印度红、枫叶红、玫瑰红等超标较多。

(4) 经常保持室内通风；据试验，在氡浓度为 151 Bq/m^3 的一间房间，开窗通风 1 h 后，室内氡浓度就降为 48 Bq/m^3。

(5) 已经入住的房屋，如果认为有氡气超标的可能，都应该进行检测。一般来说，以下情况应重点进行室内氡浓度的检测。

① 地下室、别墅。据检测，一般的地下住所中所含的氡子体平均要比地面居室高出 40 倍左右。

② 封闭性较强的建筑、带空调的房屋。

③ 使用矿渣水泥和灰渣砖的建筑。

④ 室内装饰装修中大面积使用了天然石材或者瓷砖等。

五、吸烟的危害机理及预防

烟草最早在美洲出现，之后伴随着哥伦布 1492 年发现美洲新大陆的事件，烟草逐渐遍布世界各地。直到人们发现烟草还具有治病的功效后便开始大面积种植烟草、发展烟草业。但是到了 1602 年，伦敦大主教由于长期吸烟导致疾病而死亡，人们意识到烟草对人体也存在着相当大的危害，于是便掀起了第一次控烟运动。直至今日，从靠王权禁烟到自发控烟再到有组织地进行控烟运动，反烟呼声时起时伏，全球反烟的浪潮也是一浪高过一浪[15]。

目前，我国是世界上最大的烟草生产国与消费国，占据了 8 个世界第一。如烤烟种植面积第一、烤烟产量第一、烤烟增长速度第一、卷烟产销量第一、卷烟增长速度第一、吸烟人数第一、吸烟人数增加量第一以及烟税增长速度第一[16]。据统计，全世界大概有 11 亿的烟民，而中国就将近 3.5 亿之多，甚至人数还逐年递增 3%，同时"受到二手烟毒害的被动吸烟人群也近 4 亿人。更令人担忧的是日益增多的青少年烟民，人数也已达到 5000 万之多"。尤其是在我国加入世界贸易组织以后，不断涌入的进口卷烟以及跨国烟草公司举办的各种促销活动，也在一定程度上增加了我国吸烟者的人数，特别是青少年吸烟者不断增加的严峻形势。

这给我国人民身心健康特别是青少年的健康成长敲响了警钟。

(一) 烟草中的污染物

烟草中的污染物的来源有：①烟草产地的土地污染，如重金属离子。②烟草种植过程中施用化肥，化肥中可能含有放射性物质。③烟草中固有的尼古丁。烟草在燃烧的过程中，会产生大量污染物，比如，烟草燃烧不完全产生的物质——煤焦油、CO 等。据研究表明，烟草烟气中肯定致癌物有多环芳烃、亚硝胺类、氯乙烯、砷、镍、甲醛等，不少于 44 种。

烟草中的尼古丁是一种生物碱，具有神经毒性，但可以刺激人类神经兴奋，长期使用耐受量会增加，但也产生依赖性。据研究，三支卷烟或半支雪茄烟中含有的全部尼古丁就可以使人致死，但吸烟的人吸入的尼古丁只是其中很少的一部分。人在摄入一定量的尼古丁之后，就会产生"烟瘾"。这种所谓"烟瘾"，事实上是由于吸烟者对使用尼古丁调节自身的精神状态逐渐习惯，因而对烟产生了依赖心理，和吸入吗啡等能够产生生理依赖性的成瘾药剂情况是不同的。事实上，吸烟不仅对吸烟者本人有害，而且危及吸烟者周围的其他人，对其他人来说，即是"被动吸烟"，并且造成一定程度的空气污染。

有人对不受炊事影响的农村住宅居室内空气污染状况做了调查，发现在室内有人吸烟的情况下，主要污染物浓度都有所增加。有报道指出，在无人吸烟的室内可吸入颗粒物浓度为 24.4 $\mu g/m^3$，在有 1 人吸烟时，即可增加到 36.5 $\mu g/m^3$，增加约 50%；而在有 2 人以上吸烟时，则可增加到 70.4 $\mu g/m^3$，增加了 1.89 倍之多；而同期室外浓度仅为 1.1 $\mu g/m^3$。据估计，室内有人每天抽一包烟，可以使可吸入颗粒物浓度增加 20 $\mu g/m^3$。香烟烟气中的有害物质大都吸附在颗粒物上，因此室内由吸烟引起的颗粒物浓度增高，则各种有害物质的浓度必然相应增高。

(二) 吸烟的危害机理

吸烟能引起肺癌、慢性支气管炎、肺气肿、动脉硬化、糖尿病、心脏病、肾脏疾病、脑血管意外、眼部疾病等。引起上述疾病的机理是什么，我们下面重点探讨一下。

1. 吸烟诱发癌变机理

大量临床研究证实，吸烟与肺癌、膀胱癌、胃癌密切相关[17-19]。早在 1902 年，人们就发现烟草的刺激可以导致口腔癌。口腔癌包括舌癌、龈癌、口底癌、颊黏膜癌和颚部的癌肿等。烟雾和烟焦油在人体的口腔里最先聚集，有很多成分马上和口水溶合在一起，并且很快使口咽部、舌咽部、咽喉及鼻腔等受到波及。每一位吸烟者的口腔黏膜上，都有炎症增生的情况，严重者粉红色的黏膜角化增生发白，这种变化叫咽白斑。经常衔纸烟的上下唇黏膜，由于燃烧时的灼伤和致癌物质的刺激,使唇部和舌尖上产生更明显的烟白斑。白斑是癌的前期变化,可以变成鳞状上皮癌。

吸烟诱发癌变的机理。其一:尼古丁能转化为强致癌物。尼古丁又称烟碱[1-甲基-2-(3-吡啶基)吡咯烷],在烟草中的含量约为 1%~2%,是烟草中的一种主要生物碱。尼古丁能转化为具有强致癌性的亚硝胺化合物。近年来加速质谱实验显示,尼古丁在小鼠体内与鼠肝 DNA 和鼠肝组蛋白均发生结合。体外光谱实验表明,尼古丁与鼠肝组蛋白、人血清蛋白、牛血清蛋白相互作用,使蛋白质的构象发生变化,从而影响染色体的结构、功能和基因表达[20]。

其二:苯并芘是强致癌原。现已发现每支烟中含 20~40 ng 苯并芘,这是一种极强的致癌原和致突变原[21]。

其三:烟雾中的放射性元素有致癌作用。烟雾中含有较多的放射性元素如钋,一支烟所吸进的钋,其产生的高强度 α 射线,几乎相当于人在 24 h 内接受的全部自然辐射量。它们在吸烟时挥发并随着烟雾被人体吸收,在体内积蓄并不断地释放 α 射线,α 射线能摧毁人体抗毒、抗癌和其他免疫功能,损伤细胞 DNA,直至恶化转变。

其四:自由基参与致癌作用。烟草烟雾中含有自由基,可破坏遗传基因、损伤细胞膜和降低免疫力,促使组织癌变,这些物质可溶解于唾液中随吞咽进入胃内,并因吸烟量及吸烟时间延长的长期作用而致胃癌[19]。

2. 吸烟引起慢性支气管炎和肺气肿的机理

烟雾的长期刺激和毒害可使呼吸道黏膜细胞发生炎症改变及吞噬能力下降,纤毛运动减弱,免疫力下降,为病原体侵入和炎症发生创造条件,从而导致慢性支气管炎症的反复发生。重要症状有咳嗽、吐痰、胸闷、胸痛、肺功能下降等。同时还引起肺泡慢性炎症,引起肺泡组织纤维化,弹性减小,最后引起肺气肿[21]。

上述观点得到动物实验结果支持,李旭等[22]观察到经过 12 周被动吸烟,每天 1 次,10 支烟/次,每次持续 30 min,大鼠的肺组织出现了明显的肺气肿改变,肺体积增大,肺泡结构紊乱,肺泡管、肺泡囊等明显扩张,肺泡壁明显变薄,并有不同程度的断裂。形态学定量分析,模型组的单位面积平均肺泡数明显减少,平均肺泡面积明显增大。

气管炎的严重程度与吸烟数量紧密相连,肺气肿的发生频度,吸烟者比不吸烟者要高 1 倍,而且肺气肿的严重程度与吸烟量之间呈现平行关系。国外有人报道吸烟量与慢性支气管炎和肺气肿死亡率的关系时指出,每天吸烟 1~9 支者的死亡率是不吸烟者的 4.6~5.3 倍;每天吸烟 10~20 支者的死亡率是不吸烟者的 4.5~14 倍;每天吸烟 21~39 支者的死亡率是不吸烟者的 4.6~17 倍;每天吸烟 40 支以上者的死亡率是不吸烟者的 8.3~25.3 倍。

3. 吸烟导致动脉粥样硬化的机理

流行病学研究已证实主动吸烟与被动吸烟均为动脉粥样硬化发生的危险因素。血管内皮细胞功能异常改变与动脉粥样硬化的发生和发展密切相关。吸烟能使机体内氧自由基增多[23]，血液中自由基增多会损伤血管内皮，最终导致动脉粥样硬化。

尼古丁可导致血管内皮细胞骨架改变，并使内皮细胞迁移延迟，造成血管内皮重塑不完整，引起血管内皮损伤，合成释放的 NO 减少，同时增加环氧化酶依赖性和非依赖性花生四烯酸的产生，损害内皮血管舒张功能。此外，尼古丁可促进巨噬细胞和血小板聚集，平滑肌细胞增殖，载脂泡沫细胞在血管壁上的沉积；还可刺激血管内皮细胞中的细胞间黏附分子 21 和白细胞介素 28 的高表达[24]，促进颈动脉内膜增厚，引起动脉粥样硬化[25]。吸烟使血中高半胱氨酸量升高，高半胱氨酸水平升高导致外周动脉的动脉壁增厚，引发高血压[21]，这也是导致动脉粥样硬化形成的一个环节。

4. 吸烟引发脑血管疾病

吸烟能够促进全身血管硬化和形成高血压，进而导致脑血栓和脑溢血。脑血栓和脑溢血是脑血管发生障碍的疾病，是由高血压、脑血管硬化后产生痉挛、破裂引起的，可以造成四肢瘫痪、语言、视觉、听觉障碍或半身不遂等严重后果。据国外的调查分析，45～74 岁的男性吸烟者比同年龄的不吸烟者，患脑血栓和脑溢血的死亡率高37%～50%；女性死亡率更高，吸烟者死亡率比不吸烟者高3.8%～11%。

吸烟之所以能够导致血管硬化和高血压，是由于烟叶中尼古丁的毒性作用长期刺激产生血管收缩、痉挛，可以使脑动脉血管壁逐渐变厚、失去弹性、管腔变得狭小，使血液量减少，久之形成血管硬化和高血压。同时，尼古丁对自主神经系统的刺激，也使血管和心脏之间神经控制活动发生紊乱，进而使高血压病恶化。

5. 吸烟诱发冠心病的机理

心血管病发病率和死亡率不断增加与吸烟有关，而且随着吸烟量的增加而增大，尤其是 45～54 岁的中年人，吸烟者缺血性心肺病死亡率较不吸烟者增加 1～2 倍。吸烟也是诱发心肌梗死的主要原因。有人认为，吸烟可以使心肌梗死大约早发 10 年，特别是高胆固醇症和高血压患者，如果大量吸烟，则发生心肌梗死的危险性要高 10 倍。吸烟不仅可以加剧冠状动脉粥样硬化，而且还能影响脑部和腿部的血液供应。

引起这些症状的主要因素是尼古丁和一氧化碳。由于烟中的尼古丁刺激交感神经节细胞，促进肾上腺髓质释放儿茶酚胺，儿茶酚胺能提高血小板的黏着性和血胆固醇的浓度，增高心律不齐，儿茶酚胺的释放并能引起心搏过速，血压升高，从而加重了心脏的负担。尼古丁还可以促使脉壁增厚，容易发生动脉粥样硬化，这种现象发生在心脏冠状动脉，就形成冠心病。

烟雾中的一氧化碳浓度很高，一般可以高达大气最高允许浓度的数百倍至上千倍。吸烟可以使血液中的一氧化碳浓度升高，产生大量碳氧血红蛋白，妨碍了对心肌氧的供给，造成心肌缺血、缺氧，导致心脏功能衰弱，心肌组织坏死和损伤，出现心肌梗死的症状[26]。

6. 吸烟导致神经系统损伤的机理

吸烟导致脑血流减少引起神经细胞损害。实验研究发现，被动吸烟的大鼠大脑皮质、海马、纹状体诱导型 NO 合酶(iNOS)活性明显升高，长期大量吸烟刺激胶质细胞过度表达 iNOS 并产生大量的 NO，造成神经细胞的损害。同时 iNOS 诱导产生过量的 NO，影响血管内皮细胞屏障功能，基底膜增厚，内皮增生引起管腔狭窄，致血流减少。

吸烟通过损伤血管内皮导致脑梗死。基态下 NO 调节血管舒张张力，从而调节血流及血压。长期吸烟使 NO 释放异常，损害了其维持脑血流稳定的动脉自动调节功能及有效的侧支循环，影响血流灌注和增加缺血性损伤，导致动脉管腔狭窄及内皮损伤，发生脑梗死[25]。

7. 吸烟导致糖尿病机理

吸烟通过拮抗胰岛素作用引发糖尿病。烟草中的尼古丁可引起交感神经系统兴奋，导致儿茶酚胺和其他升糖激素释放增多，而儿茶酚胺是胰岛素作用的强效拮抗剂。在细胞水平，儿茶酚胺通过损伤胰岛素的信号传导通路和内在活性，使葡萄糖转运蛋白合成减少，减弱胰岛素作用。在长期吸烟者中，常合并肿瘤坏死因子(TNF)-α 浓度增高。有研究表明，TNF-α 可下调葡萄糖转运蛋白(GLUT)4，抑制胰岛素介导的葡萄糖转运，上调 GLUT1 来增加基础葡萄糖的摄取，而后者可反馈性地抑制 GLUT4 的跨膜转位，使胰岛素刺激的葡萄糖摄取减少。另外，TNF-α 可促进脂肪细胞的分解及游离脂肪酸(FFA)的释放，间接导致胰岛素抵抗产生[27]。

8. 吸烟引起肾损害机理

吸烟以镉为媒介损伤肾脏。烟草中有镉，吸烟导致血镉、尿镉水平增高。镉是一种有毒性的重金属，在人体半衰期长达 30～40 年。人体吸收的镉几乎都通过尿液排泄。吸烟人群尿镉明显高于从不吸烟者，嗜烟者肾内镉含量增高，镉主要积聚于肾皮质。较低剂量的镉即有肾脏致损作用，导致间质炎症和肾小管损伤[28]。

9. 吸烟与眼睛疾病

烟毒性弱视是吸烟对眼睛最常见的危害。弱视，就是矫正视力≤0.8 或两眼视力差≥2 行。吸烟会导致弱视的原因，一方面是由于吸烟时人体吸入的氧气被消耗，致使血中氧的含量下降，而视网膜对缺氧格外敏感，长期下去，视神经纤维会发生变性，视网膜乳头黄斑区也会发生萎缩；另一方面，烟草燃烧时产生的烟焦油会导致体内维生素 B 的含量下降，而维生素 B_{12} 是维持视神经正常功能所必需的营养物质。这两者共同的影响，使得吸烟者视力下降而发生弱视，严重者可致失明。

据医学家调查，在白内障病人中有 20%与长期吸烟有关。也有人观察到，每天吸烟 20 支以上的人与不吸烟者相比，患白内障的可能性要高 2 倍，且吸烟量越大，患白内障的可能性越大。

吸烟时吸入的尼古丁及一氧化碳等有害物质会使血管收缩、血小板凝集力亢进，由此导致视网膜中央血管栓塞、黄斑变性等致盲性眼病的发生。临床还观察到，吸烟者有时会有眼压升高的现象，这在青光眼患者中尤为明显，青光眼病人本来眼压就高，如果再吸烟，无疑是雪上加霜。

10. 吸烟对生育的影响

香烟烟雾中大量的诱变物，能引起体细胞脱氧核糖核酸的损伤，这些物质被吸入以后，到达生殖器官作用于生理细胞，可对人类遗传带来危害。

科学家们的研究发现，吸烟者的精子畸形要比非吸烟者高得多，并认为这种形状异常是由于基因突变所致。有的调查表明，胎儿死亡率及婴儿严重先天性畸形频率是随父亲消耗香烟数量的增加而增加的，而且自发性流产在丈夫吸烟的妻子中多见。

如果妊娠妇女吸烟，其危害性则更为严重。大量的调查资料表明，由于妇女在妊娠期间吸烟，新生儿体重平均比不吸烟者轻 150～240 g。近年来，有人对 8000 名妊娠妇女进行研究，发现吸烟者比不吸烟者发生早产、死产或新生儿假死的现象高 2 倍。妇女妊娠期间吸烟，引起子痫的危险性也会增加，子痫是妊娠期间的并发症，严重者可使母子生命都受到威胁。

造成这些现象的原因，就在于烟中的尼古丁、一氧化碳和其他有害物质的作用。尼古丁能使胎盘血管收缩，子宫血液量减少。母体血液中的氧气，是经过胎盘到达胎儿血中的，妊娠期间吸烟或接触烟雾，母体血液的碳氧血红蛋白增加，胎儿体内的碳氧血红蛋白也会相应增高，引起缺氧。烟雾中的有害物质被吸入后，也能通过胎盘进入胎内，在胎儿体内循环，其结果无疑会使胎儿发育迟缓、体重降低，大脑和心脏等器官的发育也会受到影响。母体血液里尼古丁的存在，不仅对胎儿发育有害，分娩后尼古丁还可以通过乳汁排出，婴儿吮吸含尼古丁的乳汁后，也可能引起癌症或其他疾病。

11. 吸烟对妇女的危害

女性吸烟和男性一样会增加患癌的危险性，最新发现，女性吸烟还会诱发子宫颈癌。它是妇女常患的恶性肿瘤，其发病原因有早婚、早育、多产、宫颈糜烂、外伤、男方的包皮垢、性紊乱所致的病毒、疱疹病毒、人乳头瘤病毒等。但近年来发现吸烟也是宫颈癌的病因之一。

吸烟引起宫颈癌是在欧美吸烟女子中发现的。调查结果显示，宫颈癌在吸烟妇女中特别多，其发生率比不吸烟妇女高出4倍。这是一个最新的发现，以前人们只认识到吸烟对身体其他部位的损害，如肺部、心血管、消化系统等，并未认识到其对生殖系统的损害，这个发现给吸烟的女性敲响了警钟。

癌症专家做了进一步的研究，已从子宫黏液中找到了高浓度的烟草致癌物——亚硝胺。亚硝胺是香烟烟雾中尼古丁的肺泡内裂解产物，它从肺进入血液，然后再通过组织聚积于宫颈黏液中，在吸烟妇女的宫颈黏液中其含量为不吸烟者的5倍。如果在孕期吸烟，则其浓度更高。

女性吸烟不仅会引起痴呆等常见病，还会造成另一种危害，那就是殃及后代。有资料介绍，孕妇吸烟，后代患癌的危险性很大。英国一位研究人员最近发现，儿童患癌症的病例大多数可能是母亲在怀孕期吸烟或吸入工业污染物所致。此外，吸烟的女性与不吸烟的女性相比，患不孕症的可能性高2.7倍，易发生宫外孕和前置胎盘、增加流产概率等。

12. 吸烟对青少年的影响

青少年吸烟损害身体健康且带来很多疾病。据一次抽样调查统计，我国15岁及以上人群的吸烟率为26.6%，且年龄趋向年轻化。也有一些地方13~15岁之间的青少年中有60%经常吸烟，男孩较多，由于被动吸烟，女孩子是最易受伤害的。青少年吸烟害处多，不仅增加日后致癌的概率，而且对智力影响也大。因为青少年正处于生长发育阶段，机体容易吸收有害物质，香烟中的一氧化碳经肺进入血液与血液中的血红蛋白结合形成碳氧血红蛋白，降低了血红蛋白与氧的结合力，使血液的含氧量下降，大脑供血量不足，人的注意力就会分散，感觉迟钝，思维能力出现障碍，记忆力下降。有一项调查结果显示，吸烟的学生成绩一般比不吸烟的学生差。可见青少年吸烟不仅影响智力、影响身心健康，也影响学习和工作。

开始吸烟的年龄越小，越容易发生肺癌，这是因为青少年正处于生长发育时期，内脏器官都还没有发育完全，对各种有害物质比成人更为敏感，因而危害更大，如果连续吸上10年、20年，就达到肺癌潜伏期，有引起肺癌的可能。

13. 被动吸烟的危害[29]

我们知道，不吸烟的人，在吸烟污染的室内，同样会受到烟气的危害，这就是通常所说的被动吸烟。实际上，香烟在燃吸过程中产生两部分烟气，其中被吸烟者直接吸入体内的主烟流仅占整个烟气的10%。90%的侧烟流弥散在空气中，如果在居室内吸烟，则势必造成居室空气的污染。通过对血液、尿液和唾液的化验，可以检查出吸烟者体液里含有一定量的尼古丁、碳氧血红蛋白及硫氰化合物等。不吸烟的人体液里一般不含有尼古丁和硫氰化合物，碳氧血红蛋白含量也较低，但是在烟雾环境中逗留后，也照样可以检查出来，而且逗留时间越长，含量就越大。凡吸烟所可能引起的种种疾病，在被动吸烟者身上都有可能发生。被动吸烟的危害不亚于主动吸烟者。

土耳其国立爱琴海大学癌症研究防治中心主任艾菲博士曾表示，经常在吸烟者四周打转的人都难有健康的身体，尤其是朝夕相处的夫妇，如果丈夫吸烟，妻子不但容易衰老，患肺癌的概率也较一般女性高 2 倍。

当前，二手烟受害多者仍是女性。世界卫生组织统计，全球吸烟者已超过10 亿人口，男性占绝大多数，超过 2/3，女性不及 1/3，如果以一对一男女比例计算，女性遭受烟害的人数相当庞大。据世界卫生组织统计，全世界平均每 10 秒钟就有一人死于与吸烟有关的疾病，在 70 岁以前的死亡男性、女性中，有 36%的男性与 13%的女性，与吸烟有直接关系。在吸烟家庭里长大的儿童，他们在 6 岁或更小时患哮喘的危险要比不吸烟家庭的儿童高 1 倍。

2006 年 1 月 26 日，美国加利福尼亚州环境管理机构做出一项决定，将被动吸烟列入空气污染黑名单，其污染级别与柴油尾气等污染等同。2008 年 5 月 6 日发表于《美国心脏病学会刊》的一项新研究提出：真实情景下，暴露于二手烟 30 min之内就能对身体血管系统产生不利影响，特别是孩子和其他从不吸烟的健康成年人，损害是双重的；暴露二手烟不仅损害血管系统，而且降低修复血管损伤的内皮祖细胞的功能。这项研究还发现，二手烟暴露的危害作用可持续 24 h，比先前研究认为的时长要长得多。

(三)控制吸烟的措施

1. 对烟草有正确的认知

公众对吸烟危害健康的认识不足及误区，是阻碍我国控制吸烟工作的重要因素之一[30]。公众对吸烟和二手烟暴露危害的认识严重不足，3/4 以上的中国人不能全面了解吸烟对健康的危害，2/3 以上的中国人不了解二手烟暴露的危害。大部分公众对"低焦油等于低危害"的错误观点缺乏认识，且受教育程度高者，如医生、教师等人群有此错误认识的比例更高，反映公众普遍对这一问题存在严重的认识误区。

通过上述吸烟危害机理的陈述，让我们对吸烟有害健康有了更加深入的了解，这是控制吸烟的第一步。

2. 开展健康教育

开展健康教育，提高卫生健康知识，有助于公众对烟草有正确的认识，特别是预防青少年吸烟。

预防的办法以教育为主，如在初中增设健康教育课或配合生理卫生课，印发宣传小册子、连环漫画书，也可组织学生观看电视录像带等。教育的内容侧重于吸烟的危害，吸烟是室内空气污染的主要来源，吸烟导致疾病和过早死亡，造成大量劳动力的丧失和医疗费用的增加等。在讲解吸烟所致的健康危害时，可结合疾病的统计数字，给青少年直观的感受。在教育过程中，可组织学生参加社会实践活动，如上街宣传、劝说家人戒烟等，将会有更好的效果。

3. 共创无烟环境[31]

环境对吸烟者有不小的影响，若周围均是无烟环境，会限制吸烟者控制自己不吸烟，若周围均是"老烟枪"，则吸烟者也会控制不住自己，加入吸烟的阵列，特别是对青少年而言，良好的环境，可以有效影响青少年健康茁壮成长。

学校、家庭是青少年的主要活动场所。教师和父母常是青少年崇拜、模仿的偶像，故他们吸烟也是青少年吸烟的一个重要原因。因此教师和家长要以培养下一代、提高全民族素质为己任，为青少年树立一个良好的形象。同时要加强教师、家长自身的卫生知识宣传，让他们意识到吸烟的危害，自觉地不吸烟。可以给家长、教师印发宣传册，请教师、家长和孩子一起观看录像带，一起参与预防吸烟的宣传活动等。这样形成一个家长管教孩子、孩子劝导家长的局面。此外，学校为创立一个无烟环境，可依照自身情况制定一些规章制度如禁止教师在办公室、操场吸烟，禁止学生吸烟，并且把吸烟与评选先进班级、三好学生、文明寝室等结合起来。对在校生屡教不改者可采取批评、记过直至开除学籍等处分。

4. 戒烟

吸烟对个体的身心健康及环境影响极大，应引起人们的重视，也应积极戒烟，戒烟疗法很多，主要介绍如下几种[32]。

(1)认知疗法

让吸烟者充分认识吸烟对自己及他人的危害，树立戒烟的决心和信心，不要认为自己抽烟历史较长而戒不掉，一定要想：我一定会戒掉。在日常生活中，也有许多烟瘾大的人，多次戒烟都未成功，后来得了不宜抽烟的疾病，下决心后还是戒了。

(2)厌恶疗法

对嗜烟者的抽烟行为选用一些负性刺激法使之对其产生厌恶感。例如采用快速抽烟法，首先让患者以每秒一口的速度将烟吸入肺部，由于这种速度远远超出正常的吸烟速度，使尼古丁在短时间内被大量吸入，患者会产生强烈的生理反应，如头晕、恶心、心跳过速等。然后要求患者好好体验这种不良感觉，再让他呼吸一会儿新鲜空气，两者形成鲜明对比。最后又让患者快速抽烟，直到不想再抽、看到香烟就不舒服为止。这种疗法只要连续进行 2～3 次，一般都会戒掉。但此法不能用于患心脏病、高血压、糖尿病、支气管炎、肺气肿等人群。

(3)系统戒烟

要求戒烟者一下子将烟完全戒掉，是比较困难的，特别对烟瘾大的人说更不现实。因此，应采取逐步戒烟的方法。抽烟成瘾者往往是在下意识状态下抽烟的，所以在戒烟前，要制定一个戒烟计划，计算好每天吸烟的支数，每支烟吸多长时间，将下意识抽烟习惯转变为有意识的抽烟。在戒烟过程中，要逐步减少每天吸烟的支数，逐步延长吸烟的间隔时间，如两天减少一支烟，一天减少一支烟，半天减少一支烟，这样不断递减；一小时抽一支烟、两小时抽一支烟、半天抽一支烟，间隔时间不断递增，最后达到戒烟目的。

(4)控制环境

许多人吸烟往往与一定的生活、环境、情绪状态联系在一起，因此应设法避免这些因素的影响。例如，在写作或思考问题时喜欢抽烟的人，那么可有意识地在身边少放烟，或放点瓜子、糖果之类的东西来替代。曾任美国总统的里根就是用口香糖成功戒烟的。对于外来的抽烟刺激，应尽量避免。当别人敬烟时，对初次见面者可说不会抽，对熟人朋友说喉咙不舒服或直言已戒。只要态度诚恳坚决，别人一般不会强行敬烟。

(5)家庭治疗

妻子和孩子可做戒烟者的监督人，帮助吸烟者彻底戒掉。如妻子可把丈夫原来每天吸烟的钱积攒下来，买件有意义的物品送给他作为奖励。如违约给予一定惩罚。

阅读链接：世界无烟日（摘自：https://baike.baidu.com/item/%E4%B8%96%E7%95%8C%E6%97%A0%E7%83%9F%E6%97%A5/426991?fr=aladdin）

在 1987 年 11 月，世界卫生组织(WHO)在日本东京举行的第六届吸烟与健康国际会议上建议把每年的 4 月 7 日定为世界无烟日(World No Tobacco Day)，并从 1988 年开始执行，但从 1989 年开始，世界无烟日改为每年的 5 月 31 日，因为第二天是国际儿童节，希望下一代免受烟草危害。烟草依赖是一种慢性疾病，烟草危害是世界上最严重的公共卫生问题之一，吸烟和二手烟问题严重危害人类健康。

2020 年 5 月 31 日是世界卫生组织发起的第 33 个世界无烟日，本次世界无烟日的主题是"保护青少年远离传统烟草产品和电子烟"；我国作为世界上最大的烟草受害国，在实现人类无烟愿景的行动和成效上与其他先进国家存在显著差距，其根本原因在于国民对"尼古丁是种毒品""尼古丁具有成瘾性""卷烟中含尼古丁""吸烟没有好处"的事实真相缺乏深刻系统的认识。

在中华人民共和国公安部公布的《剧毒物品品名表》中，尼古丁也属于 A 级剧毒物，编号 A2045；如进行静脉注射，50 毫克(mg)的尼古丁足以夺取一个成年人的性命。

实现世界无烟无疑需要人类对"吸烟无好处"、"烟草是毒品"的事实真相达成一致共识。

截至 2019 年 12 月 25 日，根据世界卫生组织的预计报告显示："每年有 800 多万人死于烟草使用，其中 700 多万人因直接使用烟草而亡，剩下约有 120 万人数的非吸烟者因接触二手烟雾而死亡。大多数烟草相关死亡发生在低收入和中等收入国家，这些国家是烟草业的干预和营销措施的集中目标。"

第二节　化学与居住安全

一、煤气中毒原理及防护方法

(一)煤气中毒原理

煤气中毒一般是指一氧化碳(CO)中毒，是含碳物质燃烧不完全时的产物经呼吸道吸入引起的中毒。

CO 中毒的机理是：CO 与血红蛋白(Hb)的亲和力比氧与 Hb 的亲和力高 200～300 倍，CO 进入肺泡后很快会和 Hb 产生很强的亲和力，使 Hb 形成碳氧血红蛋白(COHb)，阻止氧和 Hb 的结合。同时 COHb 的解离速率却比氧合血红蛋白的解离慢 3600 倍。一旦 COHb 浓度升高，Hb 向机体组织运载氧的功能就会受到阻碍，进而影响对供氧不足最为敏感的中枢神经(大脑)和心肌功能，造成组织缺氧，从而使人产生中毒症状。

急性 CO 中毒是吸入高浓度 CO 后引起以中枢神经系统损害为主的全身性疾病，中毒起病急、潜伏期短。轻、中度中毒主要表现为头痛、头晕、心悸、恶心、呕吐、四肢乏力、意识模糊，甚至昏迷，但昏迷持续时间短，经脱离现场进行抢救，可较快苏醒、一般无明显并发症。重度中毒者意识障碍程度达深昏迷状态，往往出现牙关紧闭、强直性全身痉挛、大小便失禁。部分患者可并发脑水肿、肺水肿、严重的心肌损害、休克、呼吸衰竭、上消化道出血、皮肤水泡或成片的皮肤红肿、肌肉肿胀坏死、肝、肾损害等。

《室内空气质量标准》(GB/T18883—2002)中，一氧化碳(CO)的标准值为 10 mg/m^3(1h 均值)。

(二)煤气中毒的急救

CO 中毒是相当危险的。中毒者虽然理智清醒，但是四肢无力，失去控制，其至想站也站不起来。这是因为，CO 中毒以后，引起体内缺氧，导致窒息；另外，CO 对支配肌肉运动的神经末梢，即肌肉与神经的结合点有麻痹作用。当支配手脚运动的各个神经末梢被 CO 麻痹以后，即使大脑处于清醒状态，也无法指挥手脚行动。因此，CO 中毒者很难自己抢救自己，必须由他人及时抢救。

在抢救 CO 中毒者时，首先必须让患者在保持平静状态下迅速转移到空气新鲜、温度适宜的地方，千万不能随便扭动患者。因为患者体内已经处于严重缺氧状态，而任何动作都会多消耗氧气，造成体内更加缺氧。这样反而有加速其死亡的可能。轻度中毒者常于吸入新鲜空气或吸氧后迅速好转。中度重度患者，在以上急救措施后应立即送医院抢救治疗。急性 CO 常常会留下一些后遗症，如健忘、工作能力降低、精神异常等。长期储存在大脑中的各种信息都会遭到破坏，有时健忘程度相当严重，甚至忘记自己亲人的姓名。

(三)煤气中毒防护方法[33]

(1)应广泛宣传室内用煤火时应有安全设置(如烟囱、小通气窗、风斗等)，说明煤气中毒可能发生的症状和急救常识，尤其强调煤气对小婴儿的危害和严重性。煤炉烟囱安装要合理，没有烟囱的煤炉，夜间要放在室外。

(2)不使用淘汰热水器，如直排式热水器和烟道式热水器，这两种热水器都是国家明文规定禁止生产和销售的；不使用超期服役热水器；安装热水器最好请专业人士，不得自行安装、拆除、改装燃具。冬天洗澡时浴室门窗不要紧闭，洗澡时间不要过长。

(3)开车时，不要让发动机长时间空转；车在停驶时，不要过久地开放空调机；即使是在行驶中，也应经常打开车窗，让车内外空气产生对流。感觉不适即停车休息；驾驶或乘坐空调车如感到头晕、发沉、四肢无力时，应及时开窗呼吸新鲜空气。

(4)在可能产生 CO 的地方安装 CO 报警器。CO 报警器是专门用来检测空气中 CO 浓度的装置，能在 CO 浓度超标时及时报警，有的还可以强行打开窗户或排气扇，使人们远离 CO 的侵害。

二、燃气的燃烧原理及火灾

(一)燃烧的原理

燃烧是一种放热、发光的化学反应，它必须具备火源、可燃物、助燃物三个条件。

1. 火源

凡能引起可燃物质燃烧的热能源都叫火源。如常见的火柴的火焰、油灯火、电火花等。要使可燃物质燃烧，需要有足够的温度和热量，各种不同的可燃物质，燃烧时所需要的温度和热量各不相同。

2. 可燃物

不论固体、液体、气体，凡能与空气中的氧或氧化剂起剧烈反应的物质，一般都称为可燃物质，如木料、汽油、酒精、氢、乙炔以及书籍、纸张、蚊帐、衣、被等。

3. 助燃物

凡能帮助和支持燃烧的物质都叫助燃物质。如空气(氧气)、氯气以及氯酸钾、高锰酸钾等氧化剂。可燃物质被加热后放出的可燃气体与氧混合后才能燃烧。可燃物质完全燃烧，必须要有充足的氧气。据测定，氧气在空气中的体积一般约占21%，若空气中的氧含量低于14%～18%，一般可燃物质不会发生燃烧。

以上三个条件，必须同时具备，并相互结合相互作用，燃烧才能发生。缺少其中任何一个条件，燃烧就不能发生。有时在一定的范围内，虽然三个条件具备，但由于它们没有相互结合、相互作用，燃烧的现象也不会出现。

一切防火措施，都是为了防止燃烧的三个条件同时具备，不让它们相互结合、相互作用。一切灭火措施，都是为了破坏已经产生的燃烧条件，抑制燃烧的反应，不管采用那一种灭火方法，只要能去掉一个燃烧条件，火就熄灭了。

(二)燃气的燃烧原理

燃气是气体燃料的总称，它能燃烧而放出热量，供居民和工业企业使用。按燃气的来源，通常可以把燃气分为天然气、人工燃气、液化石油气和生物质气等。与我们生活最相关的是天然气和液化石油气等，它们常作为家用燃气供居民使用。天然气的主要成分是甲烷，液化石油气的主要成分是碳氢化合物，如丙烷、丙烯、丁烷、丁烯中的一种或者两种，甚至还掺杂着少量戊烷、戊烯和微量的硫化物杂质等。两者的燃烧原理就是：可燃物碳氢化合物在助燃物氧气的作用下，经过燃烧器的点燃发生燃烧，放出热量的过程。

其中甲烷燃烧的化学式如下：

$$CH_4 + 2O_2 \longrightarrow CO_2 + 2H_2O$$

(三)燃气引起的火灾

随着我国现代化建设的发展，人民生活水平不断提高，家用燃气及燃气用具已进入千家万户，燃气的普及和利用，不仅给人民群众的生活带来极大的方便，而且在社会主义现代化建设中起着越来越大的作用。

　　家用燃气之所以能迅速地为广大人民群众所接受，是因为它具有使用方便、燃烧干净、卫生、热效率高、节省时间等特点，在生活节奏日益加快的今天，它已成为人们生活中的帮手。但是，世界上的一切事物都是一分为二的，家用燃气虽然有着许多优越性，但由于家用燃气具有易燃、易爆、有毒等性质，如果不能正确使用，就会出现爆炸、燃烧、中毒等不幸事故，导致人员伤亡和财产损失，给人们的生活带来不幸和灾难。为了避免发生不幸事故，我们必须熟悉家用燃气易燃、易爆、有毒的特性，认识违章操作导致事故发生的危害性，掌握预防事故发生的科学方法。在使用过程中常见的火灾原因有：

　　(1)埋在地下的室外的管线受腐蚀、震动或冷冻等因素破坏，使管道破裂漏气，气体通过土层或下水管窜入室内，接触明火起火或发生爆炸。

　　(2)由于进户管线上的室内阀门关闭不严；阀杆、丝扣损坏失灵；阀门不符合要求，或由于误开阀门，使天然气逸出，遇到明火燃烧或爆炸。

　　(3)天然气金属炉或炉筒与可燃建筑、可燃物品距离不足；在天然气压力小时开大阀门，当压力大时未能及时调整，以致烧红炉子、烟筒烤着可燃建筑物或可燃物品，引起火灾事故。

　　(4)用天然气取暖的火炕、火墙，用火时间过长，炕表面过热，烤着被褥、衣物或其他物品起火。

　　(5)由于连接导管、炉灶、阀门等部件损坏或密封不严，造成气体泄漏达到爆炸浓度范围，遇火星发生爆炸。

　　(6)人为操作不当，造成气体泄漏或引起火灾事故。

　　(四)燃气泄漏着火应急措施

　　燃气泄漏引发火灾，一定要保持镇静，采取以下措施：

　　(1)切断气源。切记"断气即断火"。应立即关闭灶前阀门及表前总阀门，即可灭火。如果火势较大，灶前阀门附近有火焰，可用湿毛巾、湿衣物包手，尽量关闭阀门。

　　(2)尽量灭火。用灭火器、干粉灭火剂、湿棉被等扑打火焰根部灭火。

　　(3)疏散人员。迅速疏散家人、邻居、阻止无关人员靠近。

　　(4)电话报警，在没有燃气泄漏的地方，如室外拨打燃气公司客户服务中心电话报修。如火势无法控制，请在疏散人员后，迅速离开现场，在没有燃气泄漏的地方，拨打火警"119"，并立即向燃气公司客户服务中心报险。打电话报警时要沉着镇定，讲清火灾的地点和单位，并尽可能讲清着火的对象、类型和范围。要注意对方的提问，并把自己所用的电话号码告诉对方，以便联系。当对方讲："消防车来了"，应立即在门口和必经的交叉路口等候，引导消防车迅速到达火场。

热点聚焦：消除家装污染威胁，维护百姓"安居"生活

一、家装污染严重，健康的"隐形杀手"

近年来，随着我国经济高速发展，人们生活水平显著提高，人们越来越追求舒适的室内居住环境，于是以追求豪华、舒适的室内空间装饰装修大行其道。然而在进行室内装修的同时，室内装修污染问题也随之突显。根据 2011 年郑州市环保产业协会的检测结果，该市 335 个检测点总超标率为 97.91%，其中甲醛污染浓度平均超 3.12 倍，创 6 年来新高[34]。不仅郑州，全国其他城市的室内装修污染调查结果也不容乐观。2015 年，对呼和浩特市新装修家居室内空气污染状况的调查显示，主卧室甲醛和总挥发性有机化合物超标率为各居室之首，分别为 86.6% 和 31.7%[35]。人们一生中约 60%～90% 的时间是在室内环境中度过的，室内空气质量直接关系到人们的健康。世界卫生组织的报告显示，世界上每年有 280 万人直接或间接死于室内装修污染，室内污染已经成为人类健康的十大威胁之一。而据中国室内环境监测工作委员会的数据，每年由室内空气污染引起的死亡人数已达到 11.1 万人，平均每天死亡 304 人[36]。在家庭装修污染面前，儿童往往成为最大受害者。我国每年新增白血病患者 4 万～5 万人，约 50% 是儿童。据北京儿童医院血液科统计，接诊的白血病患儿中，90% 家庭在半年之内曾经装修过[37]。家庭装修后造成的室内空气污染已成为"看不见的杀手，"严重威胁着人们的身体健康和生命安全。

目前，装修材料和家具是我国家庭装修后室内空气污染的主要来源。根据有关调查，装修后的室内空气中存在 500 多种挥发性有机物，其中致癌物质就有 20 多种，致病病毒 200 多种[38]，人造板材、油漆涂料、建筑胶、墙地砖、卫生陶瓷等装修材料和家具是这些有害物质的重要载体，如装修时用到的乳胶漆、壁纸、木地板、床垫以及各种板材等都不同程度地含有甲醛。在装修材料和家具释放的有害物质中，甲醛、苯、氨、氡、总挥发性有机化合物构成了家庭装修污染的五大污染源（表 5-2）。其中，甲醛和苯是造成室内污染的主要原因，对人体健康的危害最大。甲醛号称家居污染的"头号杀手"，在我国有毒化学品优先控制名单上高居第二位，已被世界卫生组织确定为致癌和致畸形物质。另外，苯及其同系物也是人们身边的"恶魔"，长期接触可导致再生障碍性贫血甚至白血病。近年来，人们在关注保护蓝天、江河湖海等大环境污染的同时，也逐渐重视与自身生活息息相关、直接涉及人身健康的室内环境污染问题。家庭装修带来的健康问题逐渐成为大众普遍关注的焦点。有效消除家庭装修污染威胁，切实保障老百姓的"安居"生活，已成为新时代满足人民美好生活需求的迫切任务。

表 5-2　室内装修主要有害物质及危害一览表

有害物	污染源	危害
甲醛	人造板材、化纤地毯、泡沫塑料、涂料、黏合剂等	家居污染的"头号杀手",能引起呼吸道的严重刺激和水肿、眼刺痛、头痛,也可引起支气管哮喘,甚至引起鼻咽、皮肤、消化道的癌变
苯	各种涂料、胶黏剂和防水材料的溶剂或稀释剂	长期接触会引起慢性中毒,出现头痛、失眠、记忆力减退等神经衰弱症状,严重的可导致再生障碍性贫血甚至白血病,孕妇吸入会引起流产或导致胎畸形
挥发性有机化合物(烷、烯等)	各种涂料、黏合剂及各种人造板材	引起机体免疫水平失调,出现头晕、嗜睡、乏力、胸闷等症状,严重的还可损伤肝脏和造血系统出现癌变等
氡	房屋地基和石材、瓷砖、某些煤渣砖和水泥	通过呼吸进入人体,并在体内发生衰变而对人体造成损伤、进入呼吸系统造成辐射损伤,导致肺癌

二、装修污染横行,原因复杂多样

家庭装修后普遍存在的甲醛、苯等室内污染物超标,已成为阻碍人们改善生活环境、提高生活品位的"顽疾"。室内空气污染问题虽然被新闻媒体多次报道,却依然未得到改观。一些企业为追求低成本、高利润,生产不合格建材、装修工艺及设计不合理、进行"无资质"室内空气检测是装修污染横行的主要原因。除此以外,室内空气质量标准及装修材料标准的滞后与不足在客观上也纵容了装修污染的存在。

(一)建材市场鱼目混珠

我国装修材料市场大多被中小型企业占领,而小型企业在原材料及成品检验等产品标准上控制能力较弱,部分厂商使用质量不合格的原材料以降低其企业成本,在这样的情况下大量不合格的装修材料充斥市场。中国室内装饰协会室内环境检测中心透露,在装修材料市场中,不合格材料占 68%[39]。另外,政府部门的监管不到位也是造成企业铤而走险采用不合格原料进行生产的重要原因。我国建材市场呈多头监管状态,生产环节由质监部门负责,销售环节由工商部门负责,建筑使用环节由建委部门负责。各市场监管机构之间职能重叠交叉、职责不够明确、重复监督,彼此之间难以实现必要的协调和合作,从而造成了管理上的真空。

(二)装修工艺设计不合理

家庭装修工艺及设计与装修后室内空气质量密切相关。在装修施工过程,装修公司在使用水泥时掺含氨外加剂、用胶黏剂贴墙砖、木地板下用木芯板作毛地板、胶合板切口未进行封闭处理等,都可能加重室内空气污染。当施工中采用含有大量游离甲醛的胶黏剂,或在过多使用建筑胶黏剂黏接后又被材料覆盖时,有害气体就迟迟散发不尽,会形成建筑胶黏剂长期持续的对室内空气的污染危害。

此外，设计不合理也会使有害物质浓度大大增加。比如在装修设计中忽视装修空间的大小，即便全部采用符合国家标准的"绿色环保"建材，也可能会因不同材料释放的有害物质累积形成"叠加污染"，导致主要污染物超标。

(三)无证检测机构泛滥

随着室内环境受到越来越多人的关注，消费者在家居装修后会找到相关机构对室内空气质量进行检测。受市场需求激增和利益驱使，市场中涌现出大量没有检测资质的空气质量检测机构。根据《中华人民共和国计量法》规定，为保证检测数据的准确性和公正性，所有向社会出具公证性检测报告的质量检测机构必须获得计量认证资质。换言之，在国内进行空气质量检测必须具备相应资质。2013年的统计数据显示，绝大多数室内空气质量检测机构没有计量认证资质(CMA 认证)[40]。很多无证检测机构虚假宣传自己的资质和能力，以检测为诱饵吸引消费者购买治理产品，扰乱了室内空气质量检测市场，使得人们无法真正了解自己所居住的环境质量。

(四)国家标准有待完善

为控制室内空气污染、保护人体健康，我国从 2001 年开始陆续出台了《室内空气质量标准》《民用建筑工程室内环境污染控制规范》《室内装饰装修材料中有害物质限量标准》等一系列关于室内空气及装修材料的国家标准，室内空气质量标准体系已初步形成。但《室内空气质量标准》仅为推荐性标准，对建筑开发商、装修商、家具商并没有强制约束力。而《民用建筑工程室内环境污染控制规范》虽为强制性标准，控制范围却仅局限于氡、甲醛、氨、苯和总挥发性有机化合物等五种室内环境主要污染物，对于一些可能产生污染的化学物质并未提及。十余年来，我国室内空气质量标准更新速度较慢，标准中的很多内容早已滞后于社会发展。不能适应人们的健康生活需求和建材市场健康发展的需要。加之我国至今尚未建立完整的室内空气质量评价体系，致使有关部门在处理消费者与厂商纠纷时依据不足。室内空气质量标准的不足与滞后在一定程度上放任了装修污染的存在。

三、打造安全家居，满足人民需求

家装污染原因纷繁复杂，控制室内装修污染需要各方共同努力，不仅需要国家完善室内空气质量标准，加强市场监督管理，也需要消费者提高家装环保意识，树立绿色环保装修理念。

(一)强化政府监管，推动建材市场健康发展

面对不合格产品充斥建材市场，加强政府职能部门对建材市场的监督管理淘

汰劣质装修材料势在必行。2018年，党的十九届三中全会审议通过了《中共中央关于深化党和国家机构改革的决定》《深化党和国家机构改革方案》，决定将工商局、质检局和食药局三局合一成立市场监督管理局，有效避免了多部门对建材市场的交叉重复管理，提高了政府监管效能。近年来，全国多省市对建材市场开展专项执法检查，积极引导和督促经营者依法建立和落实进货检查验收进货台账、质量承诺书、不合格产品退市等自律制度，对制售假冒伪劣建材违法犯罪活动严格依法惩处，有力地推动了建材市场的健康发展，从源头减少了室内装修污染。除规范建材市场外，政府职能部门还应加强对空气质量检测机构的管理，促进第三方环境检测机构有序发展，确保环境检测数据的真实性、准确性和公正性，为消费者准确判断和消除家装污染提供科学依据。

(二)完善相关标准，提高室内污染治理水平

进入新时代，我国室内空气质量标准化进程明显加快，一系列重要标准相继出台或修订。2018年9月，住房与城乡建设部颁布《住宅建筑室内装修污染控制技术标准》(以下简称《标准》)。《标准》首次提出装修污染物控制设计的理念和方法，将室内空气质量目标和材料环保性能要求有机结合，完善了污染源头控制和污染控制设计措施，对于装修污染起到了很好的控制作用。2020年1月，新修订的《民用建筑工程室内环境污染控制标准》经批准发布，为保证室内环境安全和人民群众的身体健康提出了新的要求。该标准将室内空气中污染物种类由五种增加至七种，提高大部分污染物的浓度限值；对幼儿园、学校教室、学生宿舍等装饰装修提出了更加严格的污染控制要求，为有效解决社会高度关注的学校、幼儿园室内环境污染问题提供了强制性要求。随着国家市场监督管理局对部分重要装修材料有害物质限量标准完成修订，我国室内空气质量标准体系逐步完善。日趋完善的标准体系不仅推动了环保装修材料和工艺的发展，也为进一步提高室内污染治理水平奠定了制度基础。

(三)加强环保宣传，提高消费者家装环保意识

实践中，消费者家装环保意识不足及缺乏识别不合格装修材料相关知识的情况普遍存在，加重了室内装修带来的污染。加强政府相关职能部门的科普与宣传，对于提高消费者家装环保意识和自我保护意识，帮助消费者树立健康装修、绿色环保装修理念，有效防治室内空气污染意义重大。中央电视台和地方电视台推出的多档家装节目为消费者提供了丰富的装修知识和装修解决方案。如在装修过程中，消费者应首先注意装修设计的科学性，充分考虑室内空间承载量和通风量，合理搭配各种装饰材料的使用量，避免因大量使用单一装修材料导致某项有害物质超标，同时为室内购买家具和其他装饰物品留好提前量。其次，消费者应合理

选择装修材料，尽量到正规大型的建材市场选购符合国家标准的室内装饰装修材料，购买材料时向销售商索取并察看有效的产品质量检验合格报告。家具尽量选择实木家具或藤制品等纯天然家具，少买人造板材和有强烈刺激气味的家具。最后，消费者应严格执行室内装饰装修的施工工艺，选用无毒、无害、无污染、少污染的施工工艺，防止使用劣质胶或衬垫劣质材。装修结束后，加强室内通风换气、使用空气净化设备及种植绿植可有效减少室内有害气体含量，降低污染物对人体造成的损害。

随着中国特色社会主义进入新时代，健康越来越成为人民美好生活的重要需求。面对严重的室内装修污染，我国积极完善室内空气质量标准体系，加强建材市场和空气质量检测市场监管，不断满足了人民群众对"安居"生活的美好需求，推进了全面小康社会建设，也为经济社会的高质量发展提供了强劲而持续的动力。

参 考 文 献

[1]《室内空气质量标准》（GB/T18883—2002）

[2] 刘开军，乔远望. 居室环境卫生指南[M]. 北京：军事医学科学出版社，2007

[3] DCEG Research on Formaldehyde Exposure. 世界卫生组织国际癌症研究机构[引用日期 2015-04-14.]

[4] 刘红. 甲醛对小鼠免疫功能影响的实验研究[D]. 长春：吉林大学，2005

[5] Shaham J, Bomstein Y, Meltzer A, et al. DNA-protein crosslinks, a biomarker of exposure to formaldehyde—in vitro and in vivo studies[J]. Carcinogenesis, 1996, 17(1): 121-126

[6] 黄南，祁姗姗，张思，等. 室内办公人员过敏性接触性皮炎过敏原特点及危险因素分析[J]. 中国医学创新，2017(10): 97-100

[7] Burkemper N M. Contact dermatitis, patch testing, and allergen avoidance[J]. Missouri Medicine, 2015, 112(4): 296

[8] Thyssen J P, Jensen P, Carlsen B C, et al. The prevalence of chromium allergy in Denmark is currently increasing as a result of leather exposure[J]. British Journal of Dermatology, 2010, 161(6): 1288-1293

[9] Wakamatsu T H, Dogru M, Matsumoto Y, et al. Evaluation of lipid oxidative stress status in Sj gren syndrome patients[J]. Invest Ophthalmol Vis Sci, 2013, 54(1): 201-210

[10] 阎华，晓开提·依不拉音. 装修居室内甲醛污染对儿童哮喘影响的卫生学调查[J]. 新疆医科大学学报，2008，31(5): 594-596

[11] 甲醛[EB/OL]. https://baike.baidu.com/item/%E4%B8%96%E7%95%8C%E6%97%A0%E9%86%9B%E6%97%A5，[2020-8-10]

[12]《室内装饰装修材料 人造板及其制品中甲醛释放限量》（GB 18580—2017）

[13] 挥发性有机物[EB/OL]. https://baike.baidu.com/item/%E6%8C%A5%E5%8F%91%E6%80%A7%E6%9C%89%E6%9C%BA%E7%89%A9/10832612?fr=aladdin，[2020-8-10]

[14] 半挥发性有机物[EB/OL]. https://baike.baidu.com/item/%E5%8D%8A%E6%8C%A5%E5%8F%91%E6%80%A7%E6%9C%89%E6%9C%BA%E7%89%A9/9910440]，[2020-8-10]

[15] Broundtland: Statement in the International Policy Conference on Children and Tobacco, WHO, 18, Mar. 1998

[16] 龚鹤琴. 从美国的控烟经验看我国的控烟工作和今后控烟工作的重点[J]. 学术探索，2003(5): 63-65

[17] 王长利，李磊，陈志勇. 吸烟与肺癌发生的关系[J]. 循证医学，2009, 9(4): 206-212

[18] 李峰，居红格. 吸烟与男性膀胱癌关系研究[J]. 包头医学院学报，2009, 29(4): 28-29

[19] 秦敬柱, 袁长海. 我国胃癌患者年轻化趋势的原因分析[J]. 中国初级卫生保健, 2009, 23 (8): 10-11

[20] 李凤菊, 秦会安, 冶保献, 等. 尼古丁与 DNA 相互作用的电化学研究[J]. 分析科学学报, 2008, 24 (3): 291-294

[21] 李建华, 刘江凤. 吸烟对人类健康主要危害的研究进展[J]. 国际内科学杂志, 2008, 35 (5): 284-287

[22] 李旭, 李宝平. 烟熏诱导大鼠肺气肿模型实验研究[J]. 山西医药杂志: 上半月, 2009 (6): 514-515

[23] 张海元, 刘鲁川. 氧自由基与牙周炎关系研究进展[J]. 牙体牙髓牙周病学杂志, 2009, 19 (1): 46-49

[24] 梅丽霞, 张学兰, 白莉, 等. 血管壁回声跟踪技术评价被动吸烟者的颈动脉弹性功能[J]. 中国医学影像技术, 2009, 25 (005): 813-815

[25] 孙晓红, 冯昱, 许爱华, 等. 被动吸烟大鼠脑血流动力学变化的实验研究[J]. 中国血液流变学杂志, 2008 (4): 28-29, 47

[26] 罗太阳, 刘小慧, 董建增, 等. 吸烟与冠心病关系的研究[J]. 中国介入心脏病学杂志, 2008, 16 (6): 328-331

[27] 陈国芳, 徐宽枫, 刘超. 吸烟与糖尿病[J]. 国际内科学杂志, 2008, 35 (8): 452-455

[28] 刘辉. 吸烟危害人体的机理[J]. 临床合理用药杂志, 2012, 5 (22): 136-137

[29] 韩如冰, 唐中华. 居室环境与健康[M]. 北京: 中国建筑工业出版社, 2015

[30] 中华人民共和国卫生部. 中国吸烟危害健康报告. 2012

[31] 世界无烟日即将来临 京津冀协同控烟打造无烟奥运[EB/OL]. 央视网[引用日期 2018-06-03]

[32] 黄卫. 各国禁烟之法律规定[EB/OL]. 法律图书馆[引用日期 2019-06-03]

[33] 一氧化碳中毒[EB/OL]. https://baike.baidu.com/item/一氧化碳中毒?fromtitle=煤气中毒&fromid=1117140#5, 2020-8-20

[34] 徐静静. 论室内装修污染的环境侵权民事责任[J]. 牡丹江大学学报, 2012 (6): 14-15

[35] 周海域. 呼和浩特市室内装修污染现状调查[J]. 环境与发展, 2016 (4): 52-54

[36] 刘宝亮. 控制室内装修污染刻不容缓.中国经济导报, 2012-9-6 第 B07 版

[37] 落志筠. 我国室内装修污染的现状及其法律原因分析[J]. 现代物业, 2011 (2): 78-81

[38] 王小四. 浅论室内装修的污染和治理[J]. 中国新技术新产品, 2013 (12): 186-187

[39] 王映华. 室内装修污染的危害及防治[J]. 河北化工, 2007 (3): 50

[40] 室内空气治理行业乱象调查[EB/OL]. http://www.cqn.com.cn/zgzlb/content/2018-09/20/content_6274631.htm, [2020-9-8]

第六章　化学与大气环境安全

包围地球的空气称为大气。大气为地球生命的繁衍，人类的发展，提供了理想的环境。化学对人类社会的进步起到促进作用的同时，也对大气环境造成了严重的污染。在燃料的燃烧、工农业生产和现代交通工具的使用过程中，大量有毒有害的气体和颗粒物被排放到大气中，使正常的大气组成改变，空气被污染，严重威胁着人类的健康。

第一节　大气结构和组成

一、大气的结构

包围在地球周围并在地心引力作用下随地球旋转的大气层称为大气圈。大气圈总质量约为 5.2×10^{18} kg，仅占地球质量的百万分之一，其中 90% 集中在 30 km 以下。根据大气在垂直方向上温度、化学组成等的分布，将大气分为对流层、平流层、中间层、热成层和逸散层五层，如图 6-1 所示[1]。

(一)对流层

对流层是地球大气中最低的一层，底面是地面。由于对流层内对流作用强度的不同，对流层的厚度从赤道向两极减小，在低纬度地区为 17~18 km，中纬度地区为 10~12 km，高纬度地区为 8~9 km。虽然对流层厚度很薄，但其质量却占整个大气圈的 3/4。对流层对人类的生产和生活影响最大，风、雨、雪、雷电等天气现象均出现在此层。大气污染也主要发生在这一层靠近地面 1~2 km 范围内。

(二)平流层

从对流层顶到约 50 km 的大气层称为平流层。平流层的温度先随高度增加而不改变或变化很小，平流层下层即 30~35 km 高度以下近似等温，所以平流层又称为同温层。在 30~35 km 以上，随高度升高温度又明显上升。这是因为平流层中的臭氧吸收紫外线释放出热量使大气温度升高。平流层没有云、雨等天气现象，尘埃也很少，大气透明度好，非常适合超音速飞机飞行。

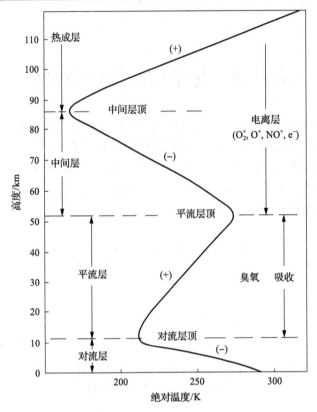

图 6-1　大气圈的层状结构

(三)中间层

从平流层顶以上到大约 80 km 的大气层称为中间层。这一层温度随高度上升而下降，低至-83℃，是大气中最冷的一层。这层有强烈的垂直对流运动，又称高空对流层。

(四)热成层

在中间层顶以上到大约 800 km 的大气层称为热成层。这一层中大气的温度随高度增加而急剧上升。在 250 km 左右，温度可达到 2000 K，热成层也由此得名。这层大部分空气分子在太阳和宇宙射线作用下发生电离，故又称为电离层。

(五)散逸层

热成层以上的大气层称为散逸层，是大气圈的最外层。该层气温随高度增加而升高。该层地心引力极小，以致气体和微粒被碰撞出这一层后直接进入宇宙空间。

阅读链接：大气圈对人类的意义(摘自：大气圈与人类生活. https://wenku. baidu. com/view/2ae0c45ef56527d3240c844769eae009581ba269.html)

　　大气层对人类有着至关重要的意义，如果没有大气层，地球时时刻刻都面临着被陨石撞击的风险，大气层就像一把保护伞在阻挡紫外线的同时也为我们阻挡着这些陨石。各层对人类的意义如下：

　　对流层包含整个大气层约 3/4 的质量，以及几乎所有的水蒸气及气溶胶。由于人类直接生活在对流层，所以对流层与人类的关系最为密切。云、雨、雪、雹、雾等对流层内的天气现象都对人类活动有很大影响，对流层内空气的清洁程度直接影响着人体的健康。

　　平流层中含有丰富的臭氧，臭氧吸收大量来自太阳的紫外线，防止过量紫外线对人类造成伤害。另外，平流层对于全球性水汽和臭氧的输送有着极为重要的作用。我们的商用飞机也一般选择在平流层中飞行。

　　热成层中的大气在太阳光的紫外线和其他星球释放的各种射线的照射下发生电离，产生大量的离子和自由电子。其中，自由电子能将地面投射的无线电波反射回地球进而完成远距离通信。例如无线电波、手机通信、雷达搜索、互联网等都离不开电离层。电离层十分容易受到太阳活动的影响，这也是每当有太阳黑子或耀斑时通信总是出现异常的原因。由于太阳带电粒子流进入电离层，在地球南北两极附近地区的高空，夜间就会出现灿烂美丽的光辉，就是极光。另外，电离层在出现地震时也会出现异常，这也为地震的预报提供了一个有效的途径。所以，热成层对于人类的生产生活及发展有着至关重要的作用。

　　由此可见，大气层对于人类有着至关重要的意义，可以说没有大气层就没有人类，大气层时时刻刻保护着我们，同时也为我们提供了赖以生存的良好的地球环境。然而现在大气污染情况十分严峻，大气保护已刻不容缓。让我们一起携手保护大气，共享蓝天白云，繁星闪烁。

二、大气的组成

　　大气是由干洁空气、水汽和其他微量杂质组成的混合物。其中干洁空气由 78.084%的氮气、20.946%的氧气和1%的其他气体组成，其他气体主要有氩气(占空气总体积的 0.934%)、CO_2(占空气总体积的 0.037%)、微量的惰性气体(氖、氦、氪、氙)、甲烷、氮的氧化物、硫的氧化物、氨、臭氧等(表 6-1)。

　　大气也可根据其可变性分为三类[2]：

　　1. 恒定组分

　　由氮、氧、氩加上微量的氖、氦、氪、氙等稀有气体构成的大气的恒定组分，占大气总体积的 99.9%以上。其组成稳定的主要原因是氮和稀有气体不活泼，而氧的消耗与植物光合作用释放的氧基本平衡。

表 6-1　干洁空气的组成[3]

组分	体积分数/%	组分	体积分数/%
氮(N_2)	78.084	甲烷(CH_4)	0.0002
氧(O_2)	20.946	氪(Kr)	0.000114
氩(Ar)	0.934	氢(H_2)	0.00005
二氧化碳(CO_2)	0.037	氙(Xe)	0.000008
氖(Ne)	0.001818	臭氧(O_3)	0.000001
氦(He)	0.000524	其他	0.001421

2. 可变组分

大气中的可变组分主要是指二氧化碳、水蒸气和臭氧等。这些气体含量虽少，但是对大气物理状况的影响却很大。大气中二氧化碳的含量约为 0.02%～0.04%，水蒸气的含量一般在 4%以下。

3. 不定组分

不定组分是指大气中的煤烟、尘埃、硫氧化物、氮氧化物、碳氧化物、碳氢化合物等。它们的来源有两个，一是由自然灾害如火山爆发、森林火灾、海啸、地震等产生，二是由于人类的生产和生活活动等人为因素造成。

空气的正常化学组成是保证人体生理机能和健康的必要条件。一个成年人每天吸入的空气量达 15～20 m^3 左右，人如果没有呼吸到新鲜的空气，只能生存几分钟。大气受到污染，不仅影响气候和气象变化，而且会对动植物的生长生存和人体健康造成危害。为了人类的可持续发展，采取有效的措施防止大气污染物的排放，改善地球空气质量，是我们每位公民肩负的重要职责。

第二节　大气污染物及其对人体健康的影响

大气污染物是指由于人类活动或自然过程排放到大气中，并对人体、生物或环境产生有害影响的物质。

自然过程产生的污染物主要是由火山爆发产生的尘埃、烟雾及 SO_2、H_2S 等化学污染物，森林火灾排放出的 CO、CO_2 等，以及海啸产生的飞沫颗粒物和风沙等。由于大气环境有一定的容量和自净能力，自然过程引起的污染经过一段时间后通常会自然消失。人类活动产生的污染物主要有：①燃料燃烧产生的 CO、CO_2、SO_2、氮氧化物、有机化合物及烟尘等物质。②工业生产过程中产生的硫化氢、二氧化碳、二氧化硫、硫氧化物、氮氧化物、氟化物、氯化氢、苯类、烃类及各种酸性气体、含重金属元素的烟尘、粉尘等。③交通运输过程排放的尾气以及内燃机燃烧排放的一氧化碳、氮氧化物、碳氢化合物、含氧有机化合物和含铅化合物的废气等。④农业活动中以粉尘等颗粒物形式进入大气的农药等。目前已知的大气污染物有 100 多种。

大气污染物的物理化学性质非常复杂，根据污染物的性质，分为一次污染物和二次污染物。一次污染物是从污染源直接排出的污染物。二次污染物是指排入大气中的一次污染物在物理、化学或生物作用下发生变化，或与大气中的其他物质经化学或光化学反应形成的与一次污染物物理、化学性质完全不同的新污染物。目前大气污染物中对人体健康有影响的污染物主要有大气颗粒物、碳氧化物、硫氧化物、氮氧化物、挥发性有机物、硫酸烟雾和光化学烟雾等。

一、大气颗粒物

大气颗粒物(PM)是大气中存在的各种固态和液态颗粒状物质的总称。大气颗粒物均匀地分散在空气中构成一个相对稳定、庞大的气溶胶悬浮体系，通常称大气颗粒物为大气气溶胶。按照颗粒物空气动力学当量直径的大小分类，可将大气颗粒物分为总悬浮颗粒物、可吸入颗粒物、细颗粒物、超细颗粒物和纳米颗粒物。总悬浮颗粒物(TSP)是悬浮在大气中并停留一定时间的全部颗粒物，其粒径绝大多数在 100 μm 以下。可吸入颗粒物(PM_{10})是指空气动力学当量直径小于等于 10 μm，可在空气中长期漂浮的固体颗粒物。细颗粒物($PM_{2.5}$)是指空气动力学当量直径小于等于 2.5 μm 的颗粒物，又称可入肺颗粒物。细颗粒物能在空气中悬浮较长时间，且细颗粒物在空气中浓度越高，空气污染就越严重。空气中细颗粒物浓度是造成雾霾的直接原因，因此 $PM_{2.5}$ 浓度是我国空气质量标准规定的一个重要监测指标。超细颗粒物(UFP)是指空气动力学当量直径小于等于 0.1 μm 的粒子。纳米颗粒物是指空气动力学当量直径在几纳米到几十纳米的粒子。

燃煤排放、工业排放、汽车尾气和城市扬尘是大气颗粒物的主要一次来源。由工厂、机动车等排放源排放出的 SO_2、NO_x、挥发性有机物等气态污染物通过光化学反应、液相反应等生成的二次气溶胶，是大气颗粒物的二次源。大气颗粒物主要的化学组成复杂且因来源和地区而异。主要有无机水溶粒子(SO_4^{2-}、NO_3^-、NH_4^+等)、有机碳(烃类，脂肪族和芳香族一元、二元羧酸、羟基酸、酮基酸，糖醇等)、元素碳和微量金属元素铅(Pb)、铁(Fe)、铜(Cu)、汞(Hg)、砷(As)、镉(Cd)、锌(Zn)、镍(Ni)等。

空气中的大气颗粒物被称为人类第一杀手。颗粒物的粒径越小，对人体健康的危害就越严重，空气污染对人体健康的影响研究主要集中于 $PM_{2.5}$。国内外大量研究表明，$PM_{2.5}$ 对人体呼吸系统、心血管系统、神经系统、免疫系统、生殖发育系统等都会造成不良的影响，并且具有致癌和遗传毒性。

$PM_{2.5}$ 对人体健康的危害与其粒径和化学组分密切相关。细颗粒物的粒径越小，比表面积越大，更易富集有毒重金属元素、多环芳烃类化合物甚至病毒和细菌等有毒有害物质，对细颗粒物的长期或短期暴露可引发心肌缺血、心律失常、动脉粥样硬化等心血管疾病，$PM_{2.5}$ 颗粒可通过气血交换进入血管，从而引起人体细胞的炎性损伤。吸入呼吸道并沉积在肺泡中的细颗粒物，可引发支气管炎、肺气肿和支气管哮喘等肺部炎症，降低肺功能和人体对细菌感染的抵抗能力，使呼吸道疾病的发病率增加，阻碍儿童肺功能的发育，加重过敏性鼻炎的症状等。富集在 $PM_{2.5}$ 中的有毒重金属和多环芳烃使人体致癌、致畸、致突变的概率明显升高。有研究表明，接触高浓度细颗粒物污染的孕妇，胎儿的发育会受到影响。

1982 年的研究证实，当空气中 $PM_{2.5}$ 的浓度长期高于 $10\ \mu g/m^3$，会使死亡风险上升。浓度每增加 $10\ \mu g/m^3$，总死亡风险上升 4%，其中心肺疾病的死亡风险上升 6%，肺癌的死亡风险上升 8%[4]。《2010 年全球疾病负担评估》称，2010 年，细颗粒物（$PM_{2.5}$）形式空气污染居中国 20 个首要致死风险因子的第四位。南京大学环境学院王勤耕等进行的研究表明，2013 年在京津冀、长江三角洲、珠江三角洲以及各大省会城市等 74 个主要城市中居民有 32%的死亡与 $PM_{2.5}$ 污染相关。与 $PM_{2.5}$ 污染相关的全因死亡人群中，心血管疾病、肺癌和呼吸疾病分别占 47%、11% 和 6%。我国 $PM_{2.5}$ 对人群健康的危害堪比烟草，甚至猛于烟草[5]。

阅读材料（摘自：科技民生报告丛书——大气细颗粒物污染. 北京：中国科学技术出版社，2018：76）

颗粒物进入人体的途径

细颗粒物 $PM_{2.5}$ 进入人体主要有以下途径：①通过呼吸道进入人体，这是主要途径。②$PM_{2.5}$ 降落至食物、水体或沉降到土壤，人通过进食或饮水摄入。③幼儿通过直接食入尘土摄入。④$PM_{2.5}$ 通过直接接触黏膜、皮肤进入人体。

不同粒径的颗粒物在呼吸道的不同部位沉积。粒径大于 5 微米的颗粒物多沉积在上呼吸道，小于 5 微米的主要沉积在细支气管和肺泡，小于 0.4 微米的细颗粒物可以较自由地出入肺泡并随呼吸排出体外，在呼吸道沉积的较少。有时颗粒物也会在进入呼吸道的过程中吸收深部呼吸道空气中的水分而变大。

二、碳氧化物

碳氧化物主要包括一氧化碳和二氧化碳。二氧化碳是各类碳氢化合物完全燃烧的主要产物。低浓度的二氧化碳会刺激人的呼吸中枢，导致呼吸急促，引起头痛、神志不清等症状。

一氧化碳（CO）是一种无色、无臭、无味、难溶于水的气体。大气中的 CO 主要来源于煤和石油不完全燃烧以及汽车排放的尾气。

在含碳燃料燃烧过程中除形成 CO_2 外，还产生大量的一氧化碳，特别是在缺氧燃烧过程中反应更加明显。反应式为：

$$2C+O_2 \rightleftharpoons 2CO \tag{6-1}$$

$$2CO+O_2 \rightleftharpoons 2CO_2 \tag{6-2}$$

其中反应(6-1)的速率要比反应(6-2)快 10 倍左右。燃烧过程中，总会有局部的供氧不足的现象，会有 CO 产生。

人吸入的 CO 进入血液后，CO 会与血液中的血红蛋白等结合生成碳氧血红蛋白，影响血液的载氧能力，发生头晕、恶心、头痛、疲劳等氧气不足的症状。暴露于高浓度($>750 \times 10^{-6}$ mg/m³)的 CO 中就会危害中枢神经系统，导致窒息、死亡。长期吸入低浓度 CO 可引起头痛、头晕、记忆力减退，注意力不集中，心悸等症状。

三、硫氧化物

硫氧化物包括二氧化硫(SO_2)、三氧化硫(SO_3)、三氧化二硫(S_2O_3)、一氧化硫(SO)。其中由污染源排放的最主要的硫氧化物是 SO_2。

二氧化硫(SO_2)是一种无色、具有刺激性气味的不可燃气体，易溶于水，与水及水蒸气作用生成有毒及腐蚀性蒸气，能被氧化成 SO_3，是大气的主要污染物之一，也是衡量大气是否遭受污染的重要标志。SO_2 主要来自电力、冶金、建材、化工、炼油等行业中含硫燃料的燃烧和含硫矿物的冶炼。目前，全球每年人为排入大气的 SO_2 约有 1.5×10^8 吨，其中约 60%来自煤的燃烧，约 30%来自石油燃烧和炼制过程。

通常煤的含硫量为 0.5%~6%，石油的含硫量为 0.5%~3%。可燃性硫在燃烧时，主要生成二氧化硫，只有 1%~5%氧化生成 SO_3，其化学反应式为：

$$S+O_2 \longrightarrow SO_2 \tag{6-3}$$

$$2SO_2+O_2 \longrightarrow 2SO_3 \tag{6-4}$$

SO_2 对人体的主要影响是造成呼吸道管腔缩小。二氧化硫进入呼吸道后，因其易溶于水，故大部分被阻滞在上呼吸道，易被湿润的黏膜表面吸收产生亚硫酸、硫酸，对眼睛及呼吸道黏膜有强烈的刺激作用。吸入高浓度的二氧化硫，喉头感觉异常，并出现咳嗽、咳痰、胸痛、呼吸困难等症状，引起喉水肿和声带痉挛而窒息，并可引发支气管炎、肺炎和肺水肿，甚至致人死亡。经常接触低浓度二氧化硫，会使人出现疲倦、乏力、嗅觉障碍、咽喉炎、鼻炎、支气管炎以及尿中硫酸盐增高等症状。二氧化硫还会影响人体内某些酶的活性，使糖和蛋白质代谢紊乱，从而影响机体生长和发育。

二氧化硫与大气中的尘粒、水分形成气溶胶颗粒时，危害要比二氧化硫本身大若干倍。这种混合物进入呼吸道深部后，更能导致支气管哮喘、肺气肿和肺部组织硬化。

短期接触浓度为 0.5 mg/m^3 SO$_2$ 的老年慢性病人死亡率增高，SO$_2$ 浓度高于 0.25 mg/m^3 可使呼吸道疾病患者病情恶化，长期接触含 0.1 mg/m^3 SO$_2$ 的空气的人群呼吸系统疾病症状增加。

四、氮氧化物

氮氧化物包括一氧化二氮 N$_2$O（笑气）、一氧化氮（NO）、二氧化氮（NO$_2$）、三氧化二氮（N$_2$O$_3$）、五氧化二氮（N$_2$O$_5$）等，其中 NO$_2$、NO 是大气中主要的氮氧化物，通常用 NO$_x$ 表示。

NO 是一种无色、无味、无臭气体，微溶于水，化学性质非常活泼，在空气中容易与 O$_2$ 反应生成 NO$_2$。

NO$_2$ 是一种气味刺鼻的红棕色气体，易溶于水，与水反应生成 HNO$_3$ 和 HNO$_2$。

氮氧化物主要来自于两个方面：自然界本身产生和人类活动产生。细菌对含氮有机物的分解以及雷电、火山爆发、森林火灾是自然界氮氧化物的主要来源，每年约有 5 亿吨左右；人类活动产生的氮氧化物主要来源于煤炭及石油产品等含氮化合物的燃烧和亚硝酸、硝酸及其盐类有关的工业生产的废气排放等。人类活动产生的 NO$_x$ 每年约有 5000 万吨，为前者的 1/10。

NO 侵入呼吸道深部细支气管及肺泡，与肺泡中的水分形成亚硝酸、硝酸，引起肺水肿。亚硝酸盐进入血液，与血红蛋白结合生成高铁血红蛋白，造成血液缺氧而引起中枢神经麻痹。

二氧化氮是危害较强的有毒气体之一，它对人的眼、鼻、喉和肺具有刺激性，能增加病毒感染的发病率，导致支气管炎和肺炎，引发肺细胞癌变。NO$_2$ 常常导致各种职业病，较常见的是由急性高浓度 NO$_2$ 中毒引起的肺水肿，以及由慢性中毒而引起的慢性支气管炎和肺水肿。另外，NO$_2$ 对心、肝、肾脏的造血系统等有很大的危害。

二氧化氮对人体的危害与有无其他污染物有关。例如：二氧化氮与二氧化碳和悬浮状物共存时，其对人体的危害不仅比二氧化氮单独的危害严重很多，而且大于各污染物的影响之和。NO$_2$ 对人体的这种影响实际上是这些污染物之间的协同作用。

除此之外，这些大气污染物在大气中相互作用或与大气原有成分作用，经化学反应或光化学反应可形成新的大气污染物，对人体危害较为严重的有硫酸烟雾和光化学烟雾。

五、挥发性有机物

挥发性有机物(VOCs)是指在常温下饱和蒸气压大于 70 Pa，常压下沸点在 260℃以下的有机物，或者在 20℃条件下蒸气压力大于等于 10 Pa 且具有一定挥发性的全部有机物。大气中 VOCs 的成分复杂，主要包括各种烷烃、烯烃、含氧烃和卤代烃等。如北京市大气中挥发性有机物(VOCs)的主要成分是饱和烷烃(33%)、芳香烃(21%)、烯烃(16%)、卤代烷烃(20%)、卤代烯烃(9%)和卤代芳香烃(1%)，有 54 种是有毒有害的物质，主要成分是苯系物和卤代[6]。

大气中 VOCs 的来源包括自然源和人为源，自然源包括植物释放、火山喷发、森林草原火灾等，森林和灌木林是最重要的排放源，主要排放物是异戊二烯和单萜烯。人为源包括化石燃料燃烧、石油炼制、石化产品储运、溶剂使用、生物质燃烧和机动车尾气排放等。不同地方 VOCs 的来源和组成特征也不同，如武汉以机动车尾气排放源(27.8%)和煤燃烧源(21.8%)为主；夏季南京典型工业区内以机动车尾气排放源(34.0%)和工业排放源(22.0%)为主；加拿大卡尔加里地区以工业排放源(41.0%)和燃料燃烧源(20.0%)为主[7]。

大多数 VOCs 都含有恶臭或有毒性，甚至部分还具有致癌、致畸、致突变作用。大气中的 VOCs 在紫外线作用下会与 NO_x、O_3 等发生光化学反应，形成光化学烟雾。还会与大气中的颗粒物形成有机气溶胶。大气中 VOCs 对人体健康的危害体现在光化学烟雾和雾霾中。

六、硫酸烟雾

硫酸烟雾是由燃煤排放的 SO_2、颗粒物以及由 SO_2 氧化所形成的硫酸盐组成。硫酸烟雾主要来源于大气中 SO_2 的化学转化，包括以下反应：

(一)SO_2 的直接光氧化

大气中的 SO_2 吸收太阳辐射被激发，被空气中的 O_2 直接氧化成 SO_3，反应如下：

$$SO_2+O_2 \longrightarrow SO_4 \longrightarrow SO_3+O \qquad\qquad (6\text{-}5)$$

或

$$SO_4+SO_2 \longrightarrow 2SO_3 \qquad\qquad (6\text{-}6)$$

(二)SO_2 被自由基氧化

在污染的大气中，各类有机物的光解及化学反应可生成各种自由基，如 $HO·$、$HO_2·$、$RO·$、$RO_2·$、$RC(O)O_2·$ 等，SO_2 在大气中很容易被这些强氧化自由基氧化。主要反应有：

$$HO \cdot + SO_2 \longrightarrow HOSO_2 \cdot \qquad (6\text{-}7)$$

$$HOSO_2 \cdot + O_2 \longrightarrow HO_2 \cdot + SO_3 \qquad (6\text{-}8)$$

$$SO_3 + H_2O \longrightarrow H_2OSO_3 \qquad (6\text{-}9)$$

$$HO_2 \cdot + SO_2 \longrightarrow HO \cdot + SO_3 \qquad (6\text{-}10)$$

$$CH_3O_2 \cdot + SO_2 \longrightarrow CH_3O \cdot + SO_3 \qquad (6\text{-}11)$$

$$CH_3CHOO \cdot + SO_2 \longrightarrow CH_3CHO \cdot + SO_3 \qquad (6\text{-}12)$$

$$CH_3C(O)O_2 \cdot + SO_2 \longrightarrow CH_3C(O)O \cdot + SO_3 \qquad (6\text{-}13)$$

(三)SO_2 的液相氧化

大气中存在着少量的水和颗粒物质。SO_2 可溶于大气中的水,也可被大气中的颗粒物所吸附,并溶解于颗粒表面所吸附的水中。

SO_2 被水吸收后,可被溶解于水中的 O_3 和 H_2O_2 等物质氧化。

$$O_3 + SO_2 + H_2O \longrightarrow 2H^+ + SO_4^{2-} + O_2 \qquad (6\text{-}14)$$

$$O_3 + HSO_3^- \longrightarrow HSO_4^- + O_2 \qquad (6\text{-}15)$$

$$O_3 + SO_3^{2-} \longrightarrow SO_4^{2-} + O_2 \qquad (6\text{-}16)$$

$$H_2O_2 + HSO_3^- \longrightarrow SO_2OOH^- + H_2O \qquad (6\text{-}17)$$

$$SO_2OOH^- + H^+ \longrightarrow H_2SO_4 \qquad (6\text{-}18)$$

大气中含有的某些过渡金属离子(Fe^{3+}、Mn^{2+})有催化作用,会加快 SO_2 的液相氧化反应。

硫酸烟雾会引起人体 pH 的改变,对人体健康产生严重的影响。硫酸烟雾对人体呼吸道黏膜有强烈的刺激作用。暴露在硫酸烟雾中,可引起支气管扩张,肺气肿,出现喉咙痛、眼痛、呼吸困难等症状。长期接触硫酸烟雾,会使支气管哮喘、肺气肿、支气管炎及其他呼吸系统疾病的发病率上升。

阅读材料:伦敦烟雾事件(摘自:科学论文——1952 年伦敦烟雾事件. https://www. doc88.com/p-6681598028019.html)

1952 年 12 月 5 日开始,逆温层笼罩伦敦,连续数日空气寂静无风。工厂生产和居民燃煤取暖排出的二氧化碳、一氧化碳、二氧化硫、粉尘等气体与污染物在城市上空蓄积，引发了连续数日的大雾天气。伦敦城被黑暗的迷雾所笼罩，大批航班被取消，白天汽车在公路上行驶都必须打开着大灯。因为看不见舞台，室外音乐会也取消了……

在烟雾笼罩期间，伦敦空气中污染物浓度持续上升，每一天中，伦敦排放到大气中的污染物有 1000 吨烟尘、2000 吨二氧化碳、140 吨氯化氢（盐酸的主要成分）、14 吨氟化物，以及最可怕的——370 吨二氧化硫，这些二氧化硫随后转化成了 800 吨硫酸。

当时，伦敦正在举办一场牛展览会，参展的牛首先对烟雾产生了反应，350 头牛中有 52 头严重中毒，14 头奄奄一息，1 头当场死亡。不久伦敦市民也对毒雾产生了反应，许多人感到呼吸困难、眼睛刺痛、发生哮喘、咳嗽等呼吸道症状的病人明显增多，进而死亡率陡增。据官方统计，从 12 月 5 日到 12 月 8 日的 4 天里，伦敦市死亡人数达 4000 人。48 岁以上人群死亡率为平时的 3 倍；1 岁以下人群的死亡率为平时的 2 倍，在这一周内，伦敦市因支气管炎死亡 704 人，冠心病死亡 281 人，心脏衰竭死亡 244 人，结核病死亡 77 人，分别为前一周的 9.5 倍、2.4 倍、2.8 倍和 5.5 倍，此外肺炎、肺癌、流行性感冒等呼吸系统疾病的发病率也有显著性增加。12 月 9 日之后，由于天气变化，毒雾逐渐消散，但在此之后两个月内，又有近 8000 人相继死于呼吸系统疾病。此次事件被称为"伦敦烟雾事件"，是典型的硫酸型烟雾。

七、光化学烟雾

光化学烟雾是排入大气的氮氧化物（NO_x）和碳氢化物等在太阳光的紫外线照射下发生光化学反应和热化学反应的产物及反应物的混合物。

光化学烟雾是一种有刺激性的、浅蓝色的混合型烟雾，化学组成比较复杂，主要有臭氧（O_3）、过氧乙酰硝酸酯（PAN）、含氧有机物（醛类、酮类和有机酸类）以及 $PM_{2.5}$ 等。其中 O_3 是大气光化学氧化剂的主要成分，占总氧化剂浓度的 85% 以上。因此 O_3 常常作为光化学烟雾的代表性污染物。

1943 年，美国洛杉矶市发生了世界上最早的光化学烟雾事件，此后日本、英国、德国、澳大利亚和中国先后出现这种烟雾。到现在，光化学烟雾已经成为世界各大城市主要的大气环境问题。排放到大气中的含大量的一氧化氮（NO）、二氧化氮（NO_2）和碳氢化合物以及一氧化碳（CO）、铅尘、炭黑的汽车尾气是引起城市中光化学烟雾的最大元凶。

光化学烟雾的形成过程中的关键性反应如下。

(一)NO$_2$的光解

$$NO_2 \xrightarrow{h\nu} NO + O(^3P) \tag{6-19}$$

$$O(^3P) + O_2 + M \longrightarrow O_3 + M \tag{6-20}$$

$$O_3 + NO \longrightarrow NO_2 + O_2 \tag{6-21}$$

M 为空气中的 N$_2$、O$_2$ 或其他分子介质，可以吸收过剩的能量而使生成的 O$_3$ 分子稳定。

(二)碳氢化合物氧化生成活性自由基

$$RH + HO \cdot \xrightarrow{O_2} RO_2 \cdot + H_2O \tag{6-22}$$

$$RCHO + HO \cdot \xrightarrow{O_2} RC(O)O_2 \cdot + H_2O \tag{6-23}$$

$$RCHO + h\nu \xrightarrow{2O_2} RO_2 \cdot + HO_2 \cdot + CO \tag{6-24}$$

$$HO_2 \cdot + NO \longrightarrow NO_2 + HO \cdot \tag{6-25}$$

$$RO_2 \cdot + NO \xrightarrow{O_2} NO_2 + R'CHO + HO_2 \cdot \tag{6-26}$$

$$RC(O)O_2 \cdot + NO \xrightarrow{O_2} NO_2 + RO \cdot + CO_2 \tag{6-27}$$

观测和实验发现，被污染的大气中有碳氢化合物存在时，氮氧化合物光解的均衡就被破坏。由于碳氢化合物的存在促使 NO 快速向 NO$_2$ 转化，在此转化过程中自由基起了重要的作用，使得不需要消耗 O$_3$ 又能使大气中 NO 转化为 NO$_2$，NO$_2$ 又继续光解产生臭氧。这样使得低层大气中 O$_3$ 不断积累，浓度逐渐升高。同时，转化过程中产生的自由基又继续与碳氢化合物反应生成更多的自由基，直到 NO 或碳氢化合物消失为止。由此可见，碳氢化合物的存在是自由基转化和增殖的根本原因，它在光化学烟雾的形成过程中起着非常重要的作用。

(三)形成二次污染物

HO$_2$·、RO$_2$·引起了 NO 向 NO$_2$ 的转化，进一步提供了生成 O$_3$ 的 NO$_2$ 源，同时形成了含氮的二次污染物，如过氧乙酰硝酸酯(PAN)和硝酸。

$$HO \cdot + NO_2 \longrightarrow HNO_3 \tag{6-28}$$

$$RC(O)O_2 \cdot + NO_2 \longrightarrow RC(O)O_2NO_2 \tag{6-29}$$

$$RC(O)O_2NO_2 \longrightarrow RC(O)O_2 \cdot + NO_2 \tag{6-30}$$

光化学烟雾对眼睛和上呼吸道黏膜有强烈的刺激作用,引起眼睛红肿、视觉敏感度、视力降低以及喉炎、呼吸困难,浓度较高时,也可使肺部通透性降低,产生肺气肿及其他呼吸系统疾病。还能引起头痛、胸闷、疲劳感、皮肤潮红、心功能障碍和肺功能衰竭等一系列症状。光化学烟雾中的臭氧还可诱发淋巴细胞染色体畸变,损害酶的活性和溶血反应,影响体内细胞的新陈代谢,加速衰老。

阅读材料:美国洛杉矶光化学烟雾事件(摘自:https://baike.baidu.com/item/1943年洛杉矶光化学烟雾事件/12712870?fr=aladdin)

位于美国西南海岸的城市洛杉矶,是个阳光明媚、气候温暖、风景宜人的地方。得天独厚的地理位置加之金矿、石油和运河的开发,使它很早就成为一个商业、旅游业都很发达的港口城市。举世闻名的电影业中心好莱坞和美国第一个"迪士尼乐园"都在这里安家落户。

然而,从20世纪40年代初开始,人们发现这座城市一改以往的温柔,变得"疯狂"起来。每年从夏季至早秋的晴朗日子里,城市上空就会出现一种浅蓝色烟雾,使整座城市上空变得浑浊不清。身处这种烟雾中,人便会出现眼睛发红、咽喉疼痛、呼吸憋闷、头昏、头痛等症状。1943年以后,烟雾更加肆虐,以致远离城市100千米以外的海拔2000米高山上的大片松林也因此枯死,柑橘减产。仅1950~1951年,美国因大气污染造成的损失就达15亿美元。1955年,因呼吸系统衰竭死亡的65岁以上的老人达400多人;1970年,约有75%以上的市民患上了红眼病。这就是最早出现的化学烟雾污染事件。

光化学烟雾是由于汽车尾气和工业废气排放造成的,一般发生在湿度低、气温在24~32℃的夏季晴天的中午或午后。汽车尾气中的碳氢化合物和二氧化氮被排放到大气中后,在强烈阳光的紫外线照射下,发生光化学反应,其产物就是有剧毒的光化学烟雾。

为保护环境,保障人体健康,防治大气污染,2016年1月1日在全国范围内实施的《环境空气质量标准》(GB3095—2012)规定了大气污染物的浓度限值(表6-2)。

表 6-2 环境空气质量标准(GB3095—2012)[8]

序号	污染物项目	平均时间	浓度限值		单位
			一级	二级	
1	二氧化硫(SO_2)	年平均	20	60	$\mu g/m^3$
		24 h 平均	50	150	
		1 h 平均	150	500	

续表

序号	污染物项目	平均时间	浓度限值		单位
			一级	二级	
2	二氧化氮(NO$_2$)	年平均	40	40	μg/m^3
		24 h 平均	80	80	
		1 h 平均	2000	200	
3	一氧化碳(CO)	24 h 平均	4	4	mg/m^3
		1 h 平均	10	10	
4	臭氧(O$_3$)	日最大 8 h 平均	100	160	
		1 h 平均	160	200	
5	颗粒物(粒径小于等于 10 μm)	年平均	40	70	μg/m^3
		24 h 平均	50	150	
6	颗粒物(粒径小于等于 2.5 μm)	年平均	15	35	
		24 h 平均	35	75	

注: 环境功能区分为二类: 一类区为自然保护区、风景名胜区和其他需要特殊保护的区域; 二类区为居住区、商业交通居民混合区、文化区、工业区和农村地区。环境空气功能区一类区适用一级浓度限制, 二类区适用二级浓度限制。

第三节　大气污染与气候问题

　　大气污染问题是当前全世界面临的一个难题, 中国在大气环境污染方面面临的形势极其严峻。从中国环境保护部发布的 2019 年中国环境状况公报得知, 全国 337 个地级以上城市中, 157 个城市环境空气质量达标, 占 46.6%; 180 个城市环境空气质量超标, 占 58.4%。337 个城市平均优良天数(AQI:0～100)比例为 82.0%, 其中, 仅 16 个城市优良天数比例为 100%、199 个城市优良天数比例在 80%～100%、106 个城市优良天数比例在 50%～80%, 16 个城市优良天数比例低于 50%; 平均超标天数比例为 18%。PM$_{2.5}$、O$_3$、PM$_{10}$ 为首要污染物的超标天数分别占总超标天数的 45.0%、41.7%、12.8%, 337 个城市发生重度污染 1666 d, 比 2018 年增加 88 d, 严重污染 452 d, 比 2018 年减少 183 d[9]。从上述数据可见, 环境空气质量虽然逐年好转, 但是随着我国经济的快速发展, 城市化进程的加快, 能源消耗总量呈上升趋势, 大气污染物排放总量居高不下, 大气污染仍是我国目前第一大环境问题。大气污染严重影响了人类的健康, 对人类的生存环境构成了威胁, 由大气污染引发的气候问题已成为政府和公众关注的热点。

一、雾霾的成因、危害及防治

2013 年 1 月我国遭遇大范围持续雾霾天气，引起全社会的广泛关注，雾霾自 2013 年来已成为我国当之无愧的年度热词。到目前为止，我国有大部分的城市和地区或多或少地受到了雾霾天气的影响，尤其是以京津冀为主的北方地区更为严重。雾霾对社会环境和人体健康都造成了严重危害。2014 年 1 月 4 日，国家首次将雾霾天气纳入自然灾情进行通报。

(一)雾霾及其化学组成

雾和霾是两种天气现象。《地面气象观测规范》[10]中定义雾是大量微小水滴浮游空中，常呈乳白色，使水平能见度小于 1.0 km。轻雾是微小水滴或已湿的吸湿性质粒所构成的灰白色稀薄雾幕，使水平能见度为 1.0~10.0 km。霾是大量极细微的干颗粒等均匀浮游在空中，使视野模糊并导致能见度恶化，水平能见度小于 10.0 km 的空气普遍浑浊现象。

雾霾是由颗粒物质在空气中聚集而引发的一种气候现象，是雾和霾的统称，雾霾主要由大气气溶胶组成，主要包括六大类七种气溶胶粒子，分别是沙尘气溶胶、碳气溶胶(黑碳和有机碳气溶胶)、硫酸盐气溶胶、硝酸盐气溶胶、铵盐气溶胶和海盐气溶胶。雾霾的化学组分有很大的地域性和时限性，同一国家同一地区甚至同一地点不同时段雾霾构成都有明显的差异。王振彬[11]等对长江三角洲地区霾不同发展阶段下污染气体和水溶性离子变化特征的研究表明，霾天时 $PM_{2.5}$、NO_2、NO_3^-、SO_4^{2-}、NH_4^+、Cl^-、Na^+、CO 的浓度分别为干净天的 2.73 倍、1.63 倍、2.64 倍、1.94 倍、2.50 倍、2.05 倍、2.56 倍和 1.86 倍。$PM_{2.5}$、NO_2、NH_3、SO_2、CO、NO_3^-、SO_4^{2-}、NH_4^+的浓度在霾发展阶段最高；O_3、Cl^-、Na^+和 K^+的浓度在霾消散阶段最高。NO_3^-、SO_4^{2-}、NH_4^+在霾不同阶段下对 $PM_{2.5}$的相对贡献可达 94%~96%。

阅读材料：雾和霾的区别(摘自：张春梅，陆忠涛，周彦玲. 浅谈雾与霾的区别. 科技展望，2015(12)：247)

雾(Fog)和霾(Haze)是两个不同的概念。雾是一种自然现象，是由大量悬浮在贴近地面的大气中的微小水滴(冰晶)组成的低能见度的集合体。霾又称灰霾，是由大量空气中悬浮着的灰尘、硫酸、硝酸等的颗粒物所导致的能见度恶化的一种天气现象。

气象上通常通过相对湿度区分雾和霾。雾的相对湿度高于 90%，霾的相对湿度小于 80%，相对湿度介于两者之间的是雾和霾的混合物。雾和霾常常相伴而生，你中有我、我中有你，雾虽然影响能见度，但对健康的影响比较小；而霾主要是

由 $PM_{2.5}$ 引起的，对人体健康有较严重的威胁(表 6-3)。

表 6-3　雾与霾的对比

天气现象	特征或成因	影响能见度的程度/km	颜色	天气条件	大致出现时间
雾	大量微小水滴浮游空中	<1.0	常为乳白色(工厂区为土黄灰色)	相对湿度接近100%	日出前，锋面过境前后
轻雾	微小水滴或已湿的吸湿性质粒组成的稀薄雾幕	1.0～<10.0	灰白色	空气较潮湿、稳定	早晚较多
霾	大量极细微尘粒，均匀浮游空中，使空气普遍浑浊	<10.0	常呈黄色、橙灰色或微带蓝色	气团稳定、较干燥	一天中任何时候均可出现

(二)雾霾的成因

雾霾的形成主要有两个因素，一是人类活动造成的颗粒物排放增加，二是以水平静风和垂直逆温为特征的不利气象因素。

人类活动排放的污染物主要有：化石燃料的燃烧、工业生产的扬尘和污染物、汽车尾气和城市扬尘。这些污染物导致大气中 $PM_{2.5}$ 浓度升高，而 $PM_{2.5}$ 正是引起雾霾的主要元凶。雾霾天气温度、湿度较高，有利于污染源与直接排放在大气中的一次颗粒物的气相或液相反应，形成二次颗粒物。研究发现，复杂的大气复合污染和二次细颗粒物才是我国雾霾形成的主要原因，上海城区 2009 年 10 月 10～21 日霾过程主要由本地源排放的污染物经过二次转化形成[12]，北京严重雾霾天的 $PM_{2.5}$ 颗粒物的来源主要是硫氧化物和氮氧化物催化氧化形成盐所造成的[13]。

环境与气象条件对雾霾天气的影响主要是影响雾霾在环境中的迁移。在水平静风天气条件下，悬浮在大气中的颗粒物受空气流动影响较小，使悬浮物大量存在于空气中，最终形成雾霾。逆温是对流层中出现的气温随高度增加而升高的反常现象。逆温层犹如一个锅盖覆盖在城市上空，使低空大气不易从城市下层向上层转移，城市空气干燥，久晴无雨，导致大量颗粒物长时间飘浮在空气中，当遇到大雾时，水汽凝结在这些悬浮的颗粒污染物上，形成了雾霾天气[14,15]。

为了科学地防治雾霾，学者们对我国不同地区雾霾形成的原因进行了大量的研究，归纳起来主要有以下几点[16-18]：

1. 工业化进程中产业与能源结构不合理使有害气体、烟尘排放量增多

自改革开放以来，我国进入快速工业化进程，各类工厂井喷式发展。比如京津冀地区主要以钢铁、水泥、炼油等高能耗高污染的企业为主。这些高能耗企业过度消耗煤炭和石油等化石能源，大量二氧化硫、二氧化碳、粉尘及细颗粒物排入大气，是造成雾霾的主要原因之一。据相关资料显示，2016 年，我国工业生产排放的粉尘量高达 1500 多吨，占全国烟尘排放量的 80% 以上[19]，唐山 $PM_{2.5}$ 主要

来源于冶金建材和燃煤，石家庄 $PM_{2.5}$ 主要来源于燃煤及工业过程[20]。

2. 机动车尾气排放逐渐成为雾霾的主要原因之一

汽车尾气中含有大量的一氧化氮（NO）、二氧化氮（NO_2）和碳氢化合物以及一氧化碳（CO）、铅尘、炭黑等有害气体，随着我国汽车保有量的逐年增加，机动车尾气已逐渐成为人口密集的大城市空气污染的第一大污染源，是造成城市雾霾的主要原因之一。2018 年北京市生态环境公报中 $PM_{2.5}$ 来源解析数据显示，汽车尾气占 45%，已成为 $PM_{2.5}$ 最主要的来源。

3. 城市化进程加速造成城市扬尘增多

随着我国经济发展和城市化进程的加快，工程建设量逐步加大，城市建设中产生的建筑扬尘不断增多，成为 $PM_{2.5}$ 的主要成分。被钢筋混凝土所统治的城市在静稳天气影响下内部大气循环不畅，阻碍了大气污染物的扩散，再加上城市内绿化面积小，环境自我净化能力弱，使建筑扬尘在城市中聚集，发展成为雾霾天气。

4. 冬季取暖造成的"供暖性雾霾"

由中国社会科学院、中国气象局联合发布的《气候变化绿皮书：应对气候变化报告（2013）》中的数据显示，我国雾霾天成因呈明显的季节性，冬季里霾的天数占全年霾天总数的 42.3%。我国北方集中供暖的城市冬季燃煤取暖，造成排入空气的二氧化硫和粉尘颗粒物增多，再加上冬季温度低，风力小等气象条件，颗粒物容易积蓄不散，导致长时间的雾霾天气。近年来中国北方供暖季连日的雾霾天气——"供暖性雾霾"引发了社会的热议。

5. 区域污染输送叠加于本地污染源

造成雾霾的主要污染源 $PM_{2.5}$ 不只是某个城市产生，还可以跨区域远距离传输。有研究表明，北京市 2015 年 1 月到 7 月 $PM_{2.5}$ 有 62.89%是本地排放，23.69%和 13.42%来源于京津冀地区的短期和长期输送[21]。2018 年北京市生态环境公报中 $PM_{2.5}$ 来源解析数据显示，北京市全年 $PM_{2.5}$ 主要来源中本地排放约占三分之二，区域传输约占三分之一，而且区域传输贡献呈现上升趋势，重污染区域传输占 55%～75%[22]。

(三)雾霾的危害

1. 雾霾对人体健康的危害[23-28]

雾霾的组成成分非常复杂，除氮氧化物、硫氧化物等化学成分外，还包括矿物颗粒物、海盐、硫酸盐、硝酸盐、有机气溶胶粒子等上百种物质的细颗粒物，此外还有一些潜在的致病菌和病毒等生物活性成分，对人类而言是混合复杂、变异度较高的刺激物。雾霾可导致呼吸、心血管、免疫、神经、心理及生殖等系统功能障碍，对心肺疾病的发生率、死亡率也有明显的影响。

(1)对呼吸系统的影响

雾霾可通过呼吸直接黏附或沉积在人体的呼吸道或肺泡中，导致呼吸系统过敏、肺功能障碍，引起鼻炎、支气管炎、肺结核、肺炎等疾病，甚至导致肺癌。雾霾天气会使支气管哮喘、慢性阻塞性肺疾病患者病情急性发作或急性加重，且对儿童呼吸系统的危害远大于成人。长期处于雾霾环境中，会使肺癌的发病率显著提高。有研究结果表明，高浓度的 $PM_{2.5}$ 对肺的功能有损伤，$PM_{2.5}$ 浓度每升高 $10\mu g/m^3$，呼吸系统疾病死亡危险性增加 1.68%。

(2)对心血管系统的影响

雾霾天气对人的心血管系统的危害非常严重。雾霾天气时气压降低，容易引起血压升高，呼吸急促、胸闷等症状，急、慢性心血管疾病发生概率增加，严重时会导致心肌梗死、心绞痛、心力衰竭等，甚至猝死。研究表明，医院每日心血管疾病的就诊率和死亡率随着城市雾霾加重而上升。

(3)对生殖系统的影响

雾霾中的 $PM_{2.5}$ 作为一种全身性的细胞毒性因子，可以通过肺泡进入血液，并穿过血尿屏障作用于睾丸组织，引起人的生殖功能障碍。孕期暴露于雾霾空气中，会导致胎儿宫内发育迟滞、低体重新生儿、早产、胎儿发育缺陷等。

(4)对免疫系统的影响

雾霾化学成分复杂，含有非常多的有毒有害物质。长期暴露于高 $PM_{2.5}$ 的雾霾天气中，机体免疫系统功能将受到损害，人体免疫指标发生改变，影响免疫系统健康，易产生各种疾病。

(5)对精神心理系统的影响

长期处于雾霾生活环境中的人群，由于长时间缺少日照、户外活动减少、容易产生严重的精神心理问题。在雾霾频发地区容易导致消极情绪，增加心理问题发生，使居民幸福指数下降，还会加重抑郁水平和自杀率。研究表明雾霾与孤独症、精神分裂症、认知发育损害等有一定相关性；妊娠妇女在雾霾天气有显著的抑郁。雾霾还会影响老年人的认知能力，容易引发阿尔兹海默症。

(6)与癌症的关系

雾霾中吸附在 $PM_{2.5}$ 颗粒上的镍、铬等重金属以及多环芳烃类物质，具有致癌、致突变和遗传毒性。长期暴露于雾霾污染环境中会增加心肺疾病以及肺癌死亡率，对女性生殖道恶性肿瘤有促进作用。

(7)提高传染病的发病率

雾霾中的 $PM_{2.5}$ 颗粒可以吸附病毒、细菌等病原微生物，加之雾霾天气对于太阳光的阻挡使得近地层紫外线减弱，使空气中的传染性病菌的活性增强，提高了传染病尤其是上呼吸道传染病的发病率。

（8）不利于儿童生长

雾霾天气日照减少，儿童由于紫外线照射不足，体内维生素 D 生成不足，从而影响钙的吸收，严重的会引起婴儿佝偻病、儿童生长减慢。

生活小常识：如何应对雾霾天（摘自：怎样应对雾霾天气. https://wenwen.sogou.com/z/q1701564706.htm）

方法一：雾霾天尽量不要在室外锻炼。室外运动会造成 $PM_{2.5}$ 的过度暴露，增加有毒有害物质进入呼吸道的概率，容易导致呼吸系统和心脑血管系统疾病。

方法二：尽量减少外出活动。当必须要外出时，尽量要佩戴防霾口罩，并且要定期更换防霾口罩，不能重复使用。外出回家后，要清洗脸部和其他皮肤暴露部位，最好用盐水冲洗。

方法三：注意调节情绪。心理脆弱和患有心理障碍的人群在雾霾天气里更容易精神紧张，情绪低落，对他们来说调节情绪相当重要。

方法四：多喝芦根橘红茶。芦根橘红茶是由橘红、百合、芦根、胖大海、甘草、罗汉果等常见的中草药组成。其选材都是偏向于润肺止咳、利咽解毒、清肺化痰等功效，能起到清肺除燥、养阴润肺的作用。

方法五：别把窗户关得太严。在雾霾天紧闭门窗并不是最佳的选择。因为诸如厨房油烟、家具添加剂等会使室内空气污浊，如不通风换气，会危害人体的健康。建议午后阳光充足时适当通风换气。

方法六：患者坚持服药。雾霾天气会使呼吸系统病患者和心脑血管病患者发病率增加。患者要坚持按时服药，并注意监察身体的感受和反应，若有不适要及时就医。

2. 雾霾对交通安全的影响

雾霾天气能见度较低，容易使城市正常交通秩序受到影响，导致交通堵塞、交通事故频发。严重雾霾发生时，高速公路封闭，航班延误甚至取消，对人们的出行影响严重。

3. 雾霾对农作物生长的影响

雾霾空气中的粉尘颗粒多，加之空气流动性差，会抑制农作物的呼吸作用；此外，雾霾遮盖阳光，影响农作物的光合作用，从而影响其生长发育，造成农业减产，直接影响农作物的质量和产量。

（四）雾霾的防治[29-31]

1. 优化产业结构，控制工业源

根据国民经济发展的现状，立足于工业源控制，优化产业结构。减少钢铁、化工等高能耗的重工业行业的比重，大力发展能耗低、污染少的高端制造业、高新技术产业和服务业，实现各个产业间的协调发展，减少工业源对大气的污染。

2. 改善能源结构，控制燃烧源

大力发展低碳经济，改变原有的以煤、石油为主的能源结构，使用天然气、太阳能、风能等清洁能源，引进新技术，提高能源的利用率。对工业生产的燃煤过程进行控制，应用脱硫脱硝等新技术减少煤炭燃烧过程对大气的污染。大规模压减工业生产中煤炭的使用量，使用无污染的能源代替煤炭，逐步实现"无煤"化生产。

3. 加强汽车尾气治理，发展公共交通，控制交通源

汽车尾气排放已逐渐成为城市雾霾的主要原因。减少汽车尾气排放的措施有：提高油品质量，安装尾气净化设备，限制新车排放量，淘汰废旧高排量车辆等。大力推广和应用新能源汽车。推动城市公交车辆改造与升级速度加快，逐步实现低碳交通，增大公共交通的覆盖面积，加快建设公共交通配套服务网络，树立绿色出行理念。

4. 完善环境法律，提高执法效率

法律是保证雾霾治理过程中具有强制性和权威性的行为规范，是环境保护部门实施雾霾治理措施的重要保证。及时根据我国城市雾霾污染现状修订和完善《大气污染防治法》、《大气污染排放标准和空气质量标准》等环境保护的相关法律法规，加强对固定污染源、移动污染源排放的监管和检查，加大对污染企业的处罚力度，推进雾霾问题的治理。

5. 加强地区间的联防联控

雾霾污染物具有明显的区域输送特征，雾霾治理需要跨越地域和行政区划的综合治理，建立一套完整的科学的区域联防联控合作治理机制，比如统一污染排放标准，建全雾霾污染监测预警机制，设立区域一体化应急体系等，形成区域间协作治理的格局，从根本上解决雾霾问题。

6. 加强宣传，树立环保理念

治理雾霾污染问题，不仅仅是政府的责任，每个公民都应该积极参与。环保工作者积极开展各种雾霾形成、危害和预防等相关知识的宣传，加深公众对雾霾的认识，使人们充分认识环境保护的重要性，逐步让环保理念成为人们的生活习惯，践行和弘扬低碳生活理念。

二、酸雨的成因、危害及防治

(一)酸雨及酸雨区[32,33]

酸雨或酸沉降是指 pH 小于 5.6 的雨水、冻雨、雪、雹、露等大气降水。酸沉

降包括"湿沉降"和"干沉降"，前者是指下雨时，雨滴包含酸性物质并在下降过程中冲刷大气中的酸性污染物降落到地面，干沉降是指不下雨时大气中的气溶胶及其他酸性物质直接沉降到地面的现象。

酸雨中含有多种有机酸和无机酸，其中绝大部分是硫酸和硝酸。其化学组成主要有：Ca^{2+}、Mg^{2+}、K^+、Na^+和SO_4^{2-}、NO_3^-、HCO_3^-、Cl^-，此外，还有微量的金属，如Fe、Mn、Ni、V、Cu、Cr、Cd、Pb和Zn等，以及NH_3、SiO_2和Al_2O_3。

酸雨中的阴离子主要是硝酸根和硫酸根，通常根据硫酸根和硝酸根离子的浓度比值将酸雨分为三种类型：①硫酸型或燃煤型：硫酸根/硝酸根≥3。②硫酸硝酸混合型：0.5＜硫酸根/硝酸根＜3。③硝酸型或燃油型：硫酸根/硝酸根≤0.5。我国的区域性酸雨属"硫酸型"酸雨，主要是由于燃煤排放的大量二氧化硫引起的。近年来随着我国对燃煤废气排放的严格控制，大气二氧化硫的排放量逐年减少，但是人口密集的大型城市机动车尾气氮氧化物排放量增加，我国的酸雨类型也逐渐由硫酸型向硫酸硝酸混合型转变。

经常下酸雨的地区（即酸雨量达到一定值的地区），称为酸雨区。中国关于酸雨区的科学标准还没有定论，但通常认为：年均降水 pH＞5.65，酸雨率在 0～20%的地区为非酸雨区；pH 介于 5.30～5.60，酸雨率在 10%～40%的地区为轻酸雨区；pH 介于 5.00～5.30，酸雨率在 30%～60%的地区为中度酸雨区；pH 介于 4.70～5.00，酸雨率在 50%～80%的地区为较重酸雨区；pH＜4.70，酸雨率在 70%～100%的地区为重酸雨区。

1972 年瑞典人在人类环境会议上首次将酸雨作为国际性问题提出。20 世纪70 年代前，酸雨只在工业发达的国家出现，但是随着工业化快速发展，酸雨的影响地域越来越大。继西北欧和北美之后，20 世纪 80 年代，以重庆为代表的中国西南地区成为世界上第 3 大酸雨区。20 世纪 90 年代以来，我国酸雨区主要集中在浙江、福建、江西、湖北、湖南、广东、广西、海南、四川、重庆等地，基本上形成了西南、华中和华东三大酸雨区。其中以长沙、株洲、赣州、南昌等为代表的华中酸雨区超过了西南酸雨区，成为全国最严重的酸雨污染区。

酸雨对全球生态环境和人体的健康都带来了严重的影响，土壤、河流酸化、农作物减产、森林被破坏，鱼类无法生存、建筑物等被腐蚀……造成的经济损失不可估量，被科学家们称为"空中的死神"、"看不见的杀手"。已成为 21 世纪世界最大的环境问题之一。

阅读链接：北美死湖酸雨事件（摘自：世界著名酸雨烟雾事件. 科技传播，2010，8：61）

20 世纪 70 年代开始，美国东北部及加拿大东南部地区的湖泊开始变质，水质酸化，pH 一度低到 1.4，污染程度较弱的湖泊 pH 仍有 3.5，依然带有极强的酸性。这样的情况使得动植物纷纷不堪忍受,大面积湖泊停止了呼吸,可谓一潭死水。此地区的工业高度发达,代价自然就是大量的二氧化硫排放,年平均2500多万吨。这样的污染程度由雨水带到陆地,约3.6万平方公里的大面积酸雨区出现了,大约55%(9400平方公里)的湖泊被污染而酸化变质。可这次并不是由于空气的停留而导致,相反这些污染气体在北美的上空飘一会儿继而跑到加拿大的上空,然后循环往复,最终导致最强的酸雨降在弗吉尼亚州。另外,据纽约州的阿迪龙达克山区数据记载,1930年那里只有4%的湖泊无鱼,1975年就有50%的湖泊无鱼,其中200个已成为死湖。北美遭到了破坏,加拿大的情况也不好过,其受酸雨影响的水域达5.2万平方公里,5000多个湖泊明显酸化。多伦多1979年平均pH为3.5,安大略省萨德伯里周围1500多个湖泊池塘中也总是漂浮死鱼,湖滨树木已然枯萎。

(二)酸雨的形成及影响因素[34-36]

酸雨的形成是从各种自然起源和人工起源发生、进入到大气中的硫氧化物和氮氧化物等污染物,大部分以干沉降的方式在大气中消除。另一部分则在大气中发生错综复杂的物理化学过程,以湿沉降形式沉降到地表面。如图6-2所示。

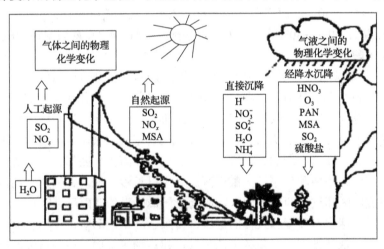

图6-2 酸雨形成机制示意图

1. 硫酸酸雨形成机理

排入大气中的SO_2主要通过以下三种途径进行反应:

(1)催化氧化反应

在湿度高、颗粒物含量多的大气中,颗粒气溶胶吸收二氧化硫、水汽和氧气,在金属触媒的催化下,发生氧化反应。

$$SO_2 + H_2O \longrightarrow H^+ + HSO_3^- \tag{6-31}$$

$$2HSO_3^- + 2H^+ + O_2 \xrightarrow{\text{Fe-Mn}} 2H_2SO_4 \tag{6-32}$$

(2) 光氧化反应

进入大气中的 SO_2 在光的作用下可氧化成 SO_3，SO_3 与大气中的水结合形成硫酸气溶胶。

$$SO_2 + h\nu \longrightarrow SO_2 \cdot \tag{6-33}$$

$$SO_2 \cdot + O_2 \longrightarrow SO_3 + O \cdot \tag{6-34}$$

$$SO_3 + H_2O \longrightarrow H_2SO_4 \tag{6-35}$$

(3) 硫酸气溶胶形成过程

硫酸气溶胶主要是由硫酸和水以及硫酸和颗粒物中的其他微粒形成，硫酸和水形成气溶胶的反应：

$$SO_2 + h\nu \xrightarrow{O_2} SO_3 \xrightarrow{H_2O} H_2SO_4 \cdot H_2O \text{（氧化水合过程）} \tag{6-36}$$

$$H_2SO_4 \cdot H_2O \xrightarrow{H_2SO_4 \cdot H_2O} (H_2SO_4)_n(H_2O)_m \xrightarrow{(SO_2,SO_3),H_2SO_4,H_2O,\text{胶核}} \text{微粒}$$
$$\text{（微粒增长过程）} \tag{6-37}$$

硫酸气溶胶中含有大量的硫酸盐，以铵盐为主，是由硫酸和大气中的其他微粒形成，反应如下：

$$NH_3(\text{气}) + SO_2(\text{气}) \longrightarrow NH_3 \cdot SO_2(\text{气}) \longrightarrow NH_3 \cdot SO_2(\text{固}) \tag{6-38}$$

$$NH_3 \cdot SO_2(\text{气}) + NH_3 \longrightarrow (NH_3)_2SO_2(\text{固}) \tag{6-39}$$

$$(NH_3)_2SO_2(\text{固}) + \frac{1}{2}O_2 \longrightarrow NH_4SO_3 \cdot NH_2(\text{固}) \tag{6-40}$$

$$NH_4SO_3 \cdot NH_2(\text{固}) + H_2O \longrightarrow (NH_4)_2SO_4(\text{固}) \tag{6-41}$$

NH_3 也可以和胶核上硫酸直接结合，即：

$$NH_3 + H_2SO_4 \cdot nH_2O \longrightarrow NH_4HSO_4 \cdot nH_2O \tag{6-42}$$

$$NH_3 + NH_4HSO_4 \cdot nH_2O \longrightarrow (NH_4)_2SO_4 \cdot nH_2O \tag{6-43}$$

2. 硝酸酸雨形成机理

大气中的氮氧化物以 NO、NO_2 为主吸附在气溶胶界面上，与水作用形成硝酸和亚硝酸。

$$N_2O_5 + H_2O \longrightarrow 2HNO_3 \tag{6-44}$$

或

$$3NO_2 + H_2O \longrightarrow 2HNO_3 + NO \tag{6-45}$$

$$NO + NO_2 + H_2O + O_2 \longrightarrow 2HNO_3 \tag{6-46}$$

或

$$HNO_3 + NO \longrightarrow HNO_2 + NO_2 \tag{6-47}$$

当太阳照射时,亚硝酸发生光解,形成 HO 自由基。

$$HNO_2 + hv \longrightarrow NO + HO \cdot \tag{6-48}$$

HO 自由基与 NO_2 作用,可形成硝酸。

硝酸易挥发,大气中几乎不存在凝聚状的硝酸,氮氧化物形成的溶胶常以 NH_4NO_3 或 NO_2 的形式存在。

$$NH_3 + HNO_3 \longrightarrow NH_4NO_3 \tag{6-49}$$

通过上述复杂的化学反应过程,大气中的 SO_2 和氮氧化物分别转化为硫酸和硝酸,使降水酸化,形成酸雨。

3. 影响酸雨形成及酸度的因素

(1)大气中的酸性污染物质[37-39]

大气中影响降水酸度的酸性物质很多,通常认为 SO_2 的贡献比氮氧化物大,且随地区不同酸雨中所含的 SO_4^{2-} 和 NO_3^- 比例也不同。美国东部雨水中 SO_4^{2-}、NO_3^- 分别占 62% 和 32%,我国降雨中 SO_4^{2-}、NO_3^- 的浓度比是 $5:1 \sim 10:1$,远高于欧洲、北美和日本的比值。这是因为我国的燃料以煤为主,大量的 SO_2 被排放到大气中。近年来,随着我国汽车保有量的持续增长,汽车尾气排放的氮氧化物对酸雨的贡献越来越大。2019 年中国生态环境公报显示,降水中 SO_4^{2-}、NO_3^- 的当量浓度比例分别为 18.9% 和 9.7%,与 2018 年相比,SO_4^{2-} 当量浓度比例有所下降,NO_3^- 当量浓度比例有所上升。

除了 SO_2 和 NO_x 之外,大气中的氯化物对降水酸化也有一定的影响。美国东部雨水中硫酸、硝酸和盐酸的成分比例分别为:62%、32% 和 6%。我国降水中 SO_4^{2-}、NO_3^-、Cl^- 比例为 54%、9% 和 7%。虽然 Cl^- 含量低,但是由于盐酸是强酸,对降水的酸度影响很大。日本冲绳岛 2003 年 3 月～2005 年 2 月的降水中 Cl^- 占降水离子总量的 43%，虽然冲绳岛为受污染的区域，但收集到样本的 72% pH 小于 5.6。大气中的有机过氧硝酸酯、臭氧和其他光化学催化剂对 SO_2 和 NO_x 转化成硫酸盐和硝酸盐有一定的促进作用，对酸雨的形成也有一定的作用。

(2)大气中的碱性物质

碱性物质在降水中起中和作用，对酸雨起缓冲作用的有大气中的碱性气体、碱性粒子。大气中存在的碱性气体主要是 NH_3，NH_3 可以增加雨水的 pH。这是因为氨遇水会迅速形成 NH_4^+ 和 OH^-，中和雨水中的 HNO_3 和 H_2SO_4。此外，大气中游离的 SO_2 也可以被 NH_3 部分吸收，使雨水中 H_2SO_4 减少。

大气中的碱性粒子主要来源于土壤和沙尘。其中，Ca^{2+}、Mg^{2+} 的存在会使雨水的 pH 升高。例如我国北方大气中 SO_2、NO_x 等气体的浓度要远大于南方，但是降水的 pH 却比南方高，主要原因就是大气中碱性粒子对酸性降水的缓冲作用。

(3)气候条件

一般高温高湿的条件有利于 SO_2 和 NO_x 转化为 H_2SO_4 和 HNO_3，容易形成酸雨。风速的大小直接影响着大气中污染物的浓度，风速越大，大气中污染物扩散越迅速，越不易形成酸雨。风速小时，容易出现逆温天气，大气中的污染物不易扩散，在低空积聚使污染物浓度增高，容易形成酸雨。此外，污染物的上风向不容易形成酸雨，污染源周边的区域空间容易形成酸雨势力，污染源的下风向容易降落酸雨。雷电会加快 SO_2 和 NO_x 的氧化速度，雷电多发区形成酸雨的概率较大。

(三)酸雨的危害[40]

1. 酸雨对人体健康的危害

酸雨直接或间接地危害人体的健康。酸雨对人体健康的直接危害有：形成酸雨的 SO_2 和 NO_x 对皮肤有刺激作用，导致皮肤病发病率升高。酸雨中的酸性物质对人体的眼角膜和呼吸道有明显的刺激作用，可导致红眼病、支气管炎，支气管哮喘等，甚至可诱发肺病。例如 1975 年 6 月，日本东京有 33000 多人眼睛和皮肤因酸雨而受到不同程度的伤害。硫酸烟雾颗粒可侵入肺的深层组织，引起肺水肿、肺硬化等疾病，甚至会导致癌变，使死亡率升高。酸雨污染严重的地区儿童免疫功能呈下降趋势，呼吸系统功能下降；使老人眼睛、呼吸道疾病患病率增加。酸雨使农田土壤酸化，土壤中的有害重金属如汞、镉、铅等溶出，被冲刷到河流湖泊中沉积在鱼类机体中，随着食物链进入人体，给人体的健康带来间接的危害。

2. 酸雨对土壤的危害

酸雨渗入土壤后，会使土壤酸化，使土壤微量的有毒重金属和 Ca、Mg、Fe

等矿物质元素流失，改变土壤的结构，使土壤变得贫瘠，影响植物的生长发育。此外，由于酸雨中大量 H^+ 的作用，可使土壤中大量存在的铝氢氧化物释放出游离的铝离子，当土壤中活性铝的浓度达 10～20μg/g 时，即可破坏植物根系。酸雨使土壤微生物的数量减少，降低土壤微生物分解有机物的能力，使土壤板结，透气性能差，从而降低土壤养分供应能力，影响植物的营养代谢。

3. 酸雨对植物的危害

酸雨对植物的危害体现在以下三个方面：第一，酸雨能直接侵入植物叶片的气孔，破坏叶面的保护层，从而使叶片枯萎，严重时会造成植株枯死。第二，酸雨影响植物的光合作用，从而影响农作物植物的成熟，使树木叶片皱折、卷曲直至枯萎。第三，酸雨还会造成植物抗病性和抗虫性的下降，引起病虫害，对植物的生长不利。据统计，德国、法国、瑞典、丹麦等国已有 700 多万公顷森林正在衰亡，我国四川盆地受酸雨危害的森林达 28 万公顷，死亡 1.5 万公顷，分别占林地面积的 35% 和 6%[40]。

4. 酸雨对水体的危害

酸雨会使江河湖泊的水质酸化，引起水生植物和浮游生物死亡，减少鱼类的食物来源，破坏水的生态系统，使水体中营养物质和有毒物质的循环被改变，同时会使有毒重金属溶解到水体中，并进入食物链，给鱼类生长和繁殖带来严重的危害。"千湖之国"的瑞典 9 万多个湖泊中，被酸化的有 2 万多个，4 千多个湖泊已成为无鱼湖[41]。

5. 酸雨对建筑物和文物的危害

酸雨对金属、石料、水泥、木材等建筑材料有很强的腐蚀作用，现在的建筑大多是钢筋混凝土结构，电线杆、桥梁等也大多是钢结构。因而电线、铁轨、桥梁、房屋等均会因酸雨遭到损害。同时酸雨会使建筑物表面的各种保护涂层退化，加快建筑物和城市设施的损坏。古建筑和石雕艺术品受酸雨腐蚀严重，如印度的泰姬陵、德国的科隆大教堂、我国的乐山大佛等。

(四) 酸雨的防治

控制大气中的 SO_2 和 NO_x 等污染源的排放量是防止酸雨的主要途径。酸雨的防治方法如下。

1. 调整工业和能源结构，开发新能源

我国是以煤为主要能源的国家。近 30 年里，煤炭一直占据我国一次能源消费总量的 70% 左右，远高出欧美 30% 以下的平均水平。我国燃煤排放的 SO_2 是美国的 2.5 倍、欧盟的 4.4 倍。2015 年环境统计年报显示，工业源排放的 SO_2 占全国排放量的 83.7%[37]。因此，国家应该进行工业布局的调整，淘汰煤耗高、污染重

的工业企业。同时，不断进行能源结构的优化，限制高硫煤的生产和使用，采用煤炭脱硫技术，实现煤炭清洁生产和高效利用，开发可以替代燃煤的清洁能源，如太阳能、风能、水能、核能等能源，减少 SO_2 的排放量。

2. 加强机动车尾气的治理

汽车排放的尾气是大气中 NO_x 的主要来源，因此，应该不断提高机动车尾气排放的标准，限制机动车数量，控制机动车行驶速度，实施机动车定期淘汰制度。改进汽车发动机技术，安装尾气净化装置及节能装置，大力推广新能源汽车，降低 NO_x 的排放量。

3. 扩大城市绿化面积

植物具有调节气候，保持水土，吸收有毒气体等作用，因此应加强城市的绿化，并在城市绿化工程中选择一些对空气中 SO_2 和 NO_2 吸收能力较强的树木和花草，如：石榴、菊花、桑树、银杉等，既可美化城市环境，又可减少空气中 SO_2 和 NO_x 的浓度。

4. 完善环境法规，加强管理监督

控制酸雨等大气污染，国家需要完善环境法规，强化环境监督管理，加大环保执法力度，建立激励和约束机制。运用经济手段促进大气污染的治理。推行清洁生产，强化全程环境管理，走可持续发展道路。

三、温室效应的形成、危害及防治

(一)温室效应的形成

温室效应(greenhouse effect)是指大气中的 CO_2 和水蒸气等能够吸收由地球发射的波长较长的辐射，从而对地球起到保温作用，这相同于人工温室作用，故称温室效应。可以这样简单地描述：大气对地面和大气的长波辐射吸收力较强，对太阳的短波辐射吸收力较弱。白天太阳光照射到地球上，大约47%的能量被地球表面吸收；地球白天吸收的热量在夜晚以红外线的方式向宇宙散发，这种能量进入大气层后，又被水汽、CO_2 等气体吸收，再以辐射的形式把一部分热量"送回"地球，从而使地表向外辐射的热量不易散失，即大气对地面起了保温作用。这就是"大气的温室效应"。

联合国《气候变化框架公约》对温室气体的定义是：大气中那些吸收和重新放出红外辐射的自然和人为的气体成分。水蒸气、二氧化碳、甲烷、臭氧、一氧化二氮和氯氟烃类物质等是大气中主要的温室气体。

我们这里的温室效应是特指由于人类活动造成的大气中温室气体浓度上升，导致自然温室效应的热平衡被破坏，引起全球气候急剧变暖的环境问题。

(二)温室气体的来源和变化趋势

1. 二氧化碳

海洋和地幔是大气中 CO_2 最主要的来源。人类活动排放的 CO_2 是大气中 CO_2 增加的直接原因。随着工业和交通运输业的发展，造成二氧化碳排放量增加。2004 年，CO_2 在大气中的浓度由工业化前的 280 ppm_v 上升到了 379 ppm_v，平均年增长为 0.4%[42]。2018 年全球二氧化碳排放量达到了历史最高水平的 331 亿吨，同比增长 1.7%[43]。2019 年在世界经济增长 2.9%的前提下，碳排放总量与 2018 年持平，在 330 亿吨左右[44]。2018 年二氧化碳的年平均浓度为 407.4 ppm，大大高出了工业化之前的 180～280 ppm[43]。除此之外，森林砍伐、火山爆发也会导致大气中二氧化碳浓度增加。用南极冰芯空气测量重建的过去 600 年期间的大气 CO_2 浓度变化如图 6-3[42]所示。

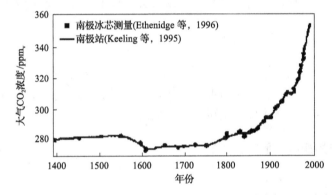

图 6-3　用南极冰芯空气测量重建的过去 600 年期间的大气 CO_2 浓度变化

2. 甲烷

沼泽、稻田和反刍动物是甲烷最主要的来源，占甲烷总排放量的 60%左右。此外，天然气、煤的采掘和有机废弃物的燃烧也产生甲烷。CH_4 在大气中的浓度从 1750 年的 750 ppb_v 增加到 1998 年的 1745 ppb_v，即增加了 151%，平均每年以大约 1.1%的比率增长。如果甲烷的浓度保持目前的年增长速度，到 2050 年可达到工业革命前的 4 倍左右。

3. 一氧化二氮

一氧化二氮来自海洋、无机氮肥的使用以及化石燃料和生物体的燃烧。大气中 N_2O 的浓度急剧增加，从 1750 年的 270 ppb 增加到 1998 年的 314 ppb，而且还以每年 0.2%～0.3%的速度增加。

4. 氯氟烃(CFCs)

工业大气中原来基本不含氯氟烷烃，工业生产中产生了高氟碳化合物(PFCs)、氢氟碳化合物(HFCs)和六氟化硫(SF_6),由于这些气体具有可能超 1000 年的大气寿命,将持续累计在大气中影响气候达数千年。CFCs 在大气中的浓度年递增 5.7%~6%。

温室气体的重要性不在于它们的浓度,而是取决于它们吸收红外辐射的温度。各种温室气体对温室效应的贡献,即增温潜能不同,分别为:二氧化碳(1)、甲烷(21)、氧化亚氮(310)、三氟甲烷(12000)、六氟化硫(22200)。这个数字,举例来说,就是向大气释放 1 kg 三氟甲烷带来的全球增温是向大气释放 1 kg 二氧化碳所带来的全球增温的 12 000 倍[45]。因此,尽管有些温室气体的浓度与二氧化碳相比很低,但它们却具有很强的温室效应,必需引起足够的重视。

由大气层中二氧化碳、甲烷、臭氧和一氧化二氮温室气体浓度升高所导致的温室效应增强中,CO_2 的贡献约占 60%,CH_4 的贡献占 20%,N_2O 的贡献占 6%。由此可见,排放二氧化碳气体产生的温室效应占主要地位,因此,减排二氧化碳是各个国家对减缓地球温室效应应承担的责任。

(三)温室效应的危害[45,46]

1. 危害人体健康

温室效应使部分地区出现异常高温,2003 年 8 月 11 日,瑞士格罗诺镇录得 41.5℃,破 139 年来的纪录。2006 年 8 月 16 日,重庆最高气温高达 43℃。在出现异常高温的日子里,死亡率会增加 1%~2%。全球变暖导致臭氧浓度增加,低空中的臭氧会破坏肺部组织,引发哮喘或其他肺病。

温室效应会增加史前致命病毒威胁人类生命安全的概率。美国科学家发出警告,温室效应会令南、北极的冰层渐渐融化,冰层中被冰封的史前致命病毒可能会复活,形成疫症,威胁人类生命。

温室效应导致的全球变暖造成传染性疾病增加,危害人体健康。一些靠病菌、食物和水传播的传染性疾病可能造成与热浪有关的死亡率增加和流行病的产生。印度国际发展研究中心生态学家 Miehael Loevinsohn 报告说,在疟疾曾被降得很低的卢旺达山区,年平均温度升高 1℃,该年疟疾发病率上升了 337%[46]。一位流行病学家预测疟疾、血吸虫病、锥虫病、登革热和黄热病等疾病流行加剧,每年患病人数将超过 6 亿,死亡人数将达 200 万。

2. 造成海平面上升

温室效应的加剧,会造成极地冰山融化,使大量的冰山融化于海洋,同时温度升高也会使海水受热膨胀,从而导致海平面上升。IPCC(Intergovernmental Panel on Climate Change,联合国政府间气候变化专门委员会)第五次气候变化评估报告指出:在过去一个世纪里,全球海平面已经上升了 19 cm,1993~2010 年海平面

上升的速度是 1901~2010 年的两倍。现在，全球 66%地区的海平面将比 1986~
2005 年间的高出 0.29~0.82 m。预计到 2100 年，海平面将上升 26~81 cm。

　　海平面上升带来的最直接危害是淹没土地。全世界有地理面积总和 77 万平方
公里的 40 多个岛屿国家分布在太平洋和加勒比海地区，人口总和约为 4300 万。
海平面上升将使这些国家面临着被淹没的危险。我国东部沿海地区的几个低洼的
冲积平原，海平面上升 0.5 m，将会有 40000 km² 的土地被淹没，3000 万人失去家
园。此外海平面升高还会引起海岸侵蚀加重，海水倒灌、土地盐渍化等问题。

　　3. 引起气候反常

　　温室气体浓度增加，增强了大气的逆辐射，强对流天气加剧，增加了酷热、
台风、海啸等极端天气出现的频率，极大地威胁了人类社会生产和生活的安全，
造成了严重的经济损失。2004 年印度洋海啸造成亚洲南部沿海国家 15.6 万人死亡
和巨大的财产损失。2003 年夏季的欧洲热浪造成农业方面的经济损失达 100 亿美
元，并夺去约两万人的生命。

　　4. 加剧土地沙漠化

　　温室效应引起的全球变暖，会使降水减少，而蒸发增加，致使径流减少。从
而导致一系列的缺水问题。尤其是干旱和半干旱地区，降水减少将造成更严重的
干旱甚至沙漠化。目前世界荒漠化以每年 5 万~7 万平方公里的速度扩大，给人
类的生存带来了威胁。

　　(四)减缓温室效应的对策[47]

　　温室效应造成的全球变暖继续下去，意味着今天在地球上生活的许多植物和
动物(包括我们)可能会面临生存危机，意味着更严重的干旱和洪水，意味着冰川
融化、海平面上升、城市淹没……为了人类的可持续发展，减缓温室效应引起的
全球变暖，是世界各国面临的重大课题。

　　1. 提高能源效率，改善能源结构

　　化石燃料的燃烧是 CO_2 排放量增加的主要原因，通过节能降耗，提高能源使
用效率；控制化石燃料的使用量，增加太阳能、水能、风能、核能等可再生能源
和清洁能源使用的比例，推动全球能源结构向清洁、低碳方向转型，可显著减少
CO_2 的排放量。

　　2. 提高生物圈和海洋的 CO_2 吸收量

　　森林是吸取 CO_2 的大气净化器，它把碳固定在植物纤维质里，把氧气放回到
大气。植树造林，减少人为对森林的砍伐和破坏，可大大提高对二氧化碳的吸收
量。据统计，如果恢复由于人类活动被破坏掉的 2.0×10^9 hm² 森林面积的 20%~
30%，就可以解决或完全消除全球二氧化碳浓度增长的问题。海洋通过沉积、生

物和化学作用可以不断地吸收大气中的 CO_2，年吸收量为 1.2～2.8 Gt。

3. 大力发展碳捕获、利用和封存(CCUS)技术

碳捕获、利用和封存(CCUS)技术是指将 CO_2 从工业或其他排放源中分离出来，并运输到特定地点加以利用或封存，以实现被捕集 CO_2 与大气的长期隔离。国际能源署发布的 2018 年能源和 CO_2 现状报告中指出，截至 2018 年底，全球运行、在建或重点建设 CCUS 项目共计 43 个。这些项目每年可捕获二氧化碳1300 万吨，二氧化碳捕获量净增 15%[47]。

4. 加强国际合作，采取国际行动

政府部门或国际组织的调控是促使全球温室效应减缓的重要手段。1992 年联合国环境与发展大会通过了《气候变化框架公约》。1997 年通过的《京都议定书》规定：到 2010 年所有发达国家二氧化碳等 6 种温室气体的排放量，要比 1990 年减少 5.2%。发达国家和发展中国家分别从 2005 年和 2012 年开始承担减排义务。2015 年通过《巴黎协定》提出将 21 世纪全球平均气温上升幅度控制在 2℃以内，并将全球气温上升控制在前工业化时期水平之上 1.5℃以内的目标。各国也都积极采取国家政策和相应的措施，限制温室气体的人为排放，以推进全球范围内温室效应的有序减缓。

前景展望：新能源汽车

汽车产业是我国国民经济的重要支柱产业，在国民经济和社会发展中发挥着重要作用。近年来我国汽车的保有量逐年增加，2017 年我国汽车保有量达到2.17 亿辆(含新能源汽车 153.0 万辆)。

目前我国汽车主要以汽油、柴油为燃料，随着汽车保有量的增加，燃油汽车不仅使我国能源紧张问题更加突出，也成为大气污染的主要来源。2017 年全国汽车排放一氧化碳 2920.3 万吨，碳氢化合物 342.2 万吨，氮氧化物 532.8 万吨，颗粒物 48.8 万吨。北京、上海等特大城市和东部人口密集的城市，移动源对细颗粒物($PM_{2.5}$)的贡献高达 10%～50%。其中，北京、上海、杭州、济南、广州和深圳的移动源排放已成为 $PM_{2.5}$ 的首要来源，深圳占比高达 52.5%[48]。为了应对石油资源的日趋枯竭和大气污染以及温室效应等的环保压力，人们将目光转向了节能环保的新能源汽车。

1. 新能源汽车

新能源汽车是指采用非常规的车用燃料作为动力来源，综合车辆的动力控制和驱动方面的先进技术，形成的技术原理先进、具有新技术、新结构的汽车。包括混合动力电动汽车(HEV)、纯电动汽车(BEV，包括太阳能汽车)、燃料电池汽车(FCV)和其他新能源汽车等。其中非常规的车用燃料是指除汽油、柴油、天然

气、液化石油气、乙醇汽油、甲醇、二甲醚之外的燃料。混合动力汽车、纯电动汽车和燃料电池汽车是我国新能源汽车的主要发展方向。

混合动力汽车是指车辆驱动系统由两个或多个能同时运转的单个驱动系统联合组成的车辆，车辆的行驶功率依据实际的车辆行驶状态由单个驱动系统单独或共同提供。一般是指油电混合动力汽车，即采用传统的内燃机和电动机作为动力源。

纯电动汽车(BEV)是指动力系统主要由动力蓄电池、驱动电机组成，从电网取电(或更换蓄电池)获得电力，并通过动力蓄电池向驱动电机提供电能驱动汽车，是我国新能源汽车重点推广的车型。

燃料电池电动汽车(FCEV)是一种用车载燃料电池装置产生的电力作为动力的汽车。车载燃料电池装置所使用的燃料为高纯度氢气或含氢燃料经重整所得到的高含氢重整气。与通常的电动汽车相比，燃料电池汽车的电力来自车载燃料电池装置，而纯电动汽车的电力来自电网充电的蓄电池。新能源汽车优缺点见表6-4。

表6-4 新能源汽车优缺点比较

类型	优点	缺点
混合动力汽车	不需要特别的燃料，续航里程长，技术最为成熟，解决单车成本问题后容易普及	电池容量和寿命问题没有得到彻底解决，造成单车成本过高，推广困难
纯电动汽车	产品噪声小，行驶稳定性高，并实现零排放，是目前最适合城市使用的产品，有电力供应的地方就能够充电	电池的质量、体积、容量、充电速度、稳定性、成本等6个方面极难兼顾，建充电站需投入较大费用
燃料电池电动汽车	主要是氢燃料电池，被认为是最有前途的产品，能真正解决能源短缺问题，排放物是纯水，行驶时不产生任何污染物	氢燃料电池成本过高，氢燃料的存储和运输按照目前的技术条件来说非常困难，氢气的提取需要通过电解水或者利用天然气，同样需要消耗大量能源

2. 新能源汽车电池[49-51]

动力电池技术是关乎新能源汽车性能的关键。新能源汽车动力电池可以分为蓄电池和燃料电池两大类，蓄电池用于纯电动汽车(BEV)、混合动力电动汽车(HEV)及插电式混合动力电动汽车(PHEV)；燃料电池专用于燃料电池汽车(FCV)。

1) 蓄电池

蓄电池在纯电动汽车中是驱动系统唯一动力源，主要有铅酸蓄电池、镍氢电池和动力锂离子电池等。

(1) 铅酸蓄电池

铅酸蓄电池(lead-acid battery)是采用铅作负极，二氧化铅作正极，硫酸溶液为电解液的蓄电池。电化学反应方程式为：

放电时：$PbO_2 + 2H_2SO_4 + Pb \longrightarrow 2PbSO_4 \downarrow + 2H_2O$

充电时：$2PbSO_4 + 2H_2O \longrightarrow PbO_2 + 2H_2SO_4 + Pb$

　　铅酸蓄电池的优点是性能可靠、成本低、高倍率放电性能好；缺点是能量密度低、比功率低、体积大、寿命短、安全性差。目前一般用于电动自行车、摩托车、低速电动车及老年代步车等低速车。

　　(2)镍氢电池

　　镍氢电池是一种碱性电池，其正极活性物质为NiOOH，负极活性物质为金属氢化物(MH)，电解液是氢氧化钾溶液。电化学方程式为：

　　放电时：　$MH + NiOOH \longrightarrow M + Ni(OH)_2$

　　充电时：　$M + Ni(OH)_2 \longrightarrow MH + NiOOH$

　　镍氢电池性能好于铅酸电池，其优点是价格低廉、技术成熟、耐用性强；缺点是体积大、能量密度低、电压低、有电池记忆效应。由于镍氢电池超强的耐用性，得到了丰田等少数汽车厂商的偏爱。丰田普锐斯车型、国产的卡罗拉双擎和雷凌双擎均采用了镍氢电池，其他汽车厂商则倒向了动力锂电池的阵营。

　　(3)动力锂电池

　　动力锂电池是新能源汽车中应用最广泛的电池。锂离子电池是指以锂离子嵌入化合物为正极材料的电池总称。负极材料通常为中间相碳微球或改性石墨微粒，电解质为溶解了锂盐的有机溶剂。按照正极材料的不同，动力锂电池可分为钴酸锂电池、锰酸锂电池、磷酸铁锂电池、镍钴锰酸锂电池等。

　　锂离子电池主要依靠锂离子在正极和负极之间移动来工作。在充放电过程中，Li^+在两个电极之间往返嵌入和脱嵌，被形象地称为"摇椅电池"。充电时，Li^+从正极脱嵌，经过电解质嵌入负极，负极处于富锂状态；放电时则相反。锂离子电池工作原理如图6-4所示。以钴酸锂电池为例，电化学反应为：

　　正极：　$LiCoO_2 \longrightarrow Li_{1-x}CoO_2 + xLi^+ + xe^-$

　　负极：　$6C + xLi^+ + xe^- \longrightarrow Li_xC_6$

　　电池反应：　$LiCoO_2 + 6C \longrightarrow Li_{1-x}CoO_2 + Li_xC_6$

　　①钴酸锂电池。钴酸锂$(LiCoO_2)$电池是正极使用钴酸锂材料的电池，其优点是电池生产技术成熟、电池结构稳定、比能量高；缺点是成本非常高，高温状态下的稳定性差。钴酸锂电池广泛用于笔记本电脑、手机等小型电子设备中。美国特斯拉使用的就是松下的18650钴酸锂电池，特斯拉MODELS车型的动力系统是由8142颗单颗3100 mhA的18650电池并联组成的电池组，总容量超过85kWh，续航能力超过400公里。

　　②锰酸锂电池。锰酸锂$(LiMn_2O_4)$电池是正极使用锰酸锂材料的电池，其优点是成本低、低温性能好；缺点是能量密度不高、安全性一般、寿命短。锰酸锂电池的代表车型是早期的日产聆风，自2010年上市以来，在全球已累计销售超过30万辆。但是由于锰酸锂电池的能量密度不高，安全性也一般，目前逐步被新的技术所替代，日产聆风也开始转向三元锂电池。

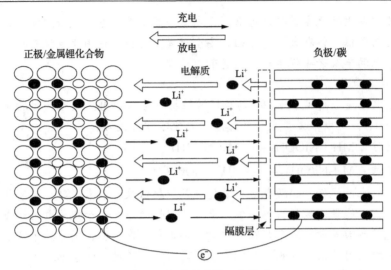

图 6-4　锂离子电池工作原理

③磷酸铁锂电池。磷酸铁锂电池是指用磷酸铁锂(LiFePO$_4$)作为正极材料的锂离子电池，其优点是热稳定性好、安全性高、成本较低、循环寿命长；缺点是能量密度低、怕低温。磷酸铁锂电池广泛地应用在比亚迪旗下的绝大多数车型上。由于磷酸铁锂电池的能量密度低，采用这种电池的车辆续航里程一般，且温度低于–5℃时，充电效率低，不适合北方新能源车主冬天充电的需求。目前磷酸铁锂电池主要应用在商用物流车及城市公交车。

④三元锂电池(镍钴锰酸锂)。三元锂电池是指正极材料使用镍钴锰酸锂[Li(NiCoMn)O$_2$]或者镍钴铝酸锂的锂电池，正极材料镍钴锰的比例可以根据实际需要调整。三元锂电池的优点是能量密度高、循环寿命长、不惧低温；缺点是高温下稳定性不足。三元锂电池是目前国内使用最为广泛、装车量最大的一类电池，是目前动力电池的主流方向。续航里程长，且适合北方天气，低温时电池更加稳定。特拉斯最新发布的 MODEL3 即采用的松下 21700 型三元圆柱形电池，北汽新能源国民神车 EV200 和 EX360 采用的也是三元锂电池。在应用了陶瓷隔膜解决了三元锂电池的安全问题后，三元锂电池已成为动力电池今后的重点发展方向。

2)燃料电池

燃料电池是把燃料所具有的化学能直接转换成电能的装置。目前常用的为氢燃料电池。氢燃料电池的反应原理是电解水的逆反应。

负极：　$H_2 + 2OH^- \longrightarrow 2H_2O + 2e^-$

正极：　$1/2O_2 + H_2O + 2e^- \longrightarrow 2OH^-$

电池反应：　$H_2 + 1/2O_2 \Longrightarrow H_2O$

氢燃料电池的工作原理是将氢气送到燃料电池的阳极板(负极)，氢原子中的一个电子在催化剂的作用下被分离出来，失去电子的氢离子通过质子交换膜，到达电池的阴极板（正极），而电子则经过外部电路，到达燃料电池的阴极板，在外电路中产生电流，电子到达阴极板后，与氧原子和氢离子重新结合为水。阴极板的氧可通过给阴极板供应空气获得，只要不断地给阳极板供应氢，并及时把水（蒸气）带走，就可以不断地提供电能。

　　氢燃料电池具有环保无污染、无噪声、能量转化率高、续航里程长等优点，其缺点是成本高、安全性差、氢燃料的储存和运输困难。氢燃料电池车是真正意义上零排放、零污染的汽车。日本丰田汽车公司将在东京奥运会和残奥会期间为奥运赛事提供世界首批批量生产的约 500 辆氢燃料电池车。英国政府将大力发展氢燃料电池汽车，计划在 2030 年之前氢燃料电池车保有量达到 160 万辆。

　　3. 我国新能源汽车的发展现状[52]

　　2010 年 10 月国务院颁布的《关于加快培育发展战略性新兴产业的决定》，把新能源汽车产业作为战略性新兴产业之一重点培育发展。2012 年国务院出台《节能与新能源汽车产业发展规划（2012—2020 年）》后，国家和地方政府相继出台了一系列配套政策，我国的新能源汽车实现了产业化和规模化的飞跃式发展。2011 年我国新能源汽车产量仅 0.8 万辆，占全国汽车产量不到千分之一；2014 年成为我国新能源汽车发展元年，2015 年进入我国新能源汽车产业高速增长年，这两年我国新能源汽车产销量同比增长均超过 300%，2015 年 11 月我国新能源汽车产销量占全国汽车产销量比首次突破 1%的关卡，成为全球最大的新能源汽车市场。2018 年我国新能源汽车产量达到 127 万辆，同比增长 59.9%，其中纯电动汽车为 98.6 万辆，插电式混合动力汽车 28.3 万辆，燃料电池汽车 1527 辆。2019 年上半年我国新能源汽车销量达 61.7 万辆，同比增长 49.6%，新能源汽车销量占全国汽车总销量的 5.01%。未来新能源汽车逐渐替代传统汽油车已经成为汽车产业的发展趋势。

四、臭氧层破坏的原因、危害及防治

（一）大气臭氧层

　　臭氧层是指大气圈距离地面 15～50 km 高度的平流层中臭氧浓度相对较高的部分。臭氧层集中了大气中约 90%的臭氧，其中离地面 22～25 km，臭氧浓度达到最高值。臭氧在大气中含量极其微小，厚度仅有 3 mm。

　　这层薄薄的臭氧层可以说是地球生命的保护伞。太阳光中的大部分紫外线可被臭氧层吸收，使地球上的人类和动植物免受过量紫外线伤害，保护地球上的生物得以生存繁衍。臭氧吸收紫外线并将其转换为热能加热大气，正因为臭氧的加热作用使地球拥有了区别于其他星球的平流层。平流层中臭氧浓度及其随高度的分布直接影响着平流层的温度结构，影响着大气环流和地球气候。

知识拓展：紫外线(摘自：(https://baike.sogou.com/v100154.htm?fromTitle=%E7%B4%AB%E5%A4%96%E7%BA%BF)

紫外线是阳光中波长为 10～400 nm 的光线，按其波长不同，可以分为三种：紫外线 A(UV-A)，波长 320～400 nm，长波；紫外线 B(UV-B)，波长 280～320 nm，中波；紫外线 C(UV-C)，波长＜280 nm，短波。

紫外线对人体的伤害主要体现在皮肤上。短波紫外线 C 被同温层的臭氧完全吸收，不能到达地球表面。

中波紫外线 B 大部分被臭氧层吸收，到达地球表面的只有不足 2%。紫外线 B 极大部分被皮肤表皮所吸收，不能渗入皮肤内部。皮肤被这种紫外线照射的部位会出现红肿、水泡等症状，长久照射会出现红斑、炎症，导致皮肤老化，甚至会引起皮肤癌。为避免人体皮肤被紫外线伤害，主要应预防紫外线 B 的照射。

长波紫外线 A 对衣物和人体皮肤的穿透性远比中波紫外线要强，可到达真皮深处，引起皮肤黑色素沉积，皮肤变黑。紫外线 A 对皮肤作用缓慢，不会引起皮肤急性炎症，但可长期积累，导致皮肤老化甚至严重损害。

臭氧层形成的机理如下[53]：

平流层中，部分氧气分子吸收紫外线并分解形成基态氧原子 $O(^3P)$，生成的基态氧原子与氧分子结合生成臭氧。臭氧或者被太阳光分解，或者重新与氧原子结合变成氧分子。

$$O_2 + h\nu \longrightarrow 2O(^3P) \tag{6-50}$$

$$O_2 + O(^3P) + M \longrightarrow M + O_3 \tag{6-51}$$

$$O_3 + h\nu \longrightarrow O_2 + O \tag{6-52}$$

大气中 H·、OH·、NO·、Cl· 等微量成分可通过链式反应消除臭氧，其反应为：

$$X· + O_3 \longrightarrow XO· + O_2 \tag{6-53}$$

$$XO· + O· \longrightarrow X + O_2 \tag{6-54}$$

$$2O· + O_2 \longrightarrow 2O_2 \tag{6-55}$$

大气中的臭氧浓度取决于臭氧生成反应和消除反应的平衡状态以及微量成分消除臭氧的反应。

(二)臭氧层破坏[54,55]

1985 年，英国科学家法尔曼(Farmen)等人首先提出，从 1975 年以来，南极每年春天(9～10 月份)总臭氧浓度减少超过 30%，这一发现引起了人们极大的重视。进一步研究表明，1975 年以来的 10～15 年间，每到春天南极上空平流层臭氧都会急剧地大规模耗损，极地上空近 95%的臭氧被破坏，超过南极大陆的面积。高空的臭氧层与周围相比像是形成了一个直径达上千公里的"臭氧空洞"。据美国宇航局新闻公报的消息，2000 年 10 月南极上空臭氧层空洞面积达到 2900 万 km^2。

1992 年 2 月美国科学家宣布了一项地球大气层研究的最新报告："臭氧层空洞很快会在北纬 50°左右的上空形成。每年冬末春初那里的臭氧层将季节性地锐减 40%，与南极上空臭氧层减少 50%的比例不相上下。"据相关研究报道：2011 年，欧洲上空臭氧层臭氧含量比 1980 年时减少了 6%；加拿大上空臭氧层臭氧含量比正常值低 7.5%；中国青藏高原上空的臭氧也正在以每 10 年 2.7%的速度减少。

(三)臭氧层破坏的原因[56]

南极发现臭氧空洞以后，科学家们经过研究发现，臭氧层空洞主要是由于人类活动中大量生产和使用"消耗臭氧层物质(ODS)"以及 N_2O、NO 等造成的。

ODS 主要有：CFCs(氯氟烃)、哈龙(Halon，全溴氟烃)、四氯化碳、甲基氯仿、溴甲烷等。其中破坏臭氧层的罪魁祸首当选 CFCs 和哈龙。CFCs 的商业名是氟利昂，包含许多种类，如 CCl_3F(F-11)、CCl_2F_2(F-12)、$CHClF_2$(F-22)等。氟利昂是一种无色、无味、无毒、无腐蚀性又易于液化的气体，化学性质非常稳定，不易燃烧，易于储存。20 世纪 30 年代以来，CFCs 广泛用作冰箱、空调的制冷剂，也用作发泡剂、分散剂、清洗剂等，从 20 世纪 30 年代初到 90 年代的五六十年中，人类总共生产了 1500 万吨氯氟烃，目前已禁用。

N_2O、NO 主要是来自飞机、汽车排放的尾气和化石燃料燃烧排放的废气。

1. 氯氟烃类(CFCs)物质破坏臭氧层的机理

平流层里的 CFCs 在短波紫外线 UV-C 的照射下，分解为化学性质非常活泼的 $Cl\cdot$ 自由基，$Cl\cdot$ 自由基与 O_3 分子发生光化学反应，从而破坏臭氧层。反应方程式为：

$$CCl_2F_2 + h\nu \longrightarrow CClF_2\cdot + Cl\cdot \tag{6-56}$$

$$CCl_3F + h\nu \longrightarrow CCl_2F\cdot + Cl\cdot \tag{6-57}$$

$$Cl\cdot + O_3 \longrightarrow ClO\cdot + O_2 \tag{6-58}$$

$$ClO \cdot + O_3 \longrightarrow Cl \cdot + 2O_2 \tag{6-59}$$

由上述链式反应可以看出，氯原子的净消耗为零，而平流层中的臭氧却不断地被耗损。其他 ODS 物质破坏臭氧层的机理和上述机理类似。

2. 氮氧化物(NO)破坏臭氧层的机理

$$NO + O_3 \longrightarrow O_2 + NO_2 \tag{6-60}$$

$$O + NO_2 \longrightarrow NO + O_2 \tag{6-61}$$

总反应为：

$$O_3 + O \longrightarrow 2O_2 \tag{6-62}$$

氮氧化物参加整个反应，使 O_3 分解为 O_2，臭氧层被破坏。

(四) 臭氧层破坏的危害[57]

1. 对人体健康的危害

臭氧层破坏最直接后果就是到达地面的紫外线 B 辐射量增加，研究表明臭氧浓度每降低 1%，紫外线 B 的辐射量就增加 1.5%～2%。紫外线 B 损害 DNA 和蛋白质，抑制人类的免疫力，使患呼吸道系统的传染病人增多。过量的 UV-B 照射可诱发皮肤癌，面部等暴露部位以及在太阳光强烈照射的地区皮肤癌发病率高。据统计，臭氧每损耗 1%，皮肤癌的患病概率就会增加 2%。紫外线照射还会引起皮肤灼伤，黑色素沉积，加速皮肤的老化。UV-B 照射还损害眼角膜和晶状体，使眼睛混浊，若紫外线辐射抵达眼睛后部，会使视网膜细胞缓慢恶化，导致白内障。研究表明，当臭氧减少 1.0%，白内障增加约 0.5%。长时间的紫外线辐射会导致角膜永久性损伤。

2. 对植物的影响

过量的紫外线辐射会破坏植物和微生物组织，使植物叶片变小，光合作用减弱，产量减少。通过对 200 多种农作物增强紫外线照射的实验发现，有 2/3 的植物显示出对紫外线的敏感性。尤其是豌豆、大豆、南瓜、西红柿、白菜等。

3. 对水生系统的影响

臭氧层破坏对水生系统有潜在的危险。研究表明，天然浮游植物群落与臭氧的变化直接相关。美国能源与环境研究所的报告指出，臭氧层厚度减少 25%，水面附近的初级生物产量将降低 35%。浮游生物种类和数量的减少使以浮游生物为食的鱼贝类的产量减少，从而影响整个水生生态系统。

4. 对大气环境的影响

研究和观测表明,臭氧层耗损,会使大气中臭氧纵向分布发生改变,破坏地球的辐射收支平衡,使对流层中 CO_2、O_3 等温室气体的数量增加,加剧温室效应。此外,由于臭氧层减少而增加的紫外线 B 辐射量会增加城市光化学烟雾发生的概率。通过模拟实验发现,平流层臭氧减少 33%,温度上升 4℃时,费城及纳什维尔的光化学烟雾将增加 30% 或更多。

(五)臭氧层保护措施[58]

1. 保护臭氧层的全球行动

自臭氧层耗损的机理被论证之后,联合国环境规划署(UNEP)召开了多次国际会议,通过了一系列保护臭氧层的决议。

1977 年,联合国环境规划署理事会在美国华盛顿召开了"评价全球臭氧层"专家会议,通过了《臭氧层行动世界计划》。1985 年,21 个国家政府签署了《保护臭氧层维也纳公约》,明确指出了大气臭氧层损耗对人类健康和环境可能造成的危害,首次提出氯氟烃类物质作为被监控的化学品,但对何时减少氯氟烃类物质的生产和使用并没有达成一致的意见。1987 年 9 月,通过了《关于消耗臭氧层物质的蒙特利尔议定书》。蒙特利尔议定书规定:参与条约的每个成员组织,将冻结并减少三种溴化物的生产和消耗,依照缩减时间表减少五种氟利昂的生产和消耗。1989 年 5 月,蒙特利尔第一次缔约国会议在芬兰的赫尔辛基召开,并发表了《保护臭氧层的赫尔辛基宣言》,宣言指出在适当考虑发展中国家特殊情况下,尽可能地但不迟于 2000 年取消受控制氯氟烃类物质的生产和使用,加速替代产品和技术的研究和开发。1990 年 6 月,蒙特利尔议定书第二次缔约国会议通过了《蒙特利尔修正案》,规定在 2000 年 1 月 1 日全部淘汰氟利昂。1991 年 6 月,蒙特利尔第三次缔约国会议,呼吁并通过了含氯氟烃或哈龙制品的贸易限制名单。1995 年 1 月,联合国大会将每年的 9 月 16 日定为"国际保护臭氧层日",以此来提高人们对臭氧层的认识,呼吁全人类共同保护。

知识拓展:国际保护臭氧层日(摘自:https://baike.sogou.com/v728253.htm? fromTitle=%E5%9B%BD%E9%99%85%E4%BF%9D%E6%8A%A4%E8%87 %AD%E6%B0%A7%E5%B1%82%E6%97%A5,2019-8-29)

臭氧层破坏是当前全球性环境问题之一,自 20 世纪 70 年代以来备受世界各国的关注。联合国环境规划署自 1976 年通过了一系列保护臭氧层的决议。尤其在 1985 年发现了"南极臭氧洞"问题之后,国际上保护臭氧层的呼声更加高涨。1995 年 1 月 23 日,联合国大会通过决议,确定从 1995 年开始,每年的 9 月 16 日为"国际保护臭氧层日"。目的是纪念 1987 年 9 月 16 日签署的《关于消耗臭氧层物质的蒙特利尔议定书》，要求所有的缔约国根据"议定书"及其修正案的目标，采取具体行动纪念这一特殊的日子。

2. 中国保护臭氧层的行动

中国政府非常重视大气臭氧层保护，分别于 1989 年和 1991 年签订了《保护臭氧层维也纳公约》和《关于消耗臭氧层物质的蒙特利尔议定书》，成为缔约国，成立了国家保护臭氧层领导小组，积极采取保护大气臭氧层的行动，兑现向国际社会的承诺。1993 年 1 月出台了《中国逐步淘汰消耗臭氧层物质国家方案》。从 1999 年 7 月 1 日起中国冻结了氟利昂制冷剂的生产和消费，计划用 10 年时间，在生产和消费领域全面淘汰 CFCs 类物质，到 2010 年全面禁止使用 CFCs。通过一系列的政策措施，中国已于 2007 年 7 月 1 日，全面淘汰了 CFCs 和哈龙，提前两年半完成履约目标。

2014 年 9 月 10 日，世界气象组织与联合国环境规划署发布报告，地球臭氧层空洞大约会在 50 年后闭合，各国采取的限制措施和全民努力取得了一定的成效。

热点聚焦：蓝天愿景下的中国大气污染治理之路

一、面对"十面霾伏"，看中国如何拨云见日重获蓝天

(一)中国雾霾从何而来

纵观人类工业化发展历程，由工业化引发的大气污染事件屡见不鲜。1930 年 12 月，比利时发生马斯河谷烟雾事件；1940～1960 年间，美国洛杉矶发生光化学烟雾事件；20 世纪 40 年代，日本发生四日市大气污染事件。在诸多污染事件中较为典型的是 1952 年 12 月在英国发生的伦敦烟雾事件，据统计当月 4000 人因这场大烟雾而死去。此后，英国政府下定决心治理大气污染，于 1956 年颁布并实施了世界上第一部空气污染治理法案《清洁空气法》。为摘掉"雾都"的帽子，英国人经过了近半个世纪的努力。

随着工业化进程的推进，我国主要工业品生产取得了令人瞩目的成就。根据国家统计局发布的数据，截至 2011 年 3 月，我国工业产品产量居世界第一位的已有 220 种，其中，粗钢、煤、水泥产量已连续多年稳居世界第一[59]。工业化带来社会进步的同时其弊端也日益显现，生态环境遭到破坏，大气污染越来越严重。2013 年，中国大气污染问题迎来了爆发，大多数城市发生了雾霾污染。2013 年 1 月，北京雾霾污染天数高达 27 d，部分点位的 $PM_{2.5}$ 小时最大值甚至达到空气质量标准的 10 多倍。本次雾霾污染波及全国 29 个省市，很多地区的平均雾霾日数为 1961 年

来历史同期最高，一时间中国陷入了"十面霾伏"。

与所有工业化国家一样，我国的大气污染问题也与工业化紧密相连，工业排放、煤炭消费、机动车尾气排放是我国产生雾霾污染的主要原因。改革开放以来，我国工业发展迅速，制造业占全球比重已连续多年位居世界第一。工业的快速发展为中国经济腾飞做出了巨大贡献，也带来了大量的工业排放。2000~2015年，全国废气排放总量持续上升，其中工业排放成为废气排放的主要来源。根据2015年《中国环境统计年报》，工业生产排放的二氧化硫、氮氧化物和烟粉尘分别占到全国排放总量的84%、64%、80%[60]。从全国范围来看，工业排放是造成雾霾污染的主要原因。在我国工业化过程中，煤炭在能源消费中占据主导地位，一直占据一次能源消费总量的70%左右。国家统计年鉴数据显示，仅在2013年中国就消费了42.4亿吨煤炭[61]，几乎相当于世界上其他国家的总和，其中绝大部分煤炭用于工业或发电。燃煤消耗产生大量的烟尘、二氧化硫、氮氧化物等多种污染物，是造成雾霾的重要来源。另外，随着近年来我国机动车保有量高速增长，机动车尾气排放已成为导致雾霾的重要原因。《中国移动源环境管理年报(2019)》披露，2018年我国机动车保有量为3.27亿辆，几乎比2009年增长一倍，中国已连续十年成为世界机动车产销第一大国。机动车数量的持续增长使污染物排放量居高不下，2018年全国机动车污染物排放量仍在4000万吨以上[62]，其中排放的氮氧化物和颗粒物是雾霾形成的重要组成部分。

2013年，中国多个城市进入世界污染最严重城市黑名单，作为雾霾首要污染物的$PM_{2.5}$，74个监测城市中年均值达标率仅有4.1%[63]。持续的雾霾污染不仅直接危害人们的身心健康，增加社会的医疗费用，同时也导致高速封闭、航班取消、中小学停课、工业企业停产限产等诸多不利影响，严重扰乱了社会的生活和生产秩序。我国治理雾霾污染的紧迫性日益凸显，重获蓝天成为全社会的共同心愿。

(二)中国政府如何拨雾云见蓝天

2015年，习近平主席在全国两会上曾说：环境就是民生，青山就是美丽，蓝天也是幸福。针对严峻的大气环境形势，中国政府积极行动起来，将治理雾霾改善民生摆上重要议事日程，以前所未有的决心和力度向雾霾污染宣战。

为了重见蓝天白云，我国接连出台有针对性的大气污染治理计划，明确治霾目标和措施。见表6-5。其中《重点区域防治规划》、《大气十条》和《蓝天保卫战行动计划》是我国治理雾霾的主要政策。为了实现上述政策的规定目标，在党中央、国务院的领导下，各地区各部门高度重视，积极出台配套的行动计划或实施细则，完成自身的职责分工和重点任务。淘汰落后和过剩产能、升级油品质量提高排放标准、推进煤改清洁能源……国务院各部门和地方政府各司其职，有序推进国家政策落实，为治霾目标的顺利实现奠定了坚实基础。

表 6-5　近年来中国政府出台的主要大气治理政策

序号	时间	发布部门	政策名称	主要目标
1	2012 年 10 月 29 日	环境保护部等三部委发布	《重点区域大气污染防治"十二五"规划》(以下简称《重点区域防治规划》)	2015 年,重点区域二氧化硫、氮氧化物、工业烟粉尘排放量分别下降 12%、13%、10%,挥发性有机物污染防治工作全面展开;环境空气质量有所改善,可吸入颗粒物、二氧化硫、二氧化氮、细颗粒物年均浓度分别下降 10%、10%、7%、5%;臭氧污染得到初步控制,酸雨污染有所减轻;建立区域大气污染联防联控机制,区域大气环境管理能力明显提高
2	2013 年 9 月 10 日	国务院发布	《大气污染防治行动计划》(以下简称《大气十条》)	到 2017 年,全国地级及以上城市可吸入颗粒物浓度比 2012 年下降 10%以上,优良天数逐年提高;京津冀、长三角、珠三角等区域细颗粒物浓度分别下降 25%、20%、15%左右,其中北京市细颗粒物年均浓度控制在 60μg/m³ 左右
3	2018 年 6 月 27 日	国务院发布	《打赢蓝天保卫战三年行动计划》(以下简称《蓝天保卫战行动计划》)	到 2020 年,二氧化硫、氮氧化物排放总量分别比 2015 年下降 15%以上;PM$_{2.5}$ 未达标地级及以上城市浓度比 2015 年下降 18%以上,地级及以上城市空气质量优良天数比率达到 80%,重度及以上污染天数比率比 2015 年下降 25%以上

为有效评估雾霾治理成效,环境保护部及时修订空气质量国家标准,建立了科学的空气质量评价体制。2012 年,新修订的《环境空气质量标准》(GB 3095—2012),增加了细颗粒物(PM$_{2.5}$)的评价指标,收紧了可吸入颗粒物(PM$_{10}$)的标准限值,为雾霾治理提供了重要依据,也使评价结果与公众对空气质量的主观感受更加一致。新标准实施以来,全国 338 个城市建立了上千个环境空气自动监测站,实现了环境监测数据向社会实时公布。监测数据的客观性和准确性直接关系到治霾目标是否实现,也是衡量地方政府治霾成果的标尺。2016 年,环境保护部推动环境监测体制改革,将环境空气自动站点监测事权上收至国家,地方政府不再参与空气质量监测,确保了评价结果的可信度。

在雾霾治理过程中,对治理结果进行严格考核并落实防治责任,是推进治霾目标实现的重要因素。《大气十条》是我国针对雾霾的专项行动计划,国务院与环境保护部及时制定了考核办法和实施细则,并将考核结果作为对各地区领导干部综合考核评价的重要依据,保证地方政府大气治理责任的落实。各地区也结合本地的实际情况纷纷出台考核办法,如浙江省将 PM$_{2.5}$ 数值与领导干部升迁挂钩、安徽省对重点任务和空气质量改善目标进行"双考核"。对雾霾污染治理不力的地区,环境保护部或上级政府将约谈地方政府负责人,督促其积极整改落实环保责任。自 2014 年至 2017 年,55 个地方政府被环境保护部约谈,其中多名负责人因整改不力被免职[64]。

自治理雾霾三大主要政策实施以来,全国空气质量明显改善,蓝天数量不断增加。根据《大气十条》实施情况终期考核结果,截至 2017 年底,45 项重点工作任务和空气质量改善目标全部完成，$PM_{2.5}$ 和 PM_{10} 的下降幅度远高于预期目标，安徽、四川、江西等七省更是提前实现规定目标。2013~2018 年，全国 74 个城市的 $PM_{2.5}$ 平均浓度降低 42%。由于大气污染治理成效显著，拥抱蓝天白云已成为寻常之事。2019 年，全国 337 个城市平均优良天数近 82.0%，16 个城市优良天数比例为 100%。重获蓝天不仅使人民群众的"蓝天幸福感"越来越强烈，也为全面建成小康社会打下基础。

从《重点区域防治规划》到《蓝天保卫战行动计划》，我国大气污染防治从未止步且力度越来越大，取得了显著的治理效果。但我们同时也要看到我国大气污染形势依然不容乐观，大气污染物排放总量大，经济总量增长与污染物排放总量增加尚未脱钩等问题还没有得到根本扭转。习近平总书记在中共中央政治局集体学习强调：要清醒认识保护生态环境、治理环境污染的紧迫性和艰巨性。面对发达国家从来没有应对过的大气污染问题，需要做好打攻坚战和持久战的准备。我们相信在全社会共同努力下，形成积极应对大气污染的合力，持续实施防治行动，就一定能打赢这场看不见硝烟的蓝天保卫战。

二、全球气候治理，看中国如何华丽转身积极引领

（一）中国在全球气候治理中的角色转变[65-69]

近百年来，全球气候正在发生以变暖为主要特征的变化。人类工业化过程中大量排放的温室气体，是导致当前全球变暖的主要因素。全球气候变化威胁着人类的生存和发展，任何国家都无法单独应对气候危机，积极参与全球气候治理是每个国家不可推卸的责任。2018 年，习近平总书记在全国生态环境保护大会讲话时指出：共谋全球生态文明建设，深度参与全球环境治理，鲜明地表明了中国对待全球气候治理的态度与立场。2020 年 12 月举行的气候雄心峰会上，习近平总书记倡议开创合作共赢的气候治理新局面，形成各尽所能的气候治理新体系，坚持绿色复苏的气候治理新思路，同时宣布中国国家自主贡献一系列新措施，中国的新倡议、新举措为全球应对气候变化注入新动力。

在全球气候治理格局中，中国的角色经历了从自由参与者、贡献者向引领者转变的过程。20 世纪七八十年代，尽管我国参与许多应对全球环境议题的国际会议，如斯德哥尔摩人类环境大会、第一届世界气象大会等，但很大程度上只是一个自由参与者，并没有实质参与气候治理。1992 年联合国环境与发展大会通过《联合国气候变化框架公约》（以下简称《公约》），为气候变化谈判确立了基本框架，开启了气候变化的国际谈判进程，我国于 1992 年 6 月加入该公约。1997 年 12 月，《公约》缔约方第三次大会通过《京都议定书》，重申了"公平、共同但有区别和各自能力"等大气保护原则，并规定发达国家承担控制温室气体排放的义务，发展中国家则从 2012 年开始承担减排义务。依《京都议定书》，中国没有减少排放的义务，但面对发达国家要求中国参与减排的压力和国内经济发展的内在要求，我国政府开始积极行动应对气候变化，出台了一系列政策和措施，如制定《中国应对气候变化国家方案》，将单位 GDP 能耗目标、单位 GDP 碳排放目标分别纳入"十一五"和"十二五"规划等，这些政策和措施的出台和实施充分显示了我国政府在节能减排方面的决心与贡献。在 2009 年的哥本哈根气候大会上，我国向世界承诺到 2020 年单位国内生产总值二氧化碳排放比 2005 年下降 40%~45%，非化石能源占一次能源消费比重达到 15%左右、森林面积和蓄积量分别比 2005 年增加 4000 万公顷和 13 亿立方米的目标。中国政府的态度和立场从观望跟随开始向积极主动转变，也成为减少碳排放的重要贡献者。作为当时世界上最大的碳排放国，美国于 2001 年退出《京都议定书》，致使《京都议定书》历经了漫长的生效谈判，直至通过后的第八年才正式生效，实施效果也大打折扣。

由于受发达国家的减排承诺国减少、减排力度有限等因素的影响，《京都议定书》的全球气候治理效果十分有限。面对全球气候治理的紧迫性，各国重新通过谈判达成应对气候变化的共识就成了当务之急。近年来，随着中国全球影响力稳步提升，中国积极开展气候外交，引领应对气候变化的国际合作，中美、中法、中欧等一系列气候变化声明为全球合作应对气候问题注入积极因素。2015 年 11 月，世界气候大会在巴黎举行，习近平主席参加开幕式并发表讲话，讲话中提出"合作共赢、各尽所能""奉行法治、公平正义""包容互鉴、共同发展"的国际气候治理理念深入人心，为《巴黎协定》的达成发挥了建设性引领作用。会议期间，中国通过与"立场相近发展中国家"、"基础四国"以及"77 国集团+中国"等发展中国家谈判集团谈判协商，不断扩大各方共识，对推动《巴黎协定》的签订做出了重要贡献。《巴黎协定》的目标是 21 世纪把全球平均气温升幅控制在工业化前水平以上低于 2℃之内，并努力将气温升幅限制在工业化前水平以上 1.5℃之内。该协定的签订为 2020 年后全球应对气候变化行动指明了方向，开启了气候治理新时代，在全球气候治理中具有里程碑意义。在《巴黎协定》开放签署后，中国积极签署并通过全国人大常委会批准加入，推动协定的尽早生效实施。在巴黎气候大会召开前，中国向《公约》缔约方大会秘书处提交了《强化应对气候变化行动——中国国家自主贡献》，对我国自主贡献做出承诺，在履行 2009 年承诺基础上争取在 2030 年左右二氧化碳排放达到峰值、碳强度比 2005 年下降 60%~65%，并阐述了应对气候变化政策和措施。截至 2017 年底，我国碳强度已经下降了 46%，实现了碳强度比 2005 年下降 40%~45%的上限目标；森林蓄积量已经增加 21 亿立方米，超额完成了 2020 年的目标，提前 3 年落实《巴黎协定》部分承诺。中国用实际行动践行着自身的气候治理理念和自主贡献承诺，为全球气候治理做出了表率，如今中国已华丽转身成为全球气候治理进程的引领者。

(二)中国积极推动全球应对气候变化事业发展[70,71]

2017 年 6 月,美国宣布退出《巴黎协定》。作为世界第一大经济体,美国的退出给全球气候治理带来较大的冲击和负面影响,引发了国际社会的强烈反对。美国的退出将直接导致国际气候援助资金减少,碳排放缺口增大,加大《巴黎协定》目标的实现难度。除此以外,还可能会引发其他国家效仿的不良效应,降低国际气候合作意愿。相较而言,中国政府积极应对气候变化的立场与决心十分坚定,在推进《巴黎协定》有效实施、建设绿色“一带一路”、向发展中国家提供环保支持等方面的行动,得到了国际社会广泛的认可。在国内,中国不断增加对风能、太阳能、地热能等可再生能源的投资与利用,已连续多年成为世界上最大可再生资源投资国,进一步推动能源结构优化,助力自主贡献承诺的实现。2018 年12 月,以制定并通过《巴黎协定》实施细则的联合国气候变化大会在波兰召开。中国代表团积极发声主动提出谈判方案,并作为“桥梁”在发达国家和发展中国家之间沟通协调,有效推动了规则手册的制定,为《巴黎协定》实施细则的最终通过做出了重要贡献。自“一带一路”倡议提出以来,中国政府便将绿色发展理念贯穿其中,出台绿色“一带一路”的建设指导意见,推动建立“一带一路”绿色发展国际联盟,发布《“一带一路”投资原则》,为“一带一路”的绿色发展及有效应对气候变化打下良好基础。多年来,中国大力支持发展中国家应对气候变化挑战,通过气候变化南南合作基金,为许多发展中国家提供资金、设备、技术支持,开展低碳示范区、减缓和适应项目。此外,中国还为 120 多个国家培训了千余名应对气候变化的技术人员。这既是中国基于自身国情和顺应历史发展趋势的必然选择,也是对国际社会期待的回应和对维护全球生态安全的大国责任与担当。

面对严峻的大气污染和气候变化挑战,中国政府内外兼修以实际行动为全球做出表率,推动国际应对气候变化事业不断发展。一方面,中国主动采取措施控制碳排放,落实对国际社会的减排承诺,不仅为全球气候治理做出重大贡献,同时也为其他国家进行大气治理提供中国方法和中国经验;另一方面,中国积极参加并推进国际气候谈判进程,搭建国家间气候治理合作平台,倡导并践行合作共赢、公平合理等新理念,为大气的全球治理贡献中国智慧和中国方案。在“后京都时代”,中国将继续与其他国家和国际组织一起努力,为构建人类命运共同体,建设一个清洁美丽的世界贡献自己的力量。

参 考 文 献

[1] 孙强. 环境科学概论[M]. 北京: 化学工业出版社, 2012

[2] 仝川. 环境科学概论[M]. 第二版. 北京: 科学出版社, 2017.6

[3] 孟长功. 化学与社会[M]. 第二版. 大连: 大连理工大学出版社, 2008

[4] 尹洧. 大气颗粒物及其组成研究进展(上)[J]. 现代仪器, 2012, 18(2): 1-5

[5] Fang D, Wang Q G, Li H M, et al. Mortality effects assessment of ambient $PM_{2.5}$ pollution in the 74 leading cities of China[J]. The Science of the total environment, 2016, 649(7): 1545-1552

[6] 张玲. 环境空气挥发性有机物的特征及来源[J]. 江西化工, 2018(4): 134-135

[7] 闫磊, 黄银芝, 高松, 等. 杭州湾北岸 36 种挥发性有机物污染特征及来源分析[J]. 环境科学研究, 2020, 33(3): 536-546

[8] 中华人民共和国国家标准 GB3095—2012 环境空气质量标准. http://img.jingbian.gov.cn/upload/CMSjingbian/201806/201806210853050.pdf, [2019-8-18]

[9] 中华人民共和国生态环境部. 2019 中国生态环境状况公报[EB/OL]. http://www.mee.gov.cn/hjzl/zghjzkgb/lnzghjzkgb/201905/P020190619587632630618.pdf, [2021-3-8]

[10] 中国气象局. 地面气象观测规范[M]. 北京: 气象出版社, 2003

[11] 王振彬, 刘安康, 卢文, 等. 霾不同发展阶段下污染气体和水溶性离子变化特征分析[J]. 环境科学, 2019, 40(12): 5213-5223

[12] 张懿华, 段玉森, 高松, 等. 上海城区典型空气污染过程中细颗粒污染特征研究[J]. 中国环境科学, 2011, 31(7): 1115-1121

[13] 肖凯文, 卜志玲, 董超芳. 北京地区雾霾天气中 $PM_{2.5}$ 颗粒物特征[J]. 未来与发展, 2019, 43(1)113-116

[14] 洪瑞, 范天瑜, 李元豪, 等. 城市雾霾天气成因新解及控制措施[C]. 第十八届全国二氧化硫氮氧化物汞污染防治暨细颗粒物($PM_{2.5}$)治理技术研讨会论文集, 130-132

[15] 李岚淼, 李龙国, 李乃稳. 城市雾霾成因及危害研究进展[J]. 环境工程, 2017, 35(12): 92-104

[16] 马志越. 京津冀地区雾霾成因、危害及治理对策研究[J]. 环境与发展, 2017(10):103-104

[17] 路娜, 周静博, 李治国, 等. 中国雾霾成因及治理对策[J]. 河北工业科技, 2015, 32(4): 371-376

[18] 李云燕, 王立华, 王静, 等. 京津冀地区雾霾成因与综合治理对策研究[J]. 工业技术经济, 2016, 35(7): 59-68

[19] 国务院. 中华人民共和国国民经济和社会发展第十三个五年规划纲要[EB/OL]. http://www.moe.gov.cn/jyb_xxgk/moe_1777/moe_1778/201603/t20160318_234148.html, [2019-8-20]

[20] 程水源, 刘超, 韩力慧. 北京及周边城市典型区域 $PM_{2.5}$ 化学组分特征与来源分析[J]. 中国环境科学学会学术年会(2013)浦华环保优秀论文集: 43-49

[21] Zhang H Y, Cheng S Y, Yao S, et al. Multiple perspectives for modeling regional $PM_{2.5}$ transport across cities in the Beijing-Tianjin-Hebei region during haze episodes[J]. Atmospheric Environment, 2019, 212(1): 22-35

[22] 北京市生态环境局. 2018 北京市生态环境状况公报[EB/OL]. http://www.huanjing100.com/p-8210.html[2019-8-21]

[23] 李卫霞, 刘晓霞, 王奇志, 等. 雾霾对人体健康的危害与防护[J]. 职业与健康, 2016, 132(23): 3309-3311

[24] Bosetti C, Nieuwenhuijsen M J, Gallus S, et al. Ambient particulate matter and preterm birth or birth weight: A review of the literature[J]. Arch Toxicol, 2010, 84(6): 447-460

[25] 李文, 吴卫东. 雾霾对中枢神经系统损伤研究进展[J]. 新乡医学院学报, 2018, 35(2): 93-94

[26] 王蛟男, 王情, 李湉湉, 等. 大气污染与老年人认知功能障碍的研究进展[J]. 中华预防医学杂志, 2017, 51(4): 364-368

[27] 宋烨, 林立, 马善晶, 等. 霾天气时中期妊娠妇女心理健康状况调查[J]. 环境与健康杂志, 2018, 35(9): 762-764

[28] 柴竞, 彭草. 雾霾形成的原因及其对人体健康的影响[J]. 世界最新医学信息文摘, 2017, 17(81): 128-129

[29] 徐盈之, 刘晨跃, 蔡晓. 染物源头控制模式影响我国雾霾防治的效应研究[J]. 东北大学学报(社会科学版), 2019, 21(1): 28-34

[30] 徐磐卉, 刘嵩潇. 城市雾霾成因分析及防治建议[J]. 资源节约与环保, 2018(12): 159

[31] 陈梦琦. 化工污染控制与大气雾霾防治研究[J]. 当代化工研究, 2019(1): 8-9

[32] 冯砚青. 中国酸雨状况和自然成因综述及防治对策探究[J]. 云南地理环境研究, 2004, 16(1): 25-28

[33] 张俊平, 张新明, 曾纯军, 等. 酸雨对生态系统酸化影响的研究进展[J]. 农业环境科学学报, 2010, 29(1): 245-249

[34] 蓝惠霞, 周少奇, 廖雷, 等. 酸雨形成机制及其影响因素的探讨[J]. 四川环境, 2003, 22(4): 41-43

[35] 赵艳霞, 侯青, 徐晓斌, 等. 2005年中国酸雨时空分布特征[J]. 气候变化研究进展, 2006, 2(5): 242-245

[36] 田海军, 宋存义. 酸雨的形成机制、危害及治理措施[J]. 农村灾害研究, 2012, 2(5): 20-22

[37] 王文兴, 许鹏举. 中国大气降水化学研究进展化学进展[J]. 化学进展, 2009, 21(2/3): 12-14

[38] 向仁军. 中国南方典型酸雨区酸沉降特性及其环境效应研究[D]. 湖南: 中南大学, 2011

[39] 许加宁. 酸雨的形成机理[J]. 煤矿环境保护, 1988(3): 12-18

[40] 刘萍, 夏菲, 潘家永, 等. 中国酸雨概况及防治对策探讨[J]. 环境科学与管理, 2011, 36(12): 30-35

[41] 李之琴. 欧美酸雨为害[J]. 环境保护, 1983(1): 26-27

[42] 李琰琰. 大气温室效应的热力学机理分析[D]. 北京: 华北电力大学, 2007

[43] 国际能源署发布2019全球碳排放报告[EB/OL]. https://www.sohu.com/a/373325162_749304, [021-3-10]

[44] Global Energy $ CO2 Status Report[EB/OL]. http://www.huanjing100.com/p-5752.html, [2019-8-25]

[45] 张峥, 张涛, 郭海涛, 等. 温室效应及其生态影响综述[J]. 环境保护科学, 2000, 26(3): 36-38

[46] Stone R. 全球变暖对人类健康的危害[J]. 国外医学(寄生虫分册)1995, 22(5): 201-202

[47] 刘晓东, 潘文慧. 温室效应成因及对策研究综述[J]. 绵阳师范学院学报, 2013, 32(5): 91-93

[48] 中华人民共和国生态环境部. 中国机动车环境管理年报(2018)[EB/OL]. http://www.vecc.org.cn/180601/1-1P601164953.pdf, [2019-9-10]

[49] 新能源汽车各种电池详细解释[EB/OL]. https://wenku.baidu.com/view/44d3848002d8ce2f0066f5335a-8102d276a2618c.html, [2019-9-10]

[50] 王建伟, 李慧敏. 新能源汽车电池应用状况分析[J]. 汽车零部件, 2013(12): 68-69

[51] 氢燃料电池[EB/OL]. https://baike.sogou.com/v4284380.htm?fromTitle=%E6%B0%A2%E7%87%83%E6%96%99%E7%94%B5%E6%B1%A0, [2019-9-11]

[52] 黄天悦. 2018年全球新能源汽车行业发展现状及竞争格局分析[EB/OL]. https://www.qianzhan.com/analyst/detail/220/190823-a8f16c1b.html, [2019-9-10]

[53] 贾龙, 葛茂发, 徐永福, 等. 大气臭氧化学研究进展[J]. 化学进展, 2006, 18(11): 1565-1574

[54] 胡璇. 对地球"两极"臭氧层严重破坏的探究[J]. 安徽农业科学, 2015, 43(4): 63-265

[55] 郑婷. 保护臭氧层 世界在行动[J]. 绿色中国, 201(9): 63-65

[56] 杨桂英. 臭氧层损耗的原因、危害及其防治对策[J]. 赤峰学院学报(自然科学版), 2010, 26(9): 128-130

[57] 胡耐根. 臭氧层破坏对人类和生物的影响[J]. 安徽农业科学, 2010, 38(11): 6068-6069

[58] 刘清, 招国栋, 赵由才. 大气污染防治: 共享一片蓝天[M]. 北京: 冶金工业出版社, 2012

[59] 统计局数据: 我国220种工业产品产量居世界第一[EB/OL]. http://www.gov.cn/jrzg/2011-03/04/content_1816351.htm, [2019-8-20]

[60] 中华人民共和国生态环境部. 2015环境统计年报[EB/OL]. http://www.mee.gov.cn/hjzl/sthjzk/sthjtjnb/, [2019-8-20]

[61] 周文戟. 供给侧改革或使我国化石能源消费提前达峰[J]. 能源, 2017(2): 90-93

[62] 中国移动源环境管理年报(2019)[EB/OL]. www.huanjing100.com/p-9232.html, [2019-9-6]

[63] 中华人民共和国生态环境部. 2013中国环境状况公报[EB/OL]. http://www.mee.gov.cn/hjzl/zghjzkgb/lnzghjzkgb/201605/P020160526564151497131.pdf, [2019-9-6]

[64] "环保约谈"地方政府威力有多大[EB/OL]. http://baijiahao.baidu.com/s?id=1600398214519281785&wfr=spider&for=pc, [2019-8-22]

[65] 庄贵阳, 薄凡, 张靖. 中国在全球气候治理中的角色定位与战略选择[J]. 世界经济与政治, 2018, (4): 4-27, 155-156

[66] 郇庆治. 中国的全球气候治理参与及其演进: 一种理论阐释[J]. 河南师范大学学报(哲学社会科学版), 2017, 44(4): 1-6

[67] 中国已提前三年落实《巴黎协定》部分承诺[EB/OL]. http://www.gov.cn/xinwen/2018-11/27/content_5343609.htm, [2019-9-14]

[68] 为全球气候治理做出中国贡献[EB/OL]. http://theory.people.com.cn/n/2015/1126/c40531-27857477.html, [2019-9-12]

[69] 李昕蕾. 全球气候治理领导权格局的变迁与中国的战略选择[J]. 山东大学学报(哲学社会科学版), 2017(1): 68-78

[70] 罗丽香, 高志宏. 美国退出《巴黎协定》的影响及中国应对研究[J]. 江苏社会科学, 2018(5): 184-193, 275

[71] 李慧明. 构建人类命运共同体背景下的全球气候治理新形势及中国的战略选择[J]. 国际关系研究, 2018(4): 3-20, 152-153

第七章　化学与水环境安全

众所周知，水是万物之源，是人类和生物赖以生存、社会经济发展不可缺少和不可替代的重要自然资源和环境要素。世界上可供人类利用的淡水资源仅占地球水资源的 0.325%[1]。然而随着全球人口增长与经济的飞速发展，水资源遭到了严重的破坏和污染。据统计全世界每年约有 4200 多亿吨污水排入江河湖海，给淡水资源造成了严重的污染[2]。来自未加处理的工业废水和城市生活废水已经成为健康杀手，威胁到人类的生死存亡。

第一节　天然水组成

天然水是构成自然界地球表面各种形态的水相的总称。包括江河、海洋、冰川、湖泊、沼泽等地表水以及土壤、岩石层内的地下水等天然水体。天然水是一种化学成分十分复杂的溶液，含可溶性物质(如盐类、可溶性有机物和可溶气体等)、胶体物质(如硅胶、腐殖酸、黏土矿物胶体物质等)和悬浮物(如黏土、水生生物、泥沙、细菌、藻类等)。

一、地球水体分布

地球素有"水的行星"之称，从表面上看，地球 70.8%的表面积被水覆盖，分布着海洋、湖泊、沼泽、河流、冰川、雪地以及大气、生物体、土壤和地层。全球总水量约 13.86 亿 km^3，各类水体的水量及淡水的水量如表 7-1、表 7-2 所示[3]。从表中可以看出，海水占 96.5%，淡水量为 0.35 亿 km^3，占总水量的 2.35%。如果再把难于被人类利用的冰川及多年积雪、多年冻结层中水，以及沼泽水、生物水等扣除在外，真正能为人类利用的淡水储量为 400 多万 km^3，仅占淡水的11%，总水量的 0.3%。由此可见，全球目前能被人类直接利用的水体储量是非常有限的。

我国水资源总量近 3 亿 m^3，高居世界第 6 位，但是人均水资源量仅为 2000 m^3，约为世界平均水平的 1/4，居世界第 110 位，被联合国列为 13 个较为严重的贫水国家之一。

表 7-1　各类水体的水量分布

水体	水量/km³	比例/%
海水	1 338 000 000	96.5
地下水	23 716 000	1.71
冰雪水	24 064 100	1.74
湖泊水	176 400	0.013
沼泽水	11 470	0.0008
河水	2 120	0.0002
大气水	12 900	0.001
生物水	1 120	0.0001
总计	1 385 984 610	

表 7-2　世界淡水储量

水的类型	水量/km³	比例/%
地下水	10 846 500	30.96
冰雪水	24 064 100	68.70
湖泊水	91 000	0.260
沼泽水	11 470	0.033
河水	2 210	0.006
大气水	12 900	0.037
生物水	1 120	0.0032
总计	35 029 210	

知识拓展：世界水日与中国水周(摘自：水利科技，2020(2)：50)

"世界水日"源自联合国，旨在唤起公众的节水意识，加强水资源保护，建立一种更为全面的水资源可持续利用的体制和运行机制。

1993 年 1 月 18 日，第 47 届联合国大会做出决议，确定自 1993 年起，将每年的 3 月 22 日定为"世界水日"，以推动对水资源进行综合性统筹规划和管理，解决日益严峻的水问题。各国根据各自的国情在这一天开展宣传教育活动，增强公众开发和保护水资源的意识。

1988 年《中华人民共和国水法》颁布后，水利部即确定每年的 7 月 1 日至 7 日为"中国水周"，提高全社会关心水、爱惜水、保护水和水忧患意识，促进水资源的开发、利用、保护和管理。

考虑到世界水日与中国水周的主旨和内容基本相同，因此从 1994 年开始，把"中国水周"的时间改为每年的 3 月 22 日至 28 日，时间的重合使宣传活动更加突出"世界水日"的主题。在水周期间,我国各地会开展相应的活动,提高公众珍惜和保护水资源的意识。

二、天然水的性质和组成

(一)天然水的性质

1. 水的分子结构

H_2O 是由 2 个氢原子和 1 个氧原子构成的,氢原子和氧原子通过分享 1 对电子形成氢键,3 个原子形成 104.5°角,呈 V 型结构(图 7-1),这种 V 型结构使水分子正负电荷向两端集中,水分子具有较强的极性,极性使水分子之间形成氢键[4]。

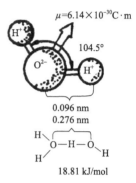

图 7-1 水分子的结构图[5]

2. 水的基本性质

纯水是无色无臭液体。深层天然水呈蓝绿色,有甜味。在常压下,水的沸点为 100℃,冰点为 0℃,且沸点随压力的增加而升高。与其他非金属氢化物和低分子量溶剂相比,水的性质有其特殊性,如表 7-3 所示。

表 7-3 水的某些异常性质及其意义

性质	特点	意义
状态	一般为液体	提供生命介质、流动性
热容	非常大	良好的传热介质,调节环境和有机体的温度
熔解热	非常大	使水处于稳定的液态,调节水温
蒸发热	非常大	对水蒸气的大气物理性质有意义,调节水温
密度	4℃时极大	水体冰冻于表面,控制水体中温度分布,保护水生生物
表面张力	非常大	生理学控制因素,控制液滴等表面现象
介电常数	非常大	高度溶解离子性物质并使其电离
水合	非常广泛	对污染物是良好溶剂和载体,改变溶质生物化学性质
离解	非常少	提供中性介质
透明度	大	透过可见光和常波段紫外线,在水体深处可发生光合作用

(二)天然水的组成[5,6]

1. 天然水中的主要离子组成

天然水中常见的离子有 K^+、Na^+、Ca^{2+}、Mg^{2+}、HCO_3^-、NO_3^-、Cl^- 和 SO_4^{2-},这八种离子占天然水中离子总量的 95%~99%。这些离子的分类常用来表征水体

主要化学特性指标，如表 7-4 所示。

表 7-4　水中的主要离子组成

硬度	酸	碱金属
Ca^{2+}、Mg^{2+}	H^+	K^+、Na^+
HCO_3^-、CO_3^{2-}、OH^-		NO_3^-、Cl^-、SO_4^{2-}

天然水中常见主要离子总量可以粗略地作为水中的总含盐量（TDS）

$$TDS=[Ca^{2+}+Mg^{2+}+Na^++K^+]+[HCO_3^-+SO_4^{2-}+Cl^-]$$

（1）钙（Ca^{2+}）

钙广泛地存在于各种类型的天然水中，含量一般在 20 mg/L 左右，主要来源于含钙岩石的风化溶解，是构成水中硬度的主要成分。水质硬度表示水中所含有钙、镁、铁、铝、锌等离子的含量多少，通常以 Ca^{2+}、Mg^{2+} 含量计算，单位有两种，一种用毫克当量/升表示，一种用度表示。即 1 升水中相当 10 mg Ca 为 1 度[7]。水的硬度分级如表 7-5 所示[7]。

表 7-5　水质硬度分级

总硬度	水质
0～4 度	很软水
4～8 度	软水
8～16 度	中等硬水
16～30 度	硬水
30 度以上	很硬水

（2）镁（Mg^{2+}）

镁是天然水中一种常见成分，来源于含碳酸镁的白云岩以及其他岩石的风化溶解。天然水中的镁以 $Mg(H_2O)_6^{2+}$ 的形式存在，含量一般为 1～40 mg/L。

（3）钠（Na^+）

天然水中的钠主要来自火成岩的风化产物和蒸发岩矿物，天然水中的钠含量很低时以游离态存在，在含盐量较高的水中可能存在多种离子和络合物，钠在天然水中的含量为 1～500 mg/L 不等。

（4）钾（K^+）

天然水中钾主要来自火成岩的风化产物和沉积岩矿物。在天然水中钾的含量为钠离子的 4%～10%。大多数饮用水中钾的浓度均低于 20 mg/L。在某些溶解性固体总量高的水与温泉中，钾的含量每升可达几十至几百毫克。

(5)氯(Cl⁻)

天然水中的 Cl⁻主要来自火成岩的风化产物和蒸发岩矿物。Cl⁻在天然水中的含量变化很大，在河流、湖泊、沼泽地区，氯离子含量一般较低，而在海水、盐湖及某些地下水中，含量可高达 10 g/L。

(6)碳酸氢根(HCO_3^-)

天然水中的 HCO_3^-来自碳酸盐矿物的溶解。在一般河水与湖水中 HCO_3^-的含量不超过 250 mg/L，在地下水中略高。

(7)硫酸根(SO_4^{2-})

天然水中的 SO_4^{2-}主要来自火成岩的风化产物、火山气体、沉积中的石膏与无水石膏、含硫的动植物残体以及金属硫化物氧化等。天然水中的 SO_4^{2-}含量可从几毫克/升至数千毫克/升。

2. 水中的金属离子

水溶液中金属离子的表示式常写成 M^{n+}，表示简单的水合金属离子 $M(H_2O)_x^{n+}$。它可通过化学反应达到最稳定的状态，酸碱中和、沉淀、配合及氧化还原等反应是它们在水中达到最稳定状态的过程。例如铁可以 $Fe(OH)^{2+}$、$Fe(OH)_2^+$、$Fe_2(OH)_4^{2+}$ 和 Fe^{3+}等多种形式存在。

3. 天然水中的微量元素

天然水中除了主要元素外，还有一些含量低于 1 μg/L 的一系列元素。如重金属(Zn、Cu、Ni、Cr 等)，稀有金属(Li、Rb、Cs、Be 等)，卤素(F、Cl、Br、I)及放射性元素。尽管微量元素含量很低，但是对水中动植物体的生命活动却有很大影响。

4. 溶解在水中的气体

溶解在水中的气体主要有 O_2、CO_2、H_2S、N_2 和 CH_4等。溶解于水中的氧称为溶解氧(DO)，主要以分子状态存在于水中。水中的溶解氧主要来自空气中的氧和水生植物光合作用产生的氧。溶解氧主要消耗于生物的呼吸作用和有机物的氧化过程，消耗的氧从水生(生物)植物的光合作用和大气中补给。如果有机物含量较多，其耗氧速度超过补给速度，则水中溶解氧量将不断减少。当水体受到有机物严重污染时，则水中溶解氧甚至可能接近零。

水中的 CO_2来源于有机物的氧化分解、水生动植物的新陈代谢作用及空气中二氧化碳溶解。消耗于碳酸盐类水解和水生植物的光合作用。水体中游离的 CO_2浓度对水体中动植物、微生物的呼吸作用和水体中气体的交换产生较大的影响，严重的情况下有可能引起水生动植物和某些微生物的死亡。一般要求水中的 CO_2浓度应不超过 25 mg/L。

5. 有机物

有机物分为非腐殖质和腐殖质两类。非腐殖质是指碳水化合物、脂肪酸、蛋白质、氨基酸、色素、纤维素等类物质及其他一些低分子量的有机物，容易被微生物分解利用，并转变成简单的无机化合物。腐殖质是指植物残体经微生物分解时，不易分解的油类、蜡、树脂及木质素等残余物与微生物的分泌物相结合，形成的褐色或墨色无定形胶态复合物。腐殖质含大量苯环，还含大量羧基、醇基和酚基。随亲水性基团含量的不同，腐殖质的水溶性不同，并且具有高分子电解质的特性，表现为酸性。河流、湖泊、海洋、水体底泥中都含有丰富的腐殖质。腐殖质具有弱酸性、离子交换性、配位化合及氧化还原等化学活性，能与水体中的金属离子形成稳定的水溶性或不溶性化合物，还能与有机物相互作用。腐殖质对水体中重金属等污染物的迁移转化具有较大的影响。

6. 水生生物

水生生物直接影响水中许多物质的存在，具有代谢、摄取、转化、储存和释放等作用。天然水体中生物的种类和数量不可胜数，通常简单地划分为底栖生物、浮游生物、水生植物和鱼类四大类。生活在水体中的微生物直接关系着水质。水体中的微生物分为植物性微生物和动物性微生物两类。植物性微生物按其体内是否含叶绿素可分为藻类微生物和菌类微生物。一般的细菌和真菌都属于体内不含叶绿素的菌类微生物。

(1)细菌

细菌是关系到天然水体环境化学性质的最重要生物体。它们结构简单，形体微小，在环境条件下繁殖快、分布广。多数细菌是还原体。它们比表面积其大，从水体摄取化学物质的能力极强，细胞内含有各种酶催化剂，由此引起生物化学反应速度也非常快。按外形可将细菌分为球菌、杆菌和螺旋菌等类。它们可能是单细胞或多至几百万个细胞的群合体。按照营养方式可将细菌分为自养菌和异养菌两类。按照有机营养物质在氧化过程中所利用的受氢体种类，可将细菌分为好氧细菌、厌氧细菌、兼氧细菌。

(2)藻类

藻类是在缓慢流动水体中最常见的浮游类植物。按生态观点看，藻类是水体中的生产者，它们能在阳光辐照条件下，以水、二氧化碳和溶解性氮、磷等营养物为原料，不断生产出有机物，并放出氧。合成的有机物一部分供其呼吸消耗之用，另一部分供合成藻类自身细胞物质所需。在无光条件下，藻类消耗自身体内有机物为营生，同时也消耗着水中的溶解氧，因此在暗处有大量藻类繁殖的水体是缺氧的。按藻类结构，它们可能是以单细胞、多细胞或菌落形态生存。一般河流中可见到的有绿藻、硅藻、甲藻、金藻、蓝藻等大类。

藻类等浮游植物体内所含碳、氮、磷等主要营养元素间一般存在着一个比较确定的比例。按质量计 $C：N：P = 41：7.2：1$，按原子数计 $C：N：P = 106：16：1$。大致的化学结构式为 $(CH_2O)_{106}(NH_3)_{16}H_3PO_4$。藻类的生成和分解就是在水体中进行光合作用(P)和呼吸作用(R)的典型过程，可用简单的化学计量关系来表征：

$$106CO_2 + 16NO_3 + HPO_4^{2-} + 122H_2O + 18H^+ + (痕量元素)$$

$$R \Updownarrow P$$

$$C_{106}H_{263}O_{110}N_{16}P + 138O_2$$

利用太阳能从无机矿物合成有机物的生物体称为生产者，水体产生生物体的能力称为生产率，生产率是由化学及物理的因素相结合而决定的。在高生产率的水体中藻类生产旺盛，死藻的分解引起水中溶解氧水平的降低，这就是水体的富营养化。

三、水质指标

水质指标是指水样中除去水分子外所含杂质的种类和数量，它是描述水质状况的一系列标准。水质指标分为物理指标、化学指标、生物指标和放射性指标四类。水质指标是判断水污染程度的具体衡量尺度。同时针对水中存在的具体杂质或污染物，提出了相应的最低数量或最低浓度的限制和要求。常用的水质指标有数十种，现分述如下。

(一)物理指标

物理指标包括温度、嗅和味、颜色、浊度、透明度、悬浮物等。

(二)化学指标

化学指标包括非专一性指标、无机物指标、非专一性有机物指标和溶解性气体。非专一性指标包括电导率、pH、硬度、碱度、无机酸度。无机物指标有：铁、锰、铜、锌、钠、硅，有毒金属如铬、汞、铅、铬等，有毒准金属砷、硒等，氯化物，氟化物，硫酸盐，硝酸盐氮，亚硝酸盐氮，氨氮，磷酸盐，氰化物。非专一性有机物指标包括生物化学需氧量(BOD)、化学需氧量(COD)、高锰酸盐指数、总需氧量、总有机碳、酚类、洗涤剂类。溶解性气体有氧气、二氧化碳。

（三）生物指标

生物指标有细菌总数、大肠菌群和藻类。

（四）放射性指标

放射性指标有总 α、总 β、铀、镭、钍。

知识拓展：地表水环境质量标准（摘自：水质标准·https://baike.baidu.com/item/%E6%B0%B4%E8%B4%A8%E6%A0%87%E5%87%86/8474318，[2020-7-27]）

水质标准是国家、部门或地区规定的各种用水或排放水在物理、化学、生物学性质方面所应达到的要求。

我国环境保护部于 2002 年发布了《地表水环境质量标准》（GB 3838—2002），自 2002 年 6 月 1 日开始实施。

《地表水环境质量标准》（GB3838—2002）中规定，地面水使用目的和保护目标，中国地面水分五大类：

Ⅰ类：主要适用于源头水，国家自然保护区；

Ⅱ类：主要适用于集中式生活饮用水、地表水源地一级保护区，珍稀水生生物栖息地，鱼虾类产卵场，仔稚幼鱼的索饵场等；

Ⅲ类：主要适用于集中式生活饮用水、地表水源地二级保护区，鱼虾类越冬、洄游通道，水产养殖区等渔业水域及游泳区；

Ⅳ类：主要适用于一般工业用水区及人体非直接接触的娱乐用水区；

Ⅴ类：主要适用于农业用水区及一般景观要求水域。

各类水用途规定：

Ⅰ类水质：水质良好。地下水只需消毒处理，地表水经简易净化处理（如过滤）、消毒后即可供生活饮用者；

Ⅱ类水质：水质受轻度污染。经常规净化处理（如絮凝、沉淀、过滤、消毒等），其水质即可供生活饮用者；

Ⅲ类水质：适用于集中式生活饮用水源地二级保护区、一般鱼类保护区及游泳区；

Ⅳ类水质：适用于一般工业保护区及人体非直接接触的娱乐用水区；

Ⅴ类水质：适用于农业用水区及一般景观要求水域。超过五类水质标准的水体基本上已无使用功能。

第二节 水 体 污 染

一、水污染现状

随着我国工业高速增长以及城镇化进程加快，工业废水和生活污水的排放量日益增加，使我国水污染问题日趋严重。我国水污染在 20 世纪 60 年代开始显露，70 年代迅速增长，80 年代以来明显加剧，使河流、湖泊、水库遭受了不同程度的污染[8]。

水利部曾对 532 条河流进行监测，其中有 436 条河流受到不同程度的污染，七大江河流经的 15 个主要大城市河段中，有 13 个河段的水质污染严重,占 87%[8]。2019 年，长江、黄河、珠江、松花江、淮河、海河、辽河七大流域和浙闽片河流、西北诸河、西南诸河检测的 1610 个断面中，Ⅰ～Ⅲ类、Ⅳ类、Ⅴ类和劣Ⅴ类水质断面比例分别为 79.1%、14.7%、3.3%和 3.0%。主要污染物指标为化学需氧量、高锰酸盐指数和氨氮。西北诸河、浙闽片河流、西南诸河和长江流域水质为优，珠江流域水质良好，黄河流域、松花江流域、淮河流域、辽河流域和海河流域为轻度污染[9]。

我国人口密集地区的湖泊、水库几乎全部受到污染，主要是由于农用化肥及农药的大量使用，使排入湖泊、水库的磷、氮、钾等营养物质增加。2019 年，开展水质监测的 110 个重要湖泊(水库)中，Ⅰ～Ⅲ类湖泊(水库)占 69.1%，劣Ⅴ类占 7.3%，主要污染指标为总磷、化学需氧量和高锰酸盐指数。开展营养化状态监测的 107 个重要湖泊(水库)中，贫营养状态湖泊(水库)占 9.3%，中营养状态占 62.6%，轻度富营养状态占 22.4%，中度富营养状态占 5.6%[9]。

全国 80%的水域和 45%的地下水受到污染，90%以上的城市水源受到严重污染。中国地下水源为主的城市，地下水几乎全部受到不同程度的污染，尤其是北方许多城市由于超采严重，地下水的硬度、硝酸盐、氯化物的含量逐年上升，以致超标[10]。2019 年全国 10168 个国家级地下水水质监测点中，Ⅰ～Ⅲ类、Ⅳ类、Ⅴ类水质监测点分别占 14.4%、66.9%和 18.8%。全国 2830 处浅层地下水水质监测井中，Ⅰ～Ⅲ类、Ⅳ类、Ⅴ类水质监测井分别占 23.7%、30.0%和 46.2%。超标指标为锰、总硬度、碘化物、溶解性总固体、铁、氟化物、氨氮、钠、硫酸盐和氯化物[9]。

从我国供水结构来看，2017 年地表水源供水量 4912.4 亿 m^3，占总供水量的 81.3%；地下水源供水量 1057.0 亿 m^3，占总供水量的 17.5%；其他水源供水量 70.8 亿 m^3，占总供水量的 1.2%。全国有 28%的人口饮用地面水，72%的人口饮用地下水。2 亿人饮用自来水，7000 万人饮用高氟水，3000 万人饮用高硝酸盐水，5000 万人在饮用高氯化物水，1.1 亿人饮用高硬度水，3 亿人饮用含铁超标水。据统计，目前水中污染物已达 2 千多种，主要为有机化合物、碳化物、金属化合物。其中自来水里有 190 种物质对人体有害，20 种致癌，23 种疑癌，18 种促癌，56 种致突变(肿瘤)。

　　水质的不断恶化，已经对人体健康构成了严重的威胁。据世界卫生组织调查显示，全世界 80%的疾病，50%的儿童死亡，都与饮用水有关。饮用不良水质可导致消化疾病、传染病、各种皮肤病、糖尿病、癌症、结石病、心血管疾病等 50 多种疾病。由于水质污染，全世界有 5000 万儿童死亡，35000 万人患心血管病，7000 万人患结石病，9000 万人患肝炎，3000 万人死于肝癌和胃癌。水污染已经成为人类健康的头号杀手[11]。

二、水污染的原因[12-14]

　　引起水体污染有自然污染和人为污染两个方面的原因。自然污染主要是特殊地质条件使某些地区化学元素大量富集、天然植物在腐烂过程中产生的毒物，以及降水淋洗大气和地面后挟带各种物质流入水体。人为污染是人类在生活和生产活动中给水源带进的污染物。我们所说的水污染主要指的是人为污染。

(一)工业废水污染

　　工业废水是引起水体污染最主要的原因。1988 年 4 月完成的全国首次工业污染源调查结果指出，全国工业废水排放量为 291.8 亿吨[6]，随着我国对工业废水处理力度的加大，尽管工业废水的年排放量逐年减少，但数量依然巨大。2016 年全国工业废水排放总量达到 186.4 亿吨[15]。2015 年调查统计的 41 个工业行业中，化学原料和化学制品制造业、造纸和纸制品业、纺织业、煤炭开采和洗选业废水排放量位居前 4，排放废水 82.6 亿吨，占重点调查工业企业废水排放总量的 45.5%[16]。

　　工业废水覆盖广，所含污染物包括生产废料、残渣以及部分原料、产品、半成品、副产品等，种类多、毒性复杂。工业废水造成的污染主要有：有机需氧物质污染、化学毒物污染、无机固体悬浮物污染、重金属污染、酸污染、碱污染、植物营养物质污染、热污染、病原体污染等。废水中各种污染物及对应的污染源如表 7-6 所示。许多污染物有颜色、臭味或易生泡沫，因此工业废水常呈现使人厌恶的外观，造成水体大面积污染，直接威胁人民群众的生命和健康[17]。

表 7-6　工业废水污染物及污染源[16]

污染物	污染源	污染物	污染源
游离氨	造纸、织物漂洗业	镉	电镀、电池生产
氨	化工厂、煤气和焦炭生产	锌	电镀、人造丝生产、橡胶生成
氟化物	烟道气洗涤水、玻璃刻蚀业、原子能工业	铜	冶金、电镀、人造丝生产
硫化物	石油化工、植物染色、制革、煤气厂、人造丝厂	砷	矿石处理、制革、涂料、染料、药品、玻璃等生产
氰化物	煤气厂、电镀厂、贵金属冶炼、金属清洗业	磷	合成洗涤剂、农药、磷肥等生产
亚硫酸盐	纸浆厂、人造丝厂	糖类	甜菜加工、酿酒、食品加工制罐厂
酸类	化工厂、矿山排水、金属清洗、酒类酿造、植物生产、电池生产	淀粉	淀粉生产、食品加工制造厂
油脂	毛条厂、织造厂、石油加工、机械厂	放射性物质	原子能工业、同位素生产和应用单位
碱类	造纸厂、化学纤维、制碱、制革、炼油生产	酚	煤气和焦炭生产、焦油加工、制革、织造厂、合成树脂生产、色素生产
铬	电镀、制革业	甲醛	合成树脂生产、制药
铅	铅矿矿区排水、电池生产、颜料业	镍	电镀、电池生产

（二）城镇生活污水

随着人口数量的不断增加和城镇化的加快，城镇生活污水排放量越来越大，在全国废水排放量占比逐年升高，已成为污水的主要来源。数据显示 2015 年我国废水排放量 735.5 亿吨，城镇生活污水 535.2 亿吨[16]，占总排放量 72.8%，2017年废水排放量为 699.7 亿吨，城镇生活污水排放量 517.8 亿吨，占总排放量74.0%[18]。城镇生活污水主要包括马桶污水、洗浴污水和厨余污水，其中包含了大量的碳水化合物、糖类、蛋白质、脂肪、致病微生物、表面活性剂等，且多呈颗粒物状态存在。城镇生活污水如不经过达标处理直接排放会造成水资源的污染及水体的富营养化。生活污水的水质参数如表 7-7 所示。

表 7-7　生活污水的水质参数

参数	数值范围/(mg/L)	参数	数值范围/(mg/L)
BOD_5	110～400	总氮(TN)	20～85
COD	250～1000	总磷(TP)	4～15
有机氮	8～35	总残渣	350～1200
氨氮	12～50	SS	100～350

(三)农业面源污染

农业面源污染是指由于农业生产而造成的水污染,主要包括农田施用化肥、农药及水土流失造成的氮、磷等污染。此外还有由牧场、养殖场、农副产品加工厂的有机废物排入水中造成的水体污染。农业污染则具有位置、途径、数量不确定,随机性大,发布范围广,防治难度大等特点。目前农业面源的污染已成为水环境污染、湖泊水库富营养化的主要影响因素。

(四)其他污染

除上述主要污染之外,工业生产过程中产生的固体废弃物受雨水冲淋、城市生活垃圾堆放过程中产生的病菌渗透或受雨水冲淋以及酸雨等都会造成水体污染。城市污水的集中处理量不足也是导致水体污染的一个重要原因。

三、水体主要污染物及其危害

(一)水体污染物的分类[19]

水体污染物是指造成水体水质、水中生物群落以及水体底泥质量恶化的各种有害物质(或能量)。从化学角度水体污染物可分为无机有害物、无机有毒物、有机有害物、有机有毒物 4 类,如表 7-8 所示。

表 7-8　水体中的主要污染物

类别	举例	作用
无机有害物	砂、土等颗粒状污染物、酸、碱、无机盐类物质、氮、磷等营养物质	使水变浑浊 降低水质、酸化水质 产生富营养化
无机有毒物	氰化物(CN)、砷(As)、汞(Hg)、铬(Cr)、镉(Cd)、铜(Cu)、镍(Ni)等	产生毒性效应
有机有害物	碳水化合物、油脂、蛋白质等	生物降解消耗溶解氧、分解产物可能有毒
有机有毒物	有机农药如 DDT、六六六、有机氯化合物、醛、酮、酚、多氯联苯、芳香族氨基化合物、高分子聚合物(塑料、合成橡胶、人造纤维)、染料等	高毒性、分解需耗溶解氧,使水质变黑发臭

从环境科学角度则可分为病原体、植物营养物质、需氧化质、石油、放射性物质、有毒化学品、酸碱盐类及热能 8 类。水中有毒污染物品种繁多,作为优先研究和控制对象的污染,称为优先污染物。美国是最早开展优先监测的国家。我国也开展了水中优先污染物筛选工作,并提出我国水中优先控制污染物黑名单[20],如表 7-9 所示。

表 7-9 我国水中优先控制污染物黑名单

挥发性卤代烃类	二氯甲烷、三氯甲烷、四氯化碳、1,2-二氧乙烷、1,1,1-三氯乙烷、1,1,2-三氯乙烷、1,1,2,2-四氯乙烷、三氯乙烯、四氯乙烯、三溴甲烷(溴仿)，计 10 个
苯系物	苯、甲苯、乙苯、邻二甲苯、间二甲苯、对二甲苯，计 6 个
氯代苯类	氯苯、邻二氯苯、对二氯苯、六氯苯，计 4 个
多氯联苯	1 个
酚类	苯酚、间甲酚、2,4-二氯酚、2,4,6-三氯酚、五氯酚、对硝基酚，计 6 个
硝基苯类	硝基苯、对硝基甲苯、2,4-二硝基甲苯、三硝基甲苯、对硝基氯苯、2,4-二硝基氯苯，计 6 个
苯胺类	苯胺、二硝基苯胺、对硝基苯胺、2,6-二氯硝基苯胺，计 4 个
多环芳烃类	萘、荧蒽、苯并[b]荧蒽、苯并[k]荧蒽、苯并芘、苯并[1,2,3-c,d]芘、苯并[g,h,i]芘，计 7 个
酞酸酯类	酞酸二甲酯、酞酸二丁酯、酞酸二辛酯，计 3 个
农药	六六六、滴滴涕、敌敌畏、乐果、对硫磷、甲基对硫磷、除草醚、敌百虫，计 8 个
丙烯腈	1 个
亚硝胺类	N-亚硝基二甲胺、N-亚硝基二正丙胺，计 2 个
氰化物	1 个
重金属及其化合物	砷及其化合物、铍及其化合物、镉及其化合物、铬及其化合物、铜及其化合物、铅及其化合物、汞及其化合物、镍及其化合物、铊及其化合物，计 9 个

(二)水体中主要污染物分布及其危害[21-24]

1. 悬浮固体

悬浮固体是指砂粒、矿渣等一类的颗粒状无机性污染物质和有机性颗粒状污染物质的统称。主要来自于由水土流失、水力排灰、农田排水及洗煤、选矿、冶金、化肥、化工、建筑等形成的一些工业废水、农业污水和生活污水，此外雨水径流、大气降尘也是其重要来源。

悬浮固体是水中各种污染物的载体，吸附有害物质和细菌，使细菌滋长，恶化水质，破坏水体；悬浮小颗粒会堵塞鱼鳃，使鱼类呼吸困难，导致鱼类死亡；悬浮固体含量高时会大大降低水体的透光性，使水生植物的光合作用受到影响并妨碍水体的自净作用；悬浮固体会降低水质，使水净化的难度和成本增加。

2. 酸、碱及一般无机盐类的污染物质

除了废水中的酸、碱、盐污染物外，某些金属、金属离子、有机氯农药、有机磷农药、苯基和烷烃类污染物广义来说也是酸、碱或酸碱络合物。污染水体中的酸主要来自矿山排水及许多工业废水以及酸雨。水体中的碱主要来源于碱法造纸、化学纤维、制碱、制革及炼油等工业废水。酸、碱污染物通常呈溶解状态，进入水体后，不仅会分别污染环境，更会相互作用，进一步发生络合、氧化还原、

中和、沉淀等化学反应，以及引发各种生物灾难。

　　酸碱污染物会使水体的 pH 发生变化，使水质逐渐酸化或碱化，破坏其自然的缓冲能力，消灭或抑制微生物、水生动植物生长，对水生生态系统造成难以恢复的破坏，降低水体自净能力，危害渔业生产等。酸、碱污染物还可增加水中无机盐类的浓度和水的硬度。无机盐能增加水的渗透压，对淡水生物和植物生长不利。另外，酸碱污染会腐蚀水中的金属材料，危害水中人工构筑物、设备设施，同时增加水中的一般无机盐类和水体硬度。

3. 重金属毒性污染物

　　重金属毒性污染物主要指铅、铬、镉、汞、铜等。主要来源于化石燃料的燃烧、采矿和冶炼。重金属污染物种类众多，化学性质差异很大，毒性较强，在天然水体中只要有微量浓度即可产生毒性效应，一般重金属产生毒性的浓度范围大致为 $1 \sim 10$ mg/L，毒性较强的重金属如汞、镉等，产生毒性的浓度范围为 $0.001 \sim 0.01$ mg/L。水中微生物不能降解重金属，反而某些重金属有可能在微生物作用下转化为金属有机化合物，产生更大的毒性，大多数重金属污染物最终都汇集至水环境中或水体底泥中。重金属污染物对人、畜有直接的生理毒性，进入人体后能够与蛋白质和酶等发生强烈的相互作用，使它们失去活性。此外，重金属污染物一般具有潜在危害性，可以通过生物的食物链富集达到相当高的浓度，使重金属通过多种途径(食物、饮水、呼吸)进入人体，并累积在人体的某些器官中，造成慢性累积性中毒。

　　(1)镉

　　水体中的镉主要来源于工业含镉废水的排放，大气镉尘的沉降和雨水对地面的冲刷。水体中镉主要以 Cd^{2+} 状态存在。进入水体中的镉还可与无机配体和有机配体生成多种可溶性配合物如 $CdOH^+$、$Cd(OH)_2$、$HCdO_2$、$CdCl^+$、$CdCl_2$ 等。水体中的悬浮物和沉积物对镉有较强的吸附能力，水生生物对镉有很强的富集能力。

　　水中的镉通过食物链的作用被人体吸收后，会对肾脏造成严重损害，并可代替骨骼中的钙，而使骨骼变得松软，最后发生失用性萎缩。日本的痛痛病就是由于长期食用含镉量高的稻米所引起的中毒。摄入或吸入过量的镉可引起肾、肺、肝、骨、生殖系统和免疫系统效应，镉也是一种致癌物。

　　(2)汞

　　水体中的汞污染主要来自生产的厂矿，有色金属冶炼以及使用汞的生产部门排放的工业废水，其中以化工生产中汞的排放为主要污染来源。

　　水体中汞以 Hg^{2+}、$Hg(OH)_2$、CH_3Hg^+、$CH_3Hg(OH)$、CH_3HgCl、$C_6H_5Hg^+$ 为主要形态。在悬浮物和沉积物中以 Hg^{2+}、HgO、HgS、$CH_3Hg(SR)$、$(CH_3Hg)_2S$ 为主要形态，在生物相中，汞以 Hg^{2+}、HgO、HgS、CH_3HgCH_3 为主要形态。水体中的悬浮物和底质对汞有强烈的吸附作用，水中悬浮物能大量摄取溶解性汞，

使其最终沉降到沉积物中。

汞主要损害肝脏，造成肾功能衰竭。在水中微生物的作用下，沉积物中的无机汞能转变成剧毒的甲基汞而不断释放到水体中。甲基汞极易被水生生物吸收，通过食物链逐级富集，被人体吸收后侵害神经系统，使运动神经及感觉神经受损，对人体健康造成严重的危害。日本著名的水俣病就是食用含有甲基汞的鱼造成的。

阅读链接：日本水俣病事件（摘自：https://baike.baidu.com/item/日本水俣病事件/3512008?fr=aladdin，2020-7-30）

日本熊本县水俣湾外围的"不知火海"是被九州本土和天草诸岛围起来的内海，那里海产丰富，是渔民们赖以生存的主要渔场。水俣镇是水俣湾东部的一个小镇，有 4 万多人居住，周围的村庄还居住着 1 万多农民和渔民。"不知火海"丰富的渔产使小镇格外兴旺。

1925 年，日本氮肥公司在这里建厂，后又开设了合成乙酸厂。1949 年后，这个公司开始生产氯乙烯（C_2H_3Cl），年产量不断提高，1956 年超过 6000 吨。与此同时，工厂把没有经过任何处理的废水排放到水俣湾中。

1956 年，水俣湾附近发现了一种奇怪的病。这种病症最初出现在猫身上，被称为"猫舞蹈症"。病猫步态不稳，抽搐、麻痹，甚至跳海死去，被称为"自杀猫"。随后不久，此地也发现了患这种病症的人。患者由于脑中枢神经和末梢神经被侵害，症状如上。当时这种病由于病因不明而被叫作"怪病"。这种"怪病"就是日后轰动世界的"水俣病"，是最早出现的由于工业废水排放污染造成的公害病。

"水俣病"的罪魁祸首是当时处于世界化工业尖端技术的氮（N）生产企业。氮用于肥皂、化学调味料等日用品以及乙酸（CH_3COOH）、硫酸（H_2SO_4）等工业用品的制造上。日本的氮产业始创于 1906 年，其后由于化学肥料的大量使用而使化肥制造业飞速发展，甚至有人说"氮的历史就是日本化学工业的历史"，日本的经济成长是"在以氮为首的化学工业的支撑下完成的"。然而，这个"先驱产业"肆意的发展，却给当地居民及其生存环境带来了无尽的灾难。

氯乙烯和醋酸乙烯在制造过程中要使用含汞（Hg）的催化剂，这使排放的废水含有大量的汞。当汞在水中被水生物食用后，会转化成甲基汞（CH_3Hg）。这种剧毒物质只要有挖耳勺的一半大小就可以置人于死命，而当时由于氮的持续生产已使水俣湾的甲基汞含量达到了足以毒死日本全国人口 2 次都有余的程度。水俣湾由于常年的工业废水排放而被严重污染了，水俣湾里的鱼虾类也由此被污染。这些被污染的鱼虾通过食物链又进入了动物和人类的体内。甲基汞通过鱼虾进入人体，被肠胃吸收，侵害脑部和身体其他部分。进入脑部的甲基汞会使脑萎缩，侵害神经细胞，破坏掌握身体平衡的小脑和知觉系统。据统计，有数十万人食用了水俣湾中被甲基汞污染的鱼虾。

早在多年前，就屡屡有过关于"不知火海"的鱼、鸟、猫等生物异变的报道，有的地方甚至连猫都绝迹了。"水俣病"危害了当地人的健康和家庭幸福，使很多人身心受到摧残，经济上受到沉重的打击，甚至家破人亡。更可悲的是，由于甲基汞污染，水俣湾的鱼虾不能再捕捞食用，当地渔民的生活失去了依赖，很多家庭陷于贫困之中。"不知火海"失去了生命力，伴随它的是无期的萧索。

知识链接：关于汞的水俣公约（摘自：https://baike.baidu.com/item/关于汞的水俣公约/20809366?fromtitle=水俣公约&fromid=5779907&fr=aladdin，2020-7-29）

关于汞的水俣公约简称水俣公约，共有 128 个签约方。公约在 2017 年 8 月 16 日生效。

2013 年 10 月 10 日，由联合国环境规划署主办的"汞条约外交会议"在日本熊本市表决通过了旨在控制和减少全球汞排放的《关于汞的水俣公约》。包括中国在内的 87 个国家和地区的代表共同签署公约，标志着全球携手减少汞污染迈出第一步。

2017 年 8 月 16 日，《关于汞的水俣公约》生效。这是环境与健康领域内订立的一项全球性公约，促使政府采取具体措施控制人为汞污染。公约包括禁止建立新汞矿、淘汰现有汞矿、规范手工业和小规模金矿开采，减少汞的排放和使用。规定了临时储存和处置汞废物的相关机制。开出了有关限制汞排放的清单。规定 2020 年前禁止生产和进出口的含汞类产品包括了电池、开关和继电器、某些类型的荧光灯、肥皂和化妆品等。公约认为，小型金矿和燃煤电站是汞污染的最大来源。各国应制定国家战略，减少小型金矿的汞使用量。公约还要求，控制各种大型燃煤电站锅炉和工业锅炉的汞排放，并加强对垃圾焚烧处理、水泥加工设施的管控。

中国作为《关于汞的水俣公约》首批签约国，自 2017 年 8 月 16 日起，禁止开采新的原生汞矿，各地国土资源主管部门停止颁发新的汞矿勘查许可证和采矿许可证。2032 年 8 月 16 日起，全面禁止原生汞矿开采。同时采取了一系列致力于减少汞污染的措施，如自 2017 年 8 月 16 日起，禁止新建的乙醛、氯乙烯单体、聚氨酯的生产工艺使用汞、汞化合物作为催化剂或使用含汞催化剂；禁止新建的甲醇钠、甲醇钾、乙醇钠、乙醇钾的生产工艺使用汞或汞化合物。禁止使用汞或汞化合物生产氯碱(特指烧碱)；禁止生产含汞开关和继电器；禁止生产汞制剂(高毒农药产品)，含汞电池等。自 2020 年 1 月 1 日起，禁止生产含汞体温计和含汞血压计。

（3）铅

铅的污染来自采矿、冶炼、铅的加工和应用，汽车排放废气中铅尘、油漆、涂料等。水体中铅主要以 Pb^{2+} 状态存在，其含量和形态明显地受 CO_3^{2-}，SO_4^{2-}，OH^- 和 Cl^- 等含量的影响，可以以 $PbOH^-$，$Pb(OH)_2$、$Pb(OH)_3^-$、$PbCl^+$、$PbCl_2$ 等多种形态存在。水体中悬浮颗粒物和沉积物对铅有强烈的吸附作用。

铅被人体吸收后，大约 $90\%\sim95\%$ 的铅以不溶性磷酸铅沉积在骨骼中。铅可以作用于全身各个系统和器官的多亲和性毒物，主要损害神经系统、造血系统、血管和消化系统，引起神经系统和血液系统病变。

（4）砷

砷的主要污染源来自采矿、化工、有色冶金、炼焦、火电、造纸、皮革、化学制药、农药生产等的工业废水。天然水中的砷可以 H_3AsO_3、$H_2AsO_3^-$、H_3AsO_4、AsO_4^- 等形态存在。砷可被颗粒物吸附、共沉淀而沉积到底部沉积物中，水生生物能很好地富集水体中的无机和有机砷化合物。

砷具有强毒性，会在人体的肝、肾、肺、脾、子宫、胎盘、骨骼、肌肉等部位，特别是在毛发、指甲中蓄积。它可以扩张毛细血管，麻痹血管舒缩中枢，砷及所有含砷的化合物在人体内积累是致癌、致畸物质。砷对皮肤黏膜有较强的刺激性，容易引起皮肤癌。

（5）铬

铬的污染源来自冶炼、电镀、制革、印染等工业的废水排放。天然水中铬主要以 Cr^{3+}、CrO_2^-、CrO_4^{2-}、CrO_7^{2-} 四种离子形态存在。即水体中的铬主要以三价和六价化合物为主。六价铬的毒性比三价铬大。水体中的六价铬可被有机物还原成三价铬，然后被悬浮物强烈吸附而沉降至底部颗粒物中。

铬一方面是人体内糖和脂肪代谢必需的元素，缺乏铬将使人得粥状动脉硬化症。另一方面，六价铬具有强毒性，对肠胃有害。铬对局部有刺激、腐蚀作用，也可导致呼吸障碍，腐蚀皮肤和黏膜，有致癌作用。

（6）铜

水体铜污染的主要原因是冶炼、金属加工、机器制造、有机合成及其他工业排放的含铜废水。水体中铜的含量和形态与 OH^-、CO_3^{2-} 和 Cl^- 等含量有关，同时受 pH 影响。pH 为 $5\sim7$ 时，碱式碳酸铜 $Cu(OH)_2CO_3$ 溶解度最大，二价铜离子存在较多，当 pH>8 时，则 $Cu(OH)_2$、$Cu(OH)_3^-$、$CuCO_3$ 及 $Cu(CO_3)_2^{2-}$ 等铜形态逐渐增多。水体中大量无机和有机颗粒物能强烈地吸附或螯合铜离子，使铜最终进入底部沉积物中，即河流对铜有明显的自净能力。

水体环境中的 Cu^{2+} 不能被生物降解和转化为无害物，而是通过水迁移、土壤积累，然后经过食物链的污染富积，最终对人类及其他生物产生严重的危害。铜对人体的危害主要表现在铜盐能强烈地刺激胃、肠和呼吸道黏膜，接触铜还可能损伤肝、肾及神经系统。

（7）锌

锌的污染主要来自金属冶炼、电镀、木材加工、颜料、制药、人造纤维等工业废水。天然水中锌以二价离子状态存在，在天然水的 pH 范围内，锌能水解生成多核羟基配合物 $Zn(OH)_n^{n-2}$，还能与水中的 Cl^-、有机酸和氨基酸等形成可溶性配合物。锌可被水体中的悬浮颗粒物吸附或生成化学沉积物，沉积物中锌的含量为水中的 1 万倍。水生生物对锌有很强的吸收能力，可使锌向生物体内迁移。

锌是人体必需的微量元素之一，是脑中含量最多的微量元素，是维持脑的正常功能所必需的。长期饮用高浓度 Zn^{2+} 的饮用水将会造成慢性锌中毒。慢性锌中毒临床表现为顽固性贫血，食欲下降，并伴有血清脂肪酸及淀粉酶增高。据介绍，长期过量摄取含锌食物会影响铜代谢，造成低铜，锌、铜比值过高，可影响胆固醇代谢，形成高胆固醇血症，并使高密度脂蛋白降低 20%～25%，最终导致动脉粥样硬化、高血压、冠心病等。

（8）铊

水体中的铊污染主要来源于矿山废水和含铊工业生产废水。水中的铊可被黏土矿物吸附迁移到底部沉积物中。环境中的一价铊化合物比三价铊化合物稳定性要大得多。Tl_2O 溶于水，生成 $TlOH$，溶解度高且有很强的碱性。Tl_2O_3 几乎不溶于水，但可溶于酸。铊属高毒类，对人体和动植物都有毒害作用。铊具有蓄积性，慢性铊中毒可造成人体的神经损害、视力下降、毛发脱落，并具有致畸、致突变性[25]。

4. 碳水化合物、脂肪、蛋白质等有机无毒物（耗氧有机物）

有机无毒物多属于碳水化合物、蛋白质、脂肪等自然生成的有机物。这些有机物在被微生物分解过程中消耗水中的氧气，故称耗氧物质。主要来源于人类生产、生活活动，如排放生活污水和工业废水等。

耗氧物质是水环境中普遍存在的一种污染物，耗氧物质降低水中的溶解氧，破坏水生态系统，导致鱼类及其他水生生物死亡。此外，在缺氧的条件下，有机物经厌氧微生物不完全分解会放出硫化氢、氨及甲烷等有毒难闻的气体，使水体发黑、发臭。水中耗氧物质种类多、组成复杂，难以分别对其进行定量分析。因此，在实际工作中常用化学需氧量（COD）和生化需氧量（BOD）来表示耗氧物质含量。化学需氧量、生化需氧量越高，水污染越严重。

5. 有机有毒物

有机有毒物多属于人工合成的有机物质，如农药、醛、酮、酚，以及聚氯联苯、芳香族氨基化合物、高分子合成聚合物、染料等。有机有毒物主要来源于食品、发酵、屠宰、皮革、造纸、制糖、橡胶、纺织、印染、农药、焦化、石油化工等工业废水及城镇生活污水。

有机污染物的毒性大多为慢性毒性，水中有机污染物作用于人体，会引起人体心血管疾病、癌症、神经性疾病等各种疾病，诱发癌症、畸变等。水体中有毒有机物对人体有急性或慢性，直接或间接的致毒作用，有的还能在组织内部改变细胞的 DNA 结构，引起遗传毒性。

6. 富营养物质

富营养物质指氮、磷等植物营养物质，主要来源于生活污水、某些工业废水和化肥的使用。由于大量含磷含氮物质排入水体，会引起藻类及其他浮游植物迅速繁殖，被称为水体的富营养化，海洋中发生的赤潮现象就是一种海水富营养化的现象。

水体富营养化使水体溶解氧下降，鱼、贝及其他水生生物大量死亡，水质恶化。由于水中溶解氧的下降，有机物在厌氧菌作用下产生不完全分解，使水质变黑发臭，另外，水中的硝酸盐还原成亚硝酸盐，再形成亚硝胺，而亚硝胺是致癌、致异变和致畸的物质。

7. 石油类污染物

石油类污染物主要来自石油的开采、储运、炼制和使用过程。石油类物质污染水体后，在水表面形成大片油膜，降低了表层水的日光辐射，妨碍了浮游植物的繁殖，同时还阻碍了水体溶解氧气，使水中溶解氧降低，影响水产品的产量和质量。油类会抑制水鸟产卵和孵化，严重时使鸟类大量死亡。另外，石油中含有致癌物质，如 3,4-苯并芘能通过食物链进入人体。

8. 病原微生物污染

病原微生物主要来自城市生活污水、医院污水、垃圾及地面径流等方面。病原微生物主要有致病细菌、病毒、寄生虫三类。致病细菌常见的有结核杆菌、痢疾杆菌、绿脓杆菌，常可引起霍乱、伤寒、痢疾肠胃炎等疾病；寄生虫常见的有血吸虫、蛔虫、肝吸虫等；病毒常见的有肠道病毒、肝炎病毒、脊髓灰质炎病毒等。

9. 放射性污染物

放射性污染是放射性物质进入水体后造成的。放射性污染物主要来源于核动力工厂排出的冷却水，向海洋投弃的放射性废物，核爆炸降落到水体的散落物，核动力船舶事故泄漏的核燃料以及开采、提炼和使用放射性物质时造成的放射性污染。水体中的放射性污染物可以附着在生物体表面，也可以进入生物体蓄积，还可通过食物链对人产生内照射，从而使人体出现放射性损伤、皮炎、白血病、再生障碍性贫血等。

（三）水体自净[26]

污染物进入水体后，首先通过水力、重力等动力迁移，同时发生扩散、稀释作用，含量趋于均一，也可能通过挥发转入大气中。在适宜的环境条件下，污染物还会在水圈内发生迁移的同时产生各种转化作用。主要的转化过程有沉积、吸附、水解和光分解、配合、氧化还原、生物降解等，其中生物降解决定了有机污染物在水体中的归宿。污染物在水体中迁移转化是水体具有自净能力的一种表现。

水体自净能力是指受污染的水体由于物理、化学、生物等方面的作用，使污染物浓度逐渐降低，并基本恢复或完全恢复到污染前水平的过程称为水体自净。

水体自净主要通过物理、化学、生物三方面作用来实现。物理作用包括可沉性固体逐渐下沉，悬浮物、胶体和溶解性污染物稀释混合，浓度逐渐降低。其中稀释作用是一项重要的物理净化过程。化学作用是指污染物质由于氧化、还原、酸碱反应、分解、化合、吸附和凝聚等作用而使污染物质的存在形态发生变化和浓度降低。生物作用是由于各种生物(藻类、微生物等)的活动特别是微生物对水中有机物的氧化分解作用使污染物降解。它在水体自净中起非常重要的作用。水体自净过程如图 7-2 所示。

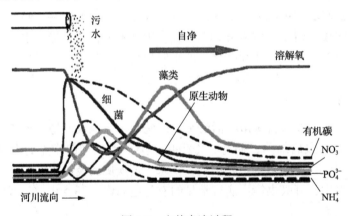

图 7-2　水体自净过程

水体中污染物的沉淀、稀释、混合等物理过程，氧化还原、分解化合、吸附凝聚等化学和物理化学过程以及生物化学过程等，往往是同时发生，相互影响，并相互交织进行。一般说来，物理和生物化学过程在水体自净中占主要地位。

水体自净过程的特征是：

①进入水体中的污染物，在连续的自净过程中，总的趋势是浓度逐渐下降。

②大多数有毒污染物经各种物理、化学和生物作用，转变为低毒或无毒化合物。

③重金属一类污染物，从溶解状态被吸附或转变为不溶性化合物，沉淀后进入底泥。

④复杂的有机物，如碳水化合物、脂肪和蛋白质等，不论在溶解氧富裕或缺氧条件下，都能被微生物利用和分解。先降解为较简单的有机物，再进一步分解为二氧化碳和水。

⑤不稳定的污染物在自净过程中转变为稳定的化合物。如氨转变为亚硝酸盐，再氧化为硝酸盐。

⑥在自净过程的初期，水中溶解氧数量急剧下降，到达最低点后又缓慢上升，逐渐恢复到正常水平。

⑦进入水体的大量污染物，如果是有毒的，则生物不能栖息，如不逃避就要死亡，水中生物种类和个体数量就要随之大量减少。随着自净过程的进行，有毒物质浓度或数量下降，生物种类和个体数量也逐渐随之回升，最终趋于正常的生物分布。进入水体的大量污染物中，如果含有机物过高，那么微生物就可以利用丰富的有机物为食料而迅速地繁殖，溶解氧随之减少。随着自净过程的进行，使纤毛虫之类的原生动物有条件取食于细菌，则细菌数量又随之减少；而纤毛虫又被轮虫、甲壳类吞食，使后者成为优势种群。有机物分解所生成的大量无机营养成分，如氮、磷等，使藻类生长旺盛，藻类旺盛又使鱼、贝类动物随之繁殖。

四、水污染的防治措施

(一)水污染治理方法[27,28]

污水直接排放对环境造成了严重的污染，为减少水资源的消耗，可将污水进行处理后排放，使其循环使用。污水处理，就是采用各种技术与手段，将污水中所含的污染物质分离去除、回收利用，或将其转化为无害物质，使水得到净化。污水处理的基本方法，按原理可分为物理处理法、化学处理法、物理化学法和生物法。

1. 物理处理法

物理处理法是利用物理或机械作用分离污水中不溶解的呈悬浮状的污染物质。常用的方法有：筛滤法、沉淀法、上浮法、气浮法、离心分离法、过滤法等。多用于污水的预处理和后处理。

2. 化学处理法

污水的化学处理法是向污水中投入某种化学物质，利用化学反应分离、回收废水中的各种形态(包括悬浮的、溶解的、胶体的等)的污染物质，或使其转化为无害的物质。主要方法有中和、混凝、电解、氧化还原、化学沉淀等。多用于污染物浓度较高、毒性较大或微生物难以降解的工业污水处理。

3. 物理化学法

污水的物理化学法是利用物理化学反应的作用分离回收污水的污染物，主要方法有吸附、离子交换、电渗析、吹脱和膜分离、反渗透等，物理化学法多用于处理工业污水。

4. 生物法

生物法是利用微生物的代谢作用，使污水中呈溶解、胶体状态的有机污染物转化为稳定的无害物质的方法，又叫生物化学处理法。分为好氧法和厌氧法两大类。好氧生物处理法是在有游离氧存在的条件下，好氧微生物降解有机物，使其无害化、稳定化的处理过程。广泛用于处理城市污水及有机性生产污水，有活性污泥法和生物膜法两种。厌氧生物处理法是在厌氧状态下，污水中的有机物被厌氧细菌分解、代谢、消化，使得污水中的有机物含量大幅减少，同时产生沼气的一种高效的污水处理方式。多用于处理高浓度有机污水与污水处理过程中产生的污泥，现在也开始用于处理城市污水与低浓度有机污水。

(二) 水污染的防治措施[29-31]

1. 实施清洁生产，减少或消除废水排放

为了进一步减少工业废水的排放量，2016 年 9 月 7 日，我国工业和信息化部、环境保护部联合印发了《水污染防治重点工业行业清洁生产技术推行方案》，旨在通过在水污染重点行业推广采用先进适用清洁生产技术，从政策层面上支持企业实施清洁生产技术改造，从源头上减少废水、化学需氧量、氨氮、含铬污泥等污染物的产生和排放。企业应尽量采用循环用水系统或废水净化重复利用，减少甚至不排放废水。如电镀废水闭路循环，高炉煤气洗涤废水经沉淀、冷却后再用于洗涤等。此外，可通过生产工艺和原料的改变，回收废水中有用物质，降低废水中污染物的排放浓度，从源头上控制工业废水对环境的污染。

2. 增强全民的环保意识，重视公众参与

水污染的治理不是仅仅靠国家、政府、相关管理部门的管理就可以的，我们每一个人都有义务去保护环境、保护水资源。因为水与我们的生命息息相关。没有可用水，人类将无法生存。因此必须通过各种渠道的宣传，从思想上提升全民的环保意识，增强公众在水污染治理中的主人翁意识。同时畅通举报渠道，使公众能及时举报监督制造水污染的不法行为。使每个人都为保护水环境尽自己的一份力，对水环境的改善将会起到事半功倍的效果。

3. 完善法律法规，加大监管力度

目前，虽然我国在水污染治理方面出台了《水污染防治法》、《环境保护法》等法律法规，但水污染问题仍然比较严重，重大污染事件仍然时有发生。还应持续不断地完善水环境保护法律体系。同时应该加强监管，强化法制管理力度，做到高标准、严要求，对污水排放标准严格控制，对违法排放、超标排放的工业企业加大惩罚力度，限期整改。启动各项执法检查，对几种排污口跟踪监测，完善对水资源的监督保护管理体系，提高水污染治理监管力度。

4. 建设污水处理厂，使污水排放达标[32]

随着我国城镇化进程的加快，城市人口的增加和居民生活水平的提高，城市生活污水排放量逐年增加，污水水质成分日益复杂。但是城市生活污水处理还存在部分污水处理厂布局不合理，输送污水的管网配套建设进度较慢，以至于污水处理厂负荷不够、无法正常运转。污水处理工艺设计不合理、设备陈旧落后、耗能偏高等问题，处理后的中水根据排放去向或者用途甚至达不到《城镇污水处理厂污染物排放标准》（GB 18918—2002）相应标准要求，处理设施提标升级改造亟待进行，但改造建设进展、调试投运严重滞后。为了使城市污水得到有效处理，应该加大环保资金投入，研发和引进世界上先进的水处理技术，合理建设城市污水处理厂，积极改进生产工艺和更换老旧设施，推进配套污水管网收集系统建设和改造，使生活污水得到及时有效的处理。

第三节 饮用水安全与人体健康

一、饮用水概念和分类[33]

饮用水是生命的必需品，水是人体的主要成分，占成年人体重的 50%~60%，新生儿体重的 75%~80%[34]。水是人体吸收营养、输送营养物质的介质，又是排泄废物的载体，人通过水在体内的循环完成新陈代谢过程。成年人通过尿液、排泄物、呼吸和皮肤等平均每天排出约 2.5L 水，只有及时为身体补充上述水分流失，才能维持人体代谢和健康。

饮用水是指可以不经处理、直接供给人体饮用的水，包括未经处理的干净的天然泉水、天然井水、天然河水和天然湖水，也包括经过处理的矿泉水和纯净水等[35]，如图 7-3 所示。

（一）自来水

自来水是指通过自来水处理厂净化、消毒后生产出来的符合国家饮用水标准的供人们生活、生产使用的水。它是目前人类最普遍的、最大量的、最主要的、

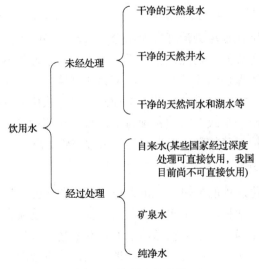

图 7-3　饮用水的分类

最容易被接受的生活用水。由于城市水源受到工业污染，自来水虽经加工，但难全面达到卫生、安全的各项指标。且在输送、存储环节还有很多不确定因素，在到达居民用水点前可能出现"二次污染"，无法直接饮用。且我国自来水厂大都使用氯为主要消毒剂，氯消毒剂的副产物对人体健康会构成潜在威胁。

(二)纯净水

饮用纯净水是指不含任何有害物质和细菌，如有机污染物、无机盐、任何添加剂和各类杂质，能够有效避免各类病菌侵入人体的水。纯净水是利用符合国家生活饮用水标准的城市供水系统的水通过电渗析法、离子交换法、反渗透法、蒸馏法及其他适当的加工方法制得，密封于容器内，且不含任何添加物，无色透明，可直接饮用。纯净水能有效安全地给人体补充水分，具有很强的溶解度，与人体细胞亲和力很强，有促进新陈代谢的作用。

(三)天然矿泉水

矿泉水是从地下深处自然涌出的或者是经人工揭露的、未受污染的地下含矿物质水，含有一定量的矿物盐、微量元素或二氧化碳气体；在通常情况下，其化学成分、流量、水温等在天然波动范围内相对稳定。矿泉水是在地层深部循环形成的，含有国家标准规定的矿物质及限定指标。绝大多数矿泉水属微碱性，适合于人体内环境的生理特点，有利于维持正常的渗透压和酸碱平衡，促进新陈代谢，加速疲劳恢复。

(四)矿物质水

饮用矿物质水就是以符合《生活饮用水卫生标准》(GB 5749—2006)的水为水源,采用适当的加工方法,有目的地加入一定量的矿物质而制成的制品。一般来讲,矿物质水都是以城市自来水为原水,再经过净化加工、添加矿物质、杀菌处理后罐装而成。矿物质水的添加种类比较混乱,没有统一的质量类国家标准,主要由行业依照《食品添加剂使用卫生标准》(GB 2760—2007)的规定与限量添加,卫生上则按照《瓶(桶)装水卫生标准》(GB 19298—2003)确保其饮用安全性。

二、我国饮用水安全与人体健康

水是生命之源,获得卫生、安全的饮用水是生存和发展的基本要求。近年来,随着公众健康和生活需求的不断提高,群众对饮用水卫生安全的关注度也日益增加。

(一)我国饮用水安全存在的问题[36-40]

1. 微生物污染

我国大部分农村水源地受到了生活污水、化肥、农药、养殖畜禽粪便、工业废水等的污染,致使农村地区的生活饮用水中包含非常多的微生物,微生物对水源的污染,使得农村很多人都容易患上传染病。王丹等对其所在地区的农村生活饮用水调查发现,当地的生活饮用水菌落总数、总大肠菌群、耐热大肠菌群等各项指标的合格率不高,微生物污染较为严重。

2. 自来水厂常规水处理工艺受到挑战

目前我国仍然使用的自来水传统常规处理工艺(混凝、沉淀、过滤、消毒)处理净化的水,有的已不符合饮用水标准。主要原因是上述工艺对降低浑浊度,去除水中悬浮物有较好的净化消毒作用,但对目前以有机污染为主的微污染,则不能彻底去除有机污染物、农药、环境内分泌干扰物和藻毒素,致使出厂时有检出,甚至超标。

3. 消毒副产物带来的新污染

为了杀灭水中病原体、防止介水传染病的传播和流行,需对饮用水进行消毒处理。目前,世界上用于饮用水消毒的方法主要有氯化消毒、二氧化氯消毒、紫外线消毒和臭氧消毒,其中,氯化消毒已成功地应用了一个多世纪,也是我国目前主要的饮用水消毒方法。近年来的大量研究表明,饮用水在氯化消毒过程中,虽然可以进行微生物的有效杀灭,但是极易与水中的腐殖酸、富里酸、藻类等天然有机物、溴化物、碘化物等发生取代或加成反应而生成以卤代有机物为代表的

DBPs。氯化消毒副产物会对人体造成不同程度的危害，如表 7-10 所示。

表 7-10　常见消毒副产物

DBPs 类别	化合物	毒性等级	毒害作用
三卤甲烷	三氯甲烷(TCM)	B2	肿瘤、肝、肾、生殖
	二溴一氯甲烷	C	神经系统、肝、肾、生殖
	一溴一氯甲烷	B2	肿瘤、肝、肾、生殖
	三溴甲烷	B2	肿瘤、神经系统、肝、肾
卤代乙腈	三氯乙腈	C	肿瘤、致突变、致畸
卤代醛	甲醛	B1	致突变
卤代酚	2-氯酚	D	肿瘤、肿瘤促进
卤代酸	二氯乙酸	B2	肿瘤、生殖和发育
	三氯乙酸	C	肝、肾、脾脏和发育
无机盐	溴酸盐	B2	肿瘤
	氯酸盐	D	发育、生殖

4. 自来水管网污染

我国大城市的输水管网许多是 20 世纪五六十年代铺设的，半个世纪的老化腐蚀，管道内壁细菌、微生物丛生，加之年久失修，管材严重老化、破损、遗漏，有些管网渗透率高达 20%～40%，供水间歇期，土壤中的微生物会随地下水渗入管网，造成二次污染，供水水质难以保证。且由于许多城市 20 世纪 90 年代前铺设的管道未采用内外防腐措施，现在锈蚀已相当严重，成为"红水""黑水"等水质事故的诱因。

5. 二次供水污染

高层建筑供水是通过二次供水设施实现的。二次供水设施包括高、低位水箱、水泵、输水管道等。二次供水系统中，用户用水量小而蓄水箱容积较大，使水在水池或水箱中滞留时间较长；水箱底未设计坡度，某些微生物或有机物易于沉积，水箱内壁粗糙易导致青苔等微生物附壁生长；水箱的通风孔、人孔密闭性差，导致尘、虫、鼠入内等都会给居民的生活饮用水的安全性带来一定的危害。

(二)生活饮用水卫生标准

1. 生活饮用水安全指标[41]

生活饮用水的安全指标包括五大类，即水的感官性状指标、水的一般化学指标、水的微生物指标、水的放射性指标和水的毒理学指标。

(1)水的感官性状指标

生活饮用水的感官性状指标是指色度、浑浊度、嗅和味、肉眼可见物 4 个方面。我国的饮用水标准规定：饮用水的色度不应超过 15 度；饮用水的浊度不应超过 1 度，水源与净水技术条件限制为 3 度。

(2)水的一般化学指标

生活饮用水的一般化学指标包括总硬度、铁、锰、铜、锌、挥发酚类、阴离子合成洗涤剂、硫酸盐、氯化物和溶解性总固体。这些指标都能影响水的外观、颜色和味道，《生活饮用水卫生标准》(GB 5749—2006)将其与水的感官性状指标归在一起，并规定了最高允许限值。

(3)水的微生物指标

水的微生物指标是饮用水的一项极为重要的指标，它直接关系到饮用者的身体健康。饮用水中的病原体包括细菌、病毒，以及寄生型原生动物和蠕虫。其污染来源主要是人畜粪便，而水又是传播疾病的重要媒介。一般来讲，理想的饮用水不应含有已知致病微生物，也不应含有人畜排泄物污染的指示菌。为达到这一要求，我国自来水厂普遍采用加氯消毒的方法。水中的细菌和病毒在与水中游离余氯接触一段时间后可以杀灭。因此，饮用水中余氯成为检测饮用水微生物安全性的快速而重要的指标。

(4)水的放射性指标

随着核能的发展和同位素技术的应用以及矿物的开采等，导致了放射性物质对环境污染问题的产生。为确保饮用水的安全性，在饮用水卫生标准中规定了总 α 放射性和总 β 放射性的参考值。

(5)水的毒理学指标

随着工业和科学技术的发展，有毒有害的化学物质对饮用水的污染越来越严重。为了保障饮用水的安全，水中有毒有害化学物质的最高限值成为评价水质的重要指标。我国《生活饮用水卫生标准》中，主要包括氟化物、氰化物、氯仿、四氯化碳、苯并[a]芘、滴滴涕、六六六、砷、硒、汞、镉、铬、铅、银、硝酸盐等 15 项化学物质指标。

2. 《生活饮用水卫生标准》(GB 5749—2006)[42]

饮用水安全直接影响到人体健康与生命安全，保障饮用水安全也是全球关注的热点。党和国家多次组织有关部门调查研究，制定适合国情的法律、法规、规范、标准等，力求最大限度保障人民群众的饮水安全。到现在为止，水质标准颁布 4 次，从 1956 年的 16 项增至 1985 年的 35 项，每次标准的修订都增加水质检验项目，并提高水质标准。2006 年修订标准从 35 项增至 106 项，分为 42 项常规检验指标和 64 项非常规检验指标。修订标准于 2006 年 12 月 29 日颁布，2007 年

7 月 1 日实施。《生活饮用水卫生标准》（GB 5749—2006）以世界卫生组织《饮用水水质准则》为基础，同时参考了欧盟、美国等国际组织或国家的水质标准修订，对饮用水监测指标的设定、监测技术与方法均有明确规定，体现了中国对饮用水水质安全的高度重视。

（三）饮用水水质超标对人体健康的危害

饮用水卫生质量的好坏，直接影响着人类生活环境质量的提高和人体的健康发育，饮用水水质超过《生活饮用水卫生标准》（GB 5749—2006）规定的限值，会对人体健康产生一系列的危害。水质超标对人体健康的危害如表 7-11 所示[43]。

表 7-11　水质超标对人体健康的危害

水质指标	对人体危害
锰酸盐指数	是衡量水中有机物的重要指标，指数过高，会导致消化道疾病，甚至肝癌发生
氨氮	是水中主要的污染物，在人体转化为亚硝酸盐后对人体有致癌作用
亚硝酸盐	亚硝酸盐是强氧化剂，不仅会使人中毒，它还有致癌作用。亚硝酸盐可以与食物或胃中的仲胺类物质作用生成亚硝胺，亚硝胺能导致癌症
镉	饮用含过量镉的水而造成的中毒大多是急性的，主要症状是恶心、呕吐、腹泻、腹痛
硝酸盐	硝酸盐在人体内经微生物作用可还原成有毒的亚硝酸盐，它可与人体血红蛋白反应，造成高铁血红蛋白症，长期摄入亚硝酸盐会造成智力下降，反应迟钝。亚硝酸盐还可间接与次级胺结合而形成致癌物质——亚硝胺，进而诱导消化系统癌变
氟	氟是一种原生质的毒物，进入体内后就会破坏细胞壁，影响体内很多酶的活性。氟进入体内后使得钙过量地在血管上沉积，造成血管钙化，引起动脉硬化
六价铬	六价铬可能经口、呼吸道或皮肤进入人体，引起支气管哮喘、皮肤腐蚀、溃疡和变态性皮炎。长期接触铬，还可导致呼吸系统癌症
铅	铅化合物对人体的影响主要是神经系统、肾脏和血液系统，还会引起肾功能损害，影响儿童的智力发育等
砷	砷的慢性中毒表现为疲劳、乏力、心悸、惊厥，还能引起皮肤损伤，出现角质化、蜕皮、脱发、色素沉积，还可能致癌
汞	汞对人体的危害主要表现为头疼、头晕、肢体麻木和疼痛等，总汞中的甲基汞在人体内极易被肝和肾吸收，其中 15%被脑吸收，但首先受损的是脑组织，并且难以治疗，往往促使死亡或遗患终生，对人体危害最大的是有机汞，汞污染主要是水产品
酚	酚是有毒化学物质，一旦被人吸收就会蓄积在各脏器组织内，很难排出体外，当体内的酚达到一定量时就会破坏干细胞和肾细胞，造成慢性中毒
甲醛	可引起慢性呼吸道疾病，引起鼻咽癌、结肠癌、脑瘤、月经紊乱、细胞核的基因突变，同时具有强烈的致癌和促癌作用
氯仿、四氯化碳	对人体存在一定危害，如果长期饮用氯仿和四氯化碳超标的水，严重时会导致肝中毒甚至癌变
细菌	可引起肠胃炎、泌尿系统感染、胆囊炎以及溶血性黄疸等

续表

水质指标	对人体危害
磷	慢性磷中毒，可引起鼻炎、咽炎、支气管炎、牙龈肿痛、牙松动和脱落，严重时可导致下颌骨骨质疏松和坏死；消化系统症状可有口内蒜臭味、恶心、厌食、肝大、肝功能异常
氰化物	氰化物中毒可引起乏力、头晕、头痛、胸闷、恶心、耳鸣、眼花、呼吸困难、抽搐、昏迷等。损伤神经系统
pH<7	过量的酸性物质积在体内会使人体的内环境恶化，血液偏酸性，出现极不健康的"酸性体质"，热量超标容易发胖，危害健康。可出现头晕、焦躁、便秘、失眠、疲劳、抵抗力下降，易患上呼吸道感染等 当体液 pH 在 7～7.4 的状态时，机体最健康，免疫力最强，可有效预防糖尿病、心血管病、癌症、痛风等各种疾病。如果酸性物质在体内聚积过多，不但促使新陈代谢作用发生变化、内分泌失调、加速衰老，还会带来各种疾病。据检测证明，凡癌症病人的体液均呈酸性，病越重 pH 越低。酸性体质中，癌细胞最活跃
铁、锰	饮用水铁、锰过多，可引起食欲不振、呕吐、腹泻、胃肠道紊乱，大便失常、发热、出汗、全身疼痛和倦怠等症状，摄入铁过多易于在肝、胰和淋巴结等处沉积，导致肝硬化和糖尿病，可诱发癌症
大肠埃希菌	由大肠埃希菌易致疾病：①肠道外感染。多为内源性感染，以泌尿系统感染为主，如尿道炎、膀胱炎、肾盂肾炎。也可引起腹膜炎、胆囊炎、阑尾炎等。婴儿、年老体弱、慢性消耗性疾病、大面积烧伤患者，大肠埃希菌可侵入血液，引起败血症。早产儿，尤其是生后 30 d 内的新生儿，易患大肠埃希氏菌性脑膜炎；②急性腹泻。某些血清型大肠埃希菌能引起人类腹泻。其中肠产毒性大肠埃希菌会引起婴幼儿和旅游者腹泻，出现轻度水泻，也可呈严重的霍乱样症状。腹泻常为自限性，一般 2～3 d 即愈，营养不良者可达数周，也可反复发作。肠致病性大肠埃希菌是婴儿腹泻的主要病原菌，有高度传染性，严重者可致死。细菌侵入肠道后，主要在十二指肠、空肠和回肠段大量繁殖。此外，肠出血性大肠埃希菌会引起散发性或爆发性出血性结肠炎，可产生志贺氏毒素样细胞毒素
硬度	饮用水的硬度对人体健康有一定的影响，饮用水硬度越高，高血压性心脏病、冠心病、脑血管病和肾结石等疾病的死亡率与发病率也越高
硫酸盐	硫酸盐过高，饮用会造成腹痛、腹泻、水土不服现象
氯化物	氯化物过高，表示水中有机物污染较高。慢性中毒主要表现为神经衰弱综合征、肝脏损伤、消化功能障碍、肢端溶骨症、皮肤损伤等。消化系统：食欲不振、恶心、腹胀、便秘。肝大、肝功能异常
总 α、β 放射性	水中放射性核素主要有铀钍系列及天然核素和少量人工核素，核素进入人体超量，就会危害人体健康，例如诱发癌症、白内障或其他放射性病，或者对后代有不良影响

三、饮用水处理

　　天然水杂质超标，就必须通过必要的处理方法，使水质达到生活饮用水的水质标准。以地表水为水源的城市水厂，大都采用混凝、沉淀、过滤和消毒的常规处理工艺。随着环境污染的日益加剧，水源中有毒有害物质的种类和含量逐年增多，常规水处理工艺难以达到居民对水质的要求，近年来有了除铁锰除藻技术等预处理技术和臭氧活性炭和膜法等深度处理技术。饮用水处理技术分类如图 7-4 所示[34]。

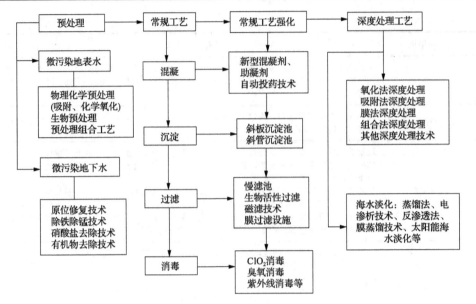

图 7-4　饮用水处理技术分类

(一)常规水处理工艺方法

常规水处理工艺按照生活饮用水水质标准，采取原水→混合→反应池→沉淀→滤池→清水池→二级泵房→用户的工艺流程。如图 7-5 所示。

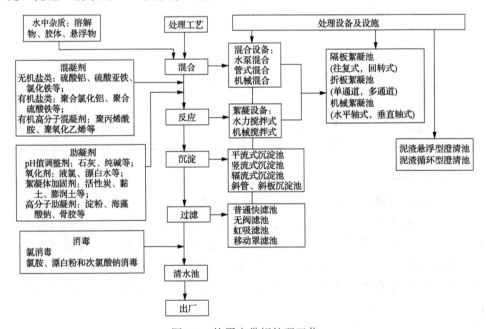

图 7-5　饮用水常规处理工艺

(二)强化常规处理[44,45]

强化常规处理就是通过一系列的方式方法对现有水厂进行升级改造,提高出水水质,实现安全饮水的基本要求,主要包括强化混凝、强化沉淀和强化过滤三个方面。

强化混凝是通过投加高效混凝剂,控制一定的 pH,从而提高常规混凝法处理中的天然有机物(NOM)去除效果,最大限度地去除消毒副产物前驱物(DBPFP)等有机物的改进后的混凝方法。强化混凝的措施有以下三种:①对混凝剂的强化。包括增加混凝剂的投量和改善无机或有机絮凝药剂性能两方面。②对絮凝设备的强化。研制与改进絮凝设备,从水力条件方面增强混凝效果。③强化絮凝单元。比如优化混凝搅拌强度、优化反应时间、确定最佳絮凝 pH 条件等。如用硅酸钠和硫酸铝制备的聚硅硫酸铝新型絮凝剂对微污染水中有机氯的去除可达 57%～87%,对浊度去除率为 99.1%,Fe-Mn 强化混凝工艺使高锰酸盐指数和氯仿的去除率提高了 10%～26%。

沉淀是水处理工艺中去除混凝体和悬浮物的重要环节,其运行状况直接影响出水水质。强化沉淀:①使用高效新型高分子混凝剂,利用其良好的絮凝效果,吸附和去除原水中的有机污染物。②提高絮凝颗粒的有效浓度,促进絮凝体整体网状结构的快速形成。③改善沉淀水流流态,减小沉降距离,大幅度提高沉降效率。有研究表明,改良后的生物沉淀池对有机组分、氨氮、总氮和总磷的去除率分别为 81.4%、95.0%、21.1%和 86.0%,改善了常规沉淀工艺对溶解性组分去除能力有限的劣势。

强化过滤通过对合适滤料的选择,适当增加滤料层厚度等措施和技术,同时去除浊度,降低有机物,降低氨氮含量和亚硝酸盐氮的含量,对出水水质的安全提供有效的保障。如氧化铁改性石英砂滤料比普通石英砂和普通砂-改性砂混合滤料对三氮的去除率约高 20%。

(三)饮用水预处理工艺[34,45]

对于微污染的水源,原水中含有的有机物和氨氮、亚硝态氮、磷化物、重金属等无机污染物,尤其是具有三致作用的有机污染物或"三致"前体物,常规水处理工艺很难去除,需要采用预处理技术。预处理技术主要包括化学预氧化、生物预氧化和预吸附等工艺。

1. 化学预氧化

化学预氧化是指依靠氧化剂的氧化能力分解破坏水中污染物的结构,达到转化和分解污染物的目的。常用的化学预氧化有氯气预氧化、高锰酸钾预氧化、臭氧预氧化和光化学预氧化等。

氯气预氧化是应用最早和目前应用最广泛的方法。它可以控制因水源污染生成的微生物和藻类在管道内构筑物的生长，同时也可以氧化一些有机物和提高混凝效果并减少混凝剂使用量。但是，由于氯气预氧化导致大量卤化有机污染物的生成，因此氯气预氧化处理应慎重采用。

臭氧预氧化的途径有两种：①臭氧以氧分子的形式直接与水体中的有机物进行反应。②在碱性条件下，臭氧分解产生强氧化性的羟基自由基等，而后发生反应。臭氧预氧化的最大优点是不产生氯代有机物。并且，臭氧预氧化可以直接作为深度处理的预处理手段，在短流程水处理工艺中起到提升饮用水水质的作用。但费用较高是阻碍臭氧预氧化工艺投产的原因之一。

光化学预氧化主要是利用光辐射和化学氧化的协同作用。在原水中预先投入定量的氧化剂(如过氧化氢、臭氧等)或一些催化剂(如染料、腐殖质等)，然后再以紫外线为辐射源，其处理效果比单独的化学氧化、辐射有显著的提高。

2. 生物预氧化

生物预氧化是利用微生物降解水中的氨氮、有机污染物、亚硝酸盐、铁、锰等污染物，有机物和氨氮等的降低，可以减少配水系统中微生物赖以生长繁殖的基质，减少了细菌在管网系统中重新滋生的可能。同时减少水的臭味和"三致"前体物，改善出水水质，同时，减轻常规处理和深度处理的负荷，综合发挥生物预氧化和后续处理的作用，提高出水水质。

3. 预吸附

预吸附是指利用多孔性固体吸附原水中某种或几种污染物，从而提高水的水质。常用的吸附质有粉末活性炭、黏土、沸石等。预吸附对于水中有机物的去除率较高。

(四)深度处理工艺

在常规水处理技术无法达到水质标准时，可在常规水处理技术的基础上增加深度处理工艺。常用的有臭氧-生物活性炭、光催化氧化、膜分离技术以及各种技术的组合使用等。

1. 臭氧-生物活性炭技术[46]

臭氧-生物活性炭技术是结合臭氧氧化与生物活性炭技术，以臭氧氧化和颗粒活性炭吸附及生物降解为主的净水工艺。该工艺 1961 年在德国 Dusseldorf 市 Amstaad 水厂中开始使用，20 世纪 70 年代传入我国。我国北京田村山水厂、上海周家渡水厂等使用此法。该工艺可较好地去除水中的有机污染物、有效降低常规氯化过程中三卤甲烷等消毒副产物的形成，改善饮用水的口感，但会产生羰基化合物等风险污染物。

2. 光催化氧化技术[34]

光催化氧化技术是指在处理水体中投加一定量光敏半导体材料（如 TiO_2 等），同时结合天然光中近紫外光部分的光辐射，使光敏半导体在光的照射下发生价带电子激发迁移，产生具有极强氧化性的价带电子——空穴。空穴具有极强的获得电子的能力，吸附在半导体上的溶解氧、水分子等与空穴作用，产生氧化性极强的自由基，再通过与有机物之间羟基加合、电子转移等作用使污染物接近全部矿化，生成 CO_2、H_2O 和其他离子等。光催化氧化技术对分解的有机物无选择性，最终可使有机物全部矿化，在饮用水深度处理方面具有较好的应用前景。但是处理费用较高，设备复杂，长期运行还需要解决催化剂中毒的问题。

3. 膜分离技术[34, 47, 48]

膜分离技术起源于 20 世纪 30 年代。60 年代开始在商业上得到应用。80 年代，膜技术第一次应用于饮用水处理当中。1987 年美国科罗拉多州的 Keystone 建成世界上第一座膜分离净水厂。作为新兴的高效分离技术，膜分离技术是饮用水深度处理技术的研究热点之一，目前已应用到多个国家的饮用水处理中，被称为 21 世纪的水处理技术。

膜分离技术是利用混合物粒径大小的不同，在通过膜时，以外界条件或化学位差为推动力的情况下发生的混合物分离、提纯以及浓缩的技术，应用较为普遍的膜技术包括：微滤、超滤、纳滤和反渗透。

(1) 微滤

微滤以 $0.1 \sim 10\ \mu m$ 的对称微孔膜为介质，在压力差（$50 \sim 100\ kPa$）驱动下，利用微滤膜的筛分机理，使小于膜孔的粒子或一些分子物质透过膜，截留细小粒子、菌体及其他悬浮性污染物，实现不同粒子或者分子物质有效分离的一种膜分离过程。

(2) 超滤

超滤膜是以非对称膜或复合膜为介质，以压力差（$100 \sim 1000\ kPa$）为推动力，利用筛分机理截留溶液中大分子溶质，溶剂或小分子溶质透过膜的一种膜分离过程。

(3) 纳滤

纳滤以非对称膜或复合膜为介质，以压力差介于超滤和反渗透之间的压力驱动的膜分离过程。纳滤膜一般可以截留粒径小于 1 nm 的溶质粒子，对有机废水中的小分子量物质有较好的祛除效果，在矿泉水的纯化和饮用水的软化中具有广泛的应用。

(4)反渗透

反渗透又称逆渗透，是以孔径为 0.1 nm 左右的非对称膜或复合膜为介质，以压力差(0.5～10 MPa)为推动力，使溶剂从溶液中分离出来实现液体混合物分离的膜分离操作。

热点聚焦：碧水保卫战——在砥砺中前行，护碧水之清澄

一、水污染事件频发，美丽中国乐章中的不和谐音符

(一)水污染，社会发展不能承受之重

水是生命之源，是人类赖以生存和发展的最基本物质条件。作为生态环境的三大要素之一，水既是基础性的自然资源，也是体现国家实力的战略性经济资源。水安全问题事关重大，不仅直接影响百姓的安居乐业和幸福生活，而且关系到经济的可持续发展和社会的长治久安。加强水资源保护和水污染防治，对于保障国家生态环境安全，建设绿水青山的美丽中国意义重大。

随着经济社会快速发展，我国水污染事件频频发生，水污染已成为人们关注的热点问题。根据中国环境统计公报，我国 2001～2007 年共发生水污染事故 5341 起，占全部环境污染事故的 54.7%[49]。在突发的环境污染事件中，水污染事件发生率更高。2012～2017 年国内突发环境污染事件 592 起，突发性水污染事件所占比例高达 94.8%[50]。频繁发生的水污染事件直接威胁公众的生命健康和生活质量，同时也造成了巨大的经济损失。研究表明：水污染会带来人体健康损失、农业损失、工业损失、渔业损失、生活用水损失等多项损失。据专家推算，我国每年因水污染造成的经济损失约 2400 亿[51]，经济发展的环境代价在很多地方已经抵消经济增长的收益。自 1996 年来以来，我国环境群体性事件一直保持年均 29%的增速增长[52]。2003～2012 年，经媒体公开报道的由水污染引起的群体事件就有 80 起之多[53]。

此外，水污染进一步加剧了我国水资源短缺问题。我国是一个严重缺水的国家，虽然水资源总量居世界第六，但人均水资源拥有量仅为世界平均水平的四分之一，是世界公认的最贫水国家之一。因水污染导致的"水质危机"使我国的"水量危机"日益严重。水污染已成为建设美丽中国乐章中的不和谐音符，严重制约了我国经济社会高质量发展和社会稳定运行，阻碍了生态文明和美丽中国的建设进程。

（二）三源入流，水污染形成的主要原因

改革开放以来，我国经济发展走上了快车道，成为世界上经济发展速度最快的国家，取得了举世瞩目的成就。国家统计局公布的数据显示，1979～2018 年我国经济年均增长率达到 9.4%，2010 年超越日本成为世界第二大经济体，2019 年国内生产总值近 100 万亿[54]。在经济高速发展过程中，我国工业化、城镇化和农业现代化进程不断深入。但因长期以来过于重视发展经济而忽视生态环境保护，工业废水、生活污水和农业面源污染导致的水污染问题逐渐凸显。

对于河流污染而言，工业废水和生活污水是其主要来源。近年来，全国废水排放总量呈上升趋势，加之废水处理能力不足及排放缺乏有效监管，使得河流污染形势不容乐观。2010 年，全国废水排放量为 617 亿吨，其中工业废水排放量 238 亿吨，城镇生活污水排放量 380 亿吨。而废水处理率，尤其是城镇生活污水处理率不足 80%，大量污水未经任何处理直接排入河流[55]。2010 年，辽河、海河等七大流域接纳了全国废水排放量的 83.4%[56]，成为废水排放的直接"受害者"。另外，农村生活污水也是水污染的重要因素。据测算，全国农村每年产生生活污水 80 多亿吨，而 96% 的村庄没有排水渠道和污水处理系统，大部分生活污水直接排放，导致了农村河流水质急剧下降[57]。在农业面源污染中，化肥农药的不合理使用与畜禽养殖业污染是水污染的主要原因。长期以来，化肥农药被大量用于农业生产活动。目前，我国化肥和农药的生产量和使用量均居世界第一位，其中化肥施用量占世界总量的三分之一，但二者的利用率仅有 30% 左右[58]。未被利用的部分通过地表径流、地下淋溶的方式进入水体，导致地表水富营养化和地下水污染。畜禽养殖业对于水的污染主要来自于畜禽粪污。我国每年产生畜禽粪污约 38 亿吨，有 40% 未有效处理和利用，随意堆放的禽畜粪便和养殖污水未经处理排入水体[59]。2014 年行业统计资料显示：年畜禽养殖化学需氧量和氨氮排放量分别为 1049 万吨和 58 万吨，占当年全国总排放量的 45% 和 25%，占农业源排污总量的 95% 和 76%[60]。随着工业废水、城镇生活污水等污染源逐步得到治理，农业面源污染已成为我国水污染的主体。

（三）九龙治水，流域水污染的治理难题

在水污染防治中，流域水污染治理是全国水环境改善的关键。我国是一个多河流国家，江河众多且流域面积广。仅全国七大流域就涉及 30 个省，总面积占国土面积一半以上，常住人口和 GDP 总量接近全国总量的 90%[61]。作为饮用水的主要来源和经济发展的基础，流域水污染防治的重要性不言而喻。

多年来，我国从未间断流域水污染治理，但由于流域特性与治理制度之间的矛盾，并未取得显著的治理效果。流域是一个以水系为纽带的自然地理系统，上下游、左右岸都是整个流域系统的一部分，具有极强的整体性。流域的这种特性就决定了以流域为单位进行整体性治理，比以行政区域为单位进行碎片化治理更具合理性[62]。然而，根据《环境保护法》第六条规定，我国流域水污染治理采取了属地化治理原则，即将流域划分成不同地方政府分别负责的流域单元进行治理。实践中，有些地方政府出于地方利益考虑，为追求经济增长而忽视流域水环境治理，也有地方政府在水污染治理中采取"搭便车"的策略，不愿承担相应的治污责任。这些行为极大地降低了流域水污染的治理效果，造成了流域水环境恶化的"公地悲剧"。

除此以外，水污染防治监督管理部门众多是流域水污染治理低效的另一原因。根据《水污染防治法》规定，环保、建设、农业等 9 个部门均有权对水污染防治进行监督管理，从而形成了"九龙治水"格局。由于部门之间职责分散冲突且缺乏权力协调规则，客观上割裂了流域污染治理的整体性，造成了"环保不下河、水利不上岸"的治水窘境。尽管《水污染防治法》规定地方环保部门对水污染防治实施统一监督，但由于环保部门权限不够，往往难以协调多个部门之间的活动。另外，虽然我国设立流域管理机构参与流域水污染防治，但因其仅作为水利部的下属事业单位，缺乏对地方政府和其他部门的监督制约权，根本无法承担协调各地方各部门进行流域水污染治理的管理职责。"九龙治水"的"各自为政"最终导致了"九龙治水水不治"的尴尬局面。当前，我国水污染形势不容乐观，全国十大水系、62 个主要湖泊分别有 29% 和 39% 的淡水水质达不到饮用水要求，地下水污染整体恶化趋势明显[63]。加大水污染防治力度保障国家水安全，已成为全面建成小康社会和推进美丽中国建设的当务之急。

二、改革开放三十年，中国水污染防治在砥砺中前行

(一)20 世纪 90 年代前：环保意识萌芽，水污染防治开始起步

20 世纪 70 年代前，我国环境保护意识淡薄，没有明确的水环境保护政策和治理目标，把江河视为下水道和排灰场，甚至提倡利用污水进行农业灌溉。1972 年，环保浪潮在全球兴起，联合国在斯德哥尔摩召开了人类环境会议。中国派代表团参加了本次会议，环保意识开始在国内萌芽。1972 年大连湾涨潮退潮黑水黑臭事故和北京官厅水库污染事故，标志着我国水污染防治工作的正式起步，自此我国开始探索有特色的中国水环境保护之路。

改革开放至 80 年代末期，我国经济社会形势发展较好，水污染防治工作也发展迅速。1979 年，我国历史上第一部《环境保护法(试行)》正式颁布，对水污染控制做出了原则性规定，揭开了基本法律为水污染防治保驾护航的序幕。1984 年，《水污染防治法》"破壳而出"，这是我国第一部专门防治水污染的单行法律，

该法全面规定了水污染治理的管理体制和基本制度，对我国的环境治理起到了积极作用，避免了"产值翻番，污染也将翻番"的局面。此后，以《水污染防治法》为核心的法规、政策、标准相继制定。在全国环境保护会议上，环境保护被确立为我国的一项基本国策，同时提出环境保护"三大环境政策"和"八项管理制度"，水污染防治的法律体系和政策框架逐渐形成。

这一时期我国水环境保护工作在摸索中刚刚起步，对水污染防治的认识还不够全面，将工作重心主要放在治理工业污染源，忽视了对城市污水和流域区域污染源的治理。在工业污染源治理中，也仅要求工矿企业实施达标排放，由于我国环境监管能力较弱、排放标准不高，工矿企业的排放情况并不乐观，我国第一个环境保护十年规划目标没有实现。1988年，经对532条河流监测，有436条河流受到不同程度的污染，城市河段的水质污染更为严重且有逐年加重的趋势[64]。

（二）1992～2002年：污染形势加剧，国家启动规模化治理

20世纪90年代初，邓小平发表了南方谈话，我国逐步由计划经济向市场经济转轨，经济建设和改革开放掀起新一轮热潮。大量重化工产业沿河沿江布局对水环境造成的压力不断加大，水环境污染由20世纪80年代的局部恶化走向全面恶化，"有河皆污，有水皆脏"是90年代初期水环境的真实写照。

面对恶劣的水污染状况，国家开始在流域层面启动大规模治污。1995年，国务院出台《淮河流域水污染防治暂行条例》，这是我国第一部流域污染控制法规，淮河流域污染防治也成为我国水污染规模化治理的开山之作。1996年，重点流域水污染防治规划制度被首次修订的《水污染防治法》明确规定。国家"九五"计划将淮河、海河、辽河、太湖、巢湖、滇池确定为国家的重点流域，各流域水污染防治计划陆续被国务院批复，自此大规模的流域治污工作全面展开。为实现水污染治理目标，我国提出环境质量管理目标责任制和推进"双达标"，即污染物排放总量控制、工业污染源达标排放、空气和地表水环境质量按功能区达标。其中，落实污染物排放总量控制制度大幅减少了工业污染源的排放，对遏制水环境质量的恶化趋势起到了重要的作用。

随着可持续发展战略的确立，我国对水污染的认识有了极大提高，水污染防治修法立法进程明显加速。1996年，《水污染防治法》进行了第一次修订，明确规定按流域和区域进行水污染防治，并进一步强调对城市污水的集中处理和生活饮用水源的保护。在此期间，四川、陕西多地颁布地方水污染防治法规，畜禽、造纸等多个行业发布水污染物排放标准，水污染防治法律体系更加完善。但由于没有从宏观上理顺经济发展和环境保护之间的关系，总体上还处在"重经济增长、轻环境保护"的状态，使得水污染防治效果大打折扣，"九五"计划制定的水污染防治目标没能如期实现。虽然全国地表水水质有所改善，一些重点流域、区域劣

Ⅴ类水体比例有所下降，但我国水环境质量未见根本好转，水污染防治任务依然任重道远。

(三)2002～2012 年：污染明显改善，治理能力进一步提升

经过长期谈判，我国于 2001 年加入世界贸易组织，社会经济开始了新一轮迅猛发展。由于积极承接国际产业转移，各地纷纷上马钢铁、水泥等重化工项目，致使能源消耗量和污染物排放量持续上升。2006 年，我国部分污染物排放总量达到了历史最高点，水污染防治面临巨大挑战。党的十六大以来，以胡锦涛同志为总书记的党中央提出了科学发展观，强调要把环境保护摆在更重要的战略位置，促进人和社会的全面发展，有力地推动了水污染防治工作。

在科学发展观指引下，我国水环境治理制度和治理体系不断完善，流域水污染防治工作取得显著成效。"十一五"期间，我国将污染物排放总量作为社会发展的约束性指标，纳入国家"十一五"规划纲要，并建立了严格的考核制度。2010年，"十一五"规划主要污染物排放减少目标如期实现，其中化学需氧量、二氧化硫两项指标超额完成规划目标，扭转了主要污染物排放总量大幅上升的趋势。随着《水污染防治法》再次修订，水污染防治的制度和措施进一步完善。本次修订将强化地方政府责任、加强饮用水水源地保护、加大环境违法的处罚力度放到突出重要的地位，使我国的水污染防治法立法乃至整个环境立法都有新的发展。此外，流域水污染防治规划实施情况的考核体系也逐步完善。在多次总结和评估淮河流域治理的基础上，国务院颁布了《重点流域水污染防治专项规划实施情况考核暂行办法》，流域规划实施情况的评估与考核正式进入制度化阶段。十年间，我国环境保护治理投入不断增加，2010 年投入总额占当年 GDP 的 1.66%，为水污染治理提供了有力的财政支持。2002～2012 年，全国流域水质改善明显，Ⅰ～Ⅲ类水体比例由 29.1%上升至 69.8%，劣Ⅴ类水体比例下降 30%[65]。

改革开放 30 年，我国水污染防治事业在艰难曲折中前行。经历了水污染治理逐渐起步、治理过程拉锯相持到流域水质明显改善，我国对水污染防治的认识不断提高。党的十七大首次提出"建设生态文明"的重大命题，并将其作为全面建设小康社会的新要求，为习近平生态文明思想的形成奠定了基础。作为生态文明建设的重要内容，水污染全面治理掀起了新的历史篇章。

三、生态文明新时代，打赢碧水保卫战迎来历史机遇

(一)实施生态文明战略，宏观布局推进碧水保卫战

十八大以来，党中央把生态文明建设纳入中国特色社会主义事业"五位一体"的总体布局中，上升到了前所未有的战略高度。在大力推进生态文明建设进程中，

习近平总书记高度重视水污染防治工作，多次强调要大力增强水忧患意识、水危机意识，重视解决好水安全问题。2018 年，中央财经委员会提出的打好污染防治攻坚战的七大标志性战役，其中五场战役都与水污染防治密切相关，体现了党中央全面实施水污染治理的决心。

近年来，国家出台一系列水环境保护政策(表 7-12)，打好碧水保卫战的宏观布局逐步形成。2015 年，国务院出台《水污染防治计划》(以下简称《水十条》)，碧水保卫战全面打响。《水十条》描绘了我国水污染防治的路线图，即"到 2030 年力争全国水环境质量总体改善，到 21 世纪中叶生态环境质量全面改善，生态系统实现良性循环的治理目标。"它最大的亮点是以改善水环境质量为目标，系统推进了水污染防治、水生态保护和水资源管理"三水"统筹的水环境管理体系，打破了"见污治污"的传统水污染治理模式，为健全污染防治新机制做出了突破性探索。《水十条》是全国水污染防治的重大战略部署，也是现在及以后相当长时期我国水污染防治的行动纲领。实施以来，全国各省市纷纷公布本地区水污染防治计划，国务院也与各省市政府签订水污染防治目标责任书，《水十条》的各项治理措施有序推进。为进一步落实《水十条》关于流域水环境保护要求，环境保护部等三部委联合印发《重点流域水污染防治 规划(2016—2020 年)》(以下简称"十三五"规划)。不同于往期规划仅以流域为单一对象，"十三五"规划以山水林田湖为生命共同体，从全局角度统筹地表与地下、陆地与海洋、大江大河和小沟小汊，规划范围第一次覆盖全国国土面积。"十三五"规划还进一步完善了流域分区管理体系，大幅增加控制单元和考核断面，为流域水环境的改善奠定了坚实的基础。

此外，水污染防治法律体系的进一步完善，为国家政策的有效实施提供了制度保障。2014 年《环境保护法》进行首次修订，其规定的划定生态红线、扩大公益诉讼主体、按日加罚无上限等制度，对水污染防治政策的落实具有十分重要的意义。之后修订的《水污染防治法》，更是在强化地方政府责任、推行排污许可、保障饮用水安全等方面与《水十条》有机衔接，使水污染防治责任更加明确，重点更加突出，为全面推进碧水保卫战提供了强大助力。

表 7-12　近年来出台的主要水环境保护政策

序号	颁布时间	名称	发布单位
1	2015 年 2 月 17 日	《到 2020 年化肥使用量零增长行动方案》	农业部
2	2015 年 4 月 13 日	《关于打好农业面源污染防治攻坚战实施意见》	农业部
3	2015 年 4 月 16 日	《水污染防治计划》	国务院
4	2016 年 12 月 20 日	《关于加快建立流域上下游横向生态保护补偿机制的指导意见》	财政部
5	2016 年 12 月 31 日	《"十三五"全国城镇污水处理及再生利用设施建设规划》	国家发展和改革委员会
6	2017 年 10 月 19 日	《重点流域水污染防治规划(2016—2020 年)》	环境保护部

序号	颁布时间	名称	发布单位
7	2018 年 11 月 30 日	《渤海综合治理攻坚战行动计划》	生态环境部
8	2018 年 12 月 31 日	《长江保护修复攻坚战行动计划》	生态环境部
9	2019 年 3 月 28 日	《地下水污染防治实施方案》	生态环境部
10	2019 年 4 月 29 日	《城镇污水处理提质增效三年行动方案》	住房和城乡建设部
11	2019 年 9 月 30 日	《城市黑臭水体治理攻坚战实施方案》	住房和城乡建设部

(二)多措并举综合治理，合力破解水污染治理难题

十八大以来，我国多举措全方位推进水污染防治，打出碧水保卫战组合拳。在污染源治理方面，国家全面加强工业污染源排放的排查和监管，不断提升生活污染源的处理能力，进一步减少农业污染源。截至 2018 年底，全国 97.8% 的省级及以上工业集聚区建成污水集中处理设施并安装自动在线监控装置，城市和县城累计建成污水处理厂 4332 座，城市污水处理率达到 94.7%[66]。化肥农药施用量更是提前三年实现零增长，农业污染源治理效果显著。在完善流域治理方面，国务院积极推动建立区域协调机制和水环境生态保护补偿机制，河南、安徽、陕西等近 20 个省建立了行政区域内或跨行政区域的生态保护补偿机制，水生态管理能力明显提升。在完善法规标准方面，各地方积极出台或修订本地区水污染防治条例和防治标准，落实《水污染防治法》的相关规定。2018 年以来，上海、海南等 11 个省(区、市)共制修订 18 项地方水污染物排放标准，为推进水污染治理奠定了基础。此外，国家进一步加强水环境质量监测网络建设，水环境监测和污染物排放监测网络进一步完备，其中全国重点污染源监测数据管理系统对超过 2 万家企业实现统一平台管理。

为破解流域水污染治理难题，我国全面推行河长制。河长制源于江苏省无锡市应对"太湖蓝藻事件"的积极探索，由于该制度能够有效地实现水环境污染的预防和治理，多个省市纷纷效法江苏并结合本地实际进行尝试。2017 年最新修订的《水污染防治法》明确规定：各级党政负责人组织领导本行政区域内的水污染防治与治理工作，河长制管理模式正式入法。河长制具有鲜明的中国特色，充分发挥了我国党政体制在协调方面的优势，是我国流域区域水环境管理和保护的重大制度创新。目前，全国 31 个省依法建立了河长制，明确省市县乡村五级河长120 多万名。"古有大禹治水，今有河长治河"，"河长制"有效实现了水环境行政管理权力的集中和统一，突破了流域管理权责不明、各部门相互推诿的"九龙治水"困境。另外，在 2018 年机构改革中，生态环境部整合了原来分散于各部委的生态环境保护职能，并在七大流域设立生态环境监督管理局，实现了水生态环境领域地上和地下、岸上和水里、陆地和海洋、城市和农村的统一监管，为进一

步消除"九龙治水"提供了重要机遇。

在推进水污染防治过程中,我国治理体系日益成熟,治理能力显著提升,已经具备打好碧水保卫战,还给老百姓一个清水绿岸、鱼翔浅底景象的条件和能力。

(三)严格落实治理责任,确保水环境质量持续改善

随着水环境治理政策的大量颁布和实施,严格落实治理责任就成为保障水环境持续改善的关键。2016年,环境保护部发布《水十条》实施情况考核规定,确立了以水环境质量改善为核心、兼水污染防治工作的考核思路,并将考核结果作为各地领导干部考核的重要依据。根据2017年考核结果,全国31个省均完成年度考核任务[67]。近年来,我国开创性地建立了一批关于落实生态文明建设责任的重大制度,如领导干部自然资源资产离任审计制度、领导干部生态环境损害责任终身追究制度、环境保护督察制度,这些制度健全了我国生态文明建设的责任体系,也为压实水环境保护和水污染防治提供了重大制度保障。2018年,中央环保督察实现全国31个省全覆盖,首轮问责党政干部1.8万人,有效地推动了生态环境质量改善。

为了发挥法律责任在水污染防治中的刚性约束作用,全国人大常委会在2019年启动水污染防治法执法检查。除了深入8个省份进行实地检查外,全国人大常委会还委托23个省区市人大常委会在本行政区域内进行自查,并首次听取受委托地方汇报自查情况。此次执法检查中,引入第三方对法律实施情况和效果开展评估,是全国人大常委会的一次重大创新,大大提高了人大监督的客观性、科学性和权威性。在最严格的制度和最严密的法治保障下,全国水环境质量总体上持续改善,见表7-13。2019年,1931个国家地表水评价考核断面中,水质优良(Ⅰ~Ⅲ类)断面比例为74.9%,比2018年提高3.9%;劣Ⅴ类断面比例为3.4%,比2018年下降3.3%[68]。另外,各大流域干流水质逐步改善,湖泊水库水质稳中向好,部分指标提前实现《水十条》预期目标。

表7-13 近年来全国水环境状况

时间	全国地表水质			流域断面水质		
	Ⅰ~Ⅲ类	Ⅳ~Ⅴ类	劣Ⅴ类	Ⅰ~Ⅲ类比例	Ⅳ~Ⅴ类	劣Ⅴ类
2015年	64.0%	26.7%	8.8%	72.1%	19.0%	8.9%
2016年	67.8%	23.7%	8.6%	71.2%	19.7%	9.1%
2017年	67.9%	23.8%	8.3%	71.8%	19.8%	8.4%
2018年	71.0%	22.3%	6.7%	74.3%	19.9%	6.9%
2019年	74.9%	21.7%	3.4%	79.1%	17.9%	3.0%

　　改革开放以来，我国从环保意识开始萌芽到提出生态文明战略，生态环境保护意识逐渐提高深化，水环境治理体系不断完善。进入生态文明新时代，党中央正确处理经济高质量发展和生态环境保护的关系，集中出台大量政策措施治理水污染改善水环境，充分发挥了我国的政治优势和制度优势，碧水保卫取得阶段性成果。40 多年来水环境保护取得的成就表明，我国有能力有条件走出一条全新的、人与自然和谐共生的绿色发展道路，为世界各国提供了生态文明建设的"中国样本"。

参 考 文 献

[1] 郭艳. 珍惜日益缺乏的水资源[J]. 资源再生, 2020 (3): 70-72

[2] 水污染[EB/OL]. https://wenku.baidu.com/view/8b02e4c80c22590102029d08.html,[2020-7-25]

[3] 天然的性质和组成. https://baidu.com/view/cd7d8f869fc3d5bbfd0a79563c1ec5da50e2d6e9.html,[2020-7-25]

[4] 黎礼丽, 朱伯和, 黄静文等. 水分子结构及其应用研究综述[J]. 农业与技术, 2019, 39 (16): 50-51

[5] 天然水的组成和性质[EB/OL]. https://wenku.baidu.com/view/9fb3d9ad89eb172dec63b706.html,[2020-7-25]

[6] 张倩, 李孟. 水环境化学[M]. 北京: 中国建材工业出版社, 2018. 5

[7] 水质硬度[EB/OL]. https://baike.baidu.com/item/%E6%B0%B4%E8%B4%A8%E7%A1%AC%E5%BA%A6/22196588? fr= aladdin,[2020-7-27]

[8] 水质污染, 触目惊心[EB/OL]. http://www.jsjuyue.com/html/shuizhishi/88.html,[2020-7-25]

[9] 中华人民共和国生态环境部. 2019 中国生态环境状况公报[EB/OL]. https://www.mee.gov.cn/hjzl/,[2019-7-27]

[10] 高荣伟. 我国水资源污染现状及对策分析[J]. 资源与人居环境, 2018 (11): 45-51

[11] 恐慌, 水污染的现状你看到了吗? 严重的水污染绝对让你触目惊心[EB/OL]. https://www.sohu.com/a/233402040_100149770,[2020-7-28]

[12] 孙华杰. 我国水污染的主要成因及防治对策[J]. 环境与发展, 2019 (9): 57-58

[13] 周弘蝶. 湖泊水库水体污染控制措施分析[J]. 环境与发展, 2018 (2): 47-48

[14] 程建美. 基于城市水污染现状及其治理对策研究[J]. 节能环保, 2020 (5): 33-34

[15] 工业废水排放量居高不下膜法水处理应用大显身手[EB/OL]. http://huanbao.bjx.com.cn/news/20191231/1032932. shtml,[2020-7-28]

[16] 2015 年环境统计年报[EB/OL]. https://www.mee.gov.cn/hjzl/sthjzk/sthjtjnb/index.shtml,[2020-7-28]

[17] 工业废水[EB/OL]. https://baike.baidu.com/item/%E6%B0%B4%E8%B4%A8%E5%8F%82%E6%95%B0/4719529?fr= aladdin,[2020-7-29]

[18] 2019 年中国污水治理行业进入快速成长期城镇生活污水占比逐年升高[EB/OL]. http://market.chinabaogao.com/ gonggongfuwu/12314H3962019.html,[2020-7-29]

[19] 水体污染物[EB/OL]. https://baike.baidu.com/item/%E6%B0%B4%E4%BD%93%E6%B1%A1%E6%9F%93%E7%89%A9/7053906?fr=aladdin,[2020-7-29]

[20] 周文敏, 傅德黔, 孙宗光. 水中优先控制污染物黑名单[J]. 中国环境监测, 1990, 6 (4): 1-3

[21] 胡丽娜. 水体中的主要污染物及其危害[J]. 环境科学管理, 2008, 33 (10): 62-63

[22] 赵辉. 水中污染物对人体的危害[J]. 科技信息, 2009 (31): 377-378

[23] 戴树桂. 环境化学[M]. 第二版. 北京: 高等教育出版社, 2006

[24] 王凤英, 曹月萍, 邬学清. 水中主要污染物及其危害[J]. 集宁师专学报, 2005, 27 (4): 80-81

[25] 戴华, 郑相宇, 卢开聪. 铊污染的危害特性及防治[J]. 广东化工, 2011, 38(7): 108-109

[26] 水体自净[EB/OL]. https://baike.baidu.com/item/%E6%B0%B4%E4%BD%93%E8%87%AA%E5%87%80/3742911?fr=aladdin,[2020-7-31]

[27] 污水处理基本方法[EB/OL]. https://wenku.baidu.com/view/32eb75284b73f242336c5f93.html,[2020-7-31]

[28] 污水处理基本方法[EB/OL]. http://www.jinshan.com/cjwt/70.html,[2020-7-31]

[29] 李好祥. 水污染的危害与防治措施[J]. 应用化工, 2014, 43(4): 729-731, 742

[30] 贺志远. 环境保护中水污染的治理策略探讨[J]. 环境与发展, 2020(1): 84-85

[31] 温关常. 水污染的危害与防治措施探讨[J]. 节能, 2019(8): 18-19

[32] 邢景敏, 张后辉. 城市生活污水治理问题及对策探析[J]. 环境与发展, 2019(7): 52, 54

[33] 英格耶德·罗斯博里. 饮用水矿物质及其平衡: 重要性、健康意义安全措施[M]. 段丽萍, 杨海波, 贺添, 等译. 北京: 科学技术文献出版社, 2017

[34] 张瑞娜, 曾彤, 赵由才. 饮用水安全与人们的生活: 保护生命之源[M]. 北京: 冶金工业出版社, 2012

[35] 饮用水分类及功能[EB/OL]. https://wenku.baidu.com/view/49828e44b4daa58da1114a08.html,[2020-8-3]

[36] 金银龙, 鄂学礼, 张岚. 我国饮用水安全现状[EB/OL]. https://wenku.baidu.com/view/d0bc9eb60a1c59eef8c75fbfc77da26924c59636.html,[2020-8-5]

[37] 邓沐平. 我国农村饮水安全存在的问题及其对策[J]. 安徽农业科学, 2011, 39(12): 7496-7498

[38] 王丹, 郝俊峰, 刘晓利. 农村生活饮用水微生物污染状况调查[J]. 健康大视野, 2020(6): 265, 267

[39] 周敏. 饮用水氯化消毒副产物对人体健康的影响[J]. 职业与健康, 2010, 26(23): 2866-2867

[40] 常晨. 简析饮用水安全消毒技术[J]. 甘肃科技纵横, 2020, 49(1): 37-39

[41] 生活饮用水五大安全指标[EB/OL]. https://www.docin.com/p-726467513.html,[2020-8-6]

[42] GB 5749—2006 生活饮用水卫生标准[EB/OL]. http://www.biaozhun8.cn/biaozhun6385/,[2020-8-6]

[43] 水质超标对人体的危害[EB/OL]. https://wenku.baidu.com/view/789d01fd65ce05087732132b.html, [2020-8-7]

[44] 王梦悦. 强化常规水处理工艺的方法及效果[J]. 创新科技, 2014(18): 109

[45] 关玥, 孔海南, 张树栋等. 居民饮用水安全研究进展[J]. 环境工程, 2018, 36(4): 18-20

[46] 臭氧生物活性炭技术[EB/OL]. https://wenku.baidu.com/view/539b4f9776232f60ddccda38376baf1ffd4fe3e8.html, [2020-8-8]

[47] 柯胜. 膜分离技术在废水处理中的应用[J]. 上海环境科学, 2020, 39(2): 66-68

[48] 成芄荣, 周云超. 膜分离技术在饮用水处理中的应用综述[J]. 广州化工, 2020, 48(14): 25-30

[49] 吉立, 刘晶, 李志威, 潘保柱, 孙萌. 2011—2015年我国水污染事件及原因分析[J]. 生态与农村环境学报, 2017, 33(9): 775

[50] 肖筱瑜. 2012-2017年国内重大突发环境事件统计分析[J]. 广州化工, 2018, 46(15): 134

[51] 专家: 中国每年水污染造成经济损失2400亿元[EB/OL]. http://env.people.com.cn/n/2015/0304/c1010-26633791.html,[2020-08-17]

[52] 近年来我国环境群体性事件高发年均递增29%[EB/OL]. http://www.china.com.cn/news/2012-10/27/content_26920089_3.htm,[2020-08-18]

[53] 环境群体性事件的文献综述[EB/OL]. https://wenku.baidu.com/view/b9e5a2e1c67da26925c52cc58bd63186bceb92d0.html,[2020-8-18]

[54] 国家统计局: 1979—2018年我国经济年均增长9.4%[EB/OL]. https://www.sohu.com/a/324133028_255783,[2020-8-18]

[55] 2010年环境统计公报[EB/OL]. http://cn.chinagate.cn/reports/2012-09/17/content_26547783.htm,[2020-8-18]

[56] 2010 年环境统计年报[EB/OL]. http://www.mee.gov.cn/hjzl/sthjzk/sthjtjnb/201605/P020170821592888847295.pdf, [2020-8-18]

[57] 刘岸. 农村污水处理, 几未被开垦的处女地[J]. 中国战略新兴产业, 2014(Z1): 84-86

[58] 中国化肥用量超世界总量30% 1600 万公顷耕地严重污染[EB/OL]. http://finance.ifeng.com/news/industry/20120313/ 5737796.shtml,[2020-8-19]

[59] 年产畜禽粪污 38 亿吨中国首发文件指导养殖治污[EB/OL]. http://www.chinanews.com/gn/2017/06-14/8250881. shtml,[2020-8-19]

[60] 于康震. 努力实现现代畜牧业建设和畜禽规模养殖污染治理的"双赢"[J]. 中国猪业, 2015(11): 9-10

[61] 重点流域水污染防治规划(2016-2020 年)[EB/OL]. http://www.mee.gov.cn/gkml/hbb/bwj/201710/t20171027_ 424176.htm,[2020-8-20]

[62] 曹新富, 周建国. 河长制促进流域良治: 何以可能与何以可为[J]. 江海学刊, 2019(6): 140

[63] 2014 年中国环境状况公报[EB/OL]. http://www.mee.gov.cn/hjzl/sthjzk/zghjzkgb/201605/P020160526564730573906. pdf,[2020-8-21]

[64] 当前我国水污染仍很严重——王扬祖同志在第二次全国水污染防治工作会议上的讲话摘要[J]. 中国环境管理, 1989, 5(43): 1

[65] 2002 年、2012 年中国环境状况公报[EB/OL]. http://www.mee.gov.cn/hjzl/sthjzk/zghjzkgb/201605/P0201605265528 03668343.pdf, http://www.mee.gov.cn/hjzl/sthjzk/zghjzkgb/201605/P020160526563784290517.pdf,[2020-8-21]

[66] 栗战书. 全国人民代表大会常务委员会执法检查组关于检查《中华人民共和国水污染防治法》实施情况的报告——2019 年 8 月 23 日在第十三届全国人民代表大会常务委员会第十二次会议上[J]. 中国人大, 2019(19): 23-29

[67] 陈凯. 环境部公布 2017 年度"水十条"考核结果[J]. 水处理技术, 2018, 44(12): 120

[68] 2019 年中国环境状况公报[EB/OL]. http://www.mee.gov.cn/hjzl/zghjzkgb/lnzghjzkgb/202006/P020200625094641 72096. pdf,[2021-3-21]

第八章　化学与土壤环境安全

"万物土中生"——土壤，植物生长的土地，人类生存的基本自然资源，养育着我们地球上的生灵万物。然而，随着经济和社会的发展，土壤正在承受着固体废弃物的堆放和倾倒、有害废水的渗透、大气中有害气体和飘尘的沉降，农药和化肥的施用，它们赐予土壤的有毒重金属和有机物等使土壤结构被严重破坏，土壤环境安全受到挑战，不仅影响着农作物的产量和品质，还严重威胁着人类生命的健康与安全。

第一节　土壤及土壤污染

一、土壤的组成

土壤又称土壤圈，是地球陆地表面由矿物质、有机物质、水、空气和生物组成，具有肥力，能生长植物的疏松表层，厚度一般在 2 m 左右。土壤圈是联系地球大气圈、生物圈、水圈、岩石圈的枢纽，维系着人类和地球生态系统的可持续发展，是人类赖以生存的重要自然资源。

土壤是由固、液、气组成的三相多孔体系，基本物质组成如图 8-1 所示。矿物质和有机质组成的固体土粒是土壤的主体，约占土壤体积的 50%，固体颗粒间的孔隙由气体和水分占据，三相物质的比例因土壤的种类而异。

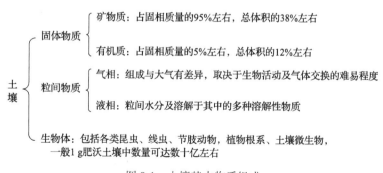

图 8-1　土壤基本物质组成

（一）土壤矿物质

土壤矿物质是土壤固相部分的主体，构成土壤的"骨架"。一般占土壤固相总质量的95%左右，影响着土壤的物理、化学性质和元素的迁移、转化过程。

　　土壤矿物的来源是原生矿物和次生矿物。原生矿物是在风化过程中没有改变化学组成而遗留在土壤中的一类矿物，以硅酸盐和铝酸盐为主。原生矿物经过化学风化，组成和化学性质发生改变形成的新生矿物称为次生矿物。次生矿物以黏土矿物为主，同时也包括结晶层状硅酸盐矿物以及 Si、Al、Fe 氧化物及其水合物。原生矿物和次生矿物相互搭配，构成了土壤中不同粒径及组成的组分，共同决定了土壤的粒级、结构及基本性质。

　　土壤矿物质部分的化学组成以 SiO_2、Al_2O_3、Fe_2O_3、FeO、CaO、MgO 等含量较多。其中 SiO_2 含量最多，Al_2O_3 次之，Fe_2O_3 再次之，三者之和常占化学组成总量的25%以上。表 8-1 列出了我国表层土壤中主要化学组成。

表 8-1　我国表层土壤的主要化学组成[1]

成分	土壤中一般含量/%	
	范围	我国八个土壤样品的平均值
SiO_2	35～90	64.17
Al_2O_3	5～30	12.86
Fe_2O_3	1～20	6.58
CaO	0.10～5.00	1.17
MgO	0.20～2.50	0.91
K_2O	0.20～4.00	0.95
Na_2O	—	0.58
P_2O_5	0.02～0.40	0.11
SO_3	0.02～0.50	—
TiO_2	0.02～2.00	1.25
N	0.02～0.80	—
微量元素*	极微	

＊微量元素包括 B、Cu、Zn、Mn 等，其中除 Mn 外，含量均小于 0.005%。

　　土壤的元素组成非常复杂，几乎包含地壳中的所有元素，如表 8-2 所示。其中氧、硅、铝、铁、钙、镁、钠、钾、碳、钛 10 种元素占土壤矿物质总量的 99%以上，这些元素中以氧、硅、铝、铁四种元素含量最多，植物所必需的营养元素含量低且分布不均匀。

表 8-2　地壳和土壤的平均元素组成(质量分数)[2]

元素	地壳	土壤	元素	地壳	土壤
O	47.0	49.0	Mn	0.10	0.085
Si	29.0	33.0	P	0.093	0.08
Al	8.05	7.13	S	0.09	0.085
Fe	4.65	3.80	C	0.023	2.0
Ca	2.96	1.37	Cu	0.01	0.1
Na	2.50	1.67	Zn	0.005	0.005
K	2.50	1.36	B	0.003	0.001
Mg	1.37	0.60	Mo	0.003	0.0003

(二)土壤有机质

土壤有机质是指以各种形态存在于土壤中的所有含碳的有机物质。它是土壤固相的重要组成成分之一,一般占土壤总量的 5%左右。土壤有机质是土壤发育过程的重要标志,对土壤的性质影响重大。

土壤有机质主要来源于动植物和微生物的残体,此外还有人工施入的各种有机肥料、农药和进入土壤环境的有机污染物。土壤有机质按其分解程度可以分为新鲜有机质、半分解有机质和腐殖质,其中腐殖质是指有机质经过微生物分解转化所形成的褐色或暗褐色的大分子胶体物质,占土壤有机质总量的 85%~90%。腐殖质的化学组成非常复杂,通常为胡敏酸、富里酸和胡敏素三个组分。非腐殖质的化学组成主要有多糖、木质素、蛋白质、酚类、脂肪酸类、烷烃类、芳香类、多环芳烃和萜烯类等物质[3]。

土壤有机质除了对土壤肥力有决定性影响外,对重金属及农药等各种无机、有机污染物在土壤中的迁移转化过程有重要的影响,而且土壤有机质是全球碳循环的重要组成部分,对全球碳平衡起着重要的作用,是影响温室效应的重要因素之一[4]。

(三)土壤水分

土壤水参与土壤中的物理、化学和生物过程,使土壤中的许多无机离子、有机物质溶解在其中。因此,土壤水实际上是溶质复杂的土壤水溶液。土壤水也是自然界水循环的一个环节,处于不断地变化和运动,势必影响作物的生长和土壤中各种物质的迁移转化。

土壤水是指在一个大气压下,在 105℃下能从土壤中分离出来的水。存在于土壤孔隙中的水分受力不同,存在状态也不同,大致可以分为如下几种类型,如图 8-2 所示。

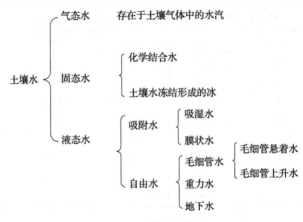

图 8-2　土壤水分构成

干土借土壤吸附力从空气中吸着水汽所保持的水称为吸湿水。土壤中吸湿水的多少取决于土壤颗粒表面积大小和空气的相对湿度。这种水不能被植物利用，称之为束缚水。

吸足了吸湿水后的土粒，还可吸引一部分液态水成水膜状附着在土粒表面，称为膜状水。植物可以利用此水，但是这种水的移动非常缓慢，不能及时供给植物生长需要，植物可利用的数量很少。

毛细管水主要是土壤中毛细管力吸持的结果。根据土层中地下水与毛细管水是否相连，又分为毛细管悬着水和毛细管上升水两种。毛细管水属于土壤自由水，可在土壤中自由移动。

降水或灌溉后，靠重力作用向下移动的水，称为重力水。植物能完全吸收重力水，但是重力水流失很快，利用率很低。

地下水是所有地面以下，赋存于土壤和岩石空隙中的水。地下水具有水质好、分布广、便于开采，是生活饮用水、工农业生产用水的重要水源。

(四) 土壤空气

土壤空气是土壤的重要组成之一。对土壤微生物活动、营养物质和土壤污染物的转化以及植物的生长发育都有重要的作用。

土壤空气以自由态存在于未被水分占据的土壤孔隙中，主要来源于大气和土壤中的化学和生物过程。其组成和大气相似，差别体现在 O_2 和 CO_2 的含量上，如表 8-3 所示。由于土壤生物的呼吸作用和有机质的分解等原因，土壤空气中 CO_2 的含量约为大气中的 $5\sim20$ 倍，而氧气含量比大气低。土壤空气中水汽含量远高于大气中的含量，并常含有少量还原性气体，如 CH_4、H_2S、H_2 等。在某些情况下还有可能含有 PH_3 和 CS_2 等气体。土壤空气的组成，不仅因土壤本身的特性、施肥情况、耕作栽培措施等不同，也因季节气候、土壤水分条件、土层深度等而异，处在变化之中。

表 8-3 土壤空气与大气组成的比较[2]

种类	O_2/%	CO_2/%	N_2/%	其他气体/%
近地大气组成	20.94	0.03	78.05	0.98
土壤空气组成	18.00~20.03	0.15~0.65	78.80~80.24	0.98

土壤空气和土壤水分同时存在于土壤孔隙中，在孔隙度相同的情况下，土壤水分和空气存在此消彼长的关系。调节好土壤水、土壤空气的矛盾，是提高土壤肥力的重要措施。

(五)土壤生物

土壤生物主要包括土壤中的微生物、动物和植物。土壤是地球上生物多样性最丰富的生境。土壤生物种类繁多，数量巨大。土壤微生物是指生活在土壤中借用光学显微镜才能看到的微小生物，如细菌、放线菌、真菌、藻类等。不同土壤中微生物类群的组成比例略有不同，与土壤类型、微生物性质及种植的植物有关。据估计，1 g 土壤中生存着多达上十亿个微生物个体。一般认为土壤细菌数量占微生物总数的80%~84%，真菌占8%~11%，放线菌占8%~10%[5]。土壤动物指长期或一生中大部分时间生活在土壤或地表凋落物层中的动物，如原生动物、土壤线虫、蚯蚓等。一般是根据体宽把它们分成小型(平均体宽小于0.1 mm 或 0.2 mm，比如原生动物和线虫)、中型(平均体宽在0.1 mm 或 0.2~2 mm 之间，比如跳虫和螨类)、大型(平均体宽大于2 mm，比如蚯蚓和多足类土壤动物)和巨型土壤动物(平均体宽大于2 cm，比如鼹鼠)。土壤动物在土壤中的分布极不均匀，一般每平方米土壤中一般大型动物几十到几百，中型动物几万到几十万，小型动物在1 g土壤中就高达几十万个之多[6]。

土壤生物在土壤形成、发育、土壤结构和肥力保持以及高等植物生长方面起着重要的作用。土壤生物在自然生态系统中扮演着消费者和分解者的角色，对环境污染物起着天然的"过滤"和"净化"作用，在全球物质循环和能量流动中发挥着不可替代的作用。根据土壤动物的物种组成和生存密度随着环境的变化而改变的特性，可以把土壤动物物种组成和生存密度的变化作为土壤污染监测的手段。此外土壤动物(尤其是蚯蚓)能够对退化的土壤起到恢复健康的作用，是污染土壤生物修复过程中的功能主体[7]。

(六)土壤中元素的背景含量

土壤是矿物、岩石经由风化作用和成土作用形成的物质，自然土壤的化学组成与岩石圈的化学组成有着天然的密切联系。因此，几乎每种元素在土壤中都存在背景含量，即土壤的元素背景值。

土壤的环境背景值是指在未受污染的条件下，土壤中各元素和化合物特别是有毒物质的含量。土壤环境背景值是评价土壤环境质量，特别是评价土壤污染状况、研究土壤环境容量、制定土壤环境标准和确定土壤污染防治措施所必需的基本依据。

二、土壤污染概述

土壤环境是一个开放的生态系统，它不断地与外界环境进行着物质和能量的交换。外界的物质和能量在土体中的迁移、转化和积累，在自然条件下，处于一个动态平衡状态。但是，随着我国人口快速增长和经济高速发展，人类生产生活中产生的各种污染物通过不同的途径源源不断进入土壤中，破坏了土壤的自然生态平衡，造成了土壤污染。近年来，我国部分地区土壤污染严重，土壤环境质量堪忧。2014 年 4 月，国家环境保护部和国土资源部公布的《全国土壤污染状况调查公报》显示：在实际调查的 630 万平方公里的国土中，土壤总的超标率为 16.1%，其中耕地土壤、林地土壤、草地土壤和未利用地土壤的点位超标率分别为 19.4%、10.0%、10.4%和 11.4%。土壤主要污染物为镉、镍、铜、砷、汞、铅等重金属和滴滴涕、多环芳烃等，无机污染物超标点位数占全部超标点位数的 82.8%。长江三角洲、珠江三角洲、东北老工业基地等部分区域土壤污染问题较为突出[8,9]。

土壤污染影响土壤的结构和性质，危害水环境、植物的生长发育和人体健康。以湖南株洲等地的"镉大米"、甘肃徽县等地的"血铅"事件为代表的食品安全和群体性事件逐年增加，土壤污染严重危害了粮食安全、人体健康和社会稳定，成为阻碍我国经济社会可持续发展的重大障碍之一。

阅读链接：世界土壤日（摘自：http://www.fao.org/world-soil-day/about-wsd/zh/）

每年 12 月 5 日为世界土壤日，意在让人们意识健康土壤的重要性和提倡可持续的土地资源管理。

2012 年泰国曼谷第十七届世界土壤学大会，国际土壤科学联合会理事会提议将每年的 12 月 5 日作为世界土壤日。在泰国的带领下并在全球土壤伙伴计划的框架之内，联合国粮农组织支持正式设立世界土壤日作为一个提升全球认识的平台。2013 年 6 月举行的联合国粮农组织大会一致赞同设立世界土壤日并请求在第 68 届联合国大会上正式采纳。2013 年 12 月联合国大会设定 2014 年 12 月 5 日为第一个正式的世界土壤日。

（一）土壤污染的概念

由于土壤污染及治理起步较晚，其污染过程、修复机理等均存在许多尚待解决的科学技术问题。土壤污染到目前还没有定义。《中华人民共和国土壤污染防治法》中的土壤污染是指因人为因素导致某种物质进入陆地表层土壤，引起土壤化学、物理、生物等方面特性的改变，影响土壤功能和有效利用，危害公众健康或者破坏生态环境的现象。

知识拓展：土壤自净（摘自：**https://baike.baidu.com/item/%E5%9C%9F%E5%A3%A4%E8%87%AA%E5%87%80/8937284?fr=aladdin**）

土壤本身具有强大的自净能力，只有当进入土壤的污染物超过土壤的自净能力，或污染物在土壤中的积累量超过土壤基准量时才能被称为污染。土壤的自净作用是指在自然因素作用下，通过土壤自身作用使污染物的数量、浓度或形态发生变化，其活性、毒性降低的过程。按照不同的作用机理，土壤自净可划分为物理净化作用、物理化学净化作用、化学净化作用和生物净化作用。

物理净化作用：土壤的物理净化是指利用土壤多相、疏松、多孔的特点，通过吸附、挥发和稀释等物理作用过程使土壤污染物趋于稳定，毒性或活性减小，甚至排出土壤的过程。物理过程只是将污染物分散、稀释和转移，并没有将它们降解消除，所以物理净化过程不能降低污染物总量，有可能会使其他环境介质受到污染。

物理化学净化作用：土壤的物理化学净化是指污染物的阳离子和阴离子与土壤胶体上原来吸附的阳离子和阴离子之间发生离子交换吸附作用。物理化学净化作用只能使污染物在土壤溶液中的离子浓（活）度降低，相对地减轻危害，而并没有从根本上消除土壤环境中的污染物。此外，经交换吸附到土壤胶体上的污染物离子，还可以被其他相对交换能力更大的，或浓度较大的其他离子交换下来，重新转移到土壤溶液中去，又恢复原来的毒性、活性。所以说，物理化学净化作用只是暂时的、不稳定的。同时，对土壤本身来说，则是污染物在土壤环境中的积累过程，长期不断积累将产生严重的潜在威胁。

化学净化作用：污染物在土壤中发生的凝聚与沉淀反应、氧化还原反应、络合螯合反应、酸碱中和反应、同晶置换反应、水解、分解和化合反应、光化学氧化等化学反应，或者使污染物转化成难溶性、难解离性物质，使其危害程度和毒性减少，或者分解为无毒物质或营养物质，称为化学净化作用。

生物净化作用：土壤生物净化作用主要是指依靠土壤生物使土壤有机污染物发生分解或化合而转化的过程。土壤中大量微生物体内酶或胞外酶通过催化作用分解进入土壤中的有机污染物,将其转化为对生物无毒的残留物和二氧化碳。某些无机污染物也可以通过微生物的作用发生一系列的变化而降低活性和毒性。但是,微生物不能净化重金属,反而有可能使重金属在土壤中富集。生物净化作用是土壤环境自净的重要途径之一。

在通常情况下,土壤的净化能力取决于土壤物质组成及其特性,也与污染物的种类和性质有关。不同土壤对污染物的负荷量(或容量)不同,同一土壤对不同污染物的净化能力也不同。而且,土壤的净化速度比较缓慢,净化能力也是有限的,对于某些人工合成的有机农药、化学合成的某些产品以及一些重金属,土壤难以使之净化。因此,必须充分合理利用和保护土壤的自净作用。

(二)土壤污染的成因[10, 11]

土壤环境是一个开放体系。工矿企业、农业等人为活动和土壤高背景值(没有或很少受人类活动影响的土壤环境本身的化学元素组成及其含量)的自然条件是造成土壤污染的主要原因。

1. 工矿企业污染物的排放导致区域土壤污染

工矿企业生产活动排放的废水、废气和废渣等,是造成其周边土壤污染的主要原因。矿石冶炼过程中含重金属的粉尘和燃煤产生的含汞、铅、多环芳烃等污染物的废气的沉降造成周边土壤重金属污染;矿业废水和重污染化工企业排放的废水造成企业周边土壤污染;露天堆放和弃置的工业废渣通过风化和淋滤等作用,重金属被活化并逸散到周围环境中,进入土壤导致污染。

2. 农业生产活动导致耕地污染

工业或生活污水直接灌溉或使用受污染的江(河)水灌溉是造成耕地污染的主要原因之一。我国农田污水灌溉面积已超过 330 万公顷。化肥农药和农膜的使用是造成耕地污染的另一个主要原因。农药是土壤有机物污染的主要来源,20 世纪 80 年代就全面禁用的滴滴涕和六六六等有机氯农药目前土壤中还能够普遍检出,在有的地区还存在较高的残留。磷肥中含有一定量的重金属,长期使用磷肥是导致局部耕地镉污染的原因之一,我国通过施用磷肥带入农田土壤中的镉总量估计高达数百吨。农膜的使用会造成酞酸酯污染。

3. 城市垃圾不合理处置导致城镇周边污染

废旧电器和报废汽车含有铅、汞、镉、铬等重金属和多溴联苯、多溴联苯醚、石油烃等有机污染物,如果处理不当会对土壤环境造成污染。生活垃圾主要以堆放、填埋为主,导致大量有毒的物质通过渗滤液进入土壤和地下水中,造成周围土壤污染。

4. 汽车尾气排放导致交通干线两侧土壤污染

汽车尾气中含有铅、锌、镉、铜等重金属和石油烃等有机污染物，这些物质通过大气沉降造成公路两侧土壤的污染。

5. 自然背景值高等导致区域重金属污染

我国西南、中南地区分布着大面积的有色金属成矿带，镉、汞、砷、铅等元素的自然背景值较高，是西南、中南地区土壤重金属污染严重的主要原因之一。

(三)土壤污染的特点[12,13]

1. 隐蔽性和滞后性

大气污染闻得到，水污染看得到，而土壤污染潜藏在地下，很难被人们所察觉，是典型的"隐形杀手"。土壤污染的确定主要是通过它的产品农作物的残留检测，或者通过对人畜健康状况的影响研究。因此从土壤污染产生到发现通常需要很长的时间，具有明显的滞后性。

2. 累积性和地域性

土壤对污染物有吸附、固定作用，通常无机重金属和放射性元素与土壤有机质或矿物质结合，并不断地累积，导致含量超标而形成污染。不同地区污染物的来源和种类不同，使土壤污染具有较强的地域性。

3. 不可逆性和长期性

土壤一旦遭到污染在短期内很难恢复，无机重金属污染基本上是一个不可逆转的过程，许多有机化学物质的污染也需要几年、几十年甚至几百年的时间才能降解。也就是说土壤污染具有不可逆性和长期性。例如，我国于1983年停止使用六六六、滴滴涕，但至今仍然能从部分地区土壤中检出。

4. 难治理性

积累在土壤中的难降解污染物很难靠稀释和自净化作用来消除，依靠切断污染源的方法不能使土壤污染逆转，往往要通过土壤更换、土壤淋洗等方法才能解决问题，治理周期长且成本高。

第二节　土壤重金属污染危害及治理

我国土壤重金属污染问题比较严重。据文献报道[14]，我国每年因重金属污染而减少的粮食产量在1000多万吨，造成经济损失200多亿元。从2014年《全国土壤污染状况调查公报》的结果看，我国土壤污染以重金属污染为主，占全部超标点位的82.8%。西南、中南地区土壤重金属超标范围较大；镉、汞、砷、铅4种无机污染物含量分布呈现从西北到东南、从东北到西南方向逐渐升高的态势。重污染企业用地、工业废弃地和采矿区的土壤重金属污染的超标率分别达到 36.3%、34.9%和 33%。重金属污染物超标情况，如表 8-4 所示。

表 8-4　重金属污染物超标情况表

污染物类型	点位超标率/%	不同程度污染点位比例/%			
		轻微	轻度	中度	重度
镉	7.0	5.2	0.8	0.5	0.5
汞	1.6	1.2	0.2	0.1	0.1
砷	2.7	2.0	0.4	0.2	0.1
铜	2.1	1.6	0.3	0.15	0.05
铅	1.5	1.1	0.2	0.1	0.1
铬	1.1	0.9	0.15	0.04	0.01
锌	0.9	0.75	0.08	0.05	0.02
镍	4.8	3.9	0.5	0.3	0.1

从表 8-4 中可以看出，我国土壤重金属污染物超标情况：镉＞镍＞砷＞铜＞汞＞铅＞铬＞锌。说明我国土壤镉污染的情况最严重。例如，黄道友等对湖南 8个污染区 437 个土样的分析结果显示，镉含量超标 370 个，超标率 84.7%，8 个污染区镉污染的耕地面积为 1737.7 公顷。在 8 个污染区采集的 358 个稻谷样品中，镉含量超标的 330 个，占 92.2%[15]。

一、土壤重金属污染物及其对人体健康的危害

(一)土壤重金属污染物及其来源[16]

土壤污染物是指进入土壤并影响土壤正常性质、功能、作用，使土壤成分发生改变，降低农作物产量或质量并对人体健康产生危害的物质。按污染物的性质，可分为无机污染物、有机污染物、生物污染物和放射性污染物等四类。无机重金属污染物具有种类多，毒性强，难降解、残留时间长，来源广泛等特点，是主要的土壤污染物。

重金属通常是指相对密度大于 5.0 g/cm^3 的所有金属、类金属。目前有关研究中涉及的重金属或类金属元素达 40 多种，我国土壤环境质量农用地土壤污染风险管控标准(GB15618—2018)中规定的农用地风险筛选值的必测金属是镉(Cd)、汞(Hg)、砷(As)、铅(Pb)、铬(Cr)、铜(Cu)、镍(Ni)、锌(Zn)等 8 种元素，其中

前五种元素因其毒性大被称为"五毒元素"。

土壤中重金属污染物的来源十分复杂,常见主要污染物的来源如表 8-5 所示。

表 8-5 土壤中主要污染物的来源

污染物	主要来源
汞	烧碱、汞化合物生产等工业废水和污泥、含汞农药,汞蒸气,含汞物质挥发到空气中的大气沉降
镉	冶炼、电镀、染料等工业废水、污泥和废气,肥料杂质,采矿
铜	冶炼、铜制品生产等废水和污泥、废渣,采矿,含铜农药
锌	冶炼、镀锌、纺织、皮革等工业废水和污泥、废渣,含锌农药,磷肥
铅	油漆、颜料、冶炼等工业废水和污泥,汽车排放,含铅农药化肥
铬	冶炼、电镀、制革、印染等工业废水和污泥
镍	冶炼、电镀、炼油、燃料等工业废水和污泥,含镍电池生产
砷	硫酸、化肥、农药、医药、玻璃等工业废水、废气,含砷农药

(二)土壤重金属污染对人体健康的危害[17]

土壤重金属污染会使重金属在植物体中积累,并通过食物链富集到动物体,最后进入人体,并在人体中累积,对健康产生严重的危害。

1. 镉污染对健康的危害[18]

镉是人体非必需的有毒金属元素,而且蓄积性很强。土壤镉污染对人体健康的危害为慢性过程,镉在人体内的生物学半衰期可长达 10～30 年,对人体的肾脏、肝脏、骨骼、心脑血管、生殖系统等都有毒害作用。镉还有致癌作用,已被国际癌症研究机构列为 I 类致癌物。镉可以引起肺、前列腺和睾丸的肿瘤,干扰性激素的稳态,导致乳腺癌和前列腺癌。

肾脏是镉慢性毒作用的最重要的蓄积部位和靶器官,镉在肾脏的蓄积会影响肾近曲小管的功能,导致蛋白尿、氨基酸尿和糖尿,引起尿路结石。使骨骼生长代谢受阻,导致软骨病。同时镉的蓄积可加速骨脱钙,导致骨密度下降,骨质疏松,甚至发生病理性骨折。镉离子也导致肝脏病理变化,产生急性或慢性的肝脏损伤。

镉影响心脑血管的结构及功能,可以引起高血压,使心率降低,造成心肌细胞损伤。镉离子可使红细胞膜蛋白发生变性和不可逆聚合,引起低色素性贫血;还可导致血清胰岛素水平降低,血糖水平升高。镉能进入中枢神经系统,引起某些神经系统疾病及儿童智力发育障碍等。

镉被认为是影响人类生育的重要因素,吴思英等研究表明,镉污染区已婚妇女不孕症的发生率明显高于非污染区。长期食用高镉食物,可诱发妊娠、授乳、内分泌的失调、老化及营养不良、缺钙等。

阅读链接：日本"痛痛病"事件(摘自：孙英杰，宋菁，赵由才. 土壤污染退化与防治：粮食安全，民之大幸. 北京：冶金工业出版社，2011)

　　神通川是横贯日本中部的富山平原的一条清水河，两岸人民世世代代喝神通川的水，并用这条河的水灌溉两岸肥沃的土地，这一带一直是日本主要的粮食产地。后来三井金属矿业公司在这条河的上游设立了神冈矿业所，建成炼锌工厂。1952年，两岸稻田大面积死秧，造成严重的粮食减产，此时人们还没有意料到之后还有更大的灾难在等着他们。1955年后，在河流两岸如群马县等地出现一种怪病，患者一开始是腰、手、脚等各关节疼痛，持续几年之后，演变到身体各部位神经痛和全身骨痛，使人不能行动，以至呼吸都带来难以忍受的痛苦，最后骨骼软化萎缩，自然骨折，一直到饮食不进，在衰弱疼痛中死去，有的人甚至因无法忍受痛苦而自杀。由于病人经常"哎唷—哎唷"地嚎叫呻吟，日本人便称这种奇怪的病症为"哎唷-哎唷病"，即"痛痛病"。从1931年到1968年，神通川平原地区被确诊患此病的人数为258人，其中死亡128人，至1977年12月又死亡79人。经解剖病尸发现，有的死者骨折达73处之多，身长缩短了30 cm，病态十分凄惨。直到1961年才有人查明，神通川两岸骨痛病患者与三井金属矿业公司神冈炼锌厂的废渣有重大关系。该公司在生产时把炼锌过程中未经处理净化的含镉废渣排入土壤中，逐年累积，使土地含镉量高达7~81 g/g，居民食用的稻米含镉量达1~2 g/g，久而久之体内积累大量的镉毒而生骨痛病。

　　2. 铅污染对健康的危害[19]

　　铅是作用于全身各系统和器官的毒物，主要蓄积于神经系统、造血系统、消化系统、心血管系统、肾脏系统和生殖系统。

　　铅对神经系统的损害主要是引起末梢神经炎，表现为伸肌无力，上肢前臂和下肢小腿出现麻木、肌肉痛。经常接触低浓度铅，在中毒早期表现为头痛、头晕、疲劳、记忆力减退、失眠、易噩梦和惊醒等症状，严重的可引起神经系统组织结构的改变，损伤小脑和大脑的皮质细胞，导致营养物质和氧的供应不足，甚至可以发展为弥漫性脑损伤和高血压脑病。

　　铅通过干扰亚铁血红素的合成而阻滞血红蛋白生物合成，缩短循环中红细胞的寿命，导致贫血，儿童比成人更敏感。铅会引起细小动脉痉挛，导致腹绞痛、视网膜小动脉痉挛、高血压性细小动脉硬化。铅还能引起高血压、心脏病变和心脏功能变化。同时铅对人的消化系统会产生损害，导致腹绞痛、胃肠道出血、局部贫血、溃疡等症状。消化道铅中毒还会引起肝大、黄疸，甚至肝硬化或肝坏死。铅会引起慢性不可医治的铅性肾病，甚至可导致致命性的肾衰竭。铅污染可能造成男性不育，影响妇女生殖能力，造成不孕、流产及畸胎等。铅还能通过胎盘屏障进入胎儿体内，通过乳汁引起哺乳期婴儿中毒。

儿童铅中毒可使儿童行为异常，身体、技能、语言、精神等发育迟缓，智力水平显著低于一般水平。当血铅水平自 100 μg/L 上升到 200 μg/L，智商 IQ 平均下降约 2.6 分。

阅读链接：甘肃铅污染事件(摘自：土壤污染案例(四). 河北环境科学，2010 增刊：80)

2006 年 8 月末至 9 月初，甘肃省徽县水阳乡有近千人远道来西安进行血铅检测，其中 373 人为儿童。这些儿童中，90%以上血铅超标，最高者血铅含量超标数倍，被诊断为重度铅中毒，而成人中血铅超标也很普遍。当地村民认为，徽县有色金属冶炼有限责任公司是"罪魁祸首"。经过调查组初步监测，该公司周边400 米范围内土地已全部被污染。

2006 年 9 月 12 日，对徽县有色金属冶炼有限责任公司周边 400 米范围内的 7 个监测点进行的土壤总铅浓度的初步监测发现：1～5 cm 表层土壤总铅浓度为16～187 毫克/千克，超出背景值 0.83～2.46 倍，15～20 cm 耕层土壤总铅浓度有 3 个监测点高出背景值 0.69～1.8 倍，有 2 个高出背景值 5.2～12.2 倍。

3. 汞污染对健康的危害

汞对人体神经系统、运动系统、肾脏系统、心血管系统、免疫系统和生殖系统等都会产生慢性损害。

慢性汞中毒可造成成人精细运动功能破裂、肌力降低、疲劳感增加、记忆丧失，包括老年痴呆病样痴呆、注意力不集中、感觉迟钝、发音障碍、听觉和视觉损伤、感觉紊乱等；造成儿童婴儿行走能力延迟、语言和记忆能力短缺、注意力不集中、自闭症等。

肾脏是无机汞排泄、蓄积和毒性作用的主要器官。微量的二价汞离子即可结合肾上皮细胞 DNA，长时间接触，可引起甲基汞中毒，导致血浆肌酐水平增高，甚至肾功能不全。甲基汞可造成肝细胞 DNA 损伤，引起细胞死亡。汞可造成机体免疫系统功能紊乱，发生自身免疫性狼疮加重、多发性硬化、自身免疫性甲状腺炎、特异性湿疹等疾病。汞还可以造成男性和女性生育力降低、后代出现畸形。妇女体内甲基汞浓度高将无法受孕，即使受孕也会导致胎儿流产或死产。

4. 砷污染对健康的危害[20]

砷是人体的一种正常成分，人体内含砷量为 14～21 mg。当人体长期摄入被砷污染的饮水和食物后，可引起严重的砷中毒。土壤砷污染可引起慢性砷中毒，慢性砷中毒是以皮肤损害为主的全身性疾病，可引起皮肤病、造血功能损害、感觉障碍、外周神经炎、厌食、皮肤和内脏肿瘤，致畸、致癌、致突变。

长期砷暴露会使皮肤色素改变、皮肤角化、甚至导致皮肤癌。人体吸收砷后通过血液循环分布到人体各组织、器官。危害人体的循环系统，导致雷诺氏综合征、球结膜循环异常、心脑血管疾病等。砷具有神经毒性，可通过血脑屏障进入脑实质，损伤脑组织，对学习、记忆等功能产生影响，导致儿童智力迟钝。此外，砷还会损害运动神经、感觉神经。

长期摄入高砷可导致肝硬化性的肝脏纤维化，产生明显的肾脏病理改变，如肾小球肿胀、间质肾炎和小管萎缩等。砷具有生殖发育毒性，长期砷暴露可使自然流产、早产、死产发生率以及低出生体重危险度显著上升。砷可通过母体进入胚胎，影响子代发育。

砷是国际癌症研究机构划定的人类确定致癌物之一，可引起皮肤癌、肺癌、膀胱癌和肾癌，还可诱发肝癌和其他器官的癌症。

5. 铬污染对健康的影响

铬在人体中的分布非常广泛，但含量甚微，在机体的糖代谢和脂代谢中发挥特殊作用。三价铬是一种人体必需的微量元素，六价铬在体内积聚富集引起铬中毒。1990年国际癌症研究机构将六价铬化合物定为人类确定致癌物。

六价铬化合物具有致癌并诱发基因突变的作用，六价铬的长期摄入会引起扁平上皮癌、肺癌、肝癌、鼻癌、鼻咽癌、鼻窦癌、食道癌、胃癌等疾病。长期接触铬化合物可导致肾脏近曲小管重吸收功能障碍，引起肾功能改变，导致尿液中相应的酶和蛋白质含量升高。也可能对人类的性腺和附性腺、内分泌及性欲、性功能、生育力及生殖结局产生影响。

二、重金属在土壤中的迁移转化[21]

(一)重金属在土壤中的化学行为

重金属元素进入土壤后，在土壤中富集和迁移转化。土壤胶体对重金属的吸附、重金属的配合作用和土壤中重金属的沉淀溶解是重金属在土壤中迁移转化的化学行为。

1. 土壤胶体对重金属的吸附作用

土壤的离子吸附和交换是土壤最重要的化学性质之一，土壤中含有丰富的无机和有机胶体，对进入土壤中的重金属元素有明显的固定作用。土壤胶体对重金属的吸附作用包括离子交换吸附和专性吸附。

离子交换吸附是指重金属离子通过与土壤表面电荷之间的静电作用被土壤吸附。土壤表面通常带有一定数量的负电荷，由于异电相吸作用，带正电荷的金属离子集中在土壤胶体表面，产生胶体对金属离子的吸附作用。通常阳离子的化合价越高越易被吸附，相同价态的阳离子，离子半径越大越易被吸附。有机胶粒对金属离子的吸附容量比无机胶粒大，对金属离子的吸附顺序是：$Pb^{2+}>Cu^{2+}>$ $Cd^{2+}>Zn^{2+}>Hg^{2+}$。

专性吸附又称化学吸附，是指重金属离子通过与土壤中金属氧化物表面的—OH、—OH$_2$等配位基或土壤有机质配位而结合在土壤表面。专性吸附既可以发生在带不同电荷的离子表面，也可以发生在中性分子表面上，吸附量的大小与土壤表面电荷的多少和强弱无关。

2. 土壤中重金属的配合作用

重金属可以与土壤中的无机和有机配位体发生络合-螯合作用，羟基(OH—)、氯离子(Cl$^-$)无机配位体与重金属的络合作用减弱了土壤胶体对重金属的束缚，并可提高难溶重金属化合物的溶解度。

土壤中的腐殖质可以与金属离子形成牢固螯合的配位体。土壤有机质对金属元素的配位、螯合能力的顺序为：Pb>Cu>Ni>Zn>Hg>Cd。有机螯合物对金属迁移的影响取决于所形成的螯合物的溶解性。腐殖质中的胡敏酸与金属离子形成的螯合物溶解度较大，易于在土壤中迁移；富里酸与金属离子形成的螯合物溶解度小，不易在土壤中迁移。

土壤对重金属离子的络合-螯合作用和吸附作用同时存在，在重金属含量较低时以络合-螯合作用为主，而重金属元素含量较高时则以吸附为主。

3. 土壤中重金属的沉淀-溶解作用

重金属在土壤溶液中还存在沉淀-溶解平衡。重金属的迁移能力随重金属化合物在土壤溶液中溶解度的增加而增强。土壤溶液的 pH 和土壤的氧化还原状况影响重金属离子在土壤中的存在形态，使其溶解度发生变化。土壤溶液的 pH 升高，重金属离子多以难溶性化合物形态存在，溶解度下降，迁移能力减弱。当土壤处于淹水还原状态时，铜、锌、镉、铬等形成难溶性化合物而固定在土壤中，迁移能力减弱；而当处于高氧化条件时，其溶解性增加，具有较强的迁移能力。铁、锰的情况恰恰相反。

(二)主要重金属元素在土壤中的形态与迁移转化[22]

1. 镉

镉是元素周期表中第 5 周期ⅡB 族元素，为蓝白色柔软金属，化学性质类似于锌，常常以极少量形式包含在锌矿中。土壤中镉的主要存在形式为水溶性镉和非水溶性镉。Cd^{2+}、$CdCl^+$、$Cd(OH)^+$、$CdSO_4$ 等是水溶性镉的主要存在形式，水溶性镉容易迁移，可被植物吸收。CdS、$CdCO_3$ 及胶体吸附态镉是非水溶性镉的主要存在形式,如旱地土壤中以 $CdCO_3$ 为主;淹水土壤中则多以 CdS 的形式存在,非水溶性镉不易迁移和被植物吸收。

土壤胶体对镉的吸附能力很强，吸附态的镉在土壤中所占比例较大。在 pH 为 6 时，大多数土壤对镉的吸附率为 80%～95%。此外，碳酸钙对 Cd 的吸附非常强烈，利用碳酸钙可以大大降低土壤溶液中 Cd^{2+} 的浓度。

镉对于作物生长是非必需元素，只要土壤中镉含量稍有增加，作物体内镉的含量就会相应增高。土壤酸度增大，水溶态镉相对增加，植物体内的镉含量也有所增加。当土壤阳离子交换能力、铁和铝的氢氧化物含量、有机物和碳酸钙含量增加时，土壤溶液中镉含量降低，土壤中镉转入植物的可能性减少。

2. 铅

铅是元素周期表中第 6 周期ⅣA 族元素，为银白色金属，十分柔软。铅在土壤中主要以 $Pb(OH)_2$、$PbCO_3$ 或 $Pb_3(PO_4)_2$ 等难溶态形式存在，可溶性铅的含量极低，故铅在土壤中很少移动，主要积累在土壤表层。

土壤的 pH 影响铅在土壤中的存在形态，在酸性土壤中，H^+ 可以部分地溶解难溶的铅化合物，使可溶性铅含量增加。

植物吸收的铅主要是土壤溶液中的 Pb^{2+}，还可以通过叶片上的气孔吸收大气中的铅。铅一般累积于叶和根部，花、果部位含量很少。

3. 汞

汞是元素周期表第 6 周期ⅡB 族元素，为银白色液态金属。土壤中的汞有三种价态形式：Hg、Hg^{2+} 和 Hg^+。各种含汞化合物中的 Hg^{2+} 还原为金属汞 Hg^0，土壤中的汞在常温下就可挥发向大气中迁移，参与全球的汞蒸气循环。土壤中的汞化合物还可被微生物作用转化成甲基汞（CH_3Hg^+），它可以通过食物链的作用进入人体，也可挥发使汞由土壤向大气迁移。

Hg^{2+} 在含有 H_2S 的还原条件下，生成极难溶的硫化汞，残留在土壤中。土壤中的各类胶体对汞的表面吸附和离子交换吸附是汞从被污染的水体转入土壤固相中的重要途径之一。

汞化合物通常在土壤中先转化成金属汞或甲基汞后才能被植物吸收。汞被植物吸收后，常与根中的蛋白质反应沉积于根上。汞在植物各部分的分布大小为：根＞茎和叶＞籽实。

4. 砷

砷是元素周期表中第四周期ⅤA 族元素，属半金属元素，有黄、灰、黑褐三种同素异构体。砷以 As^{3+} 和 As^{5+} 存在于环境中。土壤中的砷可分为水溶性砷、吸附性砷和难溶性砷。水溶性砷和吸附性砷可被植物吸收。土壤中的砷大部分被土壤胶体吸附，呈吸附状态，且吸附牢固，因此含砷污染物进入土壤中后主要累积于土壤表层，难于向下移动。

砷被植物吸收后，主要分布在植物的根部。

5. 铬

铬是元素周期表中第 4 周期ⅥB 族元素，单质呈钢灰色，铬的各种离子和化合物都具有鲜艳的颜色。土壤中的铬主要是三价铬和六价铬，通常以 Cr^{3+}、CrO^{2-}、$Cr_2O_7^{2-}$、CrO_4^{2-} 等四种形态存在，其中 $Cr(OH)_3$ 是铬最稳定的存在形式。

土壤中的三价铬和六价铬可以相互转化。土壤中的有机质能把六价铬还原成三价铬；在 pH 6.5～8.5 的条件下，土壤中的三价铬能被氧化成六价铬，反应式为：

$$4Cr(OH)_2^+ + 3O_2 + 2H_2O \Longrightarrow 4CrO_4^{2-} + 12H^+$$

此外，土壤中的氧化锰也可以将三价铬氧化成六价铬，六价铬的毒性远大于三价铬。

土壤中的铬主要以三价铬化合物存在，土壤胶粒对三价铬有强烈的吸附作用，当它们进入土壤后，90%以上迅速被土壤固定，在土壤中迁移能力很弱。植物通过根吸收土壤中的铬，绝大部分累积在根中。

三、土壤重金属污染的治理[23,24]

土壤重金属污染导致土壤的生产力下降，农作物的减产和农产品的污染，并通过食物链危害人体健康。同时，土壤重金属污染具有不可逆性的特点。土壤一旦被重金属污染，将存在长期的潜在危害。因此，除了加强公众的环保意识，通过立法加强管控等措施外，还需要通过科学合理的方法对已污染的土壤进行修复。目前主要运用的土壤修复方法有工程治理技术、物理化学治理技术和生物治理技术。

(一)工程治理技术

工程治理技术主要包括换土、客土以及深耕翻土等具体治理方法。客土法是在污染的土壤上覆盖一层无污染的土体；换土法是使用无污染区的土体更换受到污染的土壤。深耕翻土技术是首先对土壤的上层、下层混合搅拌，然后加入适宜的肥料，从而降低土壤中的重金属含量。工程治理方法具有治理彻底、效果稳定等优点，但是工程量大、成本高，会消耗大量的物力和时间。

(二)物理化学治理技术

常见的物理化学治理技术有：固化稳定技术、电动修复技术、土壤淋洗等。固化稳定技术是向土壤中加入稳定剂、黏合剂，促使污染物和固化剂相结合，通过物理反应或化学反应，改变污染物的结构，降低迁移能力，最终转化为不溶态、稳定的小块固体。该技术虽然能在短时间内解决重金属污染问题，但随着时间延长，重金属污染物可能再次释放出来。电动修复技术是在水分饱和的土壤中施加电场，打破土壤对重金属的束缚，使重金属离子转移到阴极附近或被吸附到土壤表层而被清除。该技术在欧美等国家已经进入商业化阶段。这种方法经济效益高，二次污染少，具有良好的应用前景。土壤淋洗是用淋洗液来冲洗受污染的土壤，将土壤中的重金属转移到液相中将其去除。土壤淋洗技术工艺简单，处理效果良好，缺点是投入成本较高，容易引起土质改变。日本、美国用这种方法修复重金属污染土壤取得了较好的效果。

(三)生物治理技术

生物治理技术是指利用微生物、动物、植物等生物作用，削减土壤中重金属含量或降低重金属毒性的修复技术。植物修复利用植物对重金属进行吸收、降解、挥发，降低重金属含量的修复技术。动物修复是利用土壤中的低等动物，例如蚯蚓，吸收重金属后，让土壤重金属元素的污染降低。微生物修复主要是通过微生物在代谢时出现的活性物质来吸收氧化还原相关的重金属元素，让重金属污染物的毒性降低。生物治理技术的特点是安全、廉价，目前已成为土壤修复领域研究开发的热点。

第三节　土壤农药污染危害及治理

在农业、林业生产中，农药用于防治影响作物生长的各种病虫害、杂草等，对改善农作物的生长状况、增加产量提供了保障。但是农药的不当使用，就会造成土壤农药污染。20 世纪 90 年代，世界农药的年产量已超过 3000 万吨，品种达几千种，其中大量生产和使用的有 100 多种。我国每年农药使用量达 50 万～60 万吨，主要包括有机氯农药、有机磷农药、氨基甲酸酯类农药以及拟除虫菊酯类农药等四类。其中，高毒的有机磷农药使用量占 70%以上。施用于农田的农药最终有80%～90%进入土壤，使农田土壤受到污染，残留在土壤中的有机农药，通过作物吸收和食物链传递对环境生物和人体健康产生影响。

一、农药污染物及其对健康的影响

(一)有机氯农药及其对人体健康的危害[25,26]

有机氯农药是具有杀虫活动的氯代烃的总称。这类农药在 20 世纪 40 年代前后开始出现，首先是六六六，后来是滴滴涕、狄氏剂、艾氏剂、氯丹等有机氯化合物，其中滴滴涕、六六六是最主要的品种。有机氯农药化学性质稳定，导致残留污染严重，各个国家对这类农药的使用范围做了不同程度的限制。我国已停止使用六六六、滴滴涕等有机氯杀虫剂 30 余年。

　　土壤中的有机氯农药污染可通过食物链进入人体，部分储存于脂肪组织，部分经生物作用转化后排出体外。

　　有机氯农药的急性中毒多在半小时至数小时发病。轻者有头痛、头晕、视力模糊、恶心、呕吐、流涎、腹泻、全身乏力等症状；严重时发生阵发性、强直性抽搐，甚至失去知觉。长期接触有机氯农药可引起慢性中毒。全身倦怠、四肢无力、头痛、头晕、食欲不振等精神衰弱和消化系统症状，严重时可引起震颤、肝、肾损害，或出现末梢神经炎。六六六和氯丹可引起接触性皮炎。流行病学研究表明，有机氯农药容易引起人和动物淋巴瘤和白血病、肺癌、胰腺癌和乳腺癌。有机氯农药还具有干扰内分泌功能，产生生殖和发育毒性。

　　(二)有机磷农药及其对人体健康的危害

　　有机磷农药开始发展于第二次世界大战前后，由于杀虫效率高，易于水解，残留毒性较少，在 20 世纪 40～70 年代得到迅速发展。我国生产和使用的有机磷农药主要有敌百虫、敌敌畏、乐果、磷铵、对硫磷、杀螟威等。目前，有机磷农药仍是主要的农用杀虫剂。有机磷杀虫剂存在的问题是病虫害易产生抗性，使药效减退。

　　有机磷农药进入机体后，通过血液及淋巴运送到全身各组织器官，其中肝脏含量最多，其次为肾、肺、骨、肌肉及脑组织。

　　经消化道吸收、皮肤吸收和呼吸道吸入的有机磷农药极易引起人体中毒，造成健康危害。有机磷农药急性中毒的症状有头晕、头痛、恶心、呕吐、多汗、流涎、腹痛、心跳减慢、瞳孔缩小、肌力减退等，严重的会出现昏迷、呼吸麻痹、肺水肿等。

　　慢性有机磷农药中毒，最显著的特点是胆碱酯酶活性明显下降而持久，临床症状表现较轻，如乏力、恶心、纳呆、出汗、轻微腹泻、腹痛、精神异常等，对症治疗一般可完全恢复正常。

　　(三)氨基甲酸酯类农药

　　氨基甲酸酯类农药是继有机磷农药后发现的一类新型农药，是一种高效、低毒、低残留的广谱杀虫剂。氨基甲酸酯类农药是一类具 N-取代基的氨基甲酸酯化合物，结构式中含烷基或芳基，含烷基的氨基甲酸酯类农药多为杀虫剂，具 N-芳基的多为除草剂。目前已经商品化的氨基甲酸酯类农药有数十种，我国常用的有西维因、涕灭威、异丙威、呋喃丹、丁苯威、速灭威、克百威等品种。

　　氨基甲酸酯类农药可通过呼吸道、消化道和皮肤吸入人体，在体内经水解、氧化和结合转化，在体内代谢过程中很少形成毒性增强的产物。

　　氨基甲酸酯类农药中毒与有机磷农药中毒时的临床症状相似，易误诊为有机磷中毒。所不同的是比有机磷农药中毒发病快且恢复也快得多。

　　(四)拟除虫菊酯类农药

　　拟除虫菊酯杀虫剂是一类人工合成的，与天然除虫菊素相似的杀虫药，在国内外得到广泛应用。我国常用的有拟除虫菊酯、氯氰菊酯、二氯苯醚菊酯、苄氯菊酯等。

　　拟除虫菊酯类农药可经消化道和呼吸道吸收进入人体，主要分布于脂肪以及神经等组织，通过生物转化代谢排出，在人体内很少蓄积。

　　人短期内接触大量拟除虫菊酯后，轻者出现头晕、头痛、恶心、呕吐等症状，重者表现为精神萎靡或烦躁不安、肌肉跳动，甚至抽搐、昏迷。研究表明，拟除虫菊酯类农药具有拟雌激素活性，能干扰内分泌，具有潜在的生殖毒性。拟除虫菊酯类农药暴露会导致 DNA 损伤增加，儿童患急性淋巴细胞白血病的风险增加。

二、农药在土壤中的迁移转化[27]

　　农药在土壤中的迁移转化过程包括：①通过土壤表面蒸发进入大气，经沉降进入水体，随空气和水体迁移。②发生化学、光化学和生物化学降解作用。③被土壤吸收，残留在土壤中。④被植物吸收，在植物体中积累。有机磷农药在土壤中的迁移转化示意图如图 8-3 所示。

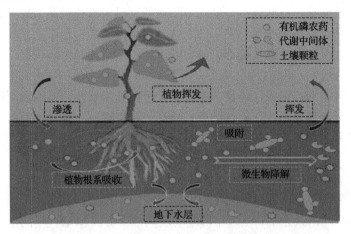

图 8-3　有机磷农药在土壤中的迁移转化

　　(一)农药在土壤环境中随空气和水体的迁移

　　1. 挥发

　　挥发是农药在土壤中损失的主要途径。农药在施撒期间和施撒后由于挥发造成的损失量可占撒药量的百分之几至 50%以上。农药在土壤中的挥发性取决于农药的热力学性质、物理性质、土壤的特性和环境温度。

2. 水迁移

化学农药的水迁移方式有两种：直接溶于水随水迁移和被吸附在土壤固体细粒表面上随水移动。土壤有机质和黏土矿物含量影响农药在土壤中的水迁移，在有机质含量和黏土矿物含量较高的土壤中难溶性农药不易随水迁移。

(二)农药在土壤中的降解

农药在土壤中的降解包括化学降解、光化学降解和生物降解等过程。

1. 化学降解

化学降解可分为催化反应和非催化反应。非催化反应包括水解、氧化、异构化和离子化等作用，其中水解反应是许多农药降解的主要步骤。农药一经水解就失去毒性和活性，因此农药在土壤中的水解速率非常重要。农药的水解速率与温度、水解时间、农药的浓度和土壤的 pH 有关。

2. 光化学降解

农药吸收太阳辐射能和紫外线之后，变成激发态的分子，使农药中含有的 C—C、C—H、C—O 和 C—N 等化学键断裂，发生光解反应。大多数农药都能发生光解反应。

3. 微生物降解

微生物对土壤中农药的降解起着重要的作用。如土壤中的细菌、真菌、放线菌和某些藻类都具有降解农药的功能。农药生物降解过程就是通过微生物的作用，把环境中的农药等有机污染物转化为 CO_2 和 H_2O 等无毒无害或毒性较小的其他物质。土壤 pH、温度、湿度、通气状况和养分补给等影响着农药的生物降解。

(三)植物对农药的吸收

植物对农药的吸收主要有表皮吸收和根系吸收两种，其中根系吸收是主要的途径。植物对农药的吸收除了与土壤中有机质含量、农药的种类、施用量和施用时间等有关外，不同种类植物对农药的吸收和转移也有差别。如不同种类蔬菜对农药的吸收顺序是：根菜类＞叶菜类＞果菜类。

(四)农药在土壤中的残留

农药在土壤中虽经挥发、淋溶、降解、植物吸收而逐渐消失，但仍会有一部分残留在土壤中，其残留期长短与农药的理化性质、土壤质地、有机质含量、pH、含水量、土壤结构、土壤微生物以及耕作制度和作物种类等有关。通常用半衰期和残留期来表示农药在土壤中的持续性。半衰期是指施药后附着于土壤的农药因降解等原因含量减少一半所需的时间。残留期是指土壤中的农药因降解等原因含量减少75%～100%所需的时间。

学者的研究结论认为，有机氯杀虫剂在土壤中残留期最长，一半都有数年之久；其次是均三氮苯类、取代脲类和苯氧乙酸类除草剂，残留期一般在数月至一年左右；有机磷杀虫剂、氨基甲酸酯类杀虫剂以及一般杀菌剂，残留时间一般只有几天或几周，在土壤中很少有积累。

三、土壤农药污染的防治[28]

(一)加强宣传教育，提高农民环保意识

对农药污染进行防治，是切断污染源最有效的措施之一。因此应通过各种方式加强对土壤资源保护政策和法律的宣传，让农民了解当前土壤污染的严峻形势，了解农药使用对土壤造成的严重危害，了解科学合理使用农药的相关知识，自觉主动参与土壤资源的保护。

(二)加大农药生产销售监督

农药在我国短期内难以淘汰，因此，政府应该建立和健全农药生产的监管机构，应重视危害较大的农药替代技术的研发，借助生物技术等开发低毒、高效、低残留的环境友好型新农药。同时，加强农药市场关键环节的监管，严格监督农药销售品种，禁止销售高毒高残留农药。

(三)对农作物病虫害开展综合治理，减少农药用量

按照农业生产中病虫草害"生物防治为主，化学防治为辅"的原则，利用现代生物技术，培育出具有较高抗病虫害能力的农作物品种，改进栽培作物的方式方法，减少农药的使用量。积极推广生物防治方法，例如，利用赤眼蜂、七星瓢虫、蜘蛛等益虫防治农林病虫害等。

(四)对受污染的土壤进行治理

积极开展农田土壤农药残留情况方面的调查研究，了解受污染土壤的具体情况，针对土壤受污染的具体情况，选择物理、化学或生物修复方法，对受污染的土壤进行治理。同时还可以利用农药在土壤中降解的原理，通过调节土壤结构、调整土壤中的有机质和酸碱值等措施，提高土壤对农药的降解能力。比如增加土壤中的有机质含量加快对杀虫剂和除草剂的降解等。

第四节　土壤化肥污染危害及防治

施用化肥是使农作物增产的重要手段之一。我国化肥的生产量和使用量巨大，居世界第一。2016 年我国化肥总使用量为 5984.1 万吨，其中氮肥 2310.5 万吨、磷肥 830.0 万吨、钾肥 636.9 万吨、复合肥 2207.1 万吨，化肥年使用量约占世界三分之一，相当于美国、印度的总和。2015 年我国化肥使用强度为 362.0 千克/公顷，远远高于 137.6 千克/公顷的世界平均使用强度。我国化肥的利用率较低，2017 年我国水稻、小麦、玉米三大粮食作物化肥利用率 37.8%，比欧美主要国家粮食作物利用率低 15%～30%[29]。化肥在给植物提供营养的同时对土壤安全、生态安全和食品安全都产生了威胁，越来越受到社会各界的高度重视。

一、土壤化肥污染的危害[30-32]

化肥的过量使用给土壤、水体和人体健康都带来了严重的危害，具体体现在：

(一)土壤化肥污染对土壤的危害

1. 导致土壤中重金属及有毒元素含量增加

化肥污染主要是磷肥的原料及在生产加工过程中，会带进一些重金属和有毒物质，主要有 Zn、Cu、Co 和 Cr。我国每年过磷酸钙施用量为 669 kg/hm²，带入土壤中的 Zn、Ni、Cu、Co 和 Cr 的量分别为 200 g/hm²、11.3 g/hm²、20.8 g/hm²、1.3 g/hm² 和 12.3 g/hm²。重金属在土壤中不能被降解，被植物吸收后通过食物链危害人体健康。此外，磷肥的原料磷矿石中常常伴生有 U(铀)、Th(钍)、Ra(镭)等天然放射性核素，在磷肥使用过程中会对环境产生放射性污染。磷灰石中还含有一定量的氟，在磷肥的生产和施用过程中，氟向环境播散，造成环境氟污染。人体过量摄入氟会对骨骼和牙齿造成损害，产生氟骨症等。

2. 导致土壤板结，有机质含量下降

长期过量施用化肥，使化肥中的氮、磷、钾等化学成分残余在土壤中，NH_4^+、K^+ 和土壤胶体吸附的 Ca^{2+}、Mg^{2+} 等离子发生交换，使土壤的固有结构被破坏，导致土壤板结。同时过量施用氮肥，会破坏土壤的碳氮比，使土壤中有机质含量不断下降，我国土壤有机质含量已由新中国成立初期的 7% 下降至 3%～4%。

3. 导致土壤酸化

氮肥在土壤中的硝化作用和生理酸性肥料的使用会加速土壤酸化。氮肥在土壤中转变成硝酸盐时，会释放出 H^+；过磷酸钙、硫酸铵、氯化铵、氯化钾等生理酸性肥料会使土壤中氢离子的含量增加，导致土壤酸化。例如，贵州省烟草土壤中用硫酸铵肥试验两年，pH下降了0.4～0.8。

4. 降低土壤的生物活性

土壤微生物是土壤有机质转化的有效执行者，微生物的活动在土壤有机物质的转化、矿物分解以及有毒物质降解中发挥了重要作用。我国农田土壤氮肥施用量较其他肥料施用量低，使土壤微生物和有意生物的数量减少，活性降低，破坏了土壤肥力结构。

(二)土壤化肥污染对水的危害

农田施用化肥后可导致化肥中的氮、磷元素随着农田排水、灌溉等进入河流、湖泊等，引起水体富营养化。水体富营养化是指生物所需的氮、磷等营养元素大量进入湖泊、河口等缓流水体，引起藻类及其他浮游生物迅速繁殖而导致的水质恶化现象。2019年中国生态环境公报显示全国107个重要湖泊中呈现轻度富营养化状态的占22.4%，中度富营养状态的占5.6%。

化肥施用于农田后会解离成硝酸盐、亚硝酸盐、磷酸盐等阴离子，这些阴离子随着灌溉和雨水淋失进入地下水中，使地下水中硝酸盐、亚硝酸盐及磷酸盐含量增高，直接威胁人畜的饮水安全。目前，世界各国地下水中氮、磷元素呈普遍增长的趋势，地下水硝酸盐污染正演变为一个世界性的环境问题。

(三)土壤化肥污染对人体健康的危害

农田施用化肥会在农作物中引起大量残留，并经过食物链传递影响人体健康。氮肥的过量施用会使蔬菜、水果的硝酸盐含量增加，硝酸盐在人体内转化为亚硝酸盐，并进一步转变成强致癌物亚硝胺，可诱发消化系统癌变。同时，亚硝酸盐可与血液中的铁离子结合，使低铁血红蛋白氧化成高铁血红蛋白，造成人体血液缺氧中毒反应，使人出现头晕目眩，意识丧失等症状，严重的还危及生命。

二、土壤化肥污染的防治

(一)加大宣传、提高农民的环保意识

目前，大多数人还没有充分意识到化肥对环境和人体健康造成的潜在危险。因此，应加大宣传力度，使人们充分认识到化肥污染的严重性，提高农民的环保意识。组织开展相关的农业先进适用技术推广培训，加大对绿色化肥的推广力度，减轻化肥对环境的污染。

(二)科学合理施肥，提高化肥的有效利用率

强化化肥的科学合理使用，综合考虑作物、环境、土壤等综合因素来确定化

肥的施用量，强化和完善测土配方施肥技术，确保化肥的最佳施用量。探索传统的农家肥与化肥结合施用技术，推广豆科绿肥等，提高化肥的有效利用率。

（三）加强土壤肥料的监测管理，加大执法力度

各部门进一步明确责任，加大对《土壤污染防治法》的执法力度。加强对土壤肥料的监测管理，严格化肥中各类污染物质的监测检查，实行化肥总量控制，例如发达国家设置的氮肥施用量安全上限为每年 225 kg/hm^2，作物收获后 1 m 土层的氮残留量不超过 50 kg/hm^2 等，严格控制化肥污染。

（四）建立有利于绿色发展的农业政策体系

以政府政策倾斜为引导，建立有利于绿色发展的农业政策体系，完善激励政策，推进对有机肥料、生物肥料、垃圾肥料等生产、使用各环节的补贴，使其生产、流通、施用成本降低，增强农民的使用意愿。采取绿色产品认证、生态标志等方式提升绿色农产品的附加值，通过市场机制激励绿色农业生产。

阅读链接：土壤污染防治法全票通过，重点监测化肥农药（摘自：http://www.yhlb.cn/aspcms/news/2018-9-26/4600.html）

2018 年 8 月 31 日第十三届全国人大常委会第五次会议全票通过了土壤污染防治法。该法规定，污染土壤损害国家利益、社会公共利益的，有关机关和组织可以依照环境保护法、民事诉讼法、行政诉讼法等法律的规定向人民法院提起诉讼。本法自 2019 年 1 月 1 日起施行。

如何监测农药肥料的安全性和使用量？

国务院农业农村、林业草原主管部门应当制定规划，完善相关标准和措施，加强农用地农药、化肥使用指导和使用总量控制，加强农用薄膜使用控制。

国务院农业农村主管部门应当加强农药、肥料登记，组织开展农药、肥料对土壤环境影响的安全性评价。

制定农药、兽药、肥料、饲料、农用薄膜等农业投入品及其包装物标准和农田灌溉用水水质标准，应当适应土壤污染防治的要求。

地方人民政府农业农村、林业草原主管部门应当开展农用地土壤污染防治宣传和技术培训活动，扶持农业生产专业化服务，指导农业生产者合理使用农药、兽药、肥料、饲料、农用薄膜等农业投入品，控制农药、兽药、化肥等的使用量。

地方人民政府农业农村主管部门应当鼓励农业生产者采取有利于防止土壤污染的种养结合、轮作休耕等农业耕作措施；支持采取土壤改良、土壤肥力提升等有利于土壤养护和培育的措施；支持畜禽粪便处理、利用设施的建设。

国家鼓励和支持农业生产者采取下列措施：

①使用低毒、低残留农药以及先进喷施技术。

②使用符合标准的有机肥、高效肥。

③采用测土配方施肥技术、生物防治等病虫害绿色防控技术。

④使用生物可降解农用薄膜。

⑤综合利用秸秆、移出高富集污染物秸秆。

⑥按照规定对酸性土壤等进行改良。

农业投入品生产者、销售者和使用者应当及时回收农药、肥料等农业投入品的包装废弃物和农用薄膜，并将农药包装废弃物交由专门的机构或者组织进行无害化处理。具体办法由国务院农业农村主管部门会同国务院生态环境等主管部门制定。

国家采取措施，鼓励、支持单位和个人回收农业投入品包装废弃物和农用薄膜。

第五节　城市生活垃圾危害及垃圾分类

随着我国城市化进程的加快和人口急剧增长，城市生活垃圾产量也在逐年增加。中国生态环境部 2018 年 12 月公布的《2018 年全国大、中城市固体废物污染环境防治年报》显示，全国 202 个大、中城市 2017 年生活垃圾产量为 20194.4 万吨。其中北京市产生量最大，达 901.8 万吨，上海、广州、重庆和成都生活垃圾的产生量分别为 899.5 万吨、737.7 万吨、604.0 万吨和 541.3 万吨。前 10 位城市产生的生活垃圾总量占全部信息发布城市生活垃圾产生总量的 28.2%[33]，如图 8-4 所示。

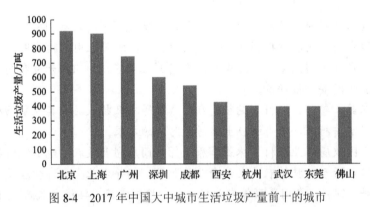

图 8-4　2017 年中国大中城市生活垃圾产量前十的城市

目前我国城市生活垃圾达到每年 450～500 kg 的人均产生量，且以每年 8%～9%的速度增长，垃圾处理的速度远远小于垃圾产生的速度。例如：北京日产垃圾 1.84 万吨，用装载量为 2.5 吨的卡车来运输，长度接近 50 公里；杭州从 2007 年开始填埋了 1700 多万吨垃圾，突然暴增的垃圾量，使原本能用 24 年的填埋区被提前堆满。据报道我国 600 座大中城市中 2/3 已经陷入垃圾包围之中，1/4 的城市已没有堆放垃圾的合适场所[34]。垃圾围城已经成为民心之痛、民生之患。

一、城市生活垃圾的危害[35]

城市生活垃圾是指人们在日常生活中或者为城市生活提供服务的活动中产生的固体废物。主要来自居民生活、城市商业、机关事业单位、市政维护和管理部门等。包括食物垃圾、废纸、庭院植物修剪物、废金属、玻璃、陶瓷、塑料、碎砖瓦、废汽车、废电器等。它的特点是成分复杂，有机物含量高。所含的化学元素绝大部分为碳，其次为氧、氢、氮、硫等。此外还有不等量的灰分。

城市生活垃圾若不妥善处理，不仅影响着城市的面貌，更严重的是对城市的生态系统造成影响，并威胁居民的健康，其危害如下：

(一)侵占土地，污染土壤

生活垃圾的随意堆放和填埋会占用大量的土地资源。例如北京每年填埋垃圾至少需要占用 500 亩的土地，几乎要消耗掉两个小村庄。上海市在市区及近郊区 1260 平方公里范围内，垃圾堆放面积为 5.26 平方公里。目前中国 1/4 的城市已没有堆放垃圾的合适场所[36]。

露天堆放的生活垃圾不仅给人造成视觉污染，垃圾中的有害成分还会渗透进入土壤中，使有害成分在土壤中不同程度地积累，导致土壤的成分及结构改变，造成土壤污染，严重的甚至会使土壤变成"死土"，无法耕种。

(二)污染空气

城市生活垃圾腐化后会产生氨、硫化氢等有害气体不断向空气中释放，使空气质量下降。研究人员对垃圾堆放场四周的大气进行监测的结果发现，夏季时，垃圾堆放场 200～300 m 范围内，氨和硫化氢的浓度均高于国家最高允许浓度标准，所以垃圾堆放场甚至垃圾运输车散发出恶臭也就不足为怪了。此外，城市垃圾的运输、处理过程中，粉尘和细小的固体废物随风飞扬，使空气中扬尘和有害气体增多，在一定程度上增加了大气污染的程度，使人们的身体健康受到了威胁。

(三)污染水体

城市生活垃圾直接弃入河流、湖泊和海洋中，使水体受到严重污染，对水生生物的生存产生了严重的影响。此外，含有多种有机污染物和重金属的城市垃圾渗滤液经转化迁移进入水体，对水体造成污染。例如仅是太平洋上的海洋垃圾就已达 300 多万平方公里，甚至超过了印度的国土面积。

(四)传播疾病

垃圾中的有毒气体进入大气中，导致空气中二氧化硫、铅等有毒物质含量升高，增加了人体呼吸道疾病发病率，甚至对人体构成致癌隐患。同时，垃圾中还有大量的病原微生物，是病毒、病菌、害虫等的滋生地和繁殖地，传染疾病的根源，严重危害人体健康。

阅读链接：塑料垃圾——地球难以承受之重(摘自：发明与创新·大科技，2017 (10)：12-15)

19 世纪，美国化学家 J.W.海厄特发现在硝酸纤维素中加入樟脑和少量酒精可制成一种可塑性物质，热压下可成型为塑料制品。由于具有轻便、成本低、可塑性强等特点，塑料被大规模生产和使用。如今人们日常生活中随处可见塑料的身影，但人们在享受塑料给日常生活带来便利的同时，巨量的塑料垃圾处置难题日益凸显。

美国科研人员称，人类迄今生产超过 91 亿吨塑料，其中大多数都被堆入垃圾填埋场或乱丢在自然环境中。这一数字背后到底意味着什么?资料显示，91 亿吨相当于 10 亿头大象，或 2.5 万幢纽约帝国大厦。然而，一切才刚刚开始。科学家认为，按照目前的速度发展，2050 年地球上将有超过 130 亿吨塑料垃圾，蓝色的地球可能最终变成"塑料星球"。以塑料瓶为例，根据英国《卫报》消息，目前全世界每分钟消费 100 万个塑料瓶，这一数字到 2021 年将上涨 20%，届时，全球塑料瓶消费量将达到每年 5000 亿个。

在我国，外卖和快递业的爆发造成了塑料制品的过量使用。根据一家公益环保组织采集的 100 个订单样本测算，平均每单要消耗 3.27 个塑料餐盒或杯子。这意味着外卖平台一天消耗的塑料制品超过 6000 万个。每周至少有 4 亿份外卖一次性打包盒和 4 亿个塑料袋废弃垃圾。事实上，不只是餐盒，外卖送餐使用的塑料餐具、塑料外包装等都属于塑料垃圾。普通塑料餐盒、餐具以及塑料袋均是不可降解的普通塑料。有报道称，外卖平台每天所用的塑料袋可覆盖 42 万平方米，大约 15 d 即可覆盖一个西湖。2015 年全国快递业所使用的胶带总长度为 169.85 亿米，可以绕赤道 425 圈。按照业内人士的说法，部分胶带主要材质是聚氯乙烯，需要经过近百年才能降解。2016 年全国快递业消耗快递运单约 207 亿枚、编织带约 31 亿条、塑料袋约 82.68 亿个、封套约 31.05 亿个、包装箱约 99.22 亿个、内部缓冲物约 29.77 亿个。这些数据意味着快递业繁荣背后是数以万吨的垃圾。

塑料垃圾造成的"白色污染",不仅影响市容和自然景观,产生"视觉污染",而且难以降解,对生态环境还会造成潜在危害,如:混在土壤中,影响农作物吸收养分和水分,导致农作物减产;增塑剂和添加剂的渗出会导致地下水污染;混入城市垃圾一同焚烧会产生有害气体,污染空气,损害人体健康。同时,海水、海岸也面临着塑料污染的危害。2017 年 2 月,有人在挪威西海岸索特拉岛发现一条搁浅死亡的鲸,胃里塞满了塑料袋等各种不可降解的生活垃圾;2015 年,哥斯达黎加海洋生物保育团出海考察,在一只海龟的鼻子中拔出了一根长达 12 厘米的塑料吸管……

人们必须直面这样一个现实:短期内甚至在一个相当长的时期内,都不会有较好的替代性方案降低塑料垃圾产生量。解决之道需要两"头"即"源头"和"尽头"共同的努力。"源头"的努力就是生产塑料垃圾的相关企业不仅要在做生意上多一些创新和效率,更要在承担社会责任、降低"白色污染"上有更多的创新。"尽头"的努力则是大力推行垃圾分类,通过制度性的安排和规范有力的措施,让塑料垃圾的有效回收和规模化处理成为可能,提高塑料垃圾回收、处理的效率。

二、我国城市生活垃圾的处理方法及现状

(一)城市生活垃圾处理的原则

1995 年 10 月 30 日,第八届全国人民代表大会常务委员会第十六次会议通过的《中华人民共和国固体废物污染环境防治法》(简称《固体法》)总则第三条规定:国家对固体废物污染环境的防治,实行减少固体废物的产生量和危害性、充分合理利用固体废物和无害化处置固体废物的原则,促进清洁生产和循环经济发展。后来行业把这条法律条文规范为固体废物处理三化原则:减量化、无害化、资源化。

减量化是指减少城市生活垃圾的产生量和排放量。资源化是指将城市生活垃圾直接作为原料进行利用或者再生利用。无害化是指对在垃圾的收集、运输、储存、处理、处置的全过程中减少对环境的污染和对人体健康造成的危害。

《固体法》将减量化、无害化、资源化作为控制固体废物污染的技术政策,并确定今后较长一段时间内应以"无害化"为主。我国城市生活垃圾处理利用的发展趋势必然是从"无害化"走向"资源化"。

(二)我国城市生活垃圾处理的方法[37,38]

目前我国城市生活垃圾处理方法主要有:卫生填埋法、焚烧法和高温堆肥法。

1. 卫生填埋法

卫生填埋法指采用底层防渗，分层填埋，压实覆盖等措施对城市生活垃圾进行无害化处理的方法。填埋法的优点是：操作简便、处理量大、投资和处理费用低等。目前填埋法是我国主要的垃圾处理方式。填埋法的缺点是：①占地面积大，生活垃圾填埋并未实现垃圾减量，需要占用的土地面积大。②垃圾填埋场的防渗层老化破损会导致垃圾渗透液下渗，污染地下水及土壤。③垃圾发酵容易导致填埋层中甲烷等气体积聚，容易引起爆炸。④随着人们环保意识的增强以及城市土地资源的限制，垃圾填埋场的选址非常困难。

2. 焚烧法

焚烧法是利用空气中的氧与垃圾中的可燃成分在高温下氧化燃烧，使垃圾中的有毒有害物质分解并将垃圾转化为无害的无机残渣，进而实现无害化、减量化、资源化的处理技术。

焚烧法的优点是：占地少、处理周期短、减量化显著、无害化较彻底，焚烧过程中产生的热能可以用于发电，废渣可以用于水泥厂。焚烧法处理生活垃圾是许多欧洲国家生活垃圾无害化处理的主要方式。自 1985 年深圳建成中国第一座大型 (300t/d) 现代化垃圾焚烧发电一体化处理厂后，截至 2017 年底，我国垃圾焚烧发电厂有 286 座，2017 年年焚烧处理量为 8463.3 万吨，占 2017 年生活垃圾无害化处理总量的 40%[33]。焚烧法存在的缺点是焚烧过程会产生致癌物质二噁英，对环境造成不良影响，同时焚烧厂的建设和运行费用昂贵，所产生的电能价值远远低于建设和运行费用，地方政府财政负担较大。

3. 高温堆肥法

高温堆肥法是利用微生物的新陈代谢将生活垃圾中的有机物转化为有机肥料的垃圾处理技术。我国于 20 世纪 50 年代开始用堆肥法处理生活垃圾，现阶段工艺技术已比较成熟，但是堆肥技术并未能得到市场认可，发展较为缓慢，主要的原因是：①混合的垃圾中含有大量无机物，如土石、塑料等不可降解成分。②堆肥质量比较差，肥效较低，堆肥产品缺乏市场竞争力。

(三) 我国城市生活垃圾处理现状及发展方向[39,40]

我国是人口大国，随着人们生活消费水平和城镇化率不断提高，生活垃圾的产量、清运量逐年增长。根据中国住房和城乡建设部 2018 年发布的《中国城市建设统计年鉴》数据显示，我国生活垃圾清运量 2010 年以来逐年上升，2016 年达到 2.04 亿吨，同比增长 6.81%；2017 年达到 2.16 亿吨，同比增长 5.82%。生活垃圾无害化处理量和无害化处理率逐年提高。截至 2017 年底我国城市生活垃圾无害化处理率达到 97.74%。如图 8-5 所示。

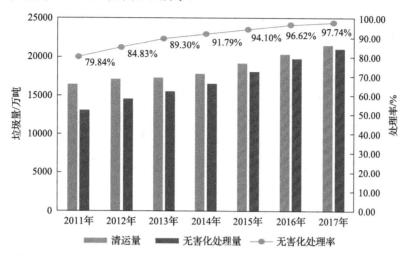

图 8-5　2011～2017 年城市生活垃圾清运量、无害化处理量及无害化处理率

截至 2017 年底，我国共计有城市生活垃圾无害化处理厂 1013 座，其中，城市生活卫生填埋场有 654 座，2017 年年处理量为 12037.6 万吨，占生活垃圾无害化处理总量的 57%；垃圾焚烧发电厂有 286 座，2017 年年焚烧处理量为 8463.3 万吨，占 2017 年生活垃圾无害化处理总量的 40%；其他无害化处理厂 34 座，2017 年无害化处理量为 533.2 万吨，占 2017 年生活垃圾无害化处理总量的 3%。如图 8-6 所示。

图 8-6　2011～2017 年城市垃圾处理量及占比走势

由图 8-6 可见，垃圾填埋处理量和处理率逐年下降，但仍然是我国目前生活垃圾处理的主要方式，2017 年城市生活垃圾卫生填埋无害化处理量达到 1.20 亿吨，占垃圾无害化处理量的 57.2%。日均无害化处理能力为 29.8 万吨。卫生填埋

处理垃圾的技术由于占地面积大，处理周期长、容易发生渗透液泄漏等缺点，在今后的城市垃圾处理技术发展中将逐渐被取代。《"十三五"全国城镇生活垃圾无害化处理设施建设规划》指出：具备条件的直辖市、计划单列市和省会城市（建成区）到 2020 年底实现原生垃圾"零填埋"。

焚烧法可以实现垃圾的减量化，还可以利用垃圾焚烧的余热进行发电，实现了垃圾处理的"减量化、资源化、无害化"原则，今后将成为我国大中城市生活垃圾处理技术的主流。我国垃圾焚烧厂数量从 2007 年的 66 座上升到 2017 年的 286 座，处理能力达到 29.8 万吨/日，2017 年垃圾焚烧占垃圾处理总量的 40.2%。但与发达国家相比，我国的垃圾焚烧处理比例还较低，如图 8-7 所示。

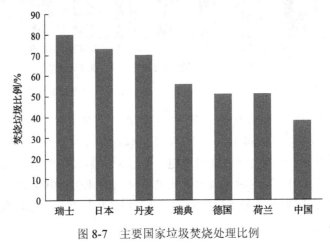

图 8-7　主要国家垃圾焚烧处理比例

目前，我国城市垃圾焚烧处理技术在烟气处理和余热利用上与发达国家还有差距，今后我国应该在加强对焚烧的技术研究并大力发展垃圾焚烧技术。

三、倡导"新时尚"，推进垃圾分类

面对日益增长的垃圾量和环境状况恶化的局面，"源头减量"无疑是城市生活垃圾治理的根本出路。将垃圾科学、有序的收集、分类、运输和处理，既可以减少垃圾的处理量，提高垃圾回收利用率，节约资源，减少垃圾对环境的污染，又可以培养人们绿色健康的生活习惯。

（一）垃圾分类的意义[41]

垃圾分类是指按照一定的标准将垃圾分类投放、分类运输和分类处理的一系列活动的总称。垃圾分类的目的是实现垃圾处理的减量化、资源化、无害化，其意义如下：

1. 减少垃圾产生量

在垃圾成分中，可直接回收利用的资源占垃圾总量的42.9%。通过垃圾分类，将垃圾中的可回收物、有害垃圾及厨余垃圾分离，减少了生活垃圾的焚烧处理量，大大节约了垃圾处理成本，实现了垃圾的减量化和资源化。

2. 减少环境污染

废电池、废塑料、废灯管等有毒有害物质如果和其他垃圾一起集中处理的话，会对大气、土壤、水环境造成污染。例如焚烧塑料会产生高致癌物二噁英。进行垃圾分类，可以把这些有毒有害物质分离，集中进行无害化处理，减少对环境的污染。

3. 变废为宝，节约资源

2013年7月，习近平总书记在湖北考察时说："垃圾是放错位置的资源，把垃圾资源化，化腐朽为神奇，是一门艺术。"通过把废旧的物品回收循环使用，可以有效地节约资源。比如：1吨废塑料可回炼无铅柴油600千克；回收1吨废纸可以生产850千克好纸，能使17棵20年树龄的大树免遭砍伐；1吨废钢可炼好钢0.9吨，每年随手丢弃的60多亿只废干电池里含有7万多吨锌，10万吨二氧化锰。

4. 有利于垃圾的分类处理

垃圾分类可以实现不同类垃圾的分类处理。如厨余垃圾是垃圾堆肥的优质原料，可以生产出优质的有机肥，用于农田和绿化施肥。热值较高的垃圾可以进行焚烧处理，无机垃圾进行填埋处理等。

(二)垃圾分类的方法

生活垃圾分类原则上采取"干湿分类"，必须单独投放有害垃圾，分类投放其他生活垃圾。"湿垃圾"是指易腐垃圾，包括餐饮垃圾、厨余垃圾等含水率较高的垃圾；"干垃圾"是指除湿垃圾以外的生活垃圾。

公共机构、相关企业原则上按照"三分类"方式进行分类，具体分为两种情况：一是产生易腐的按照有害垃圾、易腐垃圾、其他垃圾进行分类；二是不产生易腐垃圾的按照有害垃圾、可回收物、其他垃圾进行分类；居民社区按照可回收物、厨余垃圾、有害垃圾和其他垃圾四类进行分类。

一般情况下，将城市易腐垃圾、其他生活垃圾分为可回收物是指可回收物质循环使用和资源再利用的废物。主要包括废纸、废塑料、废金属、废玻璃和废布料五大类。

厨余垃圾是指居民日常生活及食品加工、饮食服务、单位供餐等活动中产生的垃圾，包括剩饭剩菜、骨骼内脏、果皮、蛋壳、菜梗菜叶等。

有害垃圾是指对人体健康或者自然环境造成直接或者潜在危害的生活废弃物。常见的有废电池、废荧光灯管、废灯泡、废水银温度计、过期药品、废油漆桶等。

其他垃圾：除可回收物、厨余垃圾、有害垃圾以外的生活垃圾，包括受污染无法再生的餐巾纸、卫生纸，破旧陶瓷、清扫垃圾及废弃衣被等。

(三)我国垃圾分类的现状[42]

实行垃圾分类，既可以改善人们的生活环境，又可以节约使用资源，同时也是社会文明水平的一个重要体现。垃圾分类看似是我们日常生活中的"小事"，实则是关乎国家生态文明建设和可持续发展能力的"大事"。2012 年党的十八大报告中强调要把生态文明建设放在突出地位，融入经济建设、政治建设、文化建设、社会建设各方面和全过程，努力建设美丽中国。2017 年十九大报告中又指出，要加快生态文明体制改革，建设美丽中国。生态文明建设受到党和政府的高度重视。在生态文明建设的时代大潮中，我国加速推行垃圾分类制度，制定了一系列的制度方案，见表 8-6。

表 8-6　我国有关垃圾分类的方案及内容

时间	方案名称	具体内容
2015 年 9 月	《生态文明体制改革总体方案》	提出加快建立垃圾强制分类制度
2017 年 3 月	《生活垃圾分类制度实施方案》	全国 46 个重点城市实行生活垃圾强制分类，到 2020 年底生活垃圾回收利用率达 35%以上
2018 年 12 月	《中华人民共和国固体废物污染环境防治法(修订草案)征求意见稿》	国家推行生活垃圾分类制度，地方各级人民政府应做好分类投放、分类收集、分类运输、分类处理体系建设，采取符合本地实际的分类方式，配置相应的设施设备，促进可回收物充分利用，实现生活垃圾减量化、资源化和无害化
2018 年 12 月	《"无废城市"建设试点工作方案》	践行绿色生活方式，推动生活垃圾源头减量和资源化利用
2019 年 6 月	《关于在全国地级及以上城市全面开展生活垃圾分类工作的通知》	46 个重点城市到 2020 年基本建成生活垃圾分类处理系统。全国地级及以上城市到 2025 年基本建成生活垃圾分类处理系统

党的十八大以来，习近平总书记一直牵挂垃圾分类这件牵着民生、连着文明的"小事"。2016 年 12 月 21 日，习近平总书记在中央财经领导小组会议上强调：要加快建立分类投放、分类收集、分类运输、分类处理的垃圾处理系统，形成以法治为基础、政府推动、全民参与、城乡统筹、因地制宜的垃圾分类制度，努力提高垃圾分类制度覆盖范围。2018 年 11 月总书记在上海虹口区考察工作时提出"垃圾分类工作就是新时尚"。2019 年 6 月，总书记在对垃圾分类工作的重要指示中指出，推行垃圾分类，关键是要加强科学管理、形成长效机制、推动习惯养成。

（四）推进垃圾分类，变"新时尚"为"好习惯"[43]

今年以来，"垃圾分类"成为热词。北京、上海、广州等超大城市先后就生活垃圾管理进行了修法或立法，目的是通过约束机制，逐步改变居民随意投放垃圾的习惯。2019 年 7 月 1 日，《上海市生活垃圾管理条例》正式实施。作为我国首部生活垃圾管理方面的省级地方法规，被大家称之为"史上最严"的垃圾分类。中国进入垃圾分类 "强制时代"。

作为当前新时尚的垃圾分类，正在悄然融入我们的日常生活。然而，从新时尚到好习惯，并不是一朝一夕，都会有一个过程。垃圾分类这场改变生活方式的"革命"，是需要全社会行动起来齐心协力才能打赢的持久战。垃圾分类，无人是"看客"，人人有责，更需人人负责，成为每位公民的习惯行为和自觉行动。让我们共同行动起来，全社会人人动手，一起培养垃圾分类的好习惯，并持之以恒坚持下去，建设美丽中国。

热点聚焦：打好净土保卫持久战，筑牢美丽中国发展之基

一、看不见的土壤污染，一个容易被忽视的角落

（一）中国土壤污染及治理现状

土壤作为重要的生态环境要素，是人类社会存在和发展的物质基础。土壤是否安全不仅直接关系到人民群众的"吃""住"大事，也关系到我国社会的和谐稳定和经济可持续发展。保护好土壤环境是广大群众"吃得放心、住得安心"的前提和保障，也是我国推进生态文明建设和维护国家生态安全的重要内容。

近年来，从镉大米事件、铅污染事件到毒地事件、镉麦事件，土壤污染事件频繁发生，一时间人们"谈土色变"。土壤污染引发了政府和社会大众的关注，土壤污染治理成为人们关切的问题。但长期以来，我国忽视了对土壤污染状况的全面调查和综合治理，这主要源于土壤污染的隐蔽性和滞后性。不同于水污染和大气污染通过感官可以觉察，土壤污染往往不易察觉，需要对土壤或农产品进行检测分析才能确定。另一方面，土壤是各类污染物的最终受纳者，从产生污染到出现问题会滞后较长时间。根据国际经验，通常经过十年或者二十年之后才能显现[44]。当我国因经济快速发展而导致水污染和大气污染开始日益凸显时，土壤污染问题与之相比尚不突出，容易被人们忽视。对土壤污染问题的忽视影响了我国对土壤污染状况的全面了解，同时也阻滞了土壤污染的治理进程。20 世纪 80 年代以来，统计和反映中国环境状况的《中国生态环境状况公报》和《环境统计年报》中没有详细的土壤污染状况，只是在个别年份简单通报了受污染的耕地面积，远远不及对水污染、大气污染信息的详细调查和持续跟进。

直到 2005 年，我国才开展了首次全国土壤污染状况调查，并于 2014 年发布《全国土壤污染状况调查公报》。此次调查实际面积约为 630 万平方公里，基本掌握了全国土壤环境质量的总体状况。据《全国土壤污染状况调查公报》显示：全国土壤总的超标率为 16.1%。全国土壤环境状况总体不容乐观，部分地区土壤污染较重，耕地土壤环境质量堪忧，工矿业废弃地土壤环境问题突出。其中，全国耕地有近 20%受到污染，已经严重威胁到人民群众"舌尖上的安全"。相比于水污染和大气污染，土壤污染的治理进程却远远落后。我国于 20 世纪 80 年代便已出台《水污染防治法》和《大气污染防治法》，大气和水污染治理已走了将近 40 年的历程。而《土壤污染防治法》直至 2019 年 1 月 1 日才开始正式实施，土壤治污还在起步阶段。

改革开放以来，我国经济社会高速发展，工业化、城市化持续推进，用几十年的时间走完了西方上百年走过的路。然而，辉煌与成就的背后也付出了惨痛的代价，短时间内对自然资源的高强度开发造成资源快速消耗，污染物排放总量较高，带来了严重的土壤污染问题。以耕地为例，我国耕地受污染率已从 20 世纪 80 年代末期不足 5.0%上升至 2014 年的 19.4%[45]。土壤污染不同于大气污染可以"乘风归去"；也不同于水污染可以随"大江东流"。土壤一旦受到污染不仅需要巨额治理成本，修复周期也较为漫长。"发达国家的土壤环境管理经验表明，土壤环境保护、土壤污染风险管控、土壤污染治理与修复的费用比例为 1：10：100"[46]。土壤污染防治需要的资金量非常大，至少需要上万亿、几十万亿元的投入[47]。此外，某些"土壤重金属污染要经过一两百年的时间才能恢复"[48]。我国土壤污染形势严峻，治理任务极为艰巨，净土保卫战是一场名副其实的持久战。

(二)土壤污染阻碍了人们对美好生活的需求

土壤污染后果严重、影响深远，不仅直接导致土壤环境质量下降，破坏生态平衡，还会严重危及人民的饮食安全和居住安全，甚至由此引发舆情或群体性事件影响社会稳定。此外，土地污染会加剧土地资源的短缺，制约社会经济可持续发展。我国的土壤污染已成为满足人民日益增长美好生活需要的"拦路虎"，经济高质量发展的绊脚石，同时影响和阻碍了美丽中国的建设进程。目前，土壤污染是当前中国极为棘手的环境问题之一，土壤污染治理刻不容缓。

党的十八大以来，以习近平同志为核心的党中央高度重视生态文明建设。党的十八大报告把生态文明建设纳入中国特色社会主义事业"五位一体"总体布局，并首次把"美丽中国"作为生态文明建设的宏伟目标。对生态文明的高度重视，同样体现在党的根本大法中。党的十八大通过的《中国共产党章程(修正案)》把"中国共产党领导人民建设社会主义生态文明"写入党章，使生态文明建设的战略地位更加明确。中国共产党是全世界第一个把生态文明建设写进行动纲领的执政党。2018 年 3 月，全国人民代表大会审议通过《中华人民共和国宪法修正案》，生态文明被历史性地写入了庄严的宪法，具有了更高的法律地位。随着地位提升，生态文明建设不断融入经济建设、政治建设、文化建设、社会建设各方面和全过程，营造了良好生态治理社会氛围，有力地推动了生态环境污染治理。

2018 年 5 月，习近平总书记在全国生态环境保护大会上指出："我国生态文明建设已进入提供更多优质生态产品以满足人民日益增长的优美生态环境需要的攻坚期，也到了有条件有能力解决生态环境突出问题的窗口期"[49]。十八大以来，我国在经济、政治、文化、社会等领域取得重大成就，发生了深层次、根本性的历史变革。其中，经济保持中高速发展，总量稳居世界第二位，对世界经济增长贡献率超过 30%，综合国力显著提升[50]。根据国家统计局公布的数据，我国 2019 年国内生产总值接近 100 万亿元大关，人均 GDP 已经突破 1 万美元[51]。另外，2019 年全国财政收入达到 19 万亿，连续多年稳定增长[52]。作为有 14 亿人口的世界第二大经济体，我们已经具备了打赢净土保卫战的条件，有能力保障人民群众的"吃"、"住"安全，满足人民日益增长的优美生态环境需要，为建设美丽中国打好"地基"。

二、加强土壤污染治理体系建设，中国有能力打好净土保卫战

（一）政府治理能力不断提升，土壤污染治理体系持续完善

在全面推进生态文明建设的背景下，我国越来越重视土壤污染问题并以着手开始治理，出台大量相关政策、法律法规和技术标准，土壤污染治理体系持续完善，政府治理能力不断提升。

2016 年 5 月，国务院出台《土壤污染防治行动计划》（以下简称《土十条》），全面打响净土保卫战。《土十条》明确了我国土壤污染治理的目标：要遏制土壤污染加重趋势，使土壤环境质量稳中向好，到 21 世纪中叶，土壤环境质量全面改善，生态系统实现良性循环。为确保土壤治理目标如期实现，《土十条》提出了 231 项具体措施，从摸清土壤状况到健全法规体系，从农用地分类管理到建设用地风险防控，从土壤污染预防到推进治理修复，对我国土壤防治工作进行了系统的规划和全面的部署。作为新中国成立以来，国家首次推动的土壤污染防治专项行动计划，《土十条》初步构建了我国土壤污染治理体系，是今后一个时期内全国土壤污染防治工作的行动纲领。《土十条》实施以来，各省市纷纷制定本地区土壤污染与治理规划，一部分重要的土壤污染防治法规规章和土壤环境标准陆续发布，土壤污染治理体系进一步充实。

随着土壤立法进程加速，2018 年 2 月，全国人大常委会审议通过我国首部专门规定土壤污染防治的《土壤污染防治法》。《土壤污染防治法》的颁布弥补了我

国土壤污染治理专门立法的空白,将土壤污染治理提高到立法层级,从根本上解决了土壤污染防治无法可依的局面,标志我国土壤污染治理体系基本形成,是我国近年来土壤保护工作的重大成果。该法的最大亮点在于明确了责任主体,建立起土壤污染风险管控和修复制度,以及土壤环境监测制度、土壤环境信息共享机制,并设立土壤污染防治基金[53]。其中,明确土壤污染的责任主体对于解决土壤污染纠纷和落实修复责任意义重大,设立土壤污染防治基金有助于拓展资金来源,从而缓解土壤治污成本高的实际困难。值得注意的是,《土壤污染防治法》规定了土壤环境监测制度和信息共享机制,要求生态环境部等相关部门建立土壤环境基础数据库,构建全国土壤环境信息平台,实行数据动态更新和信息共享,并规定每十年至少组织开展一次全国土壤污染状况普查,这些规定为我国全面了解土壤污染状况从而精确治污奠定了基础。此外,对于相关单位出具虚假土壤污染状况调查、各类评估报告的行为,《土壤污染防治法》的处罚堪称"史上最严",不仅实行对单位和个人的双罚制、个人从业禁止,在恶意串通情况下,违法单位还应当与委托人承担连带责任。为配合《土壤污染防治法》实施,山东、山西、天津等多地接连出台地方法规,土壤修复行业管理及技术支撑体系也在不断完善。从《土十条》到《土壤污染防治法》,我国土壤污染治理体系逐步走向成熟(表8-7)。

表 8-7 近年来出台的主要土壤污染治理政策、法规和标准

颁布时间	名称	性质
2015 年 9 月 22 日	《福建省土壤污染防治办法》	我国第一部关于土壤污染 防治的地方规章
2016 年 2 月 1 日	《湖北省土壤污染防治条例》	我国第一部土壤污染防治的 专门地方性法规
2016 年 12 月 31 日	《污染地块土壤环境管理办法(试行)》	部门规章
2017 年 9 月 25 日	《农用地土壤环境管理办法(试行)》	部门规章
2018 年 5 月 3 日	《工矿用地土壤环境管理办法(试行)》	部门规章
2018 年 6 月 22 日	《土壤环境质量 农用地土壤污染 风险管控标准》	国家标准
2018 年 6 月 22 日	《土壤环境质量 建设用地土壤污染 风险管控标准(试行)》	国家标准
2018 年 5 月 24 日	《土壤污染防治行动计划实施情况 评估考核规定(试行)》	国家政策
2018 年 11 月 8 日	《农业农村污染治理攻坚战行动计划》	国家政策
2018 年 12 月 29 日	《污染地块风险管控与土壤修复 效果评估技术导则(试行)》	行业标准
2019 年 1 月 3 日	《污染地块风险管控与修复效果评估技术导则》	行业标准
2019 年 8 月 1 日	《受污染耕地治理与修复导则》	行业标准
2019 年 12 月 6 日	《建设用地土壤污染风险管控和 修复监测技术导则》等	行业标准

在推进土壤污染治理体系建设过程中,我国政府治理能力有效提升,土壤污染治理开始提速。2018 年 2 月,党的十九届三中全会通过《深化党和国家机构改革方案》,决定整合水利部、农业部、发展和改革委员会、国土资源部等环境保护职能部门,在原环境保护部基础上成立生态环境部,改变了土壤治理职能过于分散的局面,一定程度上为土壤污染治理提供了组织保障。按照《土十条》和《土壤污染防治法》的规定,土壤环境监测和信息共享工作有序开展并取得阶段性成果。国家土壤环境监测网和全国土壤环境信息化管理平台先后建成并投入运行,污染地块信息实现全国多部门共享,污染地块准入管理制度基本确立。2018 年底,历时两年的全国农用地土壤污染状况详查如期完成,结果表明,我国农业地状况总体稳定[54]。土壤环境监测和信息的全面获取为后期针对性制定土壤污染防治措施提供真实有效的数据支撑。另外,中央及地方政府严格落实法律法规和国家政策,积极采取多项措施对土壤污染源进行防控,从源头减轻了土壤污染状况和治理压力。2017 年,我国化肥农药提前三年实现零增长。2018 年,全国 46 个重点城市生活垃圾处理系统开始建立。"十三五"以来,全国关停涉重金属行业企业 1300 余家,重金属等污染物排放得到有效控制。为保障土壤污染治理工作高质量完成,2016 年以来中央财政累计下达土壤污染防治专项资金 280 亿元[55],2018~2020 年累计安排土壤污染防治专项资金 125 亿元[56]。经过近年的治理,我国土壤污染加重趋势得到初步遏制,土壤环境状况总体稳定,净土保卫战取得积极成效。

(二)社会公众积极参与治理,助力建设美丽中国发展之基

面对严峻的土壤污染状况,鼓励和引导社会公众参与土壤污染治理已成为共识。我国土壤污染防治的顶层设计中也突出了公众参与。其中,《土十条》不仅强调加强社会监督,还明确了对公众监督的违法行为和具体参与方式。《土壤污染防治法》更是直接将公众参与列为土壤污染防治的基本原则,规定了信息公开、社会监督和环境损害赔偿等条款,为公众参与提供了坚实的法律保障。

随着公民权利意识的觉醒和法律保障制度的完善,社会公众参与土壤污染治理热情越来越高,在土壤立法、公益诉讼、社会监督等领域都能见到公众参与的身影。2017 年 7 月,长沙绿色潇湘环保科普中心等三家环保组织向全国人大常委会递交《土壤污染防治法(草案)》建议函,直接参与土壤污染治理的立法过程,为土壤污染防治献计献策。土壤环境公益诉讼是社会公众参与土壤污染治理的重要方式。2011 年,重庆市绿色志愿者联合会等两家环保组织提起的云南曲靖铬渣污染事件公益诉讼获得立案,实现国内土壤环境公益诉讼零的突破。2015 年,《环境保护法》放开了环境公益诉讼主体资格,土壤环境公益诉讼数量逐渐增加。截至 2017 年 11 月,仅"自然之友"一家环保组织在全国提起的土壤污染公益诉讼

就达 7 起[57]，有效地遏制了污染土壤的排污行为，也间接督促了地方政府对土壤环境污染行为加强监管。此外，公民通过各种方式进行举报也使土壤污染无处遁形，震惊全国的靖江"毒地"案和河北渗坑污染问题都是因公民举报才被及时处理和解决。当前，国内公众参与土壤污染防治格局已具雏形，对政府主导土壤污染治理形成较好的补充，加速了土壤污染治理进程。

土壤污染问题关乎人民福祉，关乎民族未来。若土壤污染问题持续恶化，其危害性不言而喻。面对严峻的形势，我国政府努力构建并完善土壤污染治理体系，引导社会公众参与治理，土壤污染治理取得一定成效。但土壤污染形成非一朝一夕，问题解决也非一日之功。

持续推进土壤污染治理必须坚持和贯彻新发展理念，正确处理经济发展和生态环境保护的关系。正如习近平总书记强调：要像对待生命一样对待生态环境，坚决摒弃损害甚至破坏生态环境的发展模式，坚决摒弃以牺牲生态环境换取一时一地经济增长的做法[58]。作为发展中国家，我们可以充分吸收借鉴发达国家发展的经验教训，在生态文明建设中走出一条超越西方工业文明的发展道路。生态文明新局面已经开启，我们相信在以习近平同志为核心的党中央坚强领导下，土壤污染治理之路会越走越宽，伟大的中华民族一定能筑牢美丽中国发展之基，赢得永续发展的美好未来。

参 考 文 献

[1] 严健汉, 詹重慈. 环境土壤学[M]. 武汉: 华中师范大学出版社, 1985

[2] 贾建丽. 环境土壤学[M]. 第二版. 北京: 化学工业出版社, 2016

[3] 马书琴, 鲁旭阳. 藏北高寒草地土壤有机质化学组成对土壤 CO_2 排放的影响[J]. 草业科学, 2019, 36(4): 960-969

[4] 陈小红, 段争虎. 土壤碳素固定及其稳定性对土壤生产力和气候变化的影响研究[J]. 土壤通报, 2007, 38(4): 766-772

[5] 申为宝. 苹果园土壤生物活性及土壤镉行为的生物调节[D]. 泰安: 山东农业大学, 2009

[6] 土壤生物[EB/OL]. https://baike.baidu.com/item/土壤生物,[2019-08-15]

[7] 肖能文, 高晓奇. 形形色色的土壤生物[J]. 世界环境, 2016(5)(增刊): 32-33

[8] 谢飞, 吴俊锋, 任晓鸣, 等. 我国土壤污染现状与防治对策研究[J]. 生态经济(学术版), 2014(5): 322-324

[9] 环境保护部, 国土资源部. 全国土壤污染状况调查公报[EB/OL]. http://www.mee.gov.cn/gkml/sthjbgw/qt/201404/W020140417558995804588.pdf,[2019-08-15]

[10] 袁哲, 奚璐翊. 土壤污染防治的现状与对策浅析[J]. 污染防治技术, 2018, 31(3): 19-22

[11] 杜韶光. 我国土壤污染防治的重点与难点[J]. 中国新技术新产品, 2019(14): 101-102

[12] 庄国泰. 我国土壤污染现状与防控策略[J]. 中国科学院院刊, 2015, 30(4): 477-483

[13] 吴平, 谷树忠. 我国土壤污染现状及综合防治对策建议[J]. 发展研究, 2014(4): 8-11

[14] 赵铭. 土壤重金属污染现状、原因、危害及修复研究[J]. 资源节约与环保, 2016(4): 181, 184

[15] 黄道友, 黄新, 刘守龙, 等. 湖南省镉铅等重金属污染现状与防治对策[J]. 农业现代化研究, 2004, 25(专刊): 81-85

[16] 李娇, 吴劲, 蒋进元, 等. 近十年土壤污染物源解析研究综述[J]. 土壤通报, 2018, 49 (1): 232-242

[17] 环境保护部自然生态保护厅. 土壤污染与人体健康[M]. 北京: 环境科学出版社, 2013

[18] 黄秋婵, 韦友欢, 黎晓峰. 镉对人体健康的危害效应及其机理研究进展[J]. 安徽农业科学, 2007, 35 (9): 2528-2531

[19] 韦友欢, 黄秋婵. 铅对人体健康的危害效应及其防治途径[J]. 微量元素与健康研究, 2008, 25 (4): 62-64

[20] 黄秋婵, 韦友欢, 吴颖珍. 砷污染对人体健康的危害效应研究[J]. 微量元素与健康研究, 2009, 26 (4): 65-67

[21] 仝川. 环境科学概论[M]. 第二版. 北京: 科学出版社, 2017

[22] 房存金. 土壤中主要重金属污染物的迁移转化及治理[J]. 当代化工, 2010, 39 (4): 458-460

[23] 李冬, 周婧. 土壤重金属环境污染与治理措施[J]. 节能, 2019 (7): 105-106

[24] 杨蕾. 我国土壤重金属污染的来源、现状、特点及治理技术[J]. 中国资源综合利用, 2018, 36 (2): 151-153

[25] 赵玲, 滕应, 骆永明. 中国农田土壤农药污染现状和防控对策[J]. 土壤, 2017, 49 (3): 417-427

[26] 张辉. 环境土壤学[M]. 第二版. 北京: 化学工业出版社, 2018

[27] 吴瑞娟, 金卫根, 邱峰芳. 化学农药在土壤中的迁移转化[J]. 河北农业科学, 2008, 12 (3): 122-123

[28] 彭芬芬. 农田土壤农药污染综合治理分析[J]. 科技资讯, 2019 (19): 93-94

[29] 丛晓男, 单菁菁. 化肥农药减量与农用地土壤污染治理研究[J]. 江淮论坛, 2019 (2): 17-23

[30] 肖军, 秦志伟, 赵景波. 农田土壤化肥污染及对策[J]. 环境保护科学, 2005, 31 (10): 32-34

[31] 张跃, 薛鑫, 刘艳梅, 等. 化肥污染及其防治[J]. 化工时刊, 2015, 29 (6): 47-49

[32] 邹芳玉. 大连市土壤中化肥污染现状与防治措施[J]. 现代农业科技, 2010 (9): 294-297

[33] 中华人民共和国生态环境部. 2018 年全国大、中城市固体废物污染环境防治年报[EB/OL]. 2018, 12. https://mp.weixin.qq.com/s?src=11&timestamp=1566533353&ver=1807&signature=GPbDQnGNX5, [2019-8-28]

[34] 张英. 科学分类循环利用[N]. 陕西日报, 2019-08-16

[35] 唐平, 潘新潮, 赵由才. 城市生活垃圾——前世今生[M]. 北京: 冶金工业出版社, 2011

[36] 垃圾分类知识培训[EB/OL]. https://www.doc88.com/p-4019174584878.html, [2021-3-30]

[37] 曾志文, 于紫萍, 胡术刚. "无废城市"生活垃圾的处理与发展[J]. 世界环境, 2019 (2): 46-49

[38] 罗虹霖, 胡晖, 张敏, 等. 城市生活垃圾处理技术现状与发展方向[J]. 污染防治技术, 2018, 31 (3): 22-25

[39] 2018 年生活垃圾处理行业年度发展报告[EB/OL]. https://www.xianjichina.com/special/detail_384031.html, [2019-8-26]

[40] 2019 年中国生活垃圾处理市场前景研究报告[EB/OL]. http://www.sohu.com/a/327926028_405262, [2019-8-26]

[41] 实行垃圾分类对于环保的重大意义[EB/OL]. http://tougao.12371.cn/gaojian.php?tid=2081008, [2019-8-27]

[42] 本刊编辑部. 垃圾分类让"生态文明"更进一步[J]. 广西城镇建设, 2019 (6): 15-25

[43] 南方日报评论员. 推动垃圾分类由新时尚成为好习惯[N]. 南方日报, 2019-8-16

[44] 土壤污染防治法全票通过 2019 年 1 月 1 日起实施[EB/OL]. http://env.people.com.cn/n1/2018/0903/c1010-30267669.html, [2019-08-27]

[45] 陈印军, 方琳娜, 杨俊彦. 我国农田土壤污染状况及防治对策[J]. 中国农业资源与区划, 2014, 35 (4): 2

[46] 田义文, 吉普辉. 土壤污染防治立法的自然基础与基本原则[J]. 陕西农业科学, 2016 (8): 118

[47] 土壤污染治理将全面向民资开放[EB/OL]. http://www.xinhuanet.com//politics/2015-05/15/c_127803999.htm, [2019-08-27]

[48] 朱宁宁. 加快土壤污染防治立法进程[N]. 法制日报, 2016-04-27 (B2)

[49] 坚决打好污染防治攻坚战, 推动生态文明建设迈上新台阶[EB/OL]. http://www.xinhuanet.com/politics/leaders/2018-05/19/c_1122857595.htm, [2019-08-27]

[50] 厉害了! 中国对世界经济增长贡献率超 30%[EB/OL]. http://www.xinhuanet.com/2018-02/01/c_1122354105.htm, [2019-8-27]

[51]　中国人均 GDP 突破 1 万美元, 海外网友: 成就非凡令人惊叹[EB/OL]. http://china.chinadaily.com.cn/a/202001/
　　　 17/WS5e2156c1a3107bb6b579a862.html,[2019-8-30]

[52]　财政部: 2019 年财政收入超 19 万亿元[EB/OL]. https://baijiahao.baidu.com/s?id=1658141510795992435&wfr=
　　　 spider&for=pc,[2019-8-30]

[53]　杨建学, 杨攀. 我国《土壤污染防治法》的亮点与挑战[J]. 法治论坛, 2019(2): 253

[54]　李干杰. 深入贯彻习近平生态文明思想以生态环境保护优异成绩迎接新中国成立 70 周年——在 2019 年全国
　　　 生态环境保护工作会议上的讲话[J]. 环境保护, 2019, 47(Z1): 12

[55]　我国土壤污染治理取得积极成效 [EB/OL]. https://nyncj.changde.gov.cn/zhdt/gzdt/gsnnydt/content_626635,
　　　 [2019-08-30]

[56]　2018-2020 年中国累计安排土壤污染防治专项资金 125 亿元[EB/OL]. http://www.farmer.com.cn/2019/11/29/99846064.
　　　 html,[2021-03-30]

[57]　葛枫. 我国环境公益诉讼历程及典型案例分析——以 "自然之友" 环境公益诉讼实践为例[J]. 社会治理, 2018,
　　　 (2): 57

[58]　习近平主持中共中央政治局第四十一次集体学习[EB/OL]. http://cpc.people.com.cn/n1/2017/0528/c64094-29305569.
　　　 html,[2019-8-30]